新一代信息科学与技术丛书

编译原理

包含代数方法的新编译方法

BIANYI YUANLI

BAOHAN DAISHU FANGFA DE XIN BIANYI FANGFA

苏运霖　颜松远

高等教育出版社·北京
HIGHER EDUCATION PRESS BEIJING

图书在版编目(CIP)数据

编译原理：包含代数方法的新编译方法/苏运霖，颜松远著.—北京：高等教育出版社，2011.8

ISBN 978-7-04-033047-2

Ⅰ.①编… Ⅱ.①苏… ②颜… Ⅲ.①编译程序-程序设计 Ⅳ.①TP314

中国版本图书馆 CIP 数据核字(2011)第 129268 号

策划编辑 陈红英 **责任编辑** 陈红英 **封面设计** 李卫青 **版式设计** 余 杨

责任校对 金 辉 **责任印制** 毛斯璐

出版发行	高等教育出版社	**咨询电话**	400-810-0598
社 址	北京市西城区德外大街 4 号	**网 址**	http://www.hep.edu.cn
邮政编码	100120		http://www.hep.com.cn
印 刷	北京市卫顺印刷厂	**网上订购**	http://www.landraco.com
开 本	787×1092 1/16		http://www.landraco.com.cn
印 张	24	**版 次**	2011 年 8 月第 1 版
字 数	500 000	**印 次**	2011 年 8 月第 1 次印刷
购书热线	010-58581118	**定 价**	49.00 元

本书如有缺页、倒页、脱页等质量问题，请到所购图书销售部门联系调换

物 料 号 33047-00

前 言

编译程序是最重要的系统软件之一。任何一个计算机用户,当他编写计算机程序时必然要用某种程序设计语言,而不是使用计算机的指令系统。这意味着,在他所用的这台计算机上,必须安装这种程序语言的编译程序,否则就不能运行所编的程序。

编译程序和程序设计语言不同,程序设计语言一旦被制定,就基本保持不变,而实现编译的技术却可能发生变化。而且人们总是在探索新的更有效的技术来提高编译程序的质量和效率。

类似"编译程序原理"的课程已成为高等学校计算机学科最重要的课程之一。编译技术的发展沿着两个方向,其一是对于现存程序设计语言编译技术的改进;其二是对于新的程序设计语言编译技术的研究和开发。这类新语言包括面向对象语言、分布式语言、并行程序设计语言,等等。本书介绍最新的知识,探索用于新的语言和计算的编译技术;把程序设计语言的编译和在人脑中自然语言的翻译相联系,使读者更易于理解编译原理;同时还介绍了编译的代数方法,它属于形式化技术。

本书共16章。第1章概论概述了编译的过程,并把程序设计语言的编译同人脑对自然语言的理解和处理关联起来。第2章介绍文法和语言。语言是基于文法产生的,是编译过程的基础。第3章介绍有限自动机和正则语言。第4章与第3章一同致力于词法分析,即编译的分析阶段的第一个任务。第3章可看作是词法分析的理论准备,而第4章是词法分析的具体实践。第5章、第6章和第7章共同致力于语法分析。第5章介绍下推自动机,它对应于上下文无关文法。第6章介绍上下文无关文法和它所生成的上下文无关语言。第7章探讨分析阶段的第二个任务——语法分析。接着是语义分析。在分析阶段完成之后,综合阶段才能开始,而综合阶段的主要任务是生成目标代码。第8章介绍属性文法及分析。第9章介绍一种新的编译方法——编译的形式化方法。第10章介绍中间代码的生成。第11章介绍用于编译程序中的调试和优化技术。第12章介绍与程序编译有关的存储管理。第13章是编译的终点站,即目标代码的生成。本章介绍了由唐·欧·克努特(D. E. Knuth)在他的著作《计算机程序设计艺术》中提出的虚拟机器MMIX。该虚拟机组合了目前市场上最流行的14种机器的特征,指令系统丰富,因此使目标程序更灵活。第14章和第15章介绍了面向对象语言和并行程序设计语言的编译技术。第16章讨论网格计算的问题。目前,网格计算虽已引起关注,但还没有专门用于网格计算的语言出现,所以只能针对它的特点，指出如果有了这种语言对它的编译需要处理的问题。

最后，我们感谢高等教育出版社编辑陈红英，没有她的鼓励、帮助和耐心，也许我们都不能完成此书的写作。我们也要感谢在本书中所引用成果的作者们。他们的知识组成了本书的大部分内容。我们也感谢我们的家庭和学生对我们工作的支持。

本书疏漏或错误难免，敬请读者不吝指正。在此对所有指正表示诚挚的谢意。

苏运霖　颜松远

2011年5月

目　录

第1章 概 论

语言使你懂得,在诸多事物当中,章鱼是如何做爱的,樱桃如何去掉菌株;为什么塔德(Tad)伤心至极;在世界职业棒球锦标赛中,红袜子队是否会获胜,而无需大换投球手;如何在地下室制作原子弹;沙皇卡特琳娜又是如何去世的。

——斯蒂夫·平克尔

1.1 语言和人类

如果你读了上面的文字,你一定会被那些描述所感动——这就是通过语言来影响别人的途径。当今世界上有如此众多的语言,以至于几乎没有人能准确地说出究竟有多少种。因此在不同的语言使用者之间需要架起一座桥梁,使得他们之间可以彼此交流,这座桥梁就是翻译。本书的主旨就是讨论在形式语言和机器之间的翻译,即编译。什么是编译程序?简单地说,编译程序是将以程序设计语言写成的程序翻译成以某种机器语言写成的在该机器上能运行的程序。为了说明问题,我们需要多费些笔墨。

语言是人类交流和沟通的主要工具。通过语言,人们建立起联系,表达各自的意图和感情,描述所见景物和对于事物的理解[1]。语言是一种智能,或者说是智能的产物。但是在人类进化之初,还没有语言,在经历了漫长的时间后才产生了口头语言。这是人类在语言方面的第一个突破,也是人类文明方面的一个突破。从口头语言到书面语言,人类经历了更漫长的时间。书面语言的出现是人类在语言方面又一个重大的突破。人们的思维和解决问题的过程可以概念化为设计语言的过程。许多解决问题的形式是在大脑内部,即不存在外部刺激下进行的。例如,把难题抽象化为文字符号就提供了思考问题答案的一个途径。不难想象,如果没有语言,思维的过程就不可能完整、继续和深化。没有语言,人们无法表达自己的见解;当他/她要回忆往事时却不能谈及涉及许多对象或复杂景物的过程,因为他/她将无从描述它们。书面语言比口头语言更强有力。书面语言不仅能把现代人联系起来,还能把现代人和古代人联系起来,使得现代人知道在古代发生的事情。特别是通过现代化的通信工具,例如计算机网络、电视以及电话,人们彼此的联系可以更加快捷、方便和安全。这也意味着,书面语言改变了人们时空范围。过去说“秀才不出门,全知天下事”,在当时多少有些夸大其辞,但今天确是一语中的。

由于人类生活地域的差别,每个民族或种族形成了自己的语言。历史上曾经存在数千种语言。随着时间的推移,一些很少人使用的口头语言消失了,但仍然存在一些只有口头语言而无书面语言的语言。如果两个人要交谈,就需要架起桥梁,这座桥梁就是翻译。翻译的任务就是把A所使用的甲语言翻译成B所使用的乙语言,以及把B所使用的乙语言翻译成A所使用的甲语言。

今天,随着科学技术的迅猛发展以及经济全球化的趋势,语言翻译,包括口头和书面翻译,都已成为热门的职业。例如,口头翻译涉及三个人,即为了某个目的,A和B两个人要交谈,但他们彼此语言不同,需要C来帮助。假设A使用的是甲语言,而B使用的是乙语言,很显然,为使A和B能彼此了解,C要把A讲的甲语言翻译成乙语言;反过来,为使B讲的话能为A所理解,C又要把乙语言翻译成甲语言。所以,在这种情况下C必须是双语使用者,即他既通晓甲语言,也通晓乙语言。这种情况如图1.1所示。

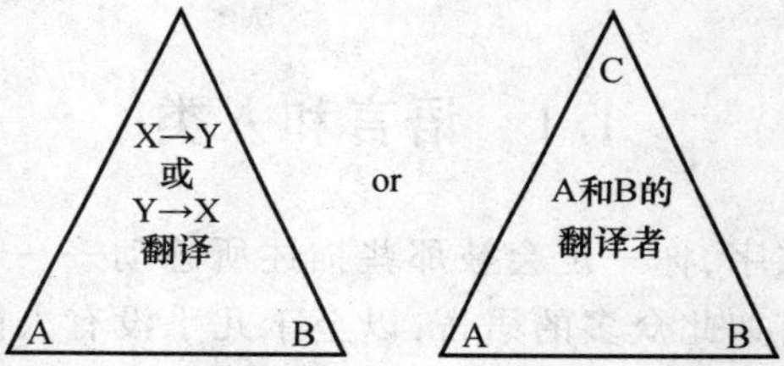

图1.1 口头翻译过程

有时,C的作用要由C和D两个人完成,比如C只负责把甲语言译成乙语言,而D则负责把乙语言翻译成甲语言。在正式的场合,这种情况相当普遍。一般都是翻译者把外国语翻译成本国语言。不论如何做,目的都是使交谈双方彼此了解。

1.2 语言和计算机

众所周知,计算机是人类最伟大的发明之一。它体现了人类科学技术的最新发展。计算机依靠它自己的运行来解决人类提出的问题,而其运行则依靠事先编好的一组指令组成的程序来完成的。用来编写程序的指令系统可看作是机器的语言,计算机执行指令就如同按由序列组成的语言来说话一样,而这组序列是由0和1组成的。

为使计算机为人工作和运行,人们必须编出为求解既定问题的程序,为此,就需要掌握指令系统。然而,对于计算机的普通用户而言,要求他们掌握机器指令系统这种繁琐、乏味而又不直观的语言无疑是非常困难的,这就好像谁想看电视就要掌握电视的原理并自己安装电视机一样。

在计算机问世初期,没有可以用来对计算机进行操作的高级语言,计算机的指令系统是用来对计算机进行操作的唯一语言，这个时期被称为手编程序的时期。机器指令通常是由操作码和操作数地址组成的。操作码是对操作数执行的操作的表示，而操作数就由其地址给出。指令中有时包含控制码，用于表示处理特定的情况。因此，要使用指令系统编写程序，无疑变成了人们使用计算机的绊脚石[2]。为摆脱机器语言的限制，人们开始探索这个问题的解决方法。最初，人们使用易于记忆的符号来代替指令的操作码，例如用 ADD 表示加法操作，用 SUB 表示减法，MUL 表示乘法，DIV 表示除法等，或者更简单地用 +、-、× 和/（或 ÷）来表示算术运算，然后，用符号代替实际的二进制地址等。进行变换后的语言就不是计算机语言或原来的计算机指令系统了，尽管它基本上还是对应于指令系统，而且它们完全等价。这是人们摆脱机器语言的第一步，尽管还只是一小步，但它是关键的一步，这表明人们可以不受机器指令系统的限制，可以使用更方便的语言来为计算机编程序。这种语言称为汇编语言。在这里，图 1.1 给出的模式仍然适用。图 1.2 左下部表示以汇编语言写成的程序，称为源程序。三角形的右边是由机器指令系统写成的，与源程序完全等价的程序，称为目标程序，它是由三角形顶部的汇编程序从源程序翻译而成的。这里，汇编程序起了编译程序的作用，负责把源程序翻译成可在机器上执行的由机器语言写成的目标程序，因此这个汇编程序也必须是可执行的，而且通过它产生目标程序。汇编程序是编译程序的早期版本。由于源语言是汇编语言，是机器指令系统的简单改编（例如，操作码只是原来的操作码的记忆性代码），因此也称为低级语言。这里，“低级”指的是面向机器（低级），而不是面向人类（高级）的程序设计语言。

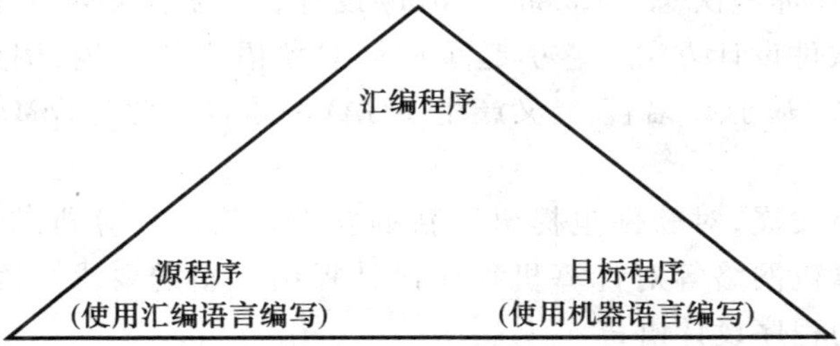

图 1.2 汇编语言翻译

在汇编语言取得成功后，人们开始设计面向人类的高级程序设计语言。这种语言的特点是摆脱了机器指令系统的限制，采用自然语言（一般是英语）的子集，并为它建立文法来描述用来编写程序的语句或其他成分。这些语言称为面向过程的语言，或者简单地称为过程语言或命令式语言。早期的语言包括 FORTRAN（Formula Translation，公式翻译，1954 年开始设计）[3]，ALGOL（ALGOrithmic Language，算法语言，1958 年开始设计），COBOL（Common Business Oriented Language，面向普通商业的语言，1959 年开始设计，其成功来自于美国国防部的强力支持）[4]。就程序设计的发展而言，20 世纪 60 年代是程序设计语言分枝繁衍的年代，这个时期出现的各种语言数以千计，但经过大浪淘沙般的考验，仅有13种被认为在概念和应用上有重要性。其中包括:APL(A Programming Language,一种程序设计语言),是由IBM公司的肯尼思·艾弗森(Kenneth Iverson)设计的会话式语言(Iverson,1962)[5];PL/1(Programming Language/1,程序设计语言1),是适合于科学计算的语言;LISP(List Processing,列表处理),是由斯坦福大学的麦卡锡(McCarthy)及其合作者设计的,用于处理符号表达式的概念简单的语言,其应用领域是人工智能[6];PROLOG(Programming for Logic,逻辑程序设计),是另一个用于人工智能的语言;SNOBOL(20世纪60年代中期在贝尔电话实验室设计的语言[7]),是以符号串作为处理对象的语言;SIMULA67是一个以模拟作为主要应用领域的语言,后来在CLU、Euclid和MODULA中被改进[8]。GPSS或SIMSCRIPT[9]则提供了可以改进或推广传统程序设计语言,以使模拟可以容易地描述的范例。其后又出现了通用程序设计语言ADA[10],这是为了纪念著名诗人拜伦的女儿艾达·奥古斯塔(Ada Augusta)而命名的。她曾同计算机的先驱查尔斯·巴贝奇(Charles Babbage,1792—1871)合作,为查尔斯·巴贝奇所研制的机器编写程序。巴贝奇曾于1820年至1850年间设计了两台机器,一台以有限差分为基础,称为差分机,另一台体现了现代计算机的许多原理,称为分析机。艾达·奥古斯塔就是为分析机编写程序的,因此,她被公认为世界上第一个程序设计员。起初是为编写操作系统UNIX的核心而被设计的C语言,后来被广泛应用于程序设计。

上面提到的语言基本上都是面向过程的语言。在20世纪60年代的软件危机之后,结构化程序设计方法被提出,催生了Pascal语言(以纪念法国数学家巴斯卡尔),它由瑞士的计算机科学家尼克劳斯·沃思(Niklaus Wirth)设计,作为解决软件危机的另一个方法学——面向对象的软件设计方法。它引起了面向对象语言的产生,例如,基于C语言,产生了C++语言。不久,基于C语言[11]又产生了JAVA语言。此外,SMALLTALK也属于面向对象的语言。

由于硬件的不断发展,对软件也提出了新的要求。新的计算机结构,如分布式系统、并行计算机系统计算机网络等对计算机程序设计提出了新的要求。因此,为满足这些要求又相继出现了新的程序设计语言[12,13]。

但是不管程序设计语言如何变化,有一件事是不变的,这就是以这些语言写成的源程序必须先由编译程序的翻译才能变成在计算机上可执行的目标程序。也就是说,它们遵循图1.3所示的模式。

这里的编译程序必须用机器语言编写,只有这样,它才能在计算机上执行,并且把源程序翻译成目标程序。然而,直接用机器语言写编译程序并非易事,工作量是巨大的。因此,人们就想用高级语言来编写它,然后使用以机器语言写成的简单的编译程序来编译它。这样通过两次编译过程,源程序就可实现实际可执行的目标程序了。这个过程如图1.4所示。图中有两个三角形。首先第二个即右边的三角形执行,产生目标程序。这个目标程序代替可执行的第一个即左边的三角形顶部编译程序,这样第一个三角形才可运行。通过它的运行,原来的源程序才可以由这个编译程序翻译成可执行的目标程序,这也就是

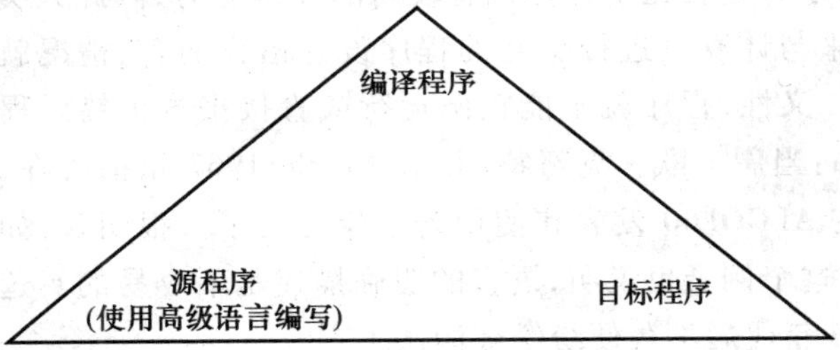

图 1.3　编译的过程

我们真正需要的。

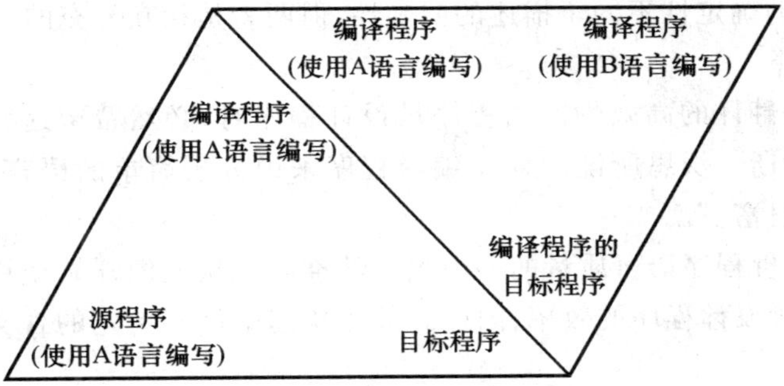

图 1.4　顺序的编译过程

这个模式可以进一步推广。例如,某人使用 A 语言来写源程序,而编译使用 B 语言写成。显然,在被编译成机器语言之前,这个编译程序不能运行。假设 B 的编译程序是用 C 语言写成的,以 B 语言写成的编译程序可以看作是一个源程序,而 C 语言写成的编译程序又被看作源程序,它被以机器语言写成的编译程序所编译,因此它可以编译用 B 语言写成的编译程序。这个用 B 语言写成的编译程序被编译为机器语言程序后再来编译以 A 语言写成的源程序。这样源程序也就变成可执行的目标程序了。

实际上,这个过程可以推广到任意级,只要最后一级可以执行,则从右到左,就可把最左边的源程序编译为目标程序。整个编译过程也就结束了。

在开发程序设计语言时,为使其具有生命力,必须遵循如下原则:

1）具有明确定义的语法和语义描述

不论使用何种描述工具,目标都是,当用户设计程序时,语言的描述(包括语法和语义的描述)都应提供明确的信息,使用户可正确地工作。因此,程序设计语言要有明确的、易于理解的语法定义和语义描述。

就自然语言的使用而言,包括英文和中文在内,并非完美无缺,都有二义性和含糊的问题。尽管这样,由于人类相比于计算机有较高的理解能力,因此人类面对的问题相对较少。但对于人们用来与计算机进行交互的程序设计语言而言,情况就不同了。即使在程序中仅出点小错或二义性,程序就不能正确运行或直接报告出错。程序设计语言的错误有时很难发现,比如:当唐·欧·克努特(D. E. Knuth)1967 年报告在 ALGOL60[14] 中仍余留的错误时,已是在 ALGOL60 发表和使用若干年之后了。很明显,如果人们正好使用到这些,那就会出错。这个例子也说明,语言的明确描述是不容易的。这也是为什么程序设计语言在 20 世纪 60 年代后不久便纷纷被淘汰了[15]。

2)程序结构的确定性

程序结构的确定性同语言描述的明确性和易于理解性紧密相关。所谓程序结构的确定性,指的是语言中的任何程序都有明确的层次,易于理解,因而使它也易于设计、调试和修改。因此,结构的确定性不同于描述的明确性,但两者是相互补充的。

3)快捷的翻译

这也可以说是翻译的高效性。当程序员设计程序时,必然希望这些程序能很快地被翻译。正如尼克劳斯·沃思所说,"对于编译程序来说分析简单的语言,人类程序员分析也简单,而这就是财富。"

高效无疑是评价程序语言质量的一个重要的准则。从人们开始使用程序设计语言的早期开始,就关注所设计程序的效率,因此高效比快速翻译有更宽的含义。高效的含义包括以下几层:

(1)程序执行的高效率。开始时,当谈到高效率时几乎毫无例外地指程序执行的高效率。这涉及编译程序的质量,即以高效率的执行来把源程序编译成目标程序。因此,优化编译程序的设计、有效的寄存器分配以及支持程序运行的机制设计是非常重要的。尽管程序执行的效率和语言的设计密切相关,但编译程序编译的质量对程序执行的效率具有决定性的影响。

(2)编译的效率。大型生产性程序是指经常运行的大型程序。因此,它的编译效率成为人们关心的问题。此外,其他类的程序也同编译程序的质量有关,如负责对学生所编程序编译或对用于教学程序编译的编译程序。典型地说,由学生编写的程序不用于生产,它们只是学生学习的成果,因此需要使之有效工作来编译程序,指出程序中的错误。在这种情况下重要的是编译程序的快速编译,而并不要求编译程序编译出有高的执行效率和优化的目标程序。

(3)编写、调试和运行程序的效率。在程序设计语言的效率方面,其第三个含义是程序编写、调试和运行的效率。比如,如果人们使用一种语言来解决问题,结果是程序员花费在设计、编码、调试、修改和运行程序的时间和精力最少。因此,从实际意义上说,这是用计算机解决问题时某个语言效率的实际标准和测量。当使用一种语言来解决问题时,人们追求的效率正是这一点而不是传统的只考虑编译的效率。

4）可靠性

可靠性指的是遏止语法和逻辑的错误。注释既提高可理解性，也方便程序的读者校验程序的正确性。因此，任何语言都应提供实施的方便性。当设计程序时程序员也应当使用实施的方便性来提高程序的可靠性。

5）机器无关性

由于高级程序设计语言是在各种各样的机器上使用的，因此其目标之一就是能够把程序从一台机器搬到另一台机器上。

6）通用性

通用性的思想是，所有特性都由一些基本概念组成。这表明相关的概念应该合并为一个框架。

7）可扩充性

程序设计语言应当允许通过简单、自然和优雅的机制对本身进行扩充。

几乎每种语言都提供了定义子程序的机制。在编制大型程序时，程序员的大部分任务是对语言的扩充，因为他要做决定，即为了解决问题，他应当如何利用原始的特征来模拟问题的数据结构。因此，从这个观点来看，这就等于扩充原来的语言，包括被模拟的结构。而且，迅速发展和变化的硬件环境也要求软件进一步改进，以满足这些变化，特别是并行计算机系统、计算机群、分布式系统等，都要求满足它们的程序设计语言。本书后面将讨论显式并行指令计算的计算机结构（EPIC，Explicitly Parallel Instruction Computation）。它是甚长指令字（VLIW，Very Long Instruction Word）的扩充。硬件的这些发展都有适合于它们的编译程序的程序设计语言。

8）可证明性

在编写程序时应有进行程序验证的机制。是否存在语言所有特征的形式定义？如果有，则将允许有程序的形式证明。但是进行形式化证明过程的费用很高，而且还要用到高度复杂的数学，因此这似乎是不能完成的任务，但是却值得继续进行探索。

9）一致性

人们经常使用的记号，如果在新的语言中它们的定义被改变了，会感到不方便且难于接受。例如，记号 + 已被定义是对整数、实数和整数和实数混合的数适用的操作符，程序员也可把它推广到复数和矩阵上。但如果使用其他记号来代替它，人们可能就不愿意使用它了。

以上只是作为创立新的成功语言的准则。然而人们发现，最好的设计语言未必都满足所有准则。比如 goto 语句就是这样的例子。早期建立的语言几乎无一例外地都设立这个语句来实现控制的转移。为使程序不仅可以顺序执行，也能实现转移，设置这个语句的动机没有错。然而，在实践中人们发现，对 goto 语句的滥用确实可能带来问题。这就是为什么埃德加·狄伊克斯特拉（Edgar Dijkstra）在他发表的著名的信中指责 goto 语句有害，他甚至主张从程序设计语言中删除 goto 语句。他的意见引发了关于是否要从程序语言中删除 goto 语句的一场大辩论。直到1974年,克努特[16]发表了经过深思熟虑的论文才结束了这场争论。他指出,尽管 goto 语句很容易被滥用,但从语言中把它删除似乎太严厉了。经过这场争论,程序设计方法学的理念逐渐变得清晰起来,这就是结构程序设计。Pascal 是结构程序设计的代表,后来在这个方法学的影响下又出现了 MODULA、C、ADA 等。

所谓的软件危机反映了在软件的发展过程中的严重问题,例如软件的质量不能得到保证,在软件代码中包含许多错误,软件研制的生命周期经常被拖延。这就迫使人们寻求答案。于是,另一个方法被提出,这就是面向对象的程序设计方法学。对应于这个方法的语言就是面向程序设计的语言。如同前面已经指出的那样,SMALLTALK、C++、JAVA 等都属于这类语言。网络环境、分布式环境以及并行计算机提出了并行和分布式程序设计的新思想。肯定地说,它们要求语言也这样做。

1.3　程序设计语言的编译

从以上的讨论可知,以高级程序设计语言编写的程序,在计算机上运行或执行之前先要进行编译。因此,编写程序并运行程序像是两个人进行交流,需要第三个人来进行翻译一样。在这个过程中,人们关心程序执行的效率。实践中,人们的关注点或目标是不同的,因此其结果也不同。例如,在编译过程中,鉴于过程的本质,人们自然关注于编译程序本身。编译程序的目标可以表示如下。

1）设计尽可能小的编译程序

根据快捷的原则,应设计尽可能小的编译程序。这就是说,只要它能处理编译的基本任务就行了。不过,这样一个编译程序可能是不完备的,它不能处理复杂的情况。对应于这种情况的可能是这个语言的子集,它考虑语言的基本组成,而非语言的全部。这类编译可以用于学生编译程序的训练。但在实际应用中远不完备,因而也就不能完成实际的较复杂程序的编译任务。

2）可建立具有较好的诊断并可从错误中恢复的能力的编译程序

编译程序应能发现用户所写的源程序中的错误,包括静态错误和动态错误,在发现错误之后还应能确定错误的来源,并给出改正的提示。只有这样的编译程序才能被认为是对用户友好的,但这并不保证它所产生的目标程序必定是有效的。这类编译程序适合于教学环境,因为它的编译能力和提示能力对学生有启示。它属于肮脏编译的范畴,可作为预备性的编译程序,紧接着,干净的或优化编译可以再登场对源程序进行处理,产生高效优化的目标程序。

3）可产生编译灵活和有效的目标程序的编译程序

基于从源程序产生正确的目标程序,编译程序要求目标程序要有更高的效率。因此,除编译之外,编译程序也实现对目标程序的优化。

如果人们专注于生成目标程序的过程,或者专注于最后的产品——目标程序,则可能的目标是：

(1) 为翻译源程序，编译程序所花时间最少。这要求对源程序的编译速度和确认源程序的正确性是最快的，且以最快的速度来产生目标程序。至于目标程序的效率，则不予考虑。

(2) 编译程序生成的目标程序是最有效的。这与目标(1)形成对照，这里的目标是目标程序的效率，而非编译的速度和效率。

(3) 编译程序生成的目标程序的大小应是较小的。注意，目标(2)关心的是时间效率，但这里关心的是空间效率，因此两者并不等价。一般来说，程序越短运行时间也越快，但情况并非总这样，因此这里追求的是目标程序占有的空间小。如果计算机内存有限，可以考虑这个目标。

从上述讨论可以看出，编写编译程序的目标可以是多种多样的，因此不能要求由不同的人所写的编译程序或者为不同目的所写的编译程序同时满足相同的要求。如同开发其他系统一样，人们只能在不同的目标中去实现折中。对于编译程序和编译过程而言，对于编译程序，由于它确定目标是把以某种语言所写的程序翻译成某种机器的目标语言，因此编译程序是用来建立两者之间的对应，即源语言和计算机之间的对应。换句话说，对于一种程序设计语言和一种计算机，需要有这种语言的编译程序运行在这种机器上。如果有 m 种程序设计语言和 n 种计算机系统，按照上面给定的语言和计算机之间的关系，就需要有 $m \times n$ 种编译程序。当然这不是人们希望的情况，因为这意味着工作量巨大。为了减少工作量，我们要找出在编译程序内哪一部分是与计算机有关的，哪一部分是与计算机无关的。仅就与计算机有关的部分，针对不同的计算机来设计编译程序的相应部分。由于这个原因，编译程序不能直接使用计算机的指令系统编写，只有这样，编译程序才能与特定的计算机无关。需要真正与特定的计算机有关的工作应当尽可能推迟(例如，在编译程序真正为编译工作时进行)。因此，对于 m 种语言和 n 种计算机的编译程序的数目就可以从 $m \times n$ 减少到 $m + n$。这里只是简略地介绍了这个思想，在本书后面将详细解释。

编译程序的工作原理。这里还是从一般语言的讨论开始。当人们研究一种语言时，无论它是母语还是外国语，首先应学习词汇，包括拼音、书写、发音等，然后研究个别词连接在一起组成有意义句子的文法。对于编译程序，其工作过程包括分析阶段和综合阶段。分析阶段又包括词法分析和语法分析。词法分析从源程序的输入开始，源程序的输入被当作字符串的输入。词法分析要区分句子中的词，包括标识符、常数、关键字、变量名、操作符、标点符号等。词法分析要对词的拼写或书写的正确性进行检查。仅当所有词的分析都已顺利通过后，才可以进行语法分析。而且为了使分析便于进行，在输入中的所有字符都应转换成中间形式。在这方面它有点像大脑中语言理解的产物。现在的问题是，为了使大脑中的神经系统处理表达式，当聆听者理解表达式或文本时在记忆中得到什么表示？比如，在记忆中应该保留什么表示。如当你听到“孩子在床上”，那你记忆中保留了什么？研究表明，记忆的表示以命题的基本单元开始(Clark& Clark, 1977; Kintsch,

1974)[17,18]。命题是表达式的主要思想,它们是一类中间代码形式,易于理解。对于"孩子在床上",其主要思想是什么东西在什么上面。当人们读了这个表达式之后,将提取这个命题同时理解它所表达的孩子和床的关系。通常,命题表示为:On(kid,bed)。许多表达式包含多于一个位置,例如,"The dog watches the kid playing on the ground board"。我们有第一个命题

On(kid,ground board)

由这个命题还可构造

Playing(kid,On(kid,ground board))

最后得到

Watch(dog,Playing(kid,On(kid,ground board)))

它们被连接在一起形成句子。

语法分析以标记系列作为输入,然后基于程序设计语言的文法分析每个句子。如果在程序(标识系列)中未发现任何错误,则进一步把源程序转换成中间代码表示,以便后面的综合阶段将中间代码转换为目标代码。因此整个工作流程如图1.5所示。

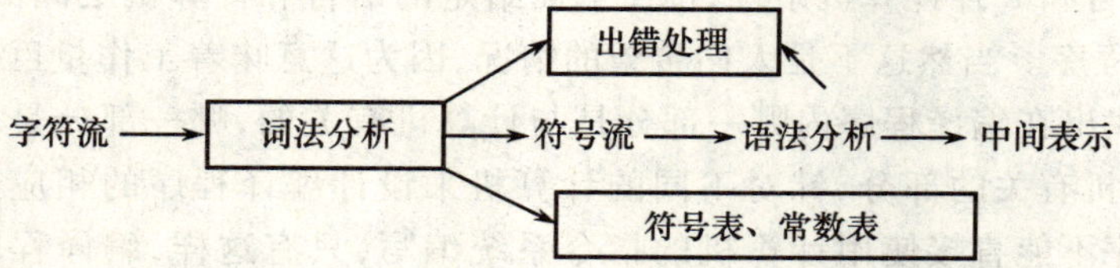

图1.5 词法分析和语法分析工作流程

图1.5中的符号表表示每个标识符包含一个记录数据的结构。常数表表示每个常数包含一个记录的数据结构。在符号表中,除了标识符和给它分配的地址(但它不是真的内存地址,只是相对地址)外,还包含它的属性字段。这样的数据结构可以加快对每个标识符记录的查找,也加快标识符到记录的存入或者由记录对标识符的检索。在词法分析程序工作时,当第一次遇到一个标识符时,如果词法分析确认它是标识符,则称之为该标识符的定义性出现,此后它的出现称为应用性出现。在定义性出现时,编译程序把它放进符号表中,并且按照出现的顺序分配地址,同时根据源程序为它所做的定义或说明,把它的相关属性也放入表中。在应用性出现时,按照从定义行出现得到的记录把它转换成中间代码形式,并检查在应用性出现中隐含的属性是否与定义性出现的相一致,如果不一致,词法分析程序将认为这里有错误。

常数表的结构与符号表的结构相似,对于一个常数,词法分析程序首先要把代表数字的每一个字符(如果常数表示一个带符号的整数,则包含符号+或-;如果是一个实数或

浮点数,也可能含+、-、小数点和一个指数符号)转换成相应的数值。在这个过程中,也要对它进行正确性检查。在确认常数的正确性之后,常数才被放到常数表中,而且也对它分配存储地址并保存它的属性。

有关符号表和常数表的更具体的细节,在本书后面将进一步说明。

错误处理既可在词法分析阶段进行,也可在语法分析阶段进行,甚至在综合阶段(包括语义分析)中进行。实际上,词法分析和语法分析通常能检测出由编译程序所检测出的大多数错误。词法分析程序可检测包括输入字符不能被连接成任何语言的符号的错误;语法分析可检测包括标记流违反文法规则或语言的结构规则的错误。在语义阶段,编译程序试图来检测以下的构造:它在语法结构上是正确的,但它在涉及的操作中没有任何意义。例如,我们要实现两个标识符的加法操作,但是两个标识符中一个是数组名,另一个是过程名。在发现一个错误之后,错误处理不应停止编译程序的工作,应使它继续工作以发现更多的错误(如果有的话)。肯定地说,比起只知道一个错误来说,用户更喜欢帮助他发现更多错误。

前面已概述了分析阶段的工作。如同在前面所指出的那样,作为完整的编译过程,在完成了分析阶段之后,下一个阶段将是综合阶段,其任务包括中间代码的生成、代码优化和代码的生成。图1.6示出了这个过程。

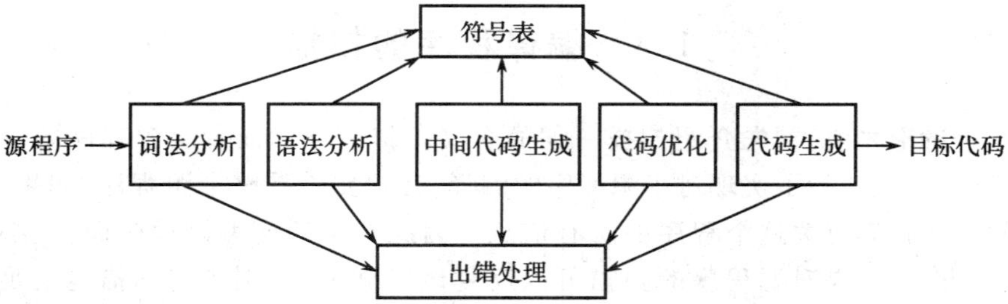

图1.6 编译程序的工作流程

中间代码可以考虑为抽象机器的程序。中间代码应该是易于生成的,同时也应该是易于翻译成目标代码的。

中间代码有若干种形式,其中流行的是三地址形式。所谓三地址形式指程序被表达为指令序列,而每一指令至多有三个操作数,如同下列表达式所示:

$$id_1 := id_2 + id_3$$

或

$$id_1 \leftarrow (+\ id_2\ id_3)$$

中间代码形式有三个性质。首先,除了赋值语句(即右边的值被赋给左边)之外,每条三地址指令至多只有一个操作符。因此,当这个指令被执行时,编译程序必须判定这个操作的顺序,比如,乘法或除法应先于加法或减法运算。其次,编译程序应生成用于存储每个指令所计算的值的临时名字。第三,某些三地址指令可能有少于三个的操作数。有关中间代码生成的更多细节将在后面介绍。

代码优化阶段的任务是改进中间代码以便产生出运行得更快的机器代码。优化可以分为局部优化和全局优化两种。一般说来,局部优化相对简单,比如,它只是把几条指令合并成一条指令,使得程序中的指令条数减少。全局优化涉及对程序算法的修改。由不同的编译程序所实现的代码优化可能有显著的区别,它们所花费的时间也不同。例如,同其他编译程序相比,某个优化了的编译程序可能在优化上花费太多的时间,而其他的编译程序可能只进行简略的优化,便能显著地减少目标代码的运行时间,而编译时间也不太多。

代码生成阶段的任务是生成目标代码。通常目标代码由汇编代码或浮动的机器代码组成。对于源程序所用的每个变量,需要存储它的内存单元。然后把每条中间指令翻译为实现同样任务的机器指令。但是,还有一个对于代码生成的关键任务就是给变量分配寄存器,因为这个分配可能加快计算机的操作。

1.4 编译程序的扫描

在开始讨论之前,首先介绍扫描一词的含义。扫描指读或者从源程序的开头到末尾的整个遍历。显然,为了实现对于源程序的编译,必须要查看整个源程序,如果不查看,编译程序就不能收集有关这个程序的所有信息。因此对于任何编译程序而言,必须扫描源程序至少一次。如果对源程序的扫描可以反复地回溯进行,则一遍扫描也就足够了。然而我们规定不允许无限制地反复地回溯,而要有规则地进行。

对于某些编译程序,一次扫描就足以实现对源程序的编译。如果对于一个语言,其中规定标识符的定义性出现必先于应用性出现。这个语言的程序就属于这种情况。而对于其他情况,就需要两次或更多次的扫描。

在实践中,有许多方法把各个阶段放进一次扫描中(在一次扫描中,它可能涉及一个阶段或多个阶段;反之,一些连续的阶段可以放在一起一次扫描)。通常把一次扫描排斥性地只分配给一个阶段(如词法分析阶段或语法分析阶段)有其优点。因为编译程序的任务可以分配给不同的组或人群来完成。由词法分析所产生的标记流就可直接翻译成中间代码,而且在扫描中的活动可以交叉地进行。可以把语法分析当作承担主要任务的一个功能,它试图找出标记的语法结构,然后通过调用词法分析来获取下一个标记。在找出标记流的文法结构之后,语法分析就调用中间代码生成程序来实施语义分析和生成中间代码的工作。

把编译程序的阶段划分成若干次扫描对于编译程序工作的划分是有好处的,但这并不表示扫描次数越多越好。扫描次数越多,遍与遍之间的处理时间,或从一种中间代码到另一种中间代码的转换时间越长。然而,如果把许多阶段放在一次中,可能使整个程序都装进内存中,因为一个阶段可能需要在其他阶段中的信息。在这种情况下,编译程序可能要求比它真正需要的内存更多,这就可能引起内存空间大的严重问题,并且还可能引起其他问题,例如,词法分析和语法分析之间的界面可能被设定一个标记,这等于对它们的运行设置瓶颈。

另一方面,在中间代码完全生成之前通常很难实现代码的生成。因此把一些阶段放进一遍扫描中不一定很有效,而把它们放进不同遍扫描中会更好。然而,如果我们采用所谓的后补丁技术,即把中间代码和目标代码生成放在一起是可行的。借助于汇编程序的概念,所谓的后补钉技术是,假如有两次扫描的汇编程序,则第一次旨在发现表示内存单元的所有标识符,而且当发现了标识符后便推导内存地址,然后在第二次扫描时,内存地址将代替标识符。总之,使得编译程序有较少扫描次数,以避免多次输入和输出中间文件。然而,如果某些工作真的需要被分成多次扫描,那么勉强把它们合并在一起也是不好的,因为这将引起不必要的问题和困难。

1.5 一个语句的编译例子

本节将通过一个例子来说明编译程序的工作原理。

例 设本金为 p,将其存入银行,年利率为 r,那么,经过 n 年后其本利和是多少?试编写程序计算。

我们以 a 表示本利和,且初始化为 1,则本利和的计算公式如下:

$$a := (1 + r)^n \times a$$

词法分析程序产生

$$id_2 := (c + id_3) \uparrow id_1 \times id_2$$

语法分析程序将产生

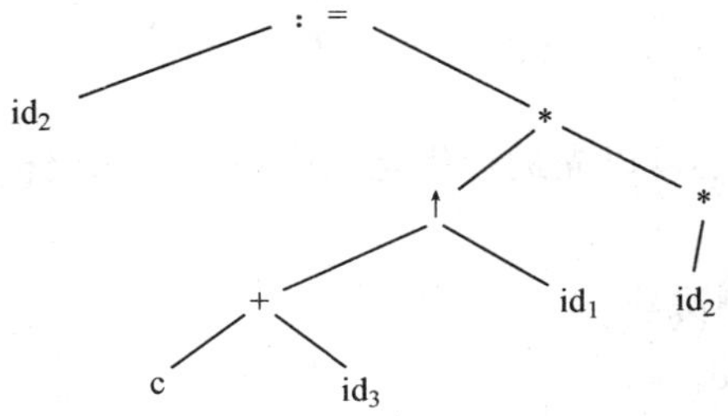

然后语义分析程序进一步把 c(即 1)从整型转化为实型。这个过程如图 1.7 所示。中间代码生成程序产生如下的代码：

temp1：= inttoreal（c）
temp2：= temp1 + id_3
temp3：= temp2 ↑ id_1
temp4：= temp3 × id_2
id_2：= temp4

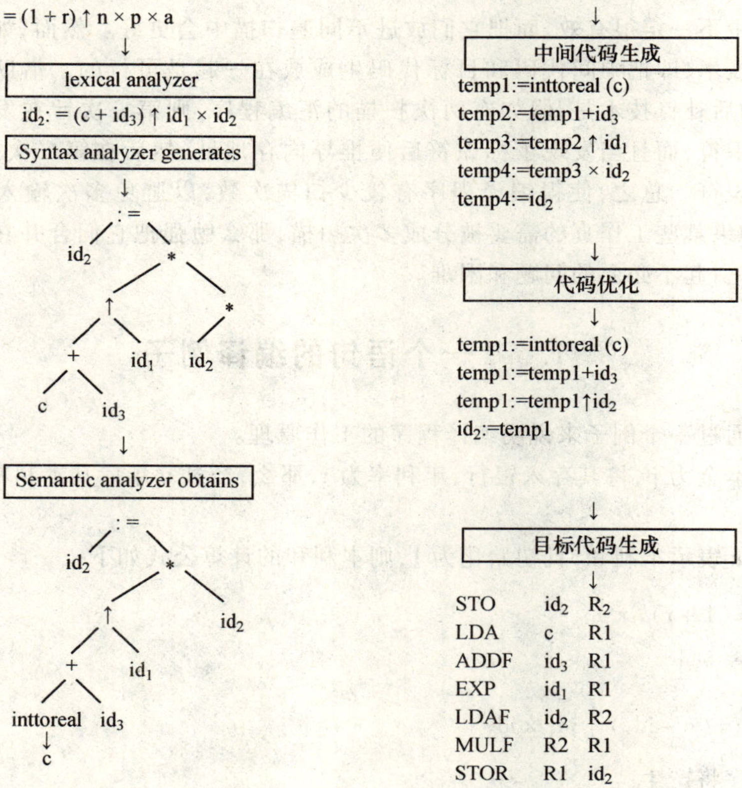

图 1.7 源程序编译过程

在生成目标代码之前还可以先进行优化。假设在词法分析时对 id_2 赋予初值 1。因此代码优化得到：

temp1：= inttoreal(c)
temp1：= temp + id_3
temp1：= temp1 ↑ id_1

$temp1 := temp1 \times id_2$

$id_2 := temp1$

最后,通过目标代码生成程序产生出目标代码如下:

STO	id_2	R2
LDA	c	R1
ADDF	id_3	R1
EXP	id_1	R1
LDAF	id_2	R2
MULF	R2	R1
STOR	R1	id_2

一般地说,在实际的计算机中不直接提供乘幂指令而提供乘幂计算的宏指令。在中间代码生成中,使用了 5 条赋值指令。在目标代码生成中,所用指令条数没有减少,但是临时单元的个数则从 4 个减少为 1 个。可见,程序优化既可减少指令的条数,也可减少所用存储单元活动寄存器的数量,或者两方面兼而有之。

1.6 本书的组织

本书的目标是把读者带到本学科的前沿,包括对于已有的过程程序设计的最新编译技术,还包括分布式和并行程序设计,以及对于网格计算的编译。迄今为止,关于编译的书鲜见以这些课题作为主要内容的,尽管越来越多的计算机系统是以这些原理来设计的。这里,我们试图用简洁和明确的语言来说明编译程序必要的知识。在第 1 章的概述中,我们也鼓励读者发挥自已的创新思维来补充编译的细节。

第 2 章专注于文法和语言,这两者都是程序设计的基础,因为任何程序设计语言的设计都是以语言的文法为基础的,通过同语言文法的对照来进行词法分析和语法分析的处理。

第 3 章详述有限状态自动机和正则表达式。本章所讨论的自动机理论是编译程序设计的工具。它对于词法分析是必不可少的。

第 4 章讨论词法分析。本章同第 3 章的内容密切相关。

第 5 章进一步讨论下推自动机,它是有限自动机的推广,主要介绍两种下推自动机,一种是以进入事先已知的结束状态来结束的下推自动机;另一种是以其栈变空作为结束的下推自动机。本章还研究了下推自动机的其他性质。

第 6 章专注于上下文无关文法,即 2 型文法。本章剖析了这种文法的一些性质及其同下推自动机的关系,为进行语法分析做准备。

第 7 章以语法分析作为主题,它是编译程序的核心内容,自然也是本书的核心内容。

本章深入地讨论了自顶向下和由底向上的分析技术。这两种技术都还在使用中,而且支配着语法分析的领域。对于自顶向下的分析,首先介绍 LL(1)的分析技术,包括 LL(1)文法的定义、LL(1)文法的性质,以及如何判定一个给定的文法是否 LL(1)的,如果不是 LL(1)的,是否能把它转换成 LL(1)文法,应当如何做。只有当一个文法是LL(1)文法时才能对它进行 LL(1)的语法分析。然后,进行对由底向上的语法分析的讨论,逐个地讨论 LR(0)、SLR(1)、LALR(1)以及 LR(1),并且给出他们的实现。

第 8 章讨论属性文法以并对其进行分析。本章是对上下文无关文法分析的补充,因为程序设计语言主要包含上下文无关文法的特征,但也包含不是上下文无关的一些特征。这部分被认为是属性文法。属性文法的分析构成是对程序的语法分析的必要补充。

第 9 章给出编译程序设计的代数方法的讨论。本章是本书的特点之一。我们相信代数方法不仅对设计有用,而且在将来会流行起来。

第 10 章讨论中间代码的生成。首先说明为什么要用中间代码,然后介绍几种中间代码以及中间代码的技术。

第 11 章讨论程序调试和优化的问题。编写程序是一项复杂和繁琐的劳动。程序的出错几乎是不可避免的。所以,在生成目标代码前进行调试是必要步骤,优化也是使目标程序更有效的必要步骤。调试和优化是在把源程序转换成目标程序之前编译程序必须做的工作,是编译程序的组成部分。

第 12 章讨论存储管理的问题。存储管理不是编译程序的任务,而是操作系统的任务。确实正是操作系统承担存储的任务。但是,另一方面如何存储编译程序的符号表、常数表,以及目标代码和源代码不可避免地影响目标代码的运行。因此,在进入下一阶段的讨论前我们要讨论有关存储管理的问题。

第 13 章讨论目标代码生成,这是编译程序的最终目的。在这一章中使用虚拟计算机 MMIX 作为目标机器。MMIX 的设计者克努特(Knuth)宣称 MMIX 是 21 世纪多种机器的代表,选择它应当是有代表性的。

从第 14 章至第 16 章分别讨论了面向对象语言、并行语言以及网格计算的编译。对于网格计算,目前还没有专门适合于它的语言,因此我们还只能根据它的特征,分析将来这种语言的特征。这是编译技术的前沿,我们希望通过介绍这些内容,使读者了解并关注编译技术的发展。

思考题

1. 对于程序设计语言的编译来说,为什么分析和综合两个阶段是必需的? 对于自然语言的翻译而言,你认为哪个阶段是重要的?

2. 请从程序设计的角度说明语言对于思维的必要性。

3. 根据你对正文的理解,分析和比较一次扫描和多次扫描的优缺点。

参 考 文 献

[1] Pinker S (1994) The Language Instinct: How the Mind Creates Language. Morrow, New York.

[2] Ritchie DM et al (1978) The C Programming Language. Bell Syst Tech J, 57, 6, 1991 - 2020.

[3] Backus JW et al (1957) The FORTRAN Automatic Coding System. Proc Western Jt Comp Conf AIEE (now IEEE) Los Angles.

[4] Naur P (ed) (1963) Revised Report on the Algorithmic Language ALGOL 60. Comm ACM 6(1): 1 - 17.

[5] Iverson K (1962) A Programming Language. Wiley, New York.

[6] McCarthy J et al (1965) LISP 1.5 Programmer's Manual, 2nd edn. MIT Press, Cambridge.

[7] Farber DJ et al (1964) SNOBOL, a String Manipulation Language. JACM, 11(1): 21 - 30.

[8] Wirth N (1977) MODULA, a Language for Modular Programming. Softw Prac Exp. 7: 3 - 35.

[9] Kiviat P et al (1969) The SIMSCRIPT II Programming Language. Prentice Hall. Englewood Cliffs.

[10] Wirth N (1971) The Programming Language Pascal. Acta Inf, 1(1): 35 - 63.

[11] Knuth DE (1964) The Remaining Trouble Spots in ALGOL 60. Comm ACM, 7(5): 273 - 283.

[12] Sammet J (1969) Programming Languages: History and Fundamentals. Prentice Hall, Englewood Cliffs.

[13] Goldberg et al (1980) Smalltalk - 80: The Language and Its Implementation. Addison-Wesley, Boston.

[14] Horowitz E (1983) Fundamentals of Programming Languages. Springer, Berlin.

[15] United States Department of Defense (1980) The Ada Language Reference Manual, Washington D. C.

[16] Knuth DE (1974) Structured Programming with GOTO Statement. Comp Surveys, 6(4): 261 - 301.

[17] Clark HH, Clark EV (1977) Psychology and Language; An introduction to psycholinguistics. Harcourt Brace Jovanovich, New York.

[18] Kintsch W (1974) The Representation of Meaning in Memory. Hillsdale, Erlbaum.

第 2 章　文法和语言

> 为说明小孩是如何获取事物的意思，我们把小孩看作是天生的科学家。这些科学家的假说受到其天生特性的限制。我们可以使用同样的方法来描述小孩是如何掌握将事物的意思加以组合的规律，这就是文法。
>
> ——理查德·格里格
> 菲里普·津巴尔多

2.1　本章动机

从人类语言的发展来看，首先产生的是语言本身，而不是文法。随着人类知识的丰富和发展，才出现了用于帮助人们学习语言和规范语言的文法。由于自然语言是非常丰富和复杂的，而文法是在先有了语言之后才建立的，因此无论是何种语言，都没有能完全描述语言的文法。此外，自然语言中普遍存在二义性。一般说来，人类对于二义性都能从上下文中加以理解。然而，对于计算机来说，却不能接受二义性，因此，程序设计语言几乎是和语言的文法同时产生的。而建立文法的目的在于建立规范的语言，使之不带二义性，从而正确地表达含义。必须正确地编写程序才能在计算机上正确运行，因此，编译程序的研究应该从文法和语言之间关系的研究开始。

2.2　预备知识

定义 2.1　字符　拉丁字符集、阿拉伯数字、标点符号、算术运算符、希腊字符集等均为字符。这里，字符就如同几何中的点，我们不进一步定义它。以下将使用小写的拉丁字母表示字符。

定义 2.2　字符集　指有限个字符的集合。使用大写拉丁字母表示字符集，例如，$A = \{a,b,c,1,2\}$。

定义 2.3 字符串 0个或多个字符的连接称为串。由0个字符组成的串称为空串，记为 ε，表示在空串中不存在任何字符。如果A是前面所说的字符集，则a,1,1a,abc,1ba等都是A中的字符串，或简单地说串。通常用希腊字母 α、β 等来表示字符串。

定义 2.4 字符串的运算 给定字符集 $A=\{a,b,c,1,2\}$，则A上的字符串也就确定了。字符串有三种操作，其定义如下：

(1) 联接 例如，a和1是字符串，则a1和1a是由它们形成的联接。一般地说，如果 α 和 β 都是字符串，则 $\alpha\beta$ 和 $\beta\alpha$ 也是字符串。

(2) 析取 如果 α 和 β 是字符串，则 $\alpha\mid\beta$ 也是字符串，表示从二中选一所得的字符串。显然，这个操作满足交换律，即 $\alpha\mid\beta=\beta\mid\alpha$。

(3) 闭包 给定一个字符串 α。定义闭包运算如下：

$$\begin{aligned}\alpha^{*} &= \varepsilon\mid\alpha\mid\alpha\alpha\mid\alpha\alpha\alpha\mid\ldots\\ &= \varepsilon\mid\alpha^{1}\mid\alpha^{2}\mid\alpha^{3}\mid\ldots\end{aligned}\tag{2.1}$$

这称为 α 的克林(Kleene)闭包。还可定义另一种闭包运算如下：

$$\begin{aligned}\alpha^{*} &= \alpha\mid\alpha\alpha\mid\alpha\alpha\alpha\mid\ldots\\ &= \alpha\alpha^{2}\mid\alpha^{3}\mid\ldots\end{aligned}\tag{2.2}$$

这称为 α 的正闭包。通过引入闭包运算，使得有限个串乃至一个串变成无数个串。对于串的一个有限集合，如 $A=\{\alpha,\beta,\gamma\}$，可以当作

$$A=\alpha\mid\beta\mid\gamma$$

因此

$$\begin{aligned}A^{*} &= \varepsilon\mid A\mid A^{2}\mid A^{3}\mid\ldots\\ &= \varepsilon\mid(\alpha\mid\beta\mid\gamma)\mid(\alpha\mid\beta\mid\gamma)(\alpha\mid\beta\mid\gamma)\mid\\ &\quad(\alpha\mid\beta\mid\gamma)(\alpha\mid\beta\mid\gamma)(\alpha\mid\beta\mid\gamma)\mid\ldots\end{aligned}\tag{2.3}$$

类似地，也可以定义A的正闭包

$$\begin{aligned}A^{+} &= A\mid A^{2}\mid A^{3}\mid\ldots\\ &= (\alpha\mid\beta\mid\gamma)\mid(\alpha\mid\beta\mid\gamma)(\alpha\mid\beta\mid\gamma)\mid\\ &\quad(\alpha\mid\beta\mid\gamma)(\alpha\mid\beta\mid\gamma)(\alpha\mid\beta\mid\gamma)\mid\ldots\end{aligned}\tag{2.4}$$

从式(2.1)—式(2.4)，可以得到等式

$$\alpha^{*}=\varepsilon\mid\alpha^{+}\tag{2.5}$$

$$A^{*}=\varepsilon\mid A^{+}\tag{2.6}$$

需要指出的是，空串 ε 和空集 $\varnothing$ 之间的关系和差异。空串是不含字符的串，而空集是不含任何元素的集合。两者共享一个事实，即它们都不含任何东西；但两者是不同的，因为一

个是不含字符,而另一个是不含任何元素(它既可以是字符,也可以是其他符号)。对于集合,我们也可以定义它的闭包。

定义 2.5 集合的闭包 设 $A=\{a,b,c\}$ 是一个集合,集合 A 的闭包运算定义为

$$\begin{aligned} A^* &= \varepsilon \cup A \cup AA \cup AAA \cup \ldots \\ &= \varepsilon \cup A \cup A^2 \cup A^3 \cup \ldots \end{aligned} \tag{2.7}$$

类似地,有

$$A^+ = A \cup A^2 \cup A^3 \cup \ldots \tag{2.8}$$

这里集合的连接表示其中元素按顺序的连接,因此,由此得到的仍然是集合,但却是字符串的集合。

定义 2.6 正则表达式 给定一个集合,如 $A=\{a,b,c\}$,A 上的正则集合定义如下:

(1) A 中的元素是正则表达式。

(2) 如果 p、q 是正则表达式,则经以下操作得到的仍然是正则表达式。

① 联接,即 pq、pp、qp 等也是正则表达式。

② 析取,即 $p \mid q$ 或 $q \mid p$。

③ 闭包,即 p^* 或 q^*。

(3) 返回(2)。从(1)或(2)得到的是正则表达式,反复使用(2)中定义的运算,这样得到的仍然是正则表达式。

2.3 文 法

定义 2.7 形式文法 按照语言学家诺阿姆·乔姆斯基(Noam Chomsky)[1]所给的定义,一个文法 G 是一个四元组 $G=(V_N,V_T,P,S)$,其中:

(1) V_N 是非终端符号的集合。一般用大写的字母表示非终端符号(如 A、B、C 等)。所谓非终端符号是指可以出现在产生式的左边,也可以出现在右边的符号。

(2) V_T 是终端符号的集合。通常用小写字母表示终端符号(如 a、b、c 等)。所谓终端符号是指不能再做任何推导的符号,因此不能单独出现在产生式右边。顺便指出,非终端符号和终端符号没有公共元素,因此它们的交集是空集。

(3) S 是起始符号或称纲符号,$S \in V_N$。

(4) P 是产生式(或称规则)集合,产生式的形式为

$$\alpha \to \beta$$

其中,α 称为产生式的左部,β 称为产生式的右部,且

$$\alpha \in (V_N \cup V_T)^+$$

$\beta \in (V_N \cup V_T)^*$

这表示 α 不能为空串，它由非终端符号和终端符号所组成；β 也是由非终端符号和终端符号组成，但可以为空串。

注意：产生式左部不能全由终端符号组成，因为它不能进行任何推导。

定义 2.8　推导　给定一个文法 $G=(V_N, V_T, S, P)$，如果

$$\alpha \to uwTvx \tag{2.9}$$

是 P 中的一个产生式，其中 $u, w, v, x \in (V_N \cup V_T)^*$，而且

$$T \to y \cup z \tag{2.10}$$

是 P 中的另一个产生式，则式(2.10)中的 T 可用式(2.11)的右部代替，使式(2.10)变成

$$\alpha \to uw(y \cup z)vx \tag{2.11}$$

这就是 G 中的推导步骤。

对于一个文法来说，推导是其唯一的操作。一般地说，第一个推导是从起始符号作为左部的产生式开始，然后用其右部的非终端符号为左部的右部产生式代替。这就如同从式(2.10)和式(2.11)得到式(2.12)那样。这个过程一直继续到所得到的串中不再含有非终端符号为止。

定义 2.9　最右推导　在文法的产生式中，如果用于推导的产生式右部中有多于一个非终端符号，则对出现在最右边的非终端符号进行推导。如果所有推导都按照这个原则进行，则称这个推导为最右推导。

定义 2.10　最左推导　在文法的产生式中，如果用于推导的产生式右部中有多于一个的非终端符号，则对出现在最左边的非终端符号进行推导。如果所有推导都按照这个原则进行，则称这个推导为最左推导。

定义 2.11　乔姆斯基文法层次　乔姆斯基把文法划分为四个类型：0 型、1 型、2 型和 3 型。

以下分别说明这些文法类型。

定义 2.12　0 型文法　在文法 $G=(V_N, V_T, S, P)$ 中，对于具有

$$\alpha \to \beta$$

形式的产生式，其中 $\alpha = \phi A \psi$，而且 φ 和 ψ 都是 $(V_N \cup V_T)^*$ 中的串（也允许是空串），A 是起始符号或其他非终端符号；$\beta = \xi\omega\zeta, \xi, \omega, \zeta \in (V_N \cup V_T)^*$（这表明允许它们为空串，即允许右部为空）。这种类型的文法称为 0 型文法。如果把串中终端符号和非终端符号的个数称为 α 和 β 串的长度，并且用 $|\alpha|$ 和 $|\beta|$ 来表示，则对于 0 型文法而言，$|\alpha|$ 和 $|\beta|$ 之间无大小限制。

0 型文法是最一般的文法类型，也称短语结构文法。

例 2.1 0 型文法：

$$\begin{cases} S\to ABSCD \\ BA\to AB \\ DC\to CD \\ A\to aA \\ B\to bB \\ C\to cC \\ D\to Dd \\ BSC\to BC \\ A\to \varepsilon \\ B\to \varepsilon \\ C\to \varepsilon \\ D\to \varepsilon \\ S\to \varepsilon \end{cases} \tag{2.12}$$

在这些产生式中，唯一缩短的产生式是 BSC→BC，对于它，有 $|\alpha|>|\beta|$。除这个外（以空串为右部的也不考虑在内），还有 $|\alpha|\leqslant|\beta|$，所以它不是缩短文法。由于它既有 $|\alpha|\leqslant|\beta|$，也有 $|\alpha|>|\beta|$，因此是 0 型文法。

定义 2.13 1 型文法 在文法 $G=(V_N,V_T,S,P)$ 中，对于 P 中形如

$$\alpha\to\beta$$

的产生式，如果除 $|\beta|=0$ 外，皆有 $|\alpha|\leqslant|\beta|$，则这个文法称为 1 型文法。1 型文法也称为上下文有关或上下文敏感文法（context-sensitive grammar，CSG）。

例 2.2 $G=(V_N,V_T,S,P)$ 是一个上下文有关文法，其中

$$V_N=\{S,A,B,C,D,E,F\},\quad V_T=\{a,b,c\}$$

产生式集合 P 由以下产生式组成：

$$\begin{cases} S\to ABCS \\ S\to F \\ CA\to AC \\ BA\to AB \\ CB\to BC \\ CF\to Fc \\ CF\to Ec \\ BE\to Eb \\ BE\to Db \\ AD\to Da \\ D\to \varepsilon \end{cases} \tag{2.13}$$

定义 2.14　2 型文法　在文法 $G=(V_N,V_T,S,P)$ 中，对于 P 中形如 $\alpha \to \beta$ 的产生式，如果总有 $|\alpha|=1$，即其所有产生式的左部只由一个非终端符号组成，则这个文法称为 2 型文法，也称为上下文无关文法（context-free grammar，CFG）。

例 2.3　文法：$G=(V_N,V_T,S,P)$ 是上下文无关文法.

其中，$V_N=\{S,A,B,C,D\}$，$V_T=\{a,b,c,d,e\}$，产生式集合 P 由以下产生式组成：

$$\begin{cases} S \to DCD \\ D \to B \\ D \to AD \\ A \to b \\ A \to c \\ B \to d \\ B \to a \\ C \to \varepsilon \end{cases} \tag{2.14}$$

定义 2.15　3 型文法　在文法 $G=(V_N,V_T,S,P)$ 中，P 中形如

$$\alpha \to \beta$$

的产生式仅有两种形式，即

$$A \to aB \tag{2.15}$$

或

$$A \to b$$

和

$$A \to Ba \tag{2.16}$$

或

$$A \to b$$

其中 A，B 是非终端符号，a、b 是终端符号。这种文法称为 3 型文法，也称为正则文法（regular grammar，RG）或线性文法（linear grammar，LG）。根据产生式右部的非终端符号是在左边还是右边，又可分为左线性文法和右线性文法。如式（2.15）为右线性文法，式（2.16）为左线性文法。

2.4 语言

在建立文法和生成语言之前首先需要定义语言。

定义 2.16　语言　在一个有限字符集 Σ 上的任何串的集合，即 Σ^* 的任何子集，称为语言。

简单地说，语言是串的集合，因此 Σ^*、ϕ 和 Σ 都是语言。由于语言只是特殊类型的集合（串的集合），因此对于任何有限的语言，可以通过枚举它的元素来确定。例如，{abc, xyz, e, u} 是在集合 {a, b, ..., z} 上的一个语言。然而我们主要是对无穷的语言感兴趣。因为它通常不能通过枚举来确定。在进一步剖析文法和语言之间的特性之前，先剖析一下语言。

我们首先对于串的操作做一些补充。

定义 2.17　串的逆向　给定一个串 w，它的逆向记为 w^R，表示 w 的从相反方向读的串，也就是由 w 生成的顺序和 w 的顺序相反的串，使得 w 的头现在成为新的串的尾，而尾则成为头。例如，$(alphabet)^R = tebahpla$。通过对一个串的长度使用数学归纳法，可以给出串的逆向的形式定义：

（1）如果 w 的长度为 0，则 $w = w^R = \varepsilon$。如果 w 的长度为 1，比如 w 就是 a，于是，$w^R = a^R = a = w$。

（2）假设已给出长度为 n 的串的逆向定义，如果 w 是长度为 n+1 的串，设 w = ua，其中 $|u| = n, a \in \Sigma$，则根据逆向定义得 $w^R = (ua)^R = a^R u^R = (au)^R$。但根据归纳法的假设，我们已经定义了 u^R，因此对于长度为 n+1 的 w，其逆向也就定义了。

下面用这个定义进行数学归纳法的证明。对于任何 w 和 u，$(wu)^R = u^R w^R$。例如，$(textbook)^R = (book)^R (text)^R = koobtxet$。我们下面通过对串 u 的长度 n 的归纳法来证明。

基本步骤：对于 $|u| = 0$，有 $u = \varepsilon$，因此 $(wu)^R = (w\varepsilon)^R = w^R = \varepsilon w^R = \varepsilon^R w^R = u^R w^R$。

归纳法假设：假设 $|u| \leqslant n$，则 $(wu)^R = u^R w^R$。

归纳法证明：假设 $|u| = n+1$，则必存在某个 $a \in \Sigma$ 和 $x \in \Sigma^*$，使得 $u = xa$，且 $|x| = n$，则

$$
\begin{aligned}
(wu)^R &= (w(xa))^R && \text{因为 } u = xa \\
&= ((wx)a)^R && \text{因为联接是可结合的} \\
&= a(wx)^R && \text{由 } (wx)a \text{ 的逆向的定义} \\
&= ax^R w^R && \text{由归纳假设} \\
&= (xa)^R w^R && \text{由 } xa \text{ 的逆向的定义} \\
&= u^R w^R && \text{因为 } u = xa
\end{aligned}
\tag{2.17}
$$

现在把讨论从个别串扩大到有限或无穷串的集合。

前面提到 Σ^*、ϕ、Σ 等都是语言。由于语言仅是一个特殊类型的集合，因此对于有限

的语言可以通过枚举它的元素——串来确定。例如,如果{school,car,is,of,y,z}是在(a,b,...,z)上的一个语言,但是对于一个一般的语言,枚举方法不再是可以描述或确定一个语言的可行方法,因为大多数语言都是无穷的。可考虑的语言是{0,01,011,0111,...},$\{w \mid w\{0,1\}^*, w=w^R$ 且 w 中 0 和 1 的个数相等$\}$以及$\{w \mid w\in\Sigma^*, w=w^R\}$。最后这个语言称为回文,即从前向后读它和从后向前读它结果是相同的。从现在开始,将把我们的语言描述为

$$L=\{w \mid w\in\Sigma^*, w \text{ 有性质 } p\} \tag{2.18}$$

这和我们描述无穷集合的一般形式是相同的。如果 Σ 是无穷的,则 Σ^* 也是无穷的。但它是否可枚举无穷?不难证明,它是可枚举无穷的。为证明这一点,需要建立整数 N 和 Σ^* 之间的一对一关系。为了构造一个一对一的双影射 $f: N\leftrightarrow\Sigma^*$,首先要确定有限字符集的顺序,比如 $\Sigma=\{a_1,a_2,...,a_n\}$,其中 a_i 是完全不同的,然后按照下列方法来枚举:

1) 对于每一个 $k\geqslant 0$,枚举具有长度为 k 的串先于具有长度为 $k+1$ 的串。

2) 对于长度等于 k 的 n^k 个串的枚举按照词法顺序进行。即对于某个 $m, 0\leqslant m\leqslant k-1$,枚举 $a_{i1,...}, a_{ik}$ 位于 $a_{ji},...,a_{jk}$ 之前。如果对于 $i=1,...,m, i_1=j_{i,}$ 则 $i_{m+1}<j_{m+1}$。

例如,如果 $\Sigma=\{0,1\}$,则 Σ^* 中元素的排列顺序为

$$\varepsilon,0,1,00,01,10,11,000,001,010,011,... \tag{2.19}$$

通俗地说,就是排在前的元素必定是下标小于后面的元素。如果 Σ 是拉丁字母集,则可以使用 $\Sigma=\{a_1,a_2,...,a_{26}\}$ 来表示{a,b,...,z}。其中具有相同长度的串的顺序与普通词典中字的顺序相同。这个顺序不同于长串位于短串之前的顺序。

由于语言是一个集合(串的集合),因此可以对语言进行并、交以及差等操作。当从上下文可知 Σ 是一个有限字符集时,便可用 $\bar{A}$ 来表示 A 的补集,以代替 Σ^*-A 这个较长的记号,即

$$\bar{A}=\Sigma^*-A$$

有些操作只对语言有意义。首先考虑语言的联接。如果 L_1 和 L_2 是字符集 Σ 上的两个语言,则它们的联接是

$$L=L_1\circ L_2$$

或简单地表示为 $L=L_1L_2$,其中

$$L=\{w \mid w\in\Sigma^*, w=xy, \text{且 } x\in L_1, y\in L_2\} \tag{2.20}$$

例如,如果 $\Sigma=\{a,b\}$,$L_1=\{w \mid w\in\Sigma^*$,w 包含偶数个 a$\}$ 和 $L_2=\{w \mid w\in\Sigma^*$,w 以 a 开始,其余全为 b$\}$,则 $L_1\circ L_2=\{w \mid$ w 含奇数个 a,而 b 的个数非确定$\}$。

语言的另一个操作是克林闭包,例如 L^*,其中 L 是一个语言。L^* 是 0 个或多个 L 联接的集合。L 的一个联接就是它本身,因此

$$L^* = \{w \mid w \in \Sigma^*, w = w_1 w_2 \ldots w_k, k \geqslant 0, w_1, w_2, \ldots, w_k \in L\} \tag{2.21}$$

例如，如果 $L = \{ab, b, baa\}$，则 $bbaaabbbbaaabb \in L^*$，因为

$$bbaaabbbbaaabb = b \circ baa \circ ab \circ b \circ baa \circ b \circ b$$

且 ab、b 以及 baa 都是 L 中的串。

注意：这里涉及两个概念。一方面，对于任何有限字符集 Σ，我们使用 Σ^* 来表示 Σ 上的所有串；另一方面，我们使用 L^* 表示语言 L 的克林闭包。这两个概念是完全相同的。如果令 $L = \Sigma$，并应用上面的定义，则 Σ^* 表示 Σ 上所有的串 w，这就意味着存在 $k \geqslant 0$ 以及 $w_1, w_2, \ldots, w_k \in \Sigma$，使得 $w = w_1 w_2 \ldots w_k \in \Sigma^k$，按照这个定义，$\Sigma^*$ 是 Σ 上的串（语言）的集合。

例 2.4　证明 $\varnothing^* = \{\varepsilon\}$。这里，$\varnothing$ 表示空集。

基于上述定义，设 $L = \varnothing$，则对于任意的 $k \geqslant 0$ 以及 $w_1, w_2, \ldots, w_k \in L$，仅有的可能联接是 $k = 0$，得到的是 ε。因此，L^* 的唯一元素是 ε。

例 2.5　证明如果 L 是这样的语言，$L = \{w \mid w \in \{a,b\}^+$，在 w 中，a 的个数和 b 的个数不同$\}$，则 $L^+ \subseteq \{a,b\}^+$。

我们下面证明它。首先要注意，对于任何语言 L_1, L_2，如果 $L_1 \subseteq L_2$，则 $L_1^+ \subseteq L_2^+$，这可由闭包的定义得出。由于 a 和 b 都是串，且它们中的 a 和 b 的个数都不同，所以 $\{a,b\} \subseteq L$，但从题设知 $L \subseteq \{a,b\}^*$，因此 $L^+ \subseteq \{\{a,b\}^*\}^+ = \{a,b\}^+$。这里把 L^+ 表示为 LL^*，因此有

$$L^+ = \{w \mid w \in \Sigma^*, \exists w_1, \ldots, w_k \in L, \text{且 } k \geqslant 1 \text{ 使 } w = w_1 \circ w_2 \circ \ldots \circ w_k\} \tag{2.22}$$

L^+ 可以看作是在联接操作下的闭包，因此 L^+ 由 L 和由 L 中所有串的联接组成的最小语言。这意味着，如果有相同串的若干语言，则 L^+ 是这些语言的交集。

2.5　由文法生成的语言

在 2.3 节中，我们定义了文法，并指出了对于文法的唯一操作是推导。推导的目的是生成由终端符号组成的串。由文法推导出的所有串便组成语言。它是这个文法所生成的和接受的语言。在本节中我们来例证由文法生成的语言[2]。

例 2.6　考虑在例 2.1 中给出的文法所生成的语言

$S \to ABSCD$
$BA \to AB$
$DC \to CD$
$A \to aA$
$B \to bB$

$$
\begin{aligned}
&C\to cC\\
&D\to dD\\
&BSC\to BC\\
&A\to \varepsilon\\
&B\to \varepsilon\\
&C\to \varepsilon\\
&D\to \varepsilon\\
&S\to \varepsilon
\end{aligned}
\tag{2.23}
$$

首先,有

$$S\to ABSCD\to ABCD\to \varepsilon\varepsilon\varepsilon\varepsilon\to \varepsilon$$

因此有 $\varepsilon\in L(G)$,其中 $L(G)$ 表示由 G 所生成的语言。

其次,$S\to ABSCD\to ABCD\to aABCD\to aA\to a$,所以 $a\in L(G)$。

类似地可以得到,$b,c,d\in L(G)$。此外

$$
\begin{aligned}
S\to ABSCD &\to ABABSCDCD\\
&\to ABABCDCD\\
&\to AABBCCDD\\
&\to \cdots\\
&\to a^m b^n c^p d^q
\end{aligned}
$$

最后,通过数学归纳法证明,得到 $L(G)=\{a^m b^n c^p d^q \mid m,n,p,q\geqslant 0\}$。

例 2.7 考虑由例 2.2 给出的文法所生成的语言

$$
\begin{aligned}
&S\to ABCS\\
&S\to F\\
&CA\to AC\\
&BA\to AB\\
&CB\to BC\\
&CF\to Fc\\
&CF\to Ec\\
&BE\to Eb\\
&BE\to Db\\
&AD\to Da\\
&D\to \varepsilon
\end{aligned}
\tag{2.24}
$$

由上式可知

$$S\to ABCS\to ABCABCS\to\cdots\to(ABC)^n F$$

利用产生式的最后若干部分,可以得到

$$S \to ABCABCF \to ABACBCF \to ABABCCF \to AABBCCF \to AABBCFc \to AABBEcc \to AABEbcc \to AADbbcc \to ADabbcc \to Daabbcc \to aabbcc$$

在这个过程中,对于我们期望得到的形式有三个重要的产生式,这三个产生式是

$CA \to AC$
$BA \to AB$
$CB \to BC$

通过这三个产生式,有以下的推导:

$$S \to ABCABCABCF \to ABACBCABCF \to ABABCCABCF \to ABABCACBCF \to ABABACCBCF \to ABABACBCCF \to ABABABCCCF \to AAABBBCCCF$$

因此通过重复使用这些产生式可以推导出 $S \to A^nB^nC^n$。顺序地,通过使用后面的产生式,我们可以给出结论:这个文法生成具有 $a^nb^nc^n(n \geqslant 1)$ 的串的集合。从句型(包含有终端符号和非终端符号在内的串)中,消除非终端符号的方法就是遵循上述所示步骤。由于由文法生成的所有串都具有 $a^nb^nc^n(n \geqslant 1)$ 的相同形式,因此它所生成的语言就是

$$L(G) = \{a^nb^nc^n \mid n \geqslant 1\}$$

例 2.8 考虑在例 2.3 中给出的文法所产生的语言

$$\begin{aligned} &S \to DCD \\ &D \to B \\ &D \to AD \\ &A \to b \\ &A \to c \\ &B \to d \\ &B \to a \\ &C \to e \end{aligned} \qquad (2.25)$$

首先,有

$$S \to DCD \to BCB$$

由于 B 有两个以它作为左部的产生式,$B \to d$, $B \to a$,或 $B \to (d \mid a)$ 以及 $C \to e$,因此有

$$S \to (d \mid a)c(d \mid a)$$

其中 $(d \mid a)c(d \mid a) \in L(G)$。

另一方面,有

$$S\to DCD\to ADCAD\to AADCAAD\to...\to A^mDCA^nD\to A^mBCA^nB$$

因此,$S\to(b\mid c)^m(d\mid a)e(b\mid c)^n(d\mid a)(m,n\geqslant 0)$

例 2.9 考虑由文法 $G=(V_N,V_T,S,P)$ 生成的语言,其中的 $V_N=\{S,A\}$,$V_T=\{a,b\}$,而产生式集合 P 由以下产生式组成:

$$\begin{aligned}&S\to aS\\&S\to \varepsilon\\&S\to bA\\&A\to bS\\&A\to aA\end{aligned}\tag{2.26}$$

由这个文法所生成的语言是简单的,它就是正则语言(因为它是由正则文法生成的)。首先,它生成 ε 和 a,它们属于这个文法生成的语言,即 $\varepsilon,a\in L(G)$。由 $S\to bA\to bbS\to bb\,\varepsilon\to bb$ 得 $bb\in L(G)$。然后进行推导:$S\to aS\to aaS\to...\to a^nS\to a^nbA\to a^nbbS\to...\to a^n(bb)S$,因此由这个文法生成的语言有如下形式:

$$a^n,\ a^n(bb)^n,\ a^n(bb)^na^p(bb)^q,\ ...,\ a^n(bb)^s...a^u,(bb)^{qn}$$

为了讨论由文法生成语言的性质,需要介绍图灵机的概念,因此下一节我们就来讨论图灵机。

2.6 图 灵 机

在正式讨论图灵机之前,有必要先对这个理论的创建者阿兰·M·图灵(Alan M. Turing)(1912—1954)进行介绍。阿兰·M·图灵是一位杰出的数学家和哲学家。当他还是孩子时就对化学着迷,进行过许多化学实验;他对机械也感兴趣。1931 年,他获得剑桥大学国王学院的奖学金。在完成他的博士论文之后就被该学院聘为教授。在该论文中包含他发现的中心极限定理,这是在统计学中的著名定理。1935 年,他对德国伟大数学家戴威·希尔伯特(David Helbert)提出的判定问题产生浓厚兴趣。这个问题是,是否有一般的方法可应用于判定任何断言的正确性。1936 年,他在英国伦敦数学学会会刊上发表了题为“可计算的数及其在判定性问题的应用”(1936,42 卷)。就是在这篇论文中,图灵提出了非常一般的模型,被广泛称为图灵机。在第二次世界大战期间,他加入英军,并在外事办公室领导[在布赖策里公园(Bletchley Park),此地后来成为英国政府在米尔顿肯尼斯的密码学学校]破译了德国法西斯的密码“埃尼格玛”,这成了纳粹德国与其在北大西洋的 U 型潜艇进行通信的手段。正是在他的领导下,这项工作为赢得二战的胜利做出了历史性贡献。战后,阿兰·M·图灵从事早期计算机的研制工作,并对计算机思维问题感兴趣。

他提出，如果计算机能够使人无法区分是由人所作的书面回答还是由机器所作的书面回答，那就应该认为机器是能思考的。他也对生物学感兴趣，并写了器官形成的论文，这也就是有机体的发展形式。美国计算机协会（ACM）[3]于 1966 年创立图灵奖，奖励在计算机科学技术领域作出突出的创新性贡献的个人，以纪念这位计算机先驱的卓越贡献。

如同前面提到的，图灵机是计算机最一般的模型。通常，一个图灵机是由控制装置、一条带和一个读写头组成。控制装置是机器的灵魂，每一步都处于有限个不同状态之一。这个状态是由装置当前的状态和带上当前的输入确定的，而带的输入值是由读写头确定的。所以也可以说，读写头是控制装置和带之间的界面。带分为许多单元，每个单元存放一个输入。带的左边有边界，读写头不能越出这个边界，而其右边则是无穷延伸的。不能越过左边界的限制也可去除，但是这并不改变或增强图灵机的计算能力。图灵机的操作过程是：它有一个初始状态，在对某个问题进行计算之前要把原始数据放在带上。计算开始，读写头对准带的第一个输入，使得初始状态和第一个输入相匹配。下一个状态在控制装置产生，带可以原地不动，也可以向右，使读写头读到右边一格的输入。当到了带的中间位置，带就既可以向左，也可以向右移动了。同时，控制装置可能在带移动时改变状态，也可能维持原状态。

定义 2.18 图灵机 图灵机 A 是一个七元组 $M=(K,\Gamma,\Sigma,\delta,S,b,H)$

K 状态的有限集合。

Γ 字符集，带上的符号，包括空白符号 b，且 $K\cap\Gamma=\varnothing$。

Σ Γ 的子集，不包括 b，它是输入符号的集合。

δ 转换函数，即从 $(K-H)\times\Gamma$ 到 $K\times\Gamma\times\{L,R\}$ 的映像，其中 L 表示带的读写头向左移动，R 表示带的读写头向右移动，δ 表示下个转换函数。例如：

(1) 对于 $\forall q\in K-H$，如果 $\delta(q,a)=(p,R)$，表示图灵机的当前状态是 q，同时有输入 a，则它的下个状态为 p，且带头将向右移动一格。

(2) 对于 $\forall q\in K-H$，如果 $\delta(q,a)=(p.c,L)$，则类似地，下个状态是 p，输入符号 a 变为 c，且带头向左移动一格。

S $\in K$，图灵机的初始状态。

b 在带上的空白符号。注意，输入符号不含空白符号。

H $\subseteq K$，终止状态集合。它意味着终止状态可多于一个。

我们可以用 $\alpha_1 q\alpha_2$ 来表示图灵机的瞬间描述（Instantaneous Description，ID），其中 $q(q\in K)$ 是 M 的当前状态，α_1 和 α_2 是 Γ 中的串，α_1 表示串从带的左边界开始到带头下的符号为止；α_2 表示从带头右边的符号开始直到右边第一个空白符号为止（在 α_1 和 α_2 中可以有空白符号）。瞬间描述（ID）表示图灵机当前是在状态 q 的控制之下，而且带头正好扫描到 α_2 最左边的符号。如果 $\alpha_2=\varepsilon$，则表明带头已扫描到空白符号。

更精确地说，假设 $\alpha_1=x_1x_2...x_{i-1}$，$\alpha_2=x_ix_{i+1}...x_n$，则有

$$x_1x_2...x_{i-1}qx_i...x_n$$

为当前的瞬间描述(ID);假设有从$(K-H)\times\Gamma$到$K\times\Gamma\times\{L,R\}$的映像

$$\delta(q,x_1)=(p,y,L) \tag{2.27}$$

它表示下一个状态是p,而且y将被写到原x_i的位置上,同时,带头向左移动一格。此外,如果$i-1=n$,则x_i是空白字符;如果$i=1$,由于带有左边界,不能再向左移,因此它将不是下一个瞬间描述(ID)。如果$i>1$,则可以用以下表达式来表示瞬间描述的变化:

$$x_1x_2...x_{i-1}qx_i...x_n \vdash x_1x_2...x_{i-2}px_{i-1}yx_{i+1}...x_n \tag{2.28}$$

然而,如果$yx_{i+1}...x_n$仅仅是一个空串,则可删除,意味着机器运行终止。但若状态不是终止状态,那应该认为机器是非正常终止。只有当它处于终止状态时才真正结束运行。

$\delta(q,x_i)$可以采取另一种形式表示,即

$$\delta(q,x_i)=(p,y,R) \tag{2.29}$$

与式(2.28)相同,下一个状态是p,而且y也将被写到原x_i的位置上,但这次带头不是向左移动,而是向右移动一格。在这个情况下,我们使用以下的表达式:

$$x_1x_2...x_{i-1}qx_ix_{i+1}...x_n \vdash x_1x_2...x_{i-1}ypx_{i+1}...x_n \tag{2.30}$$

注意,在这个情况下,如果$i-1=n$,串$x_{i+1}..x_n$为空串,则下一状态是空白字符。情况同上。

图灵机的模型如图2.1所示。

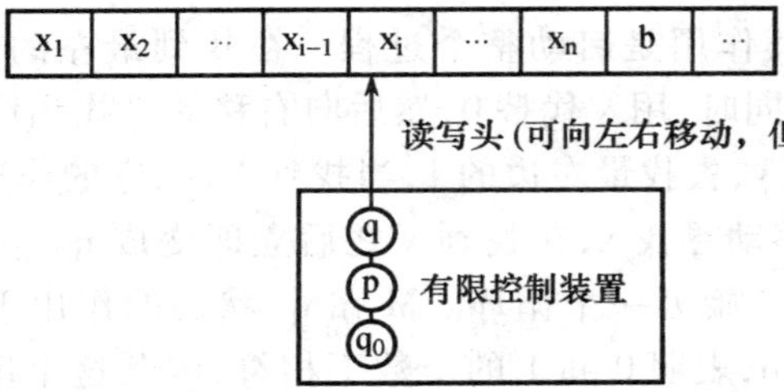

图2.1 图灵机模型

如果两个瞬间描述(ID)通过$\vdash$而相关联,则我们说第二个瞬间描述是由第一个的移动产生的。如果一个瞬间描述是从另一个瞬间描述的有限次(包括零次在内)的移动得到,则我们说两者是经由$\vdash_M$而相关联的,并表示为$\vdash_M^*$。当不会引起混淆时,$\vdash_M$或$\vdash_M^*$可简化为$\vdash$或$\vdash^*$。

例2.10 考虑以下的图灵机

$$K=\{q_0,q_1,q_2,q_3,q_4\}$$
$$\Gamma=\{0,1,x,y,b\}$$

$\Sigma = \{0, 1\}$
$H = \{q_4\}$

状态转换函数 δ 的定义如下。

状态 \ 符号	0	1	x	y	b
q_0	$(q_1 xR)$	—	—	$(q_3 yR)$	—
q_1	$(q_1 0R)$	$(q_2 yR)$	—	$(q_1 yR)$	—
q_2	$(q_2 0L)$	—	$(q_0 xL)$	$(q_2 yL)$	—
q_3	—	—	—	$(q_3 yR)$	$(q_4 bR)$
q_4	—	—	—	—	—

开始时,假设带上包含 0^n1^n,其后跟随无穷多个空白字符 b。我们以 0^21^2 为例,按照 δ 的定义,有下列计算:

$$\begin{aligned} q_0 0011 &\vdash\!\!\longrightarrow xq_1 011 \vdash\!\!\longrightarrow x0q_1 11 \vdash\!\!\longrightarrow xq_2 0y1 \vdash\!\!\longrightarrow q_2 x0y1 \vdash\!\!\longrightarrow xq_0 0y1 \vdash\!\!\longrightarrow \\ & xxq_1 y1 \vdash\!\!\longrightarrow xxyq_1 1 \vdash\!\!\longrightarrow xxq_2 yy \vdash\!\!\longrightarrow xq_2 xyy \vdash\!\!\longrightarrow xxq_0 yy \vdash\!\!\longrightarrow \\ & xxyq_3 y \vdash\!\!\longrightarrow xxyyq_3 \vdash\!\!\longrightarrow xxyybq_4 \end{aligned} \tag{2.31}$$

上述计算过程是:机器 M 反复地以 x 来替换最左边的 0;然后向右移动寻找最左边的 1,用 y 来代替 1;再向左移动,寻找最左边的 0。这样循环动作,直到不再有 0 和 1 为止。这表明其中 0 和 1 的个数是相等的。这样的串就被 M 接受。否则如果 0 的个数多于 1 的个数,或者反之,这个串不被 M 接受。

这个计算过程从 q_0 开始,其作用是启动整个过程。在找到最左的 0 之后,状态变为 q_1,使计算进入到上述的循环。同时,用 x 代替 0,然后向右移动寻找相应的 1。因此 q_1 的作用是继续向右寻找,跳过 0 和 y,去找最左边的 1,当找到 1 时,它的作用也就完成了。现在它变为 q_2,q_2 的作用是向左移动寻找 x,在找到 x 之后立即变成 q_0。在 q_0 的作用下,M 又向右移动寻找最左边的 0,并开始另一个循环。M 在 q_1 状态的作用下向右移动寻找另一个 1,如果在找到 1 之前找到 b,表明 0 和 1 的个数不相符,因此这个串不被接受。状态 q_3 用来扫描 y 和检查还有没有 1;如果已没有 1,则意味 b 跟随 y,于是 q_3 变为 q_4,于是计算终止,而输入串是可接受的。否则,这个计算不能正常结束,或输入串不被接受。因此状态 q_4 是终止状态。

例 2.11 考虑图灵机 $M = (K, \Gamma, \Sigma, \delta, q_0, b, \{q_2\})$,其中:

$K = \{q_0, q_1, q_2\}$
$\Gamma = \{u, a, b\}$ (u 表示带的左边界)
$\Sigma = \{a\}$
$H = \{q_2\}$

定义转换函数 δ 如下：

$$\delta(q_0,u)=(q_0,R)$$
$$\delta(q_0,a)=(q_1,b)$$
$$\delta(q_0,b)=(q_2,b)$$
$$\delta(q_1,a)=(q_0,a)$$
$$\delta(q_1,b)=(q_0,R)$$

在这个机器中，当 M 以初始状态 q_0 开始运行时，当遇到带的左边界 u 时，则不改变而继续向右移动一格；当遇到一个 a 时，状态变成 q_1，同时输入 a 被删除，该单元被改为 b。当 q_1 遇到 b 时状态转换为 q_0，并向右移动。如果 q_1 遇到 a 状态，也转换为 q_0，但带头不动。

为了更清晰地观察图灵机的移动，假设开始时在带上有 3 个 a，则整个操作过程如图 2.2 所示。

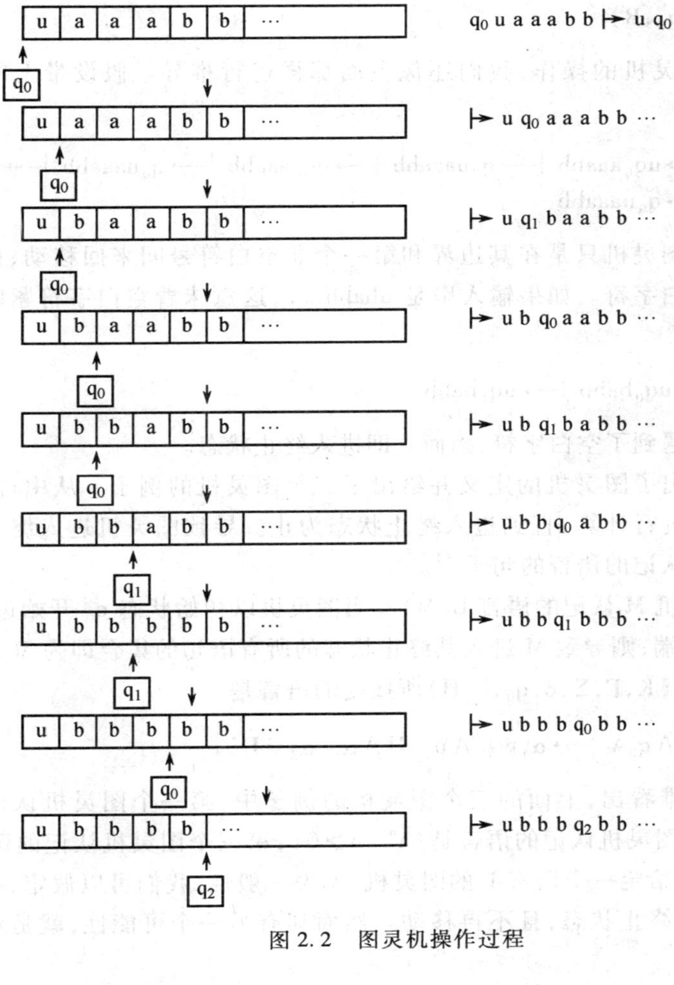

图 2.2 图灵机操作过程

迄今为止,这个图灵机进入了终止状态,因此整个计算过程结束。如图 2.2 所示,这个图灵机的工作就是删除输入带上的 a,不论带上有多少个 a,都能删掉它们,但一次只删一个。

例 2.12 考虑图灵机 $M=(K,\Gamma,\Sigma,\delta,q_0,b,\{q_1\})$,其中:

$K=\{q_0,q_1\}$

$\Gamma=\{u,a,b\}$ (u 表示带的左边界)

$\Sigma=\{a\}$

$H=\{q_1\}$

转换函数 δ 由下列表达式定义:

$\delta(q_0,a)=(q_0,L)$

$\delta(q_0,b)=(q_1,b)$

$\delta(q_0,u)=(q_0,R)$

为了更清晰地观察图灵机的操作,我们还像上面那样进行推导。假设带上的输入串是 uaaabb,则有

$$q_0uaaabb \vdash\!\!\longrightarrow uq_0aaabb \vdash\!\!\longrightarrow q_0uaaabb \vdash\!\!\longrightarrow uq_0aaabb \vdash\!\!\longrightarrow q_0uaaabb \vdash\!\!\longrightarrow uq_0aaabb \vdash\!\!\longrightarrow q_0uaaabb \tag{2.32}$$

因此,在这种情况下,图灵机只是在其边界和第一个非空白符号间来回移动,而不能移动到进入终止状态的空白字符。如果输入串是 ubabb...,这意味着空白字符紧跟在左边界之后,于是有:

$$q_0ubabb \vdash\!\!\longrightarrow uq_0babb \vdash\!\!\longrightarrow uq_1babb \tag{2.33}$$

它只通过一次移动就遇到了空白字符,因而立即进入终止状态。

前面我们已经给出了图灵机的定义并给出了三个图灵机的例子。从中可以看出,图灵机针对带上的输入进行计算,直到进入终止状态为止。导致图灵机进入终止状态的输入便是机器所接受或认记的语言的句子[4]。

定义 2.19 图灵机 M 认记的语言 L(M) 当图灵机以初始状态 q_0 开始运行,而开始时 M 的带头处于最左端,则导致 M 进入其终止状态的所有语句的集合即为 M 所认记的语言。形式地说,由 $M=(K,\Gamma,\Sigma,\delta,q_0,b,H)$ 所接受的语言是

$$\{w \mid w\in\Sigma^* \wedge q_0w \vdash\!\!\longrightarrow \alpha_1p\alpha_2 \wedge p\in H \wedge \alpha_1,\alpha_2\in\Gamma^*\}$$

按照这个定义不难看出,上面的三个图灵机的例子中,第一个图灵机认记的语言是 $\{0^n1^n \mid n\geqslant 1\}$;第二个图灵机认记的语言是 $\{a^n \mid n\geqslant 0\}$;第三个图灵机认记的语言是 $\{b\}$。从这些例子可以看出,给定一个语言 L 的图灵机,不失一般性,我们可以假定,每当输入被接受,机器就进入一个终止状态,且不再移动。然而却有另一个可能性,就是对于不接受

的字符或语句，它决不停止。上面的第三个例子就属于这种情况。

定义 2.20 递归语言 设 $M=(K,\Gamma,\Sigma,\delta,q_0,b,H)$ 是一个图灵机，其中 $H=\{y,n\}$ 由两个可区分的终止状态组成。y 代表“是”，n 代表“否”。任何以状态 y 终止的瞬间描述为接受的配置，而以状态 n 终止的瞬间描述为拒绝的配置。M 接受输入 $w\in(\Sigma-\{u,b\})^*$，即为在 w 内没有任何空白或左边界符号，且 q_0w 产生一个可接受的配置。如果 q_0w 产生以否定 n 作为终止状态的一个配置，则 M 拒绝输入 w。

设 $\Sigma_0\subseteq\Sigma-\{u,b\}$ 是一个有限字符集，称 Σ_0 为图灵机 M 的输入字符集。通过固定 Σ_0 作为 $\Sigma-\{u,b\}$ 的子集，并允许在其计算期间，M 除了使用输入字符集的符号外，还可以使用另外的符号。我们说一个语言 $L\subseteq\Sigma_0^*$ 是可由 M 判定的，如果对于语言 L 的任何语句（即串）w，M 都予以接受；而对于任何 $w\sim\in L$，M 就拒绝。

如果存在一个图灵机能判定 L，则说语言 L 是递归的。

定义 2.21 递归函数[5] 设 $M=(K,\Gamma,\Sigma,\delta,q_0,b,H)$ 是一个图灵机，$\Sigma_0\subseteq\Sigma-\{u,b\}$ 是有限字符集，而 $w\in\Sigma_0^*$ 是 M 的输入。假设 M 对于输入 w 终止，且有

$$Uq_0bw\vdash^* uhby(h\in H,y\in\Sigma_0^*)$$

则说 y 是在输入为 w 时 M 的输出，且标记为 M(w)。注意，仅当对于输入 w 机器 M 达到其终止状态时，M(w) 才有意义，而且在此情况下 M 以配置 y 终止，其中 $y\in\Sigma_0^*$。

我们说一个函数 f 是递归的，如果存在一个图灵机来计算 f。

对于上述的两个定义，一个是使用图灵机来描述一种语言；而另一个是使用图灵机来描述一个函数。我们可以想象，图灵机是正确和可靠地实现某个计算任务的一个算法。下面我们引入一个新的定义。

定义 2.22 非确定图灵机 一个非确定图灵机是确定图灵机的同族。它是一个七元组 $M=(K,\Gamma,\Sigma,\Delta,q_0,b,H)$，其中，K、Γ、Σ 和同族的确定图灵机有相同的含义；q_0 也是初始状态；不同的是 δ 和 Δ。δ 是从 $(K-H)\times\Sigma$ 到 $K\times(\Sigma\cup\{L,R\})$ 的唯一映像，而 Δ 是映射到 $K\times(\Sigma\cup\{L,R\})$ 的一个子集。这意味着，对于 $(K-H)\times\Sigma$ 的一个元素，存在任意个来自 $K\times(\Sigma\cup\{L,R\})$ 的元素可作为它的映射。配置、关系 $\vdash_M$ 以及 $\vdash_M^*$ 是自然定义，但它们不必唯一，也就是说，一个配置可能有任意多个配置作为其下一步。

定义 2.23 非确定图灵机半判定语言 设 $M=(K,\Gamma,\Sigma,\Delta,q_0,b,H)$ 是一个非确定的图灵机。如果 $uq_0bw\vdash_M^* uvhas$ M 接受输入 $w\in(\Sigma-\{u,b\})^*$，其中 $h\in H,a\in\Sigma,y,s\in\Sigma^*$。一个非确定的图灵机接受输入，只要对于这个输入存在使 M 终止的一个计算，尽管也存在许多不终止的计算，则我们说 M 半判定一个语言 $L\subseteq(\Sigma-\{u,b\})^*$，如果对于任何 $w\in(\Sigma-\{u,b\})^*$，都有以下条件成立：$w\in L$，当且仅当 M 接受 w。

这个定义谈及半判定，我们可以进一步定义一个图灵机判定一个语言或判定一个函数。

定义 2.24　非确定图灵机判定语言　设 $M=(K,\Gamma,\Sigma,\Delta,q_0,b,\{y,n\})$ 是一个非确定图灵机，其中 $y,n\in K$。如果对于 $\forall w\in(\Sigma-\{u,b\})^*$，以下两个条件成立，则说 M 判定一个语言 $L\subseteq(\Sigma-\{u,b\})^*$。

(1) 依赖于 M 和 w，存在一个自然数 N，使得在 N 步内不存在 M 的配置 C，满足 $uq_0bw \vdash_M^* -C$，C 表示瞬态描述(ID)。

(2) $w\in L$，当且仅当 $uq_0bw \vdash_M^* uvyas$，其中，$v,s\in\Sigma^*$，$a\in\Sigma$。

这个定义反映了在进行计算时非确定的图灵机所面临的困难。首先，对于非确定的图灵机判定一个语言来说，要求所有计算都要终止。因此假设在 N 步之后不再有计算进行，则 N 就成为联系机器和输入之间的上限。其次，对于机器 M 判定一个语言来说，只要求在所有可能的计算中至少有一个以接受该输入而结束的。这里 y 表示终止状态(是)，另一个将以拒绝(否)来终止。这是极端非寻常的、反对称的和反可理解的约定。类似地有以下的定义。

定义 2.25　非确定图灵机计算函数　我们说一个非确定图灵机 $M=(K,\Gamma,\Sigma,\Delta,q_0,b,H)$ 计算一个函数 $f:(\Sigma-\{u,b\})^*\to(\Sigma-\{u,b\})^*$，如果对于 $\forall w\in(\Sigma-\{u,b\})^*$，以下两个条件成立：

(1) 依赖于 M 和 w，存在一个自然数 N，使得在 N 步之后不存在满足

$$uq_0bw \vdash_M^N C$$

的配置。C 表示瞬态描述(ID)。

(2) $uq_0bw \vdash_M^* uvhas$，其中，$v,s\in\Sigma^*$，$a\in\Sigma$，当且仅当 $va=ub$，且 $v=f(w)$。

对于计算一个函数的非确定的图灵机，要求所有可能的计算都是一致的，否则不能确定哪一个是正确的。在判定和半判定一个语言中，我们通过正面的结果占支配地位的假设来解决问题。

下面给出关于由一个文法生成的语言的重要结论。

定理 2.1　一个语言由一个文法生成当且仅当它是递归可枚举的。

在给出定理 2.1 的证明之前，需要推广图灵机的概念，引入多带图灵机的思想。

定义 2.26　k 带图灵机。假设 $k\geqslant 1$ 是个整数，则 k 带图灵机 $M=(K,\Gamma,\Sigma,\delta,q_0,b,H)$ 几乎和普通的图灵机一样。其中，K、Γ、Σ、q_0 及 H 与在普通的图灵机的定义中相同；但现在的 δ 作为转换函数，它是从 $(K-H)\times\Sigma^k$ 到 $K\times(\Sigma-\{u,b\})^k$ 的映像。这就是说，给定每个状态 q 和在 k 个带上的输入符号 $(a_1,...,a_k)$，将有 $\delta(q,(a_1,...,a_k))=(p,(b_1,...,b_k))$，其中 p 代表 q 的下一状态，$b_j$ 代表在 M 的操作下第 j 条带上的结果，以代替原来的 a_j。因此，对于某个 $j\leqslant k$，如果 $a_j=u$，则带头要向右移动，即这个操作为 R。

由这个定义可知，对于任何整数 $k\geqslant 1$，一个 k 带图灵机即为有 k 个带的图灵机，且对

于每个带都有对应的带头,而其控制装置处理每个带的信息。计算是对每个带上的输入进行的,因此图灵机的配置必须包含这些带的所有信息。

定义 2.27 k 带图灵机的配置 设 $M=(K,\Gamma,\Sigma,\delta,q_0,b,H)$ 是一个有 k 条带的图灵机。M 的配置是

$$K\times(u\Sigma^{*}\times(\Sigma(\Sigma-\{b\}\cup\{e\})))^{k}$$

其中 $e\in\Sigma$,即一个配置标识一个状态、带的内容以及带头的位置。e 表示发生在带尾的可能的变化。下面证明定理 2.1。

证明:必要性。所谓必要性,指的是如果语言由文法 G 产生,则它必定是递归可枚举的。这也意味着将有一个图灵机接受它。设 $G=(V_N,V_t,S,P)$ 是一个文法,我们设计一个半判定由 G 所生成的语言的图灵机。事实上 M 不是确定的,但在图灵机理论上,已经确立以下事实,即可以把非确定的图灵机转换为确定的图灵机,而且两者半判定同样的语言。

下面构造一个 3 带图灵机。第一条带包含由 w 标记的输入,而且带的内容保持不变。M 试图重新构造 G 的推导,即从 S 开始,并对输入 w 进行。因此,M 从把 S 写到第二条带开始,然后按照 M 的产生式,用 S 产生式右部代替;顺序的步骤是用产生式右边的串代替带上的非终端符号,而它也就是该产生式的左部。每一步都是这个过程的重复。然而,由于这是一个非确定的图灵机,因此对于一个非终端符号,以它为左部的产生式可能有多个,因此下一步可能要在 $|P|$ 个产生式中做选择,$|P|$ 是所有产生式的个数。例如,$u\to v$ 是所选的产生式,其中,$u\in(V_N\cup V_T)^{+}$,$v\in(V_N\cup V_T)^{*}$。然后,M 从左到右扫描第二条带,如果发现非终端符号,便寻找带上这个非终端,找到该终端后如果不能产生所需要的句子 w,则表明这个产生式不是合适的产生式,则要选择另一个;如果这个产生式是由这个文法所生成的句子,则为所需要的产生式,即 w 确实是由 M 生成的。这就证明这个语言是递归可枚举的。另外,第三条带是用来存放文法 G 的产生式的。当图灵机扫描第二条带的内容并寻找非终端符号时,检查第三条带并找其左部为这个非终端符号的产生式,然后逐个查找能产生所需的句子的产生式。我们的构造必然有一个满足要求。

充分性。证明的任务是定义接受该语言的图灵机的文法,该文法也接受该语言。假定图灵机是 $M=(K,\Gamma,\Sigma,\delta,q_0,b,H)$。按照图灵机的定义,K 和 Γ 是不相交的,两者都不包含新的终端符号↑。为方便起见,我们进一步假设,当图灵机停止时总是以配置 uhb 结束,即它是在删除带的内容后终止的。如前所述,任何半判定语言的非确定的图灵机都可转换成等价的确定的图灵机。它满足同样的条件。我们需要定义生成 M 半判定的语言 $L\subseteq(\Sigma-\{u,b\})^{*}$ 的文法 $G=(V_N,\Sigma-\{u.b\},P,S)$。下面描述 G 的组成。

G 的非终端符号集合 V_N 由 K 的所有状态包括初始状态 S 组成(初始状态 q_0 可作为初始状态 S)。此外,左边界符号 u、空白符号以及终止标记↑应属于新的非终端符号(但它们不推导出终端符号,只停止推导过程)。可以想象,G 的推导将模拟 M 的向后计算。

我们将通过由初始配置来模拟计算。考虑串 uvaqw↑,然后 G 的产生式向后模拟 M 的动作。对于每个 $q \in K$ 和每个 $a \in \Sigma$,按如下规则定义 $\delta(q,a)$:

1) 如果对于某个 $p \in K$ 和 $c \in \Sigma$,$\delta(q,a)=(p,c)$,则 G 有产生式 $cp \to aq$。

2) 如果对于某个 $p \in K$ 和所有 $a \in \Sigma$,$\delta(q,a)=(p,R)$,则是对于 $\forall c \in \Sigma$,G 有产生式 $acp \to aqc$ 和 $abq \to aq\uparrow$。这个规则通过空白符号把带的伸展移到右边。

3) 如果对于某个 $p \in K$ 和 $a \neq c \in \Sigma$,$\delta(q,a)=(p,L)$,则 G 有产生式 $pa \to aq$。

4) 如果对于某个 $p \in K$,$\delta(q,b)=(p,L)$,则对于所有 $c \in \Sigma$,G 将有相应的产生式 $pab \to aqc$ 和 $p\uparrow \to bp\uparrow$。这个规则反向地删除多余的空白。

通常断言转换函数和产生式是等价的,两者可以相互转换。但是,实际上就文法而言,完整的推导应该在最后得到的串中不再有非终端符号,即没有 K 中的元素,而只有 Σ 中的元素,否则这个推导就是肮脏的推导。然而,在从图灵机或自动机转换成文法的过程中,得到的就是会产生肮脏推导的文法,必须通过添加消除非终端的产生式才能使肮脏推导干净化。因此我们假设 G 包含转换开始计算和终止计算的产生式。产生式

$$S \to ubh\uparrow$$

将迫使可接受的计算在终止位置结束。此外,产生式

$$ubs \to \varepsilon$$

将删除输入左部的最后部分,而 $\uparrow \to \varepsilon$ 将删除终止标记,使得仅剩下输入串。下面的断言更精确地说明文法向后模拟 M 的计算。

断言 2.1 对于 M 的任何两个配置 $u_1q_1a_1w_1$ 和 $u_2q_2a_2w_2$,有 $u_1q_1a_1w_1 \longmapsto u_2q_2a_2w_2$ 当且仅当

$$u_2q_2a_2w_2\uparrow \underset{G}{\longmapsto} u_1q_1a_1w_1\uparrow$$

这里省略断言的证明,只指出这个证明是 M 的动作性质的情况分析。现在几乎到了定理证明的结尾。我们要证明,对于 $\forall w \in (\Sigma - \{u,b\})^*$,M 终止当且仅当 $w \in L(G)$;但是 $w \in L(G)$,当且仅当

$$S \underset{G}{\longmapsto} ubh\uparrow \overset{*}{\underset{G}{\longmapsto}} ubSw\uparrow \overset{*}{\underset{G}{\longmapsto}} w\uparrow \underset{G}{\longmapsto} w$$

由于 $S \to ubh\uparrow$ 是涉及 S 的一个产生式,且产生式 $ubS \to \varepsilon$ 和 $\uparrow \to \varepsilon$ 允许删除起始和终止标记。通过上述断言,$ubh\uparrow \overset{*}{\underset{G}{\longmapsto}} ubSw\uparrow$ 当且仅当 $uq_0bw \overset{*}{\underset{M}{\longmapsto}} uhb$,而这成立当且仅当 M 在 w 时终止。

现在,定理的充分性证明结束,整个定理的证明也完毕。

定理 2.2 如果一个语言 L 可为一个多带的图灵机所接受,则它也可为一个单带图灵

机所接受。

证明:设 L 为一个有 k 个带的图灵机 M_1 所接受。我们可以构造具有一个带而有 2k 个道的图灵机,它接受语言 L(对于道的概念,稍后再作解释),在这些道中,一半是模拟 M_1 中的带的标记,而另一半则是相应道的标记,它指出对应的道,也就是 M_1 对应的头的位置。M_2 的有限控制存放的是 M_1 当前的有限控制的内容和 M_2 带头右边的带标记的计数。

为模拟 M_1 和 M_2,必须访问 k 个头标记,以便知道 M_1 各条带的带头位置,还必须知道在当前位置有哪些带头在其左边,有哪些带头在其右边。在访问了每个头标记并存储所扫描符号到其有限控制之后,M_2 便知道 M_1 的每一条带的带头位置及其所扫描符号,而且知道(根据所给转换函数)下个动作是什么。M_2 根据这个信息在每个道上实施动作,M_1 在当前对于哪个带进行计算,M_2 也就在哪个对应的道进行计算,并且根据需要,向左或向右移动带头;下一步应对哪个道进行计算,决定于 M_1 是对哪个带进行计算的。最后,根据 M_1 和 M_2 改变它的当前状态。至此,M_2 一直随 M_1 亦步亦趋,即它模拟 M_1 的每一个动作。

我们选择记录 M_1 的接收状态之一的状态作为 M_2 的状态,因此当 M_1 接受时 M_2 也接受;否则,M_2 不接受。

现在再回到上面提到的道的概念。可以想象,图灵机的带被划分成 k 个道,这里 k≥1。这样一来,这个带就可看作是 k 元组,每个道是一个分量。例如,图 2.3 就是三个道的示例。

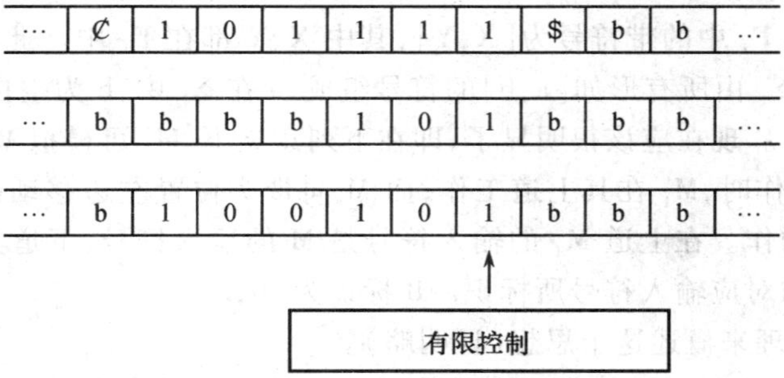

图 2.3 三道图灵机

由多道图灵机的设计可以看出,具有 k 道的图灵机的设计同具有 k 带的图灵机的设计没有多大差异。实际上,在上述定理的证明中思想是一致的。

定义 2.28 具有双向无穷带的图灵机 一个具有双向无穷带的图灵机表示为 $M=(K,\Gamma,\Sigma,\delta,q_0,H)$。带无论是向左或向右都是无穷的。我们表示这样的图灵机的瞬间描述与单向(向右)的图灵机的瞬间描述是一样的。然而在这样的图灵机上,当前位置的左右两边都有无穷的空白。关系 $\underset{M}{\longmapsto}$ 联系其左右的两个瞬间描述,如果其右边的瞬间描述是从左边通过一个移动得到的,那么,我们定义它就和原来的模型一样了,除非 $\delta(q,X)=(p,Y,L)$,这时有 $qX\alpha \underset{M}{\longmapsto} pbY\alpha$(在原来的模型中,对于这种情况不可能有移动发生)。

如果 $\delta(q,X)=(p,b,R)$，则有 $qX\alpha \vdash\!\!\longrightarrow p\alpha$（在原来的模型中 b 在 p 的左边）。

设初始的瞬间描述为 qw。在原来的模型中带有左边界，而现在的图灵机则没有使它"跌落"的边界，因此它可随意向左移动。这里的技巧是使用在半无穷（单个向右的方向）的带上的两个道。上道表示原来向右的带，下道表示原来向左的带，方向从向左变为向右，如图 2.4 所示。

…	x_0	x_1	x_2	…
…	¢	x_{-1}	x_{-2}	…

图 2.4　半无穷的带可模拟双向无穷的带

在图 2.4 中，已经把双向无穷的带转换成单向两道的带。在第一个单元中的 ¢ 表示下面的道，是最左的单元，其原来的扫描方向是从右向左，而现在是从左向右。图灵机的有限控制告知它将扫描出现在上边道的符号（对应于原来向右延伸的带）还是下边道的符号（对应于原来向左延伸的一端）。

下面给出这个图灵机的形式构造 $M_1=(K_1,\Gamma_1,\Sigma_1,\delta_1,b,q_1,H_1)$。状态集合 K_1 中的对象是 $[q,U]$ 和 $[q,D]$，其中的 $q\in K_1$，q_1 也在 K_1 中。第二个分量 U 和 D 分别表示上（Up）道和下（Down）道。Γ_1 中的带符号为 $[X,Y]$，其中 X、Y 都在 Γ_1 中。此外，Y 可以为 ¢（它原来不属于 Γ_1）。Σ_1 由所有形如 $[a,b]$ 的符号组成，a 在 Σ_1 中，b 为空白。H_1 是 $\{[q,U],[q,D]\mid q \text{ 在 } H \text{ 中}\}$。现在应该很明显了，即在下列意义下，$M_1$ 可模拟 M，当 M 向输入带头初始位置的右边动作时，M_1 在其上道工作；而 M 向带头位置左边移动时，M_1 在其下道沿着同 M 相反方向动作。在上道 M_1 的输入符号是 M 的输入符号，下道为空白符号。这样的符号可以由 M 的对应输入符号所标识。B 标识为 $[b,b]$。

下面以一个定理来概述这个思想（证明略）。

定理 2.3　语言 L 被具有双向无穷带的图灵机所识别，当且仅当它可被有单向无穷带的图灵机所识别。

在上面的讨论中，首先介绍了图灵机的原始概念。它是单带的和确定的，且带只向右无穷延伸，而左边有边界。然后逐渐地修改和推广它，使之成为不确定的和多带的图灵机，也包括从单向无穷延伸的带到双向无穷延伸的带。但是所有的推广和修改都不增加或改变原有图灵机的功能。因此，基本事实是定理 2.1，即一个语言由一个文法所生成，当且仅当它是递归可枚举的，可为图灵机所接受的。这样，图灵机就可用来进行语法分析。这就是为什么在面向编译的书中要介绍图灵机的概念。

以下的结果也是重要的。基于图灵机，可以以更有效的计算模型来标识文法。

定义 2.29 文法计算函数 设 $G=(V_N, V_t, P, S)$是一个文法,并设 $f:\Sigma^* \to \Sigma^*$ 是一个函数,如果对于所有的 w 和 v 都有以下表达式成立,我们说 G 计算 f:

$$SwS \xrightarrow[G]{*} v$$

当且仅当 $v=f(w)$,即由输入符号串 w 和其左右为 G 的起始符号的串将在 G 之下生成 Σ^* 中的串,而且它恰是 $f(w)$的正确值 v。

函数 $f:\Sigma^* \to \Sigma^*$ 称是文法上可计算的[6,7],当且仅当存在计算它的一个文法。

类似于定理 2.1,有以下定理 2.4。

定理 2.4 函数 $f:\Sigma^* \to \Sigma^*$ 是递归的当且仅当它是文法上可计算的。

2.7 关于文法和语言的问题

本章讨论了涉及文法和语言的若干问题。

1) 给定一个文法,推导出由这个文法生成的语言。

如果人们想要解决这个问题,则必须穷尽地使用这个文法的产生式进行推导,求出所有可能的语句。由于有时不可能进行穷尽的推导,因此一个可行的办法是使用数学归纳法。在推导了必要的语句作为基础后做出一个假设,然后使用这个假设来进行数学归纳法证明,证明出一般的结果——文法生成该语言。

2) 给定一个语言,寻找生成它的语言。

这个问题是问题 1)的逆问题。如果上述问题可以从给定产生式的推导解决,则这个问题要求由语言产生出文法,即建立文法的产生式。显然,这是困难的。

3) 给定一个文法和语句,判定该语句是否由该文法生成。

这个问题可能有不同的困难层面。如果给定的是单词的文法,则文法的语句是词汇。问题归结到词是否可从文法的产生式推导出来,更确切地说,就是确定词是否属于该文法的词汇。

如果给定的文法是语句或句子的文法,则该语句或句子是词的串。因此问题被转换成判定该语句或句子可否由文法生成。

作为定义词的文法可以定义词汇中的很多词。在此情况下,为了判定一个词是否属于一个文法,定义词的文法可能要做很大努力。

类似地,定义语句的文法也可能包含很多语句。程序设计语言的文法便是这种情况。因此,编译的另一个任务就是判定语句(程序属于由文法生成的语言,是语言的句子)。这就是语法分析的任务。词法分析和语法分析都是编译程序的重要任务,因此也是本书论述的重点。

4）给定两个文法，分析这两个文法是否等价，即它们是否生成相同的语言。

对于这个问题的研究，有两个方法。第一个方法是，可以分析文法本身，看看它们是否相等，但这是很困难的，因为很难确定文法的相等或差异，因此一般来说，这是不可能的解。第二个方法似乎更实际。我们推导出两个文法各自的语言，在生成语言后，可以比较所生成的语言，看看它们是否相等。尽管这也不是一件容易的事，但它是可以进行的。

本书将尽可能多地关注每个问题。当然专注的问题不限于这些。值得研究的问题包括语言和图灵机的关系、文法的简化问题等，但本书的目标并不在此，所以就不更多涉及了。

思 考 题

1. 证明任何文法都可转换成有 uAv→uwv 形式的产生式规则的文法，其中 $A \in V_N$，而且 $u, v, w \in (V_N \cup V_T)^*$。

2. 证明定理 2.1。对于仅当性方面，给定一个文法，构造图灵机，使其有输入 w 时输出一个串 $u \in \Sigma^*$，使得 $SwS \xrightarrow[G]{*} u$，如果这样的串存在的话。对于当方面，使用类似定理 2.1 的证明，但是用向前而非向后的计算。

3. 试设计一个图灵机，它向右扫描直到找到两个连续的 0 为止。带上的字符集是{0，1，b}，输入集是{0，1}。

4. 找出生成下列语言的文法：

(1) $\{ww \mid w \in \{a,b\}^*\}$

(2) $\{(x^2) \uparrow n \mid n \geqslant 0\}$

(3) $\{(a^n) \uparrow 2 \mid n \geqslant 0\}$

(4) $\{a^i \mid l$ 非素数$\}$

5. 在什么条件下一个语言的克林闭包等于它的正闭包？

参 考 文 献

[1] Chomsky N (1956) Three Models for the Description of Language. IRE Trans Inf Theory 2(3): 113-124.

[2] Hopcroft J E, Ullman J D (1969) Formal Languages and Theit Relation to Automata, Addison-Wesley, Reading, Mass.

[3] Hopcroft J E, Ullman J D (2007) Introduction to Automata Theory, Languages and Computation. Addison-Wesley, Reading, Mass.

[4] Knuth D E Trabb Pardo L (1977) Early Development of Programming Languages. In Dekker M (ed) Encyclopedia of Computer Science and Technology 7. Marcel Dekker, New York.

[5] Ledgard H f (1971) Ten Mini-languages: A Study of Topical Issues in Programming Languages. Computing Surveys 3(3): 115 – 146.

[6] Simon M (1999) Automata Theory. World Scientific, Singapore.

[7] Simovici D A, Tenney R L (1999) Theory of Formal Languages with Applications. World Scientific, Singapore.

第 3 章　有限状态自动机和正则语言

自动机理论的诸多方面是各种新学科的重要工具。

——约翰·霍普克洛夫特
拉吉夫·莫特瓦尼
杰弗里·乌尔曼

3.1　本章动机

模式识别是计算机的重要功能之一。例如,文本编辑软件通常需要用一个符号串来替代另一个符号串,而一个编译程序经常需要扫描一个程序的符号来确定某个关键词的位置。串的搜索算法正是基于模式识别,而模式识别又基于自动机理论。

自动机理论和形式语言是计算机科学中最为基本的课题,特别是在编译程序的构造、人工智能、可计算性和复杂性理论中。本章研究各种类型的有限自动机、下推自动机以及更一般的图灵机的确定型和不确定型之间的关系,它是编译程序构造的理论基础,而在更一般的范围内,它也是整个计算机科学的基础。

3.2　语言、文法和自动机

本节将给出文法和自动机的基本概念。

定义 3.1　有限字符集 Σ。有限字符集 Σ 是有限个符号的一个集合。一个字或一个符号串是由这个有限字符集 Σ 中取出的有限符号序列。一个空字(或空串)是不含符号的一个串,以 ε 表示。字 w 的长度以 $|w|$ 表示,是在 w 中符号的个数。

例 3.1　令 $\Sigma=\{a,b,c\}$,则 $w1=acb$ 和 $w2=aababc$ 是 Σ 上的两个字,并且 $|w1|=3$,$|w2|=6$。令 $w=\varepsilon$,则 $|w|=0$。假设 $w=ab$,则 $\varepsilon ab=ab\varepsilon=ab$。

定义 3.2　设 Σ 是一个字符集,而 ε 是不含符号的空字,则 Σ^* 定义为由 Σ 中的 0 个或多个符号的连接组成的词的集合。如果这个集合不含空字 ε,则用 Σ^+ 表示,即

$$\Sigma^+=\Sigma^*-\{\varepsilon\} \tag{3.1}$$

在一个字符集 Σ 上的语言是 Σ^* 的子集。

例 3.2 令 $\Sigma=\{a,b\}$，则

$$\Sigma^*=\{\varepsilon,a,b,aa,ab,ba,bb,aaa,aab,aba,baa,abb,bab,bbb,...\}$$
$$\Sigma^+=\{a,b,aa,ab,ba,bb,aaa,aab,aba,baa,abb,bab,bba,bbb,...\}$$

由

$$L_1=\{a,b,aa,bb,aaaba\}$$
$$L_2=\{a^nb^n:n\in\mathbb{N}\}$$

给出的集合 L_1 和 L_2 都是 Σ 上的语言，其中ℕ 表示正整数的集合（Z^+ 也用来表示整数的集合）。

定义 3.3 设 w_1 和 w_2 是两个词，L_1、L_2 和 L 都是词的集合。

（1）两个词的连接由两个词的符号拼接在一起形成。

（2）L_1 和 L_2 的连接以 L_1L_2 表示，它是通过来自 L_1 中的一个词和来自 L_2 中的一个词拼接形成的，即

$$L_1L_2=\{w_1w_2\mid w_1\in L_1,w_2\in L_2\} \tag{3.2}$$

（3）L 的幂是由 L 同其本身的适当次数的连接形成的。例如，

① $L^0=\varepsilon$

② $L^1=L$

③ $L^2=LL$

④ $L^3=LLL$

⑤ $L^k=LL...L$ （k 个 L 连接）

（4）一个语言 L 的补，由 $\bar{L}$ 标记，并且定义为

$$\bar{L}=\Sigma^*-L \tag{3.3}$$

例 3.3 以下是两个词的连接、两个词的集合的连接以及一个词集合的幂的例子：

（1）如果 $w_1=abc$，且 $w_2=aabab$，则

$$w_1w_2=abcaabab$$

（2）如果 $L_1=\{a,aba,cab,\varepsilon\}$ 且 $L_2=\{ca,cb\}$，则

$$L_1L_2=\{aca,acb,abaca,abacb,cabca,cabcb,ca,cb\}$$

（3）如果 $L=\{a,b\}$，则

① $L^0=\varepsilon$

② $L^1=\{a,b\}$

③ $L^2 = \{aa, ab, ba, bb\}$

④ $L^3 = \{aaa, aab, aba, abb, baa, bab, bba, bbb\}$

定义 3.4 设 L 是一个词的集合，则 L 的克林闭包定义为

$$L^* = L_0 \cup L_1 \cup L_2 \cup L_3 \cup \ldots = \bigcup_{i=0}^{\infty} L^i \tag{3.4}$$

L 的正闭包定义为

$$L^+ = L_1 \cup L_2 \cup L_3 \cup \ldots = \bigcup_{i=0}^{\infty} L^i \tag{3.5}$$

例 3.4 如果 $\Sigma = \{0,1\}$，且 $L = \{0,10\}$，则 L^* 由空字 ε 以及由 0 和 10 组成的词组成，而且有这样一个性质，即在每个 1 之后有一个 0 跟随它。

定义 3.5 一个文法 G 被定义为一个四元组

$$G = (V, T, S, P) \tag{3.6}$$

其中：V 是变量的有限对象的集合；T 是终端符号的有限对象的集合；$S \in V$ 是起始变量的特殊符号；P 是产生式的有限集合。

定义 3.6 设 $G = (V, T, S, P)$ 是个文法，则集合

$$L(G) = \{w \in T^* \mid S \overset{*}{\Rightarrow} w\} \tag{3.7}$$

是由 G 所生成的语言。其中 $S \overset{*}{\Rightarrow}$ 表示通过 0 次或多次推导，可由 S 可推出语句 w。若不包括 0 次推导，则 L(G) 不含空字 ε，即空字可从 L(G) 消去。

例 3.5 求生成语言

$$L(G) = \{a^n b^n \mid n \in \mathbb{N}\}$$

的文法，其中，$\mathbb{N}$ 表示正整数的集合。

文法 $G_1 = (\{S\}, \{a,b\}, S, P1)$ 和 $G_2 = (\{S\}, \{a,b\}, S, P2)$ 都可生成上述语言。其中 P1 由

$S \to aSb$
$S \to \varepsilon$

组成；P_2 由

$S \to aAb$
$A \to aAb$
$A \to \varepsilon$

组成。

自动机是抽象的（数学的）机器，能从输入中读取信息并把信息写到输出上。这个输

入和输出的处理是由它的有限控制装置控制的,如图 3.1 所示。

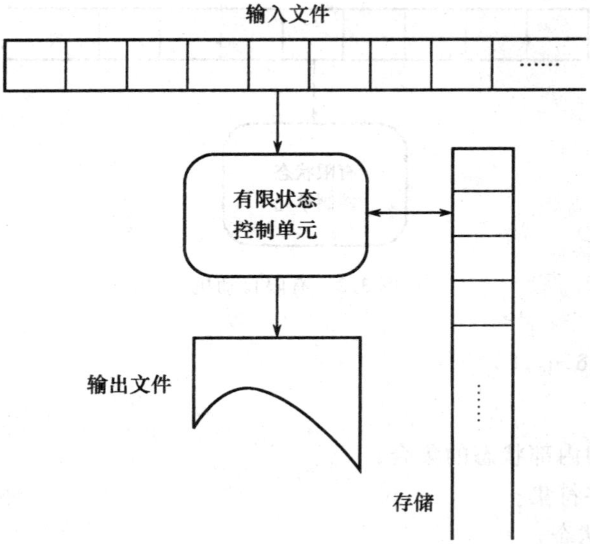

图 3.1　通用自动机

可以将一个自动机想象为一个算法,或一个语言的编译程序,或一台通用计算机的模型。例如在人工智能中,计算机被用于行为状况和智能系统的模拟,包括游戏、人类智能、机器学习、神经系统活动、机器人运动系统等。

一个输出仅限于简单回答是或非的自动机被称为(判定)问题求解器或语言接收器。在遇到一个串的输入时,接收器或者接受(认记)这个串,或拒绝这个串。一个能够生成符号串作为输出的通用自动机称为函数转换器。

实际上有两种不同类型的自动机:确定自动机和非确定自动机。在确定自动机中,每一个移动都是由当前内部状态、当前输入以及当前存在临时存储所唯一地确定的;在非确定自动机中却不能精确地预测自动机的行为,而仅仅能预测一组可能的动作。

3.3　确定有限自动机

有限状态自动机或者简称有限自动机(参见图 3.2),是最简单的自动机。本节和下一节将介绍有限自动机(包括确定的和非确定的在内)的基本概念、结果以及正则语言的性质,并着重介绍有限自动机和正则语言的关系。

定义 3.7　一个确定有限自动机(Deterministic Finite Automaton,DFA)用 M 表示,是一个五元组的代数系统(更精确地说,是一个半群):

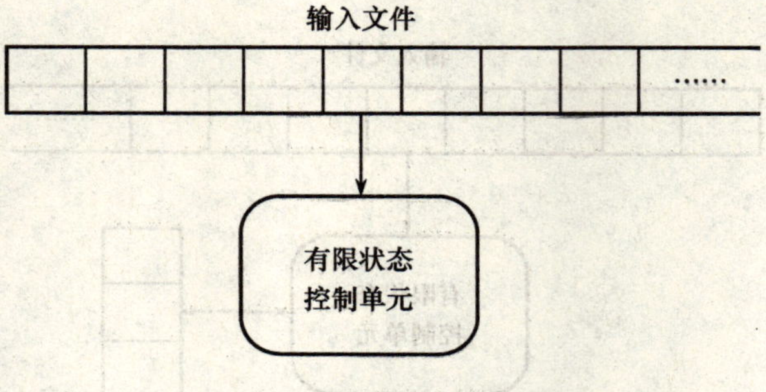

图 3.2 有限自动机

$$M=(Q,\Sigma,\delta,q_0,F) \tag{3.8}$$

其中:

(1) Q 是有限的内部状态的集合;

(2) Σ 是输入字符集;

(3) q_0 是初始状态;

(4) F 是终止状态,或接受状态的集合;

(5) δ 是状态转换函数

$$\delta: Q\times\Sigma\to Q$$

或者,如果以 q 表示当前状态,而 a 是当前输入,则下一状态 p 可表示为

$$\delta(q,a)=p \tag{3.9}$$

注意:这里定义的 DFA 不带输出。我们也可以把它定义为带有输出的,只需增加一个输出集合和输出函数:

$$M=(Q,\Sigma,U,\delta,\lambda,q_0,F)$$

其中:U 是输出字符集;λ 是输出函数

$$\lambda: Q\times\Sigma\to U$$

或者,如果以 q 表示当前状态,而 a 是当前输入,这时产生的输出是 x,则有

$$\lambda(q,a)=x \tag{3.10}$$

例 3.6 设 M 是由 $M=(Q,\Sigma,\delta,A,\{B\})$ 定义的 DFA,而且

$$M=(\{A,B,C\},\{0,1\},\delta,A,\{B\})$$

其中的转换函数 δ 由下列式子给出:

$\delta(A,0)=A \qquad \delta(A,1)=B$

$\delta(B,0)=C \qquad \delta(B,1)=B$

$\delta(C,0)=C \qquad \delta(C,1)=C$

或者,也可通过下面的状态转换表给出:

状 态	输 入	
	0	1
Ⓐ	A	B
Ⓑ	C	B
Ⓒ	C	C

初始状态:A。终止状态:B。

DFA 可用图 3.3 所示,表示成一个有向图,其中初始状态用开始的右箭头表示,而最后状态用双圆圈表示。

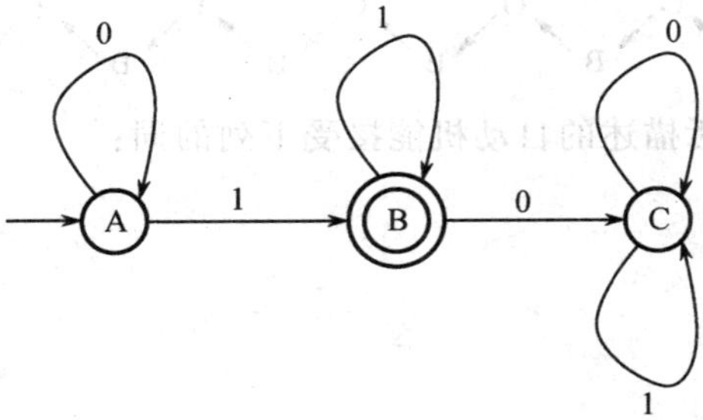

图 3.3 接受具有 m 个 0 和 n 个 1 的串的一个 DFA

上面定义的机器可读一给定的含有一个词的有限带,机器接受它或拒绝它。在机器读带后,如果它处于任何接受状态之一,则这个词就被接受或认记。

例 3.7 考虑在例 3.6 中定义的机器,现在假设机器读的词是 00011。机器读 00011 时的动作如下:

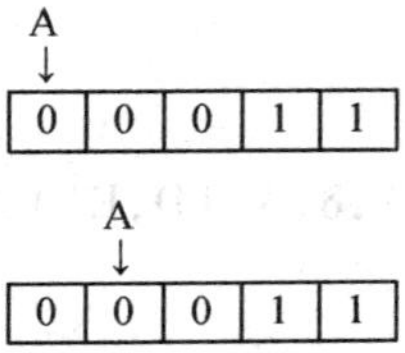

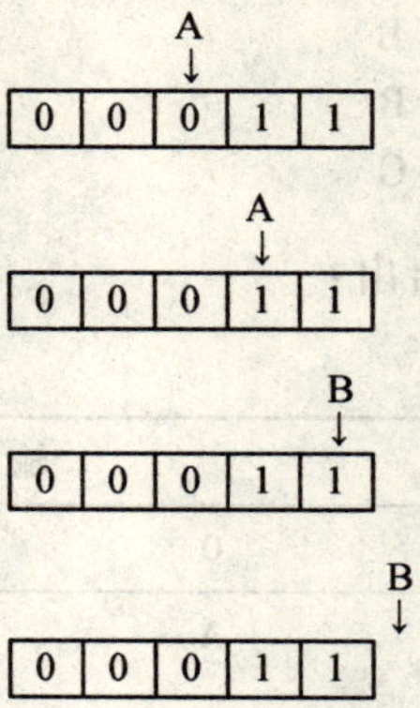

由于在读输入词之后，机器处于最后状态 B，因此这个词为这个机器所接受。然而，如果在读了某个词之后，机器并不停在终止状态，比如它停在状态 C，而 C 是不可抵达状态，则机器就不接受这个词。

有多种方法可描述一个自动机的动作。下面描述一个非常有用的方法（对于定义同一个词的同一个自动机）：

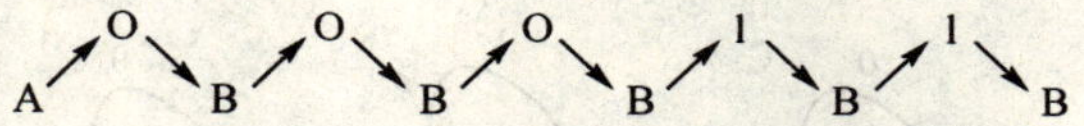

很容易验证，在图 3.3 中所描述的自动机能接受下列的词：

0,
1,
01,
001,
011,
0000011,
00111111111.

在集合符号中，可被 DFA 接受的词的集合是

$$L = \{0^m 1^n \cup 1^n 0^m\}$$

例 3.8　图 3.4 给出了另一个 DFA 的例子。它有两个最终状态 D 和 E。DFA 被定义如下：

$$\begin{aligned} M &= (Q, \Sigma, \delta, q_0, F) \\ &= (\{A,B,C,D,E\}, \{0,1\}, \delta, A, \{D,E\}) \end{aligned}$$

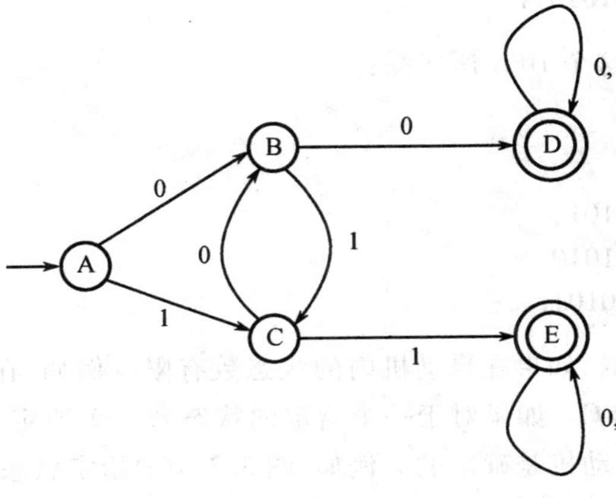

图 3.4 接受两个连续的 0 或 1 的串的 DFA

3.4 非确定有限自动机(NFA)

这里,状态转换函数由下列转换表给出:

状 态	输 入	
	0	1
Ⓐ	A	B,C
Ⓑ	B	D,C
Ⓒ	C	B,E
Ⓓ	D	D
Ⓔ	E	E

初始状态为 A;终止状态为 D 和 E。

显然,下列的串可为这个 DFA 所接受:

00,
11,
00111100,
01001111000,
110111101001010,
1010101010101010100,

0101010101010101011.

但是下列的串却不能被这个 DFA 所接受:

01,
10,
0101010101010101,
01010101010101010,
10101010101010101.

一个自动机是有限的,如果在自动机内的状态数有限。例如,在图 3.3 所示的自动机中仅有三个状态:A、B 和 C。如果对于一个给定的状态和一个给定的输入,自动机的下个状态完全确定,则这个自动机是确定的。例如,图 3.3 中的给定状态 A 和输入 0,其下一状态只能是 A。与确定的自动机相对比,非确定的自动机允许一个自动机从若干个对于一个状态的反应中选择一个作为下个状态,包括从若干个初始状态中作选择的可能性。如果对于一个词的反应之一是使机器处于接受状态,则说这个词可被机器接受。下面研究非确定的自动机。

定义 3.8　一个非确定有限自动机 M 是一个五元组:

$$M = (Q, \Sigma, \Delta, S, F) \tag{3.11}$$

其中:

(1) Q 是有限状态的集合;

(2) Σ 是输入字符集;

(3) $S \subseteq Q$ 是初始状态的集合,通常 $S = \{q_0\}$,如同在 DFA 中那样,但在 NFA 中它可含一个以上的状态;

(4) $F \subseteq Q$ 是终止状态的集合;

(5) 转换函数 Δ 被定义为

$$\Delta: Q \times \Sigma \to 2^Q$$

即

$$\Delta(q, a) = A \tag{3.12}$$

其中,q 表示 NFA 的当前状态,a 表示当前的输入,2^Q 表示 Q 的所有子集的集合,$A \subseteq 2^Q$。

例 3.9　设 M 是如下定义的一个非确定有限自动机:

$$M = (\{A, B, C, D, E\}, \{0, 1\}, \Delta, \{A, B\}, \{E\})$$

其中,Δ 由下式给出:

$\Delta(A, 0) = \{A, C\}$,　　　　$\Delta(A, 1) = A$,

$\Delta(B,0)=B$,　　$\Delta(B,1)=\{B,D\}$,

$\Delta(C,0)=E$　　$\Delta(C,1)=E$

$\Delta(D,0)=\varepsilon$　　$\Delta(D,1)=\Delta(E,0)=E$

则这个 NFA 可表示为图 3.5 所示的有向图,或者通过表 3.1 来表示:

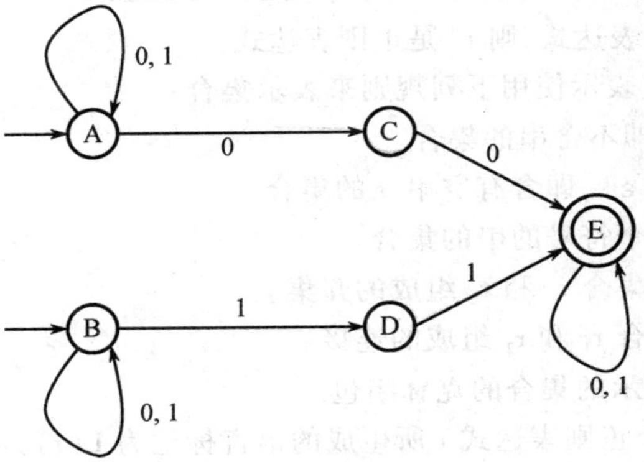

图 3.5 接受两个连续的 0 或 1 的串的一个 NFA

表 3.1 一个 NFA 的转换矩阵

状态	输入	
	0	1
A	{A,C}	A
B	B	{B,D}
C	E	ε
D	ε	E
E	E	E

3.5 正则表达式

我们已经看到,有限状态自动机可用来作为语言认记器(或接受器)。但是这些机器能认记(或接受)什么集合? 将在本节和以下几节中回答这个问题。需要说明的是,可被有限状态自动机认记的集合是正则语言。

定义 3.9 设 Σ 是一个字符集。在 Σ 上的正则表达式可递归地定义如下:

(1) 空集∅是正则表达式。

(2) 空串 ε是正则表达式。

(3) 如果 $x\in\Sigma$,则 x 是正则表达式。

(4) 如果 r_1 和 r_2 都是正则表达式,则 $r_1\cup r_2$ 是正则表达式。

(5) 如果 r_1 和 r_2 都是正则表达式,则 r_1r_2 是正则表达式。

(6) 如果 r 是正则表达式,则 r^* 是正则表达式。

每一个正则表达式表示使用下列规则来表示集合:

(1) ∅表示空集,即不含串的集合。

(2) ε表示集合{ε},即含有空串 ε的集合。

(3) x 表示含有一个符号的串的集合。

(4) $r_1\cup r_2$ 表示由集合 r_1 和 r_2 组成的并集。

(5) r_1r_2 表示由集合 r_1 和 r_2 组成的连接。

(6) r^* 表示由 r 表示的集合的克林闭包。

定义 3.10 由一个正则表达式 r 所生成的语言标记为 L(r),可递归地定义如下:

(1) $L(\varphi)=\varphi$。

(2) $L(\varepsilon)=\varepsilon$。

(3) $L(r)=\{r\}$,如果 $r\subseteq\Sigma^*$。

(4) $L(r_1\cup r_2)=L(r_1)\cup L(r_2)$。

(5) $L(r_1r_2)=L(r_1)L(r_2)$。

(6) $L(r^*)=(L(r))^*$。

因此,对正则语言给出一个定义是顺理成章的。

定义 3.11 正则语言可递归地定义如下:

(1) φ 是一个正则语言。

(2) {ε}是一个正则语言。

(3) 如果 $x\in\Sigma$,则{x}是一个正则语言。

(4) 如果 L_1 和 L_2 是正则语言,则 $L_1\cup L_2$ 是正则语言。

(5) 如果 L_1 和 L_2 是正则语言,则 L_1L_2 是正则语言。

(6) 如果 L 是正则语言,则 L^* 是正则语言。

因此,正则表达式是描述正则语言的缩写方法。

例 3.10 设 $\Sigma=\{a,b\}$,则下列正则表达式表示所指串的集合:

(1) a 表示集合{a}。

(2) a^* 表示集合 $a^*=\{\varepsilon,a,aa,aaa,\ldots\}$。

(3) b 表示集合{b}。

(4) ab 表示集合 $\{a\}\{b\}=\{ab\}$。

(5) $a\cup b$ 表示集合 $\{a\}\cup\{b\}=\{a,b\}$。

(6) $(ab)^*$表示集合$\{ab\}^* = \{\varepsilon, ab, abab, ababab, \ldots\}$。

(7) $\{a\} \subseteq (ab)^*$ 表示集合。$\{a\} \subseteq \{ab\}^* = \{\varepsilon, a, aa, aaa, \ldots, ab, abab, ababab, \ldots\}$。

(8) $a * b$ 表示集合$\{a\} * \{b\} = \{b, ab, aab, aaab, \ldots\}$。

(9) $b(ab)^*$表示集合$\{b\}\{ab\}^* = \{b, bab, babab, \ldots\}$。

(10) $a * b(ab)^*$表示所有以 a 开始,接着是由一个 b 和后接任意对(可为 0 对)ab 组成的串而形成的串的集合。

例 3.11 设 $\Sigma = \{a,b\}$,由定义并根据上题的观点下列集合也是正则的:

(1) $\{a\}$。

(2) $\{\varepsilon, a, aa, aaa, \ldots\}$。

(3) $\{b\}$。

(4) $\{a, b\}$。

(5) $\{\varepsilon, ab, abab, ababab, \ldots\}$。

(6) $\{b, ab, aab, aaab, \ldots\}$。

3.6 正 则 文 法

描述正则语言的第二种方法是借助于某个文法,即正则文法。

定义 3.12 如果一个文法 $G = (V, T, S, P)$的所有产生式有如下形式:

$$A \to xB \qquad (3.13)$$
$$A \to x$$

其中,$A, B \in V$,$x \in T$,则说这个文法是右线性文法。

如果一个文法 $G = (V, T, S, P)$的所有产生式有如下形式:

$$A \to Bx \qquad (3.14)$$
$$A \to x$$

则说这个文法是左线性文法。

一个正则文法或为左线性的,或为右线性的。

例 3.12 下列文法 $G_1 = (\{s\}, \{a, b\}, S, P_1)$,且其 P_1 由

$$S \to abS$$
$$S \to a$$

给出,是右线性文法;$G_2 = (\{S, S_1, S_2\}, \{a, b\}, S, P_2)$,且 P_2 由

$$S \to S_1 ab$$
$$S_1 \to S_1 ab$$

$S_1 \to S_2$

$S_2 \to a$

给出，是左线性文法。G_1 和 G_2 都是正则文法。

由 G_1，得：

$S \Rightarrow abS \Rightarrow aba$

$S \Rightarrow abS \Rightarrow ababS \Rightarrow ababa \Rightarrow (ab)^2 a$

$S \Rightarrow ababS \Rightarrow abababS \Rightarrow abababa \Rightarrow (ab)^3 a$

一般地，$S = (ab)^n a, n \geqslant 1$。

用 $L(G_1)$ 标记的由正则文法 G_1 生成的语言 L 是

$$L(G_1) = \{(ab)^n a \mid n \geqslant 1\}$$

类似地，由 G_2 有

$$\begin{aligned}S &\Rightarrow S_1 ab\\ &\Rightarrow S_2 ab\\ &\Rightarrow aab\\ S &\Rightarrow S_1 ab\\ &\Rightarrow S_1 abab\\ &\Rightarrow S_2 abab\\ &\Rightarrow aabab\\ &\Rightarrow a(ab)^2\\ S &\Rightarrow S_1 abab\\ &\Rightarrow S_1 ababab\\ &\Rightarrow S_2 ababab\\ &\Rightarrow a(ab)^3\\ &\vdots\\ &\Rightarrow a(ab)^n \qquad n \geqslant 1\end{aligned}$$

由正则文法 G_2 生成的正则语言用 $L(G_2)$ 标记，即

$$L(G_2) = \{a(ab)^n \mid n \geqslant 1\}$$

定理 3.1　设 $G = (V, T, S, P)$ 是一个正则文法（左线性的或右线性的），则 $L(G)$ 是一个正则语言。

定理 3.2　一个语言是正则的当且仅当存在一个正则文法 G（左线性的或右线性的），使得 $L = L(G)$。

因此，正则语言和正则文法实际上是等价的概念。由正则语言可以得到它的正则文法，而由正则文法也可生成它的正则语言。

3.7 克林和摩尔定理

描述正则语言的第三个方法是通过有限自动机(Finite Automata,FA)。1956 年,史蒂芬·克林(Stephen Kleene)证明,正则集合是被自动机接受的集合。因此,这个结果称为克林定理。

定理 3.3 克林定理 在一个字符集 Σ 上的一个语言 L 是正则的,当且仅当它是可由一个有限自动机 $M=(Q,\Sigma,\delta,q_0,F)$ 接受的(认记的)集合。

这个定理的仅当部分的证明涉及证明:

(1) ∅可被有限自动机接受。

(2) {ε}可被有限自动机接受。

(3) 对于每一个 $x\in\Sigma$,x 可被有限自动机接受。

(4) 如果集合 A 和 B 可被有限自动机接受,则 AB 也可被有限自动机接受。

(5) 如果 A 和 B 可被有限自动机接受,则 $A\cup B$ 也可被有限自动机接受。

(6) 如果 A 可被有限自动机接受,则 A^* 也可被有限自动机接受。

这个定理的当部分的证明可通过对接受语言 L 的有限自动机中的状态数用归纳法来完成。

克林定理是自动机理论中的核心结果之一。它概述了有限自动机的能力和局限。肯定地说,有很多语言不是正则的,因此也就不能被有限自动机所接受。

最后介绍关于正则集合的另一个重要结果。它是由 E·F·摩尔(E. F. Moore)于 1956 年发现的等价定理。

定理 3.4(摩尔定理) 存在一个算法,可确定在 Σ 上的两个给定的正则集合是否等价。

摩尔定理是关于正则语言可判定性的结果之一。关于正则语言的可判定性还有更多结果,但因篇幅所限这里不再介绍。

3.8 抽吸引理及正则语言的封闭性

如同已经看到的那样,一个语言是正则的,当且仅当存在一个有限自动机接受它;如果没有有限自动机能接受它,那它就不是一个正则语言。下面介绍另一个方法来证明语言的非正则性。

定理 3.5 正则语言的抽吸定理设 L 是一个正则语言,则存在一个正整数 N(依赖于 L)使得对于任何 $x\in L$ 且 $|x|\geqslant n(n>N)$,存在串 u、v 和 w 满足以下条件:

$$x=uvw \tag{3.15}$$

$$|v|>0 \tag{3.16}$$

$$|uv| \leqslant N \tag{3.17}$$

则对于任何 $i \geqslant 0$ 皆有

$$uv^i w^i \in L \qquad \forall i \geqslant 0 \tag{3.18}$$

这里,N 称为正则语言 L 的抽吸数。

这个定理描述了对所有正则语言都普遍存在的性质。因此,如果能证明某个语言不满足这个性质,那它便不是一个正则语言。

例 3.13 使用抽吸定理证明

$$L = \{a^n b^n \mid n \in \mathbb{Z}^+\} \qquad (\text{此处}\mathbb{Z}^+\text{为正整数,不含}0)$$

不是正则语言。

假设 $L = \{a^n b^n \mid n > 0\}$ 是正则语言,并设 N 是抽吸数。必须证明,无论 N 是如何取的,都不能使串中 a 和 b 的个数保持相同,而同时使定理中的式(3.15)、式(3.16)、式(3.17)和式(3.18)保持成立。由式(3.15)和式(3.16)可得,对于某个 k,$uv = a^k$;由式(3.17),对于某个 $j > 0$,有 $v = b^j$;由式(3.18),对于任何 $i > 0$,$uv^i w^i \in L$,于是

$$uv^i w^i = (a^k)^i (b^j)^i = a^{ki} b^{ji}$$

要使 a 的个数和 b 的个数保持相同,则要求 $ki = ji$ 总成立,即 k 和 j 总相等。但这与原义矛盾,因此这个语言不是正则的。

最后给出正则语言的某些封闭性。

定理 3.6 正则语言族在并、交、差、连接、右商、补以及星闭包操作下封闭,即若 L_1 和 L_2 是正则语言,则

$$L_1 \cup L_2, L_1 \cap L_2, L_1 - L_2, L_1 L_2, \overline{L_1}, L_1^* \tag{3.19}$$

是正则的。

3.9　有限自动机的应用

有限自动机在计算机科学中的应用之一是编译程序的构造。例如,一个编译程序必须能识别源程序的哪个符号串是对象的表示,如变量、名字、数值常数以及保留字。模式识别任务是由编译程序中的词法分析程序处理的。事实上,词法分析程序的设计依赖于自动机理论,也可以说,一个词法分析程序就是一个有限自动机。

例 3.14 假设希望对标识符设计一个词法分析程序。标识符被定义为一个字母,后面为任意数或字母,即

$$\text{标识符} = \{\{\text{字母}\}\{\text{字母,数字}\}^*\}$$

容易看出,在图 3.6 中的 DFA 接受上面的标识符。与这个 DFA 相对应的转换表给出如下:

状态/符号	字　母	数　字
A	B	C
B	B	B
C	C	C

初始状态:A。终止状态:B。

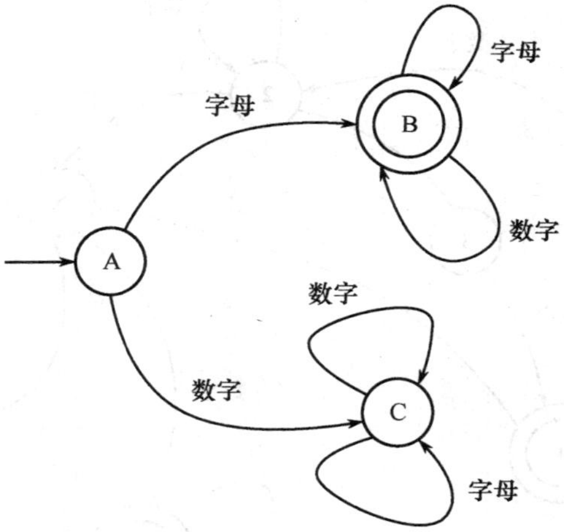

图 3.6　接受标识符的 DFA

例如,在集合 S_1 中的所有元素都是有限自动机可接受的标识符,而在 S_2 中的所有元素都是不可接受的标识符:

$$S_1 = \{C, A21, x2w101, s13579\}, S_2 = \{87, 2add, 7w101\}.$$

例 3.15　假设要对实数设计一个词法分析程序。一个实数可以是以十进制形式(例如,45、79)或指数形式给出(例如,34.0E.9)。在图 3.7 中描述的有限自动机将接受这里定义的实数。这个有限自动机对应的转换表如下:

状态/符号	数字	·	E	+	−
1	2				
2	2	3	5		

续表

状态/符号	数字		E	+	-
3	4				
4	4		5		
5	7			6	6
6	7		5		
7	7				

初始状态:1。终止状态:4 和 7。

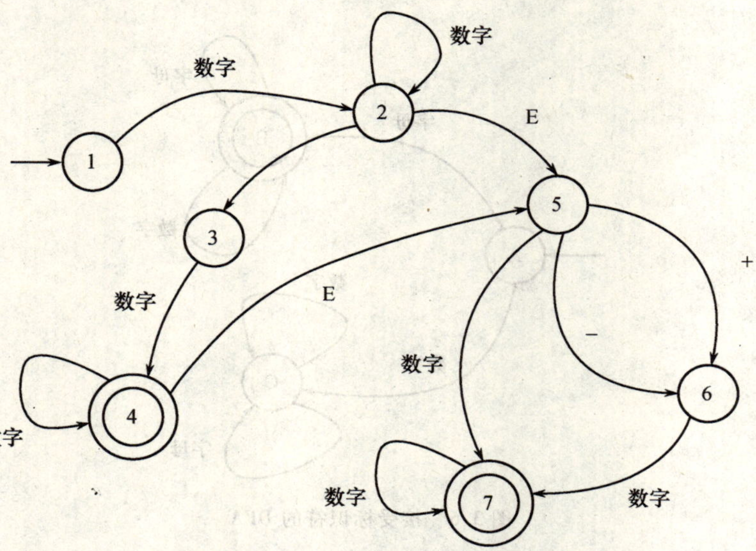

图 3.7　接受实数的 DFA

例如,在集合

$$S = \{54.3, 54.3E7, 54.3E+7, 54.3E-7, 54E7, 54E+7, 54E-7\}$$

都是上面定义的有限自动机所能接受的实数。

3.10　有限自动机的变形

本节将简要介绍有限状态自动机的变型,包括随机自动机、模糊自动机、皮特里(Petri)网络、连接机制以及蜂状机器。这些自动机是经典有限自动机的推广(特别是非确定自动机),而且它们在计算机科学的某些领域中特别有用。

3.10.1 随机自动机

智能行为经常被表征为缺乏确定的可预测性。给定相同的输入,一个智能体(如一个机器人)很可能会以多种方式来动作。其行为的明显非确定性要求有对非确定性作出反应的模型。实现这种模型的一个方法是使用概率。随机自动机是概率自动机类型的。其实,它们非常类似于前面讨论过的非确定自动机。

定义 3.13 一个随机自动机 M 是一个六元组

$$M = (Q, \Sigma, V, \Delta, q_0, F) \tag{3.20}$$

其中:

(1) Q 是有限状态的集合;

(2) $q_0 \in Q$ 是初始状态;

(3) $F \subseteq Q$ 是终止或接受状态的集合,终止状态用双圆圈来括起来作为标记;

(4) Σ 是输入或指令的有限状态;

(5) V 是值空间[0,1];

(6) Δ 是转换函数

$$\Delta: Q \times \Sigma \rightarrow Q \times V$$

即

$$\Delta(q, a) = (p, v) \tag{3.21}$$

它要求,对于任何固定的非终止状态 q 和任何固定的指令

$$\Delta(q, a, p) = 1 \qquad a \in \Sigma \tag{3.22}$$

这个要求允许我们解释

$$\Delta(q, a, p) = x \tag{3.23}$$

为:x 是利用指令 a,机器从状态 q 转换为状态 p 的概率,而且概率和(即对于所有不同的下个状态)为 1。

例 3.16 设 $M = (Q, \Sigma, V, \Delta, q_0, F)$ 是一个随机自动机,而且有

$Q = \{A, B, C\}$	$\Sigma = \{a, b\}$	$q_0 = A, F = \{C\}$
$\Delta(A, a, A) = 0.7$	$\Delta(B, a, A) = 1$	$\Delta(C, a, C) = 1$
$\Delta(A, a, C) = 0.1$	$\Delta(B, b, S) = 0.6$	$\Delta(Cba, C) = 1$
$\Delta(A, a, B) = 0.2$	$\Delta(B, b, C) = 0.4$	
$\Delta(A, b, B) = 0.9$		
$\Delta(A, b, C) = 0.1$		

这里，$\sum_{q'\in Q}\Delta(q,a,p)=1$，即对所有可能的下个状态的概率之和为 1。这个随机自动机如图 3.8 所示。假设用来计算在给定的指令 a 和 b 之下，机器从状态 A 转换为状态 C 的概率。

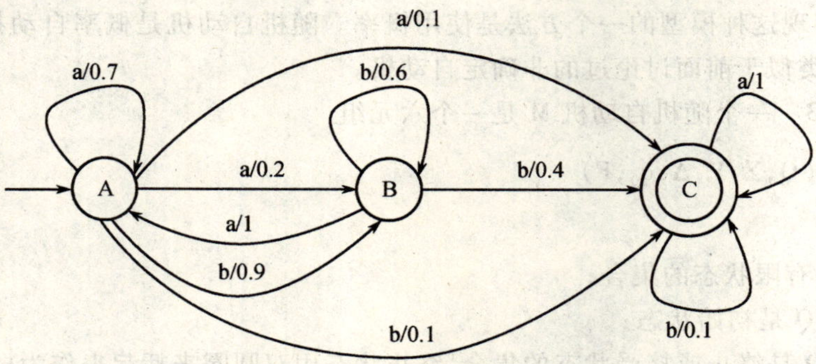

图 3.8　一个随机自动机

$$
\begin{aligned}
\Delta(A,ab,C) &= \sum_{q\in Q}\Delta(A,a,q)\cdot\Delta(q,b,C)\\
&=\Delta(A,a,A)\cdot\Delta(A,b,C)+\Delta(A,a,B)\cdot\Delta(B,b,C)\\
&\quad+\Delta(A,a,C)\Delta(C,b,C)\\
&=0.7\times0.1+0.2\times0.4+0.1\times1\\
&=0.25
\end{aligned}
$$

随机自动机在模拟机器人的行为方面有重要作用，有关更多信息建议读者参阅相关文献。

3.10.2　模糊自动机

在随机自动机中，非确定性是用概率来模拟的。下面介绍另一种类似的自动机，其中的非确定性是通过模糊性（而不是概率）来模拟的。一个模糊自动机是类似于非确定自动机的一种自动机，其中的若干目标状态可以同时出现。然而，它也类似于一个随机自动机，存在自动机转换到某一下个状态的度量以反映它的可信度，这个度量在 0 和 1 之间。

定义 3.14　一个模糊自动机 M 是一个六元组

$$M=(Q,\Sigma,V,\Delta,q_0,F) \tag{3.24}$$

其中：

（1）Q 是有限状态的集合；

（2）$q_0\in Q$ 是初始状态；

（3）Σ 是输入或指令的有限集合；

(4) $F\subseteq Q$ 是终止或接受状态的集合，终止状态用双圆圈括起来作为标记；

(5) V 是值空间[0,1]；

(6) Δ 是转换函数：

$$\Delta: Q\times\Sigma\rightarrow Q\times V \tag{3.25}$$

即

$$\Delta(q,a,p)=v$$

例 3.17　设 $M=(Q,\Sigma,V,\Delta,q_0,F)$ 是一个模糊自动机，而且有：

$$Q=\{A,B,C\},\Sigma=\{a,b\},q_0=A,F=C$$
$$\Delta(A,a,A)=0.8,\Delta(B,a,C)=0.9,\Delta(C,b,B)=0.4$$
$$\Delta(A,a,B)=0.7$$
$$\Delta(A,a,C)=0.5$$
$$\Delta(A,b,C)=0.4$$

则 M 可以表示为如图 3.9 所示。注意，模糊自动机不必是一个随机自动机，例如，$\sum_{q'\in Q}\Delta(C,b,A)=0.4\neq 1$，意即概率之和不等于 1。我们也希望，在给定指令 a 和 b 之下自动机从 A 转到 C 的确定性：

$$\begin{aligned}\Delta(A,ab,C)&=\bigvee_{q\in Q}[\Delta(A,a,q)\wedge\Delta(q,b,C)]\\&=[\Delta(A,a,A)\wedge\Delta(A,b,C)]\vee[\Delta(A,a,B)\wedge\Delta(B,b,C)]\vee\\&\quad[\Delta(A,a,C)\wedge\Delta(C,b,C)]\\&=(0.8\wedge 0.4)\vee(0.7\wedge 0.4)\vee(0.5\wedge 0.7)\\&=0.4\vee 0.4\vee 0.5\\&=0.5\end{aligned}$$

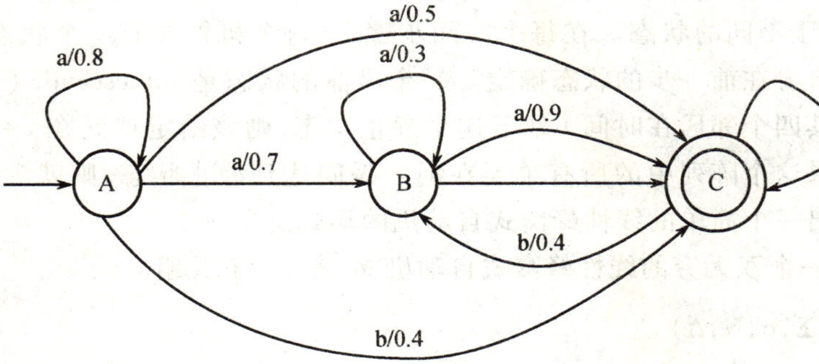

图 3.9　一个模糊自动机

注意：符号"∧"和"∨"表示在所有可能的状态中取极小值和极大值。

模糊自动机在模拟人工智能中的非确定性时是一个重要的工具，特别是在基于专家系统的模糊逻辑中更是如此。

3.10.3　蜂窝式自动机

蜂窝式自动机，也称为嵌式花纹状结构，而且是迭代式线路的计算机，是并行计算的一个模型。自动机的基本概念要归功于约翰·冯诺依曼(John von Neumann)(1903—1957)，引入这些概念，大概不是对它们本身感兴趣，而是把它们作为工具来研究和设计自动机，让它们重新产生。因此称蜂窝状计算机为自再生的自动机。对于这个强大的自动机，这里仅给出简略的介绍。

考虑一个二维的细胞格，它沿所有方向无穷展开(见图 3.10)。假设每个单元(如 A)是一个有限自动机。

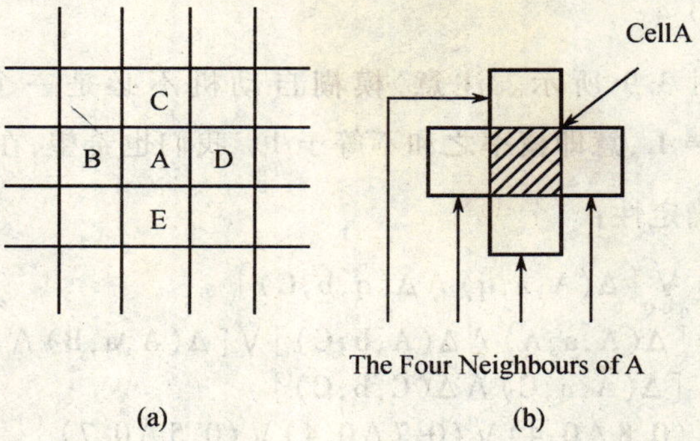

图 3.10　二维细胞格

假设 n 个状态即 $q_1, q_2, \ldots, q_n$ 的状态，其单元在结构上都是相同的，但在任何给定的时间，它们可以处于不同的状态。在每个时间步骤中，每个机器具有一个状态，并由它的四个邻居以及它自身在前一步的状态确定。一个可能的状态是"quiescenti"(静止)，如果一个给定单元及其四个邻居在时间 t 处于这个静止状态，则该给定单元在 t+1 时间也保持这个状态。如果这个阵列中的所有单元在同一瞬间达到静止状态，则就没有状态变化的可能。下面给出一个简单的线性蜂窝式自动机的形式定义。

定义 3.15　一个双无穷的线性蜂窝式自动机 M 是一个五元组

$$M = (\mathbb{Z}, \Sigma, q, N, \Delta) \tag{3.26}$$

其中：

(1) $\mathbb{Z} = \{\ldots, I, \ldots, 0, \ldots\}$ 是单元 i 的集合。

(2) $\Sigma = \{0, 1, 2, \ldots, k-1\}$ 是单元的一个有限非空的(单元)状态的集合。在每个计算步骤中，每个单元处于一个特殊状态。

(3) $N=(a_1,...,a_r)$是邻居，它是严格递增的，由某个 $r\geqslant 1$ 开始的带符号数的序列。这意味着单元 i 的邻居是 $i+a_1,...,i+a_r$。我们称 $r=|N|$ 为邻居的大小。按照邻居的状态，在每个时刻，单元同时改变它们的状态。

(4) Δ 是由

$$\Delta:\Sigma^{|N|}\to\Sigma \tag{3.27}$$

定义的局部转换函数。如果在一个给定的步骤，一个单元的邻居分别处于状态 $p_1,...,p_r$，则在下一步骤这个单元的状态将是 $\Delta(p_1,...,p_r)$。

(5) $q\in Q$ 是初始的静止状态，它满足 $\Delta(q,...,q)=q$。

作为结论，可以指出：一方面，蜂窝式自动机是一个网络，不过自动单元有任意自动机的功能；另一方面，它们又被限制为是彼此相同的。事实上，蜂窝式自动机可通过下面定义的特殊神经网络来模拟：一个双无穷的神经网络是一个五元组的代数系统

$$M=(\mathbb{Z},\Sigma,W,B,\Delta) \tag{3.28}$$

其中：

(1) $\mathbb{Z}=\{...,-i,...,0,...,i,...\}$是单元 i 的神经元的集合；

(2) $\Sigma=\{0,1,2,...k-1\}$是一个有限非空的(神经元)状态的集合；

(3) $W=(w_{ij})_{i,j}\in\mathbb{Z},w_{i,j}\in\mathbb{R}$ 是双无穷的连接矩阵；

$$\forall x=(x_i)_{i\in\mathbb{Z}}\in\Sigma^{\mathbb{Z}}\text{且}\forall i\in\mathbb{Z}\Rightarrow\sum_j w_{ij}x_j\text{是收敛的；} \tag{3.29}$$

(4) $B\subseteq\mathbb{R}\mathbb{Z}$ 是阈值向量；

(5) Δ 是神经元 i 的激活函数，由 $\Delta:\mathbb{R}\to\Sigma$ 定义。

思　考　题

1. 试给出生成语言

$$L(G)=\{a^n b^{n+1}:n\in\mathbb{N}\}$$

的文法，并求由其产生式为

$$S\to Aa$$
$$A\to B$$
$$B\to Aa$$

的文法生成的语言。

2. 利用抽吸定理证明

$L = \{a^i b^j \mid i \neq j, I, j \in \mathbb{Z}^+\}$

$L = \{x \in \{0,1\}: x$ 含相同个数的 0 和 1$\}$

不是正则表达式。

3. 设 L_1 和 L_2 是正则语言。试证明 L_1/L_2 和 $L_1 \ominus L_2$ 也是正则语言，其中 L_1/L_2 和 $L_1 \ominus L_2$ 定义如下：

$L_1/L_2 = \{x: xy \in L_1$ 且 $y \in L_2\}$

$L_1 \ominus L_2 = \{x: x \in L_1$ 或 $x \in L_2$，但 x 不同属于 L_1 和 $L_2\}$

4. 模式匹配。在 UNIX 操作系统中可以使用命令

```
rm  *sy*
```

来删除其名字中有 sy 的所有文件。例如，名字为 ysy011，100sypaper 和 01sypaper 的文件将被删除。试对一个操作系统设计一个自动机，它能接受有以下形式的所有模式：

$\{\{$字母,数字$\}^*\{$字母,数字$\}^*\}$

例如，这个自动机将接受模式 123abd，doc311，d1f22。

参考文献

[1] Yan S Y (1988) Introduction to Formal Languages and Machine Computation. World Scientific, New Jersey.

[2] Hopcroft J E, Motwani R, Ullman J D (2006) Introduction to Automata theory, Languages and Computation, 3rd edn. Addison-Wesley.

第4章 词法分析

对于在文字识别中涉及的奠定认知的机制，我们的评述覆盖很宽的范围——从上下文效果阶段到标记语，到连接机制，直到词法判断任务为止。

词法判断任务是一个主要任务，其中一个主语表示一个相关的词，因而要求迅速评价字母的第二个串是否为合法的词。

——罗伯特·索尔索

4.1 本章动机

根据认知科学，人类对于语言的理解是从对词的识别开始的。如果没有这个阶段，则对语言的理解便不能实现。类似地，作为编译程序的第一阶段，词法分析程序的主要任务是阅读源程序的输入字符并把它们分组成词，而且产生对于源程序每个词的标记序列的输出。在我们进一步讨论词法分析程序之前宜于首先从智能的角度探讨对语言的理解，揭示在语言理解中为什么需要词法分析。

人类的语言能力是非常重要的。藉此，人们才能彼此进行交流，表达思想和感情，并能为自己或别人去记住过去和现在的事情。如果说口头语言是别的智能动物也可能具有的特征，那么书写语言的能力就是人类独有的特征了。

从智能的角度看，人类是如何产生语言和理解语言的呢？从认知科学家的研究中发现，婴儿开始学习语言是从掌握词和词汇开始的[1]。只有掌握了足够的词汇之后，才能理解周围的现实世界。有人（如贝德尔（Beddele，1990））能知道其意义的词有2万到4万个，而且人能记忆的词是这个数字的好几倍。因此，如果人们知道这些词的排列，就可能理解词串的意义。因此，理解一个语言要从对词的理解开始。语言是由句子组成的，每个句子是按照某个现存的规则排列的词串。对于书面语言，句子的层次是词素—词或词法—短句—句子。而对于通过声音表达的句子，其层次结构是语音—音节—词声—句声。在这当中，每一个都受到文法规则的限制。因此按照现代语言学家的观点，理解一个语言涉及五个层次：语音分析、词法分析、语法分析、语义分析和语用分析。语音分析意味着，按照语音规则，独立的语音从声音流被彼此分开，然后按照语音词法学规则，可一一找出音节或对应的词素。至于书面语言的分析,则需要有语音分析这个层次,因为为了理解意义,词法分析通过阅读来完成。当人们阅读熟悉的语言文字时,其理解的层次如同上面所述(语音分析除外)。但当人们要理解口头语言时,则必须包括语音分析在内。因此,对于理解口头语言来说,语音分析是必不可少的基础。

以英文为例,在英文中大约有 45 个不同的语音。例如,当你听到某人说“right”和“light”时,如果英语是你的母语,你自然毫无困难地区分语音 r 和 l。但如果你的母语是日文,那就很可能会在区分这两个语音上存在一定困难。由于中文中有很多同音词,因此情况也类似。只有对整个上下文都进行了分析之后才有可能区分这种情况。

因此,对于语言理解来说,词法分析是必不可少的一步;如同编译一样,词法分析是对程序理解必不可少的一个步骤。这就是为什么本书中需要这一章,而且要把它作为编译的开始。

4.2　词法分析的作用

编译程序的作用是把一类语言翻译成另一类语言,通常是把它翻译成在一台计算机上可执行的语言。换言之,它是以面向人类的语言写成的程序编译或翻译成面向机器的机器代码。

无论是通过键盘逐个字符地输入程序,还是预先以文件把源程序存到内存中,源程序都是以字符流的形式存在的[2]。

假设有一个简单的 C 语言程序如下:

```
/* C program—1 */
main()
{
Printf ("C program --- 1\n");
}
```

设存储器的字长是 32 位(4 个字节),则程序的输入形式如下:

/	*		C	p	r	i	n
	p	r	o	t	f	(	“
g	r	a	m	c		p	r
—	1		*	o	g	r	a
/		m	a	m	—	1	\
i	n	(	n	n	„	)	;
	)		{		}		

词法分析程序的主要任务是从缓冲器中逐个地读这些字符,然后按照不同的情况把它们组合成标记并将这些标记进行编码,从而使原来的字符流就变成了标记串或标记流,并成为语法分析的输入[3]。

除了把字符串变换为标记串的主要任务外,词法分析程序还要完成从源程序的注释中去除空格、造表字符和换行字符以及把源程序中的错误同编译程序的出错信息关联起来等任务[4]。例如,词法分析程序可能记住所见的换行号,使一个行号可以同一个错误信息相关联。在某些情况下,词法分析程序负责复制出标有出错信息的一段源程序。如果源语言支持某个宏预处理器功能,则在词法分析进行时也可实现这些预处理器功能[5]。

词法分析程序逐个地读输入字符。按照 C 语言词法的文法规则,字符流被转化为不同的标记而变为标记流。在 C 语言中,标记可以是关键词,它们通常被保留作特定的用途,而不允许用作标识符;然后是标识符、整数、实数、单字符记号、注释和字符串(用户用作打印)等[6]。现在我们就来描述词法分析程序如何对上面输入的程序工作的。它首先读"/",知道这不是一个字母,而是一个操作符。但在这里不应该有表达式,因此它继续阅读第二个字符,看看是否为 *,如果不是,则确认这是错误的;否则,它知道"/"和" * "的组合是注释行开始的标识[7],直到" * "和"/"的组合,即注释行结束的标识之前的所有字符串都是注释。关于这一点,我们有以下的定义:

```
#define is-comment-starter(chch) ((ch)(ch) == "/"" * ")
#define is-comment-stopper(chch) ((ch)(ch) == " * ""/")
```

这两个规则确定注释的开始符和结束符"/"" * " 和" * ""/"。注释是为程序员写的以便为他们提供信息或备忘录,因此它不被交付编译程序。但当编译程序打印程序清单时,有必要按照注释在源程序出现的位置打印出来。因此,应把注释存放在特定的区域,并按它们原来的顺序存放,而且注释区域只存放注释的内容。此外,还应保存它们原来的地址或位置,以便它们在需要时能归队。在目前的程序设计语言中,注释可以出现在程序中的任何位置,因此在一个程序中可以有许多的注释。

词法分析程序还需要判定输入的结束以及格局字符,因此,在用于词法分析程序的文法中需要定义大小写的字母等。下面列出一部分作为演示:

```
#define is-end-of-input(ch)          ( * ch) = "\0")
#define is-layout (ch)(! Is-end—of-input (ch)&& (ch) <= " ")
```

第一行代码定义输入的结束标识;第二行代码定义格局符号。

```
#define is-uc-letter(ch)   ("A" <= (ch)&&(ch) <= "Z")
#define is-lc-letter(ch)   ("a" <= (ch)&& (ch) <= "z")
#define is-letter(ch)(is-uc-letter(ch) || is-lc-letter(ch))
#define is-digit(ch)   ("0" <= (ch)&&(ch) <= "9")
#define is-letter-or-digit(ch)   (is-letter(ch) || is-digit(ch))
```

这些是字母和数字的定义。第一行代码定义字母的大写；第二行代码定义字母的小写；第三行代码定义大写或小写；第四行代码定义数字；第五行代码定义字母或数字。

```
#define is-underscore( ch) ( ( ch) = "_")
#define is-operator( ch) ( strchr( +_ × ÷ ), ( ch) ! =0)
#define is-separator( ch) ( strchr(";( ) { }", ( ch) ! =0)
```

这些是下画线、算术操作符以及分隔符的定义。此外，还有关系运算符的定义。六个关系运算符是

<,<=,=,<>,>,>=

它们的定义如下：

```
#define is-relop-LT ( ( ch) == "<")
#define is-relop-LE ( ( ch) ( ch) == "<""=")
#define is—relop-EQ ( ( ch) == "=")
#define is-relop-NE ( ( ch) ( ch) == "<"">")
#define is-relop-GT ( ( ch) == ">")
#define is-relop-GE ( ( ch) ( ch) == ">""=")
```

词法分析程序需要区分关键词（保留字）、标识符、关系运算符、注解等标记。每种程序设计语言都有用在语句中的保留字的词典。在这个词典中，含有在机器中的这些词的代码。当词法分析程序找到输入中的一个保留字时，便检查该字的正确性（如拼写和存在性）。如果在词典中可以找到该词，则其正确性被满足。从词在词典的位置处还可找到这个词在机器中的代码。这个代码将程序的中间代码形式代替词在源程序中的形式。在中间代码形式中使用机内代码的好处在于每个标识符以及每个保留字的长度相等，而且采用标志位标识每种类型的属性。C 语言的词典含有下列词（这并未穷尽）：

auto	break	case	char	const	continue
default	do	double	else	enum	extern
float	for	goto	if	in	long
register	return	short	signed	sizedof	static
struct	switch	typedef	union	unsigned	void
volatile	while	switch			

此外，还有其他的数据类型声明词，如 main( ), opt, #define, #line, #error, #pragma 等。注意，词典必须是完备的，应包含用于 C 语言的语句名等合法词。上表不是真正出现在机器中的表，因为每个词都还应该有代码。对这些词的排序并非十分必要，因为它所含的词的数量不多，所以不会需要太多时间来查找。即使采用顺序查找，效率仍然可以接受。

4.2.1 标识符分析

从前面的讨论可知,标识符必须是以字母开始的后接任意个字母、数字及下画线的一个串,可看作是一个正则表达式。我们可以描述C语言的标识符如下:

[a-z A-Z][a-zA-Z_0-9]*

生成正则表达式的文法可以写为:

letter→a | b | .. | z | A | B... | Z | _
digit→0 | 1 | ... | 9
id→[a-zA-Z]A
A→[a-zA-Z_0-9]A
A→ ε

表达式中,A为非终端符号。

正则表达式也可写为

Letter_(letter_ | digit)⁺

有了这个表达式,通过把它同标识符相对照,看看标识符在结构上是否与这个表达式一致。但是在实践中,标识符与这个表达式有所不同,因为实际标识符的字符数受限制。因此当词法分析程序扫描标识符串时,必须计算标识符的个数。如果实际的标识符个数超过限制,则要减少(它还要检查标识符的唯一性)字符,或者宣告出现错误——标识符太长。

在检查每个标识符的正确性后便将它存进专门为标识符提供的表中,这个表称为符号表。它存放每一个标识符,而且对它赋予存放的地址。标识符也被它的中间代码所代替,一般说来,词法分析程序按照标识符在程序中出现的顺序来对其进行编码。例如,第一个标识符可能被编码为I1,其中的I表示标识符(Identifier),1表示第一个;随后的就是I2;等等。通常,标志位占字的两个二进位。例如,我们用λ来表示标志位,λ=00表示保留字,λ=01表示标识符,λ=10表示整数,λ=11表示实数。字中其他二进位表示标识符的个数或内存中存放该项目的地址。

在对标识符进行词法分析中有一个重要任务,即判定该标识符的说明。大多数程序设计语言都有这样的要求,即对标识符的说明(称为定义性出现)应先于标识符在程序中的出现(称为应用性出现)。因此这个原理称为定义性出现先于应用性出现。这个原理也隐含了:一个标识符仅可有一个说明,否则会出重复定义的错误。不允许用两种类型两次定义同一个标识符;也不允许不经定义就使用标识符。如果违反这些规则,词法分析程序将以出错来处之。

4.2.2 常数处理

常数的处理比标识符的处理更为复杂。如同标识符一样，整数和实数都可表示为正则表达式。例如，在一些关于编译程序的书中通常把实数表示为：

(+ | -) digit*. digit digit* (e(+ | - |) digit digit * |)

这个表达式指出，一个实数可以含符号（ + 或 - ）或不含符号，在符号之后是 0 个或多个数字，接着是小数点，小数点后是至少一个数字，如果数含有指数部分，则必须以字母 e（表示指数 exponent）开头；后面又是可含符号或不含符号，在此之后至少又是一位数字。

如果引入一个单目后缀运算符？来表示 0 个或 1 个符号出现，即 r？等价于 r | ε，或者 L(r?) = L(r) ∪ { ε }，则可以有另一个表达式[8]

(+ | - |) digit((. digit) *)？ (e[+ -]？ digit)？

这两个表达式表示同一事实，即实数。就实数的结构而言，它们没有错，但没有考虑对于实数的限制。我们知道，在实数的表达式中不允许出现前导 0，也不允许出现后尾 0。但在上述两个表达式中前导 0 和后尾 0 都可能被包括进来，因此这两个表示不准确。我们可以定义生成正则表达式的一个文法：

N→ + R |
   - R |
   digit R |
   . P

R→digit R |
   . P

P→digit L |
   digit

L→digit L |
   e A |
   digit

A→ + M |
   - M |
   digit M |
   digit

M→digit M
   Digit

这些产生式实际上生成实数的正则表达式。它可包括前导 0 和后尾 0。词法分析程序可以基于它来处理实数[9]。处理方法是把表示整数或实数的数字组合在一起以形成数字串，然后把它翻译成二进制数，并把它放进常数表中[10]。处理的顺序也是按照这些常数出现的顺序进行。即：以上述方式处理了第一个数之后，当出现第二个数时首先检查它是否已在常数表中出现过。如果在常数表中已经存在，则不需要把它存进表中；否则，就要像处理第一个数那样处理它，并把它存进常数表中。

与标识符一样，常数也有非正则的一些性质。在任何程序设计语言中，由于内存容量的限制，一般地，一个整数仅可占据内存的一个字(32 位或 64 位)，而一个实数占据两个字或是整数的两倍。因此，当进行常数的拼接或转换时要检查对数的值。当数的大小或长度超过限制时，词法分析程序将报告错误。

为了表示不带前导 0 和后尾 0 的合法的实数表达式，我们需要修改这个表达式。我们引入新的终端符号 digit1 来表示[1...9]，原来的 digit 仍表示[0...9]，于是，修改后实数的正则表达式变为：

$$(+ \mid - \mid)(0 \mid \text{digit1 digit}^*).(0 \mid \text{digit1} \mid \text{digit1 digit} \mid \text{digit digit1}^*)(e(+ \mid - \mid) \text{digit digit1})?$$

读者可以检查哪些实数类型被包括在这个表达式中。

4.2.3 词法分析程序结构

我们已经分析了词法分析在处理注释、保留字、标识符以及常数中的工作。下面介绍词法分析程序的结构。

词法分析程序的基本任务是：给定描述标记的集合 S 以及在输入流中的位置 p，词法分析程序判定 S 中的哪个正则表达式匹配从 p 开始的输入段，并判定这个段在程序中的作用。

按照词法分析程序的任务，分析程序可以手工地构造或由计算机自动构造。两者都是以通过正则表达式表示的标记为基础[11]。这里主要说明手工生成的词法分析程序的结构。图 4.1 示出了词法分析程序的头文件 lex.h，定义七种标记：注释行、标识符、保留字、常数、单个字符的标记、ERRONEOUS（出错）标记以及 EOF（文件结束）标记。所谓单个字符的标记指的是 +、-、×、(或 *)、÷(或/)、;、(、)、{、} 等分隔符。图 4.1 示出了标记类型及其扩充字段。这个字段记录标记在输入中的开始位置，并包含类似常数的定义。

词法分析的主要程序由四部分组成：管理输入文件的局部数据的说明、全局变量 Token 的说明、起始词法分析程序的子程序 start-lex( )以及读取下个标记的 get-next-token( )。Get-next-token(0)用来扫描输入流、读下个标记并把数据放入表中。图 4.2 示出了数据和词法分析程序的开始：

词法分析程序的主程序反复调用子程序 get-next-token( )。Get-next-token( )及其子程序检查当前的输入字符是属于何种类型的标记，然后打印从 Token 找到的信息，识别出是 EOF 并作处理后循环结束。图 4.3 示出了词法分析程序的主程序。

```
/* Define class constants;0-255 reserved for ASCII characters; */
    #define EOF             256
    #define comment         257
    #define constant        258
    #define reserved word   259
    #define identifier      260
    #define ERRONEOUS       261
    typedef struct {
        char * file-name;
        int line-number;
        int char-number;
    } position-in-file;
    typedef struct   {
        int class;
        char *repr;
        position-in-file pos;
    } token-type;
    extern token-type token;
    extern void start-lex (void);
    extern void get-next-token (void);
```

图 4.1　人工生成词法分析程序的头文件

```
#include "input.h"          /* 用于get-input( ) */
#include  "lex.h"
/*private */
static char *input;
static int dot;              /*在输入中的dot位置*/
static int input-char        /*在dot处的字符*/
#define next-char( )         ( input-char=input[++dot])
/* public */
Token-type Token;
void start-lex (void) {
  input=get-input( );
  dot=0;input-char=input[dot];
  }
```

图 4.2　人工生成词法分析程序的数据和开始部分

限于篇幅,这里就不详细介绍 get-next-token( )的工作了。在注释和格局字符跳出后,get-next-token( )记录标记的位置以及存储在 Token-pos 字段中的位置。接着 get-next-token( )基于存储在 input-char 的当前输入区分标记的第一个字符。它有五种符号:字母、数字、运算符/分隔符、出错和文件结束标志。这里所说的处理主要包括两个方面:一方面是把源程序表示成中间代码形式;另一方面是由输入信息构造各种各样的表。

```
#include "lex."          /* for start-lex (h), get-next-token ( )*/
int main( ) {
start.lex( );
  do {
     get-next-token( );
     switch(Token.class) {
     case COMMENT; printf("comment"), store-comment( ); break;
     case CONSTANT; printf("constant"), handle-constant( ); break;
     case IDENTIFIER; printf("identifier"), handle-identifier( ), break;
     case RESERVED WORD; printf (" reserved word"), handle-reserved
          word( ); break;
     case ERRONEOUS; printf("erroneous"), handle-erroneous( ); break;
     case EOF; printf("end-of-file pseudo-token"); handle-eof( ); break;
     default; printf("operator or separator"); single-token( ); break;
     }
     printf (": %s\n", Token.repr);
  } while (Token.class != EOF);
  return 0;
}
```

图 4.3 人工生成词法分析程序的主程序

对于保留字,不需要对保留字造表,因为在编译程序中已存有词典。每个保留字都有固定的编码,因此对于保留字,唯一要做的是对于它在源程序中的出现以编码代替得到中间代码形式。

对于标识符,首先需要把字符组合成标记,然后按照它在源程序中出现的顺序赋予一个编码;其次是赋予它地址用作在内存中存放它的值。

对于常数,分为整数和实数(浮点数),这两种数存放在不同的区域。因此,词法分析程序所用的区域包括[12]:

DR[i]:保存保留字词典,i 为索引。

SA[j]:源程序区域,j 为地址。

IA[k]:中间语言区域,对应于源程序区域,但已把源程序的每个分量表示为中间形式。

假设保留字、标识符和常数都有标志码:

	λ(标志)		
保留字	0	保留字 i	保留字在词典中的索引
标识符	1	标识符 id	id 在 IT 表中的地址
整数	2	常数 ct_1	ct_1 在 CT1 表中的地址
实数	3	常数 ct_2	ct_2 在 CT2 表中的地址

保留字的处理方法:首先把保留字的字符组合在一起,以形成一个词;然后在词典中查找有无这个词,如果有,则表明它确实是保留字,于是取出它的编码来代替它在源程序中的出现。另一方面,如果在词典中并无这个词,则表明出错,应向程序员发出出错消息。

识符的处理方法:先把字符组合成标记。然后查当前的标识符表(IT)[13],看看它是否出现过。当第一个标识符会遇到IT表为空时,不需要查找,直接把它放进表中即可。如果此标识符未在表中出现过,则它是新定义的标识符,要把它存入IT表中,按其出现的顺序进行编码,并给它分配内存地址。如果该标识符已在IT表中出现过,而且类型相符(不是重复定义),则要把它换成中间代码,即在中间代码程序中以中间代码出现。图4.4示出了中间代码和IT表的对应关系。在处理常量时,第一步也是先对它进行组合,但有一点不同于标识符的处理,就是要将十进制常数转换为二进制数。对整数和实数的处理过程是相同的,但是,存储实数占用的字长是存储整数的一倍以上。如果一位整数占一个字长,那么其实数形式将占两个字长,如图4.5所示[14]。

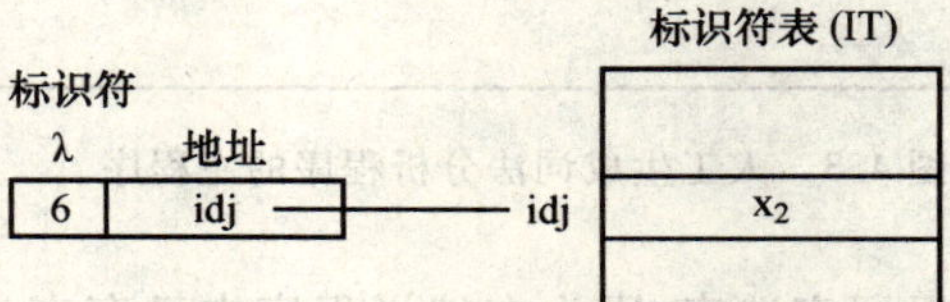

图4.4 标识符的中间代码形式同IT表

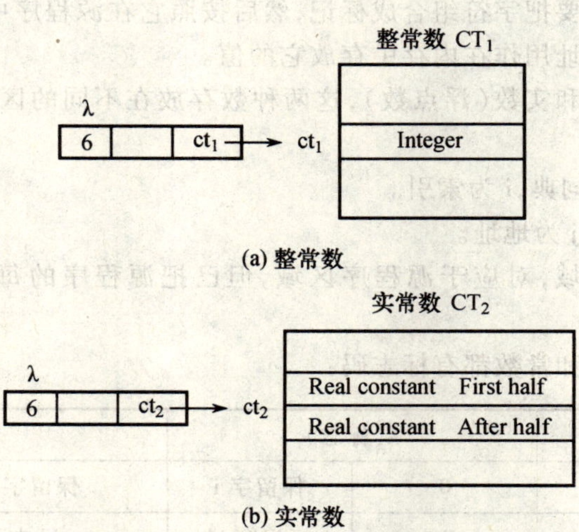

图4.5 两种类型的常数表示

与对于标识符的处理一样,在把常数的数字组合在一起(还要进行值的计算)后,要检查常数表是否已存在这个数,如已存在,则不必再将它存入表中,而只需在中间代码区内对应位置放置中间代码(它的地址);如果不存在,则应顺序地将它放入表中,并且在中间代码区内对应位置放置中间代码。

以下是一个简单的 C 语言程序及其对应的中间语言形式。图 4.6 通过源程序与其中间代码的对照示出了词法分析的整个过程[15]。

```
#include <stdio.h>
main ( )
   {
     int x=1,total=0,y;
     while (x<=10) {
            y=x*x;
            printf ("% d\n", y);
            total+=;
            ++x;
     }
   printf ("Total is %d\n", total);
   return 0;
}
```

(a) C 语言源程序

0	# 的机内表示	1	y 的机内表示	0	“ 的机内表示	0	printf 的机内表示
0	include 的机内表示	0	; 的机内表示	4	% d 的机内表示	0	(的机内表示
0	< 的机内表示	0	while 的机内表示	4	\n 的机内表示	0	“ 的机内表示
0	stdio.h 的机内表示	0	(的机内表示	0	” 的机内表示	1	total 的机内表示
0	> 的机内表示	0	x 的机内表示	0	, 的机内表示	4	is 的机内表示
0	main() 的机内表示	0	<= 的机内表示	1	y 的机内表示	4	% d 的机内表示
0	{ 的机内表示	2	10 的机内地址	0	) 的机内表示	4	\n 的机内表示
0	int 的机内表示	0	) 的机内表示	0	; 的机内表示	0	” 的机内表示
1	x 的机内表示	0	{ 的机内表示	1	total 的机内表示	0	, 的机内表示
0	= 的机内表示	1	y 的机内表示	0	+= 的机内表示	1	total 的机内表示
2	1 的机内地址	0	= 的机内表示	1	y 的机内表示	0	) 的机内表示
0	, 的机内表示	1	x 的机内表示	0	; 的机内表示	0	; 的机内表示
1	total 的机内表示	0	* 的机内表示	0	++ 的机内表示	0	return 的机内表示
0	= 的机内表示	0	; 的机内表示	1	x 的机内表示	2	0 的机内地址
2	0 的机内地址	0	printf 的机内表示	0	; 的机内表示	0	; 的机内地址
0	, 的机内表示	0	(的机内表示	0	} 的机内表示	0	} 的机内地址

(b) 源程序的中间语言示意

图 4.6 源程序和中间语言表示

图 4.6 中标记位出现 4,它不属于前面规定的 0—3 的标志。这里仅是为了说明中间语言表示在实践中可能需要用更多标志。

C 语言中的 lex 以以下方式工作:首先由 lex 把源程序写成为 lex.1,然后由 lex 的编译程序编译成 lex.yy.c。程序 lex.yy.c 涉及从 lex.1 的正则表达式构造的转换图和认记词素的标准子程序。转换图是状态转换，它是从产生式右部的每个配置定义状态得到的。例如，在产生式 S→ABC 中可以有以下的配置状态：

S→·ABC
S→A·BC
S→AB·C
S→ABC·

这些配置应与由其他产生式得到的配置一并考虑。例如，如果有另一个以 A 作为左部的产生式

A→Bβ

其中 β 是由终端符号和非终端符号组成的串，则

S→·ABC
A→·Bβ

应作为基本项或者作为同一个状态。结果从 S→·ABC 到 S→A·BC 就是一个状态转换。对于一个文法的所有产生式，需要写出所有的状态转换（在后面的词法分析中将更详细地讨论状态转换）。在 lex.1 中，转换图被表示在表中，其中与正则表达式相关联的动作被表示为 C 语言的代码，它们被直接移到 lex.yy.c 中。最后，lex.yy.c 被编译为目标程序 a.out，这便是把输入串转换成标志序列的词法分析程序。

上述过程如图 4.7 所示。

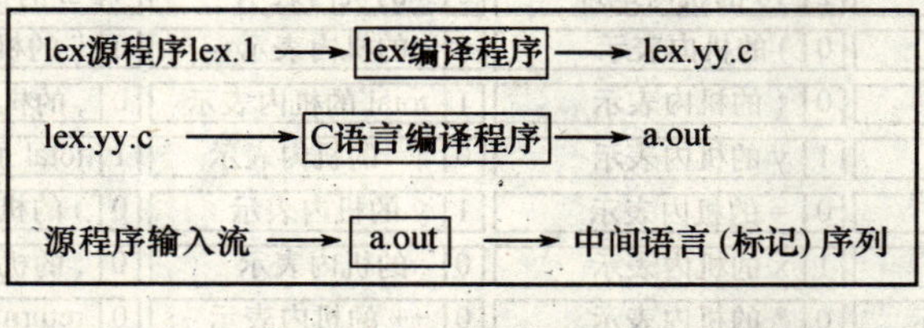

图 4.7　由 lex 构造的基于正则表达式的词法分析过程

为使读者对 lex 有更深入的了解，我们列出它的架构，如图 4.8 所示。它包含三个部分：第一部分是规则的定义；第二部分是正则表达式和代码段；第三部分是 C 语言的程序，也就是上面提到的直接移到 lex.yy.c 的程序。

在 lex 中注释被忽略。这与实际不同，在实际应用中注释被保留以供打印源程序清单时使用。此外，很重要的是它不包含对于保留字的处理，因为保留字不能作为正则表达式处理。

```
%{
    #include  "lex.h"
    Token-type  Token;
    int line-number=1;                  /* 声明部分 */
%}
    whitespace   [\t]
    letter      [a-z, A-Z]
    digit       [0-9]                   /* 终端符的定义 */
    underscore  "_"
    letter-or-digit     ({letter}|{digit})
    underscored-tail     ({underscore}{letter-or-digit}+)
    identifier          ({letter}{letter-or-digit}*{underscored-tail}*)
    operator     [-+×/]
    separator     [; , ( ) { }]
    %%
    {digit}+     {返回 INTEGER}
    {identifier}    {返回 IDENTIFIER}
    {operator}|{separator}     {返回 yytext[0];}   /* 正则表达式定义 */

    # [ * # \ n]* #       {/* 忽略注释 */}
    {whitespace}     {/* 忽略空格 */}
    \n line-number++; 换行，行数加1
    -   [返回 ERONOUS]
    %%
    void start-lex(void){ }
    void get-next-token(void)   {
    Token.class=yylex( );
    if (Token.class==0)    {
    Token.class=EOF; Token.repr="<EOF>";return;
    }
    Token.pos.line-number=line-number;
    strcpy(Token.repr=(char*)malloc(strlen(yytext)+1),yytext);
    }
    int yywrap (void) {return 1;}
```

图 4.8 自动生成词法分析程序的 lex 的框架

lex 产生称为 lex.yy.c 的 C 语言文件。这个文件包含子程序 yylex。程序 int yylex(void)包含一个内循环，当这个子程序被调用时，就开始按照上述第二部分中的正则表达式来拼读输入文件中的字符。对于每个被认记的标志执行相关的 C 语言代码并执行随后的处理。标记的表示形式可从数组 char yytext[ ]中找到。当 C 语言程序执行语句并返回数的值时，这个返回值就是标记。在相关处理结束时，内循环 yylex 结束。运算符/分隔符类是第一个字符标记，因而它是数组 yytext[ ]的第一个字符(因此它是 yytext[0]0)。

C 语言程序的第三部分是真正可执行的部分。由 lex 生成的词法分析程序不需要启动程序，而且子程序 start.lex( )是空的。子程序 let-next-token( )通过调用 yylex( )开始。这个调用跳过注解和格式符号直到找到真正的标记为止，然后返回标记类的值并进行对于这个标记类动作的相应过程。当它检测到输入结束时，子程序 yylex( )返回 0。这部分的 malloc( )语句用来对 yylex 分配存储空间，因为这个空间将存储 get-next-token( )所得到的结果，即存储在所分配空间中得到的标记，而子程序 yywrap( )用来帮助文件结束的处理。

4.3 词法分析程序的输出

在 4.2 节中提到，在经过词法分析程序的分析之后，源程序的输入已经被转换为中间语言程序，并被保存在中间语言区域。在那里，原来长度不一的标识符、常数和保留字都被固定长度并用不同标记代替。首先是保留字将被保留字词典中的相应的编码所代替。其次，标识符将被整数代替，它跟随标记（例如，λ = 1）后；然而，在使用标记来代替标识符的过程中还需要有一个表来存放这些标识符以供检查。由于在程序中标识符的数量千变万化，一般而言，它比常数的数量多，因此如何构造标识符表是编译程序特别关注的问题。

符号表（标识符表）可看作扩充的由字符串做索引的记录数组，而字符串就是标识符。相关的记录包含为标识符收集的信息。符号表的结构可表示如下：

```
struct identifier {
    char   a[int];
  iint    ptr;
}
```

因此，符号表模块的基本界面由一个函数标志组成：

```
function identity (identifier name)
```

它返回指向标识符记录的指针，即标识符的机器码。这个指针指向存储标识符信息的地址，在此之后，无论这个字符串被调用多少次，它总是返回这个值。当我们接受有关该标识符的信息时就在相应的存储单元保持该信息。

在 C 语言的编译程序中，符号表模块可以包含以下的信息；

(1) 用于打印源程序和目标程序的实际字符串。

(2) 宏定义。一个宏定义是把标识符的定义作为一个宏，一个类似于子程序的指令，它以某个字符串作为值。

(3) 一序列的类型、变量和函数的定义。

(4) 一序列结构、普通体的定义。

(5) 一序列结构、普通体的字段选择符号的定义。

实现符号表最简单的方法是线性表，即当某个标识符出现在程序的说明部分时，就把它连同存储它的值的地址登记到符号表中，因此它的形式是（标识符标记，地址）。实现符号表的方式相对简单，因为需要的项的搜索可以通过线性查找来获得。如果表的大小不大，则效率也不成问题。但若程序很大，且符号表也很大，则这个数据结构可能会因其低

效而不适用。代替的方法是散列函数。散列函数是从名字空间 N 到地址空间 A 的一个映射[16]，即 $N \to A$。一般地，有 $|N| \geqslant |A|$。这就是说，给定一个标识符 id，Hash(id) 是在 A 中的一个值，也就是用于存放 id 的值的地址。当再次访问 id 时再计算 Hash(id)，所得结果即为地址。然而，由于有 $|N| \geqslant |A|$，也就很可能有两个不同的标识符 id_1 和 id_2，即有 $Hash(id_1) = Hash(id_2)$，这种情况称为冲突。为解决冲突，可采用两种方法：一是把具有相同散列值的标识符连接为链，使得在这个链中的标识符有相同的散列值，因此只要在这个链中进行查找就可找到。另一种方法称为再散列，即当出现冲突时调用另一个散列函数重新计算对这个标识符分配的地址。Rehash( ) 是这个新的散列函数的名称。关键问题是如何寻找使冲突尽可能少的散列函数。这显然不是简单的问题。如果一个散列函数引起许多冲突，那它则不是一个好的散列函数。McKenzie、Harries 和 Bell 于 1990 年在《基于对若干广泛适用的散列函数的分析》一文中提出下列 Hash 函数。在实践中表明它确实有好的性能。其中使用参数 N 和 k 最好的值是 N = 1 008 和 k = 613，c_i 是标识符的第 i 个字符的 ASCII 值。n 是标识符的长度。

$$h_0 = 0$$
$$h_i = k \times h_{ii-1} + c_i, \qquad 1 \leqslant i \leqslant n$$
$$H = \mathrm{BITS}(h_n, 30) \bmod N$$

函数 BITS(h, m) 产生整数 h 的最右的 m 位。因此在上述计算中取散列函数最后值的 30 位。如果取 k 为 4，N 为 1 403，则迭代算法的速度最快。但如果 k 的值太小，则类似的标识符将剧增。反之，如果 N 值很大，则发生冲突的机会较小，但所用内存就要增大。研究表明，当 k 的值为 613 和 N 的值为 1 008 时，可得到 600 作为长度散列值，812 作为宽度散列值，1 005 作为高度散列值。

4.4 出错处理

词法分析程序发现的错误可以归纳为四类：

(1) 保留字的拼写错误。

(2) 标识符错误。

(3) 数字错误。

(4) 标点符号错误。

对于错误有两种处理方法：一种是严格地遵守规则(文法)来处理错误。一旦出现错误，就立即向用户或程序员发出出错报告，包括错误类型和出错的位置。然而，在一般情况下提供这样的信息并不容易。普通的词法分析程序只能报告可能的出错类型，而对错误的位置却很难进行定位。另一种是，当出现错误时词法分析程序设法改正错误，而不是立即向用户或程序员发出出错报告。目的是用节省用户或程序员的时间来提高效率。例如:(1) 如果错误发生在保留字的拼写上,且发现保留字仅写错一个字母,则词法分析程序将认为它是正确的,并改正该错误。(2) 如果错误发生在标识符的输入上,而且确定它不是另外的标识符,就视它为写错并进行相应处理。(3) 如果保留字、标识符或数字的错误是由于少打或多打字符引起的,如一个数,包含两个小数点,显然,这可以通过删除一个小数点来改正,但应该删除哪个则需判断。(4) 如果错误是由于少了字符引起的,则也需判断应加上什么字符来改正它。(5) 如果错误是由应用性出现先于定义性出现引起的,则可在应用性出现前加上定义性出现,即在说明部分加上定义。但如果对于某一对象,它有两个定义且不一致,那就应该删去一个,但也要判断应该删哪一个。

相对而言,在词法分析中可能遇见的错误类型不多,对它们的处理也较为简单。大多数错误是由错打一个或多个字符,或者少打字符,或者是拼写错误引起的。因此,关键是放在这些类上,而不必关注每一件事和事情的每个方面。

思考题

1. 用你熟悉的语言写出一个程序以识别实数和标识符。
2. 给出实数的正则表达式如下:

$$(+\mid -\mid)\text{digit}^*.\text{digit digit}^*(e(+\mid -\mid)\text{digit digit}^*\mid)$$

试说明这个正则表达式会引起什么问题。如果要避免问题,应如何修改它?

3. 试编写一个完整的输入扫描程序。
4. 假设你的符号表可容纳 10 ~ 100 个标识符,但有时你需要有效处理 100 000 000 个标识符。分配一个可容纳 100 000 000 个标识符的散列表同解决问题的要求不一致,试设计解决这个问题的适当的散列表算法。

参考文献

[1] McCullough WS, Pitts W (1943) A Logical Calculus of the Ideas Immanent in Nervous Activity, Bull. Math. Biophysics 5: 115 – 133.

[2] Lesk ME Lex-a Lexical Analyzer Generator, Computing Science Tech Report, 39, Bell Laboratories, Murray Hill, N J. It also appears in Vol. 2 of the Unix Programming's Manual, Bell Laboratories with the same title but with E. Schmidt as coauthor. Murray Hill, N J. http://dinosaur.compil-ertool.net/lex/index.html.

[3] Kleene SC Representation of Events Innerve Nets and Finite Automata. In: Shannon CE, McCarthy J (eds) Automata studies, 34, pp. 3 – 40.

[4] http://www.cs.princeton.edu/~appel/modern/java/JLex. Accessed 12 Oct 2009.

[5] Hopcroft JE, Motwani R, Ulman JD (2006) Introduction to Automata Theory, Languages and

Computation. Addison-Wesley, Boston.

[6] Huffman DA (1954) The Synthesis of Sequential Machines. J Franklin Inst. 257, pp 3 – 4, 161, 190, 275 – 303.

[7] http://jflex.de/. Accessed 19 Nov 2009.

[8] Aho AV, Corasick MJ (1975) Efficient String Matching, an Aid to Bibliographic Search. Comm ACM, 18(6): 333 – 340.

[9] Free Software Foundation. http://www.gnu.org/software/flex/. Accessed 19 Nov 2009.

[10] Aho AV (1990) Algorithms for Finding Patterns in Strings. In Laeuwen J van (ed) Handbook of theretical computer science. MIT Press, Cambridge.

[11] Shannon C, McCarthy J (eds) (1956) Automata Studies. Princeton Univ Press, NJ.

[12] Thompson K (1968) Regular Expression Search Algorithm. Comm ACM 11 (6): 419 – 422.

[13] McNaughton R, Yamada H (1960) Regular Expressions and State Graph for Automata, Ire Trans. On Electronic Computers EC – 9:1: 38 – 47.

[14] Moore EF, Gedanken Experiments on Sequential Machines. 15, pp 129 – 153.

[15] Knuth DE, Morris JH, Pratt WR (1997) Fast Pattern Matching in Strings, SIAM J. Computing 6:2: 323 – 350.

[16] McKenzie BJ, Harries R Bell TC (1990) Selecting a Hashing Algorithm. Software—Practice and Experience, 20(2): 672 – 689.

第5章 下推自动机和上下文无关语言

上下文无关文法自20世纪60年代起就在编译程序技术中发挥核心作用……

还有一个类似自动机的标记，称为下推自动机，它也只描述上下文无关语言。

——约翰·霍普克洛夫特

拉杰耶夫·摩特瓦尼

杰夫里·乌尔曼

5.1 本章动机

下推自动机(Push-Down Automata, PDA)形成在有限自动机和图灵机之间最重要的自动机类。确定有限自动机(Deterministic Finite Automata, DFA)甚至不能接受非常简单的语言，如

$$\{x^n y^n \mid n \in \mathbb{N}\}$$

不过幸运的是存在一个更强有力的机器——下推自动机，它能接受这种语言。如同有确定有限自动机和非确定有限自动机(Nondeterministic Finite Automata, NFA)一样，下推自动机也有两类，即确定的下推自动机(Deterministic Push-Down Automata, DPDA)和非确定的下推自动机(Non-Deterministic Push-Down Automata, NPDA)。下推自动机可以接受的语言称为上下文无关语言(Context-Free Language, CFL)，标记为LCF。从图形看，一个下推自动机是一个有限状态自动机，但带有记忆(下推栈)如图5.1所示。本章将研究下推自动机以及同它们相关联的语

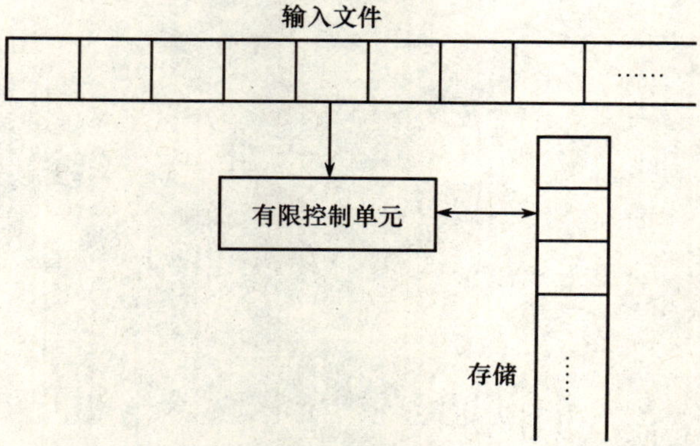

图5.1 下推自动机

言——上下文无关语言。为了研究自动机理论与形式语言的完备性,我们也将研究图灵机与其相关联的语言。

5.2 下推自动机

我们首先给出非确定下推自动机(NPDA)的一个形式定义。

定义 5.1 一个非确定下推自动机被定义为

$$M=(Q,\Sigma,\Gamma,\Delta,q_0,z,F) \tag{5.1}$$

其中:

Q 为有限状态的集合;

Σ 为输入字符集的有限集合;

Γ 为栈字符集的优先符号集;

Δ 为转换函数,它被定义为

$$\Delta:Q\times(\Sigma\cup\{\varepsilon\}\times\Gamma\rightarrow Q\times\Gamma^{*} \text{ 的有限子集}; \tag{5.2}$$

$z\in\Gamma$ 为栈的初始符号。

$q_0\in Q$ 为初始状态。

$F\subseteq Q$ 为终止状态的集合。

例 5.1 设一个非确定下推自动机 $M=(Q,\Sigma,\Gamma,q_0,z,F)$,且

$$Q=\{q_0,q_1,q_2,q_3\}$$
$$\Sigma=\{a,b\}$$
$$\Gamma=\{0,1\}$$
$$z=0$$
$$F=\{q_3\}$$

以及

$$\Delta(q_0,a,0)=\{(q_1,10),(q_3,\ \varepsilon)\}$$
$$\Delta(q_0,\ \varepsilon,0)=\{(q_3;\ \varepsilon)\}$$
$$\Delta(q_1,a,1)=\{(q_1,11)\}$$
$$\Delta(q_1,b,1)=\{(q_2;\ \varepsilon)\}$$
$$\Delta(q_2,b,1)=\{(q_2;\ \varepsilon)\}$$
$$\Delta(q_2,\ \varepsilon,0)=\{(q_3;\ \varepsilon)\}$$

于是,这个自动机接受语言

$$L=L(M)=\{a^n b^n \mid n\in N\}\cup\{a\}$$

一个确定下推自动机是在其移动中无多个选择的自动机。

定义 5.2 如果一个下推自动机如定义 5.1 中一样，是一个自动机 $M=(Q,\Sigma,\Gamma,\Delta,q_0,z,F)$，而且，它受到以下两个限制：对于每个 $q\in Q$，$a\in\Sigma\cup\{\varepsilon\}$ 以及 $b\in\Gamma$，(1) $\Delta(q,a,b)$ 只有且只能有一个元素，(2) 如果 $\Delta(q,\varepsilon,b)$ 不是空的，则对于每个 $c\in\Sigma$，$\Delta(q,c,b)$ 必须为空，那么，便说这个下推自动机是确定的。

5.3 上下文无关语言

本节将确立下推自动机和上下文无关语言之间的关系。我们首先讨论上下文无关文法和上下文无关语言。

定义 5.3 如果一个文法 $G=(V,T,S,P)$ 的产生式都有如下的形式：

$$A\to x \tag{5.3}$$

其中，$A\in V$，而 $x\in(V\cup T)^*$，那么，便说这个文法是上下文无关文法。

如果一个语言 L 存在一个上下文无关文法 G，使得 $L(G)=L$，那么，便说这个语言是上下文无关的。

例 5.2 文法 $G(V,T,S,P)$ 有产生式

$$S\to abB$$
$$A\to aaBb$$
$$B\to bbAa$$
$$A\to\varepsilon$$

是上下文无关的。这个文法的某些典型推导如下：

$$\begin{aligned}S&\Rightarrow abB\\&\Rightarrow abbbAa\\&\Rightarrow abbba\end{aligned}$$

$$\begin{aligned}S&\Rightarrow abB\\&\Rightarrow abbbAa\\&\Rightarrow abbbaaBsa\\&\Rightarrow abbbaabbAaba\\&\Rightarrow abbbaabbaba\end{aligned}$$

$$\begin{aligned}S&\overset{*}{\Rightarrow} abbbaabbAaba\\&\Rightarrow abbbaabbaaBbaba\\&\Rightarrow abbbaabbaabbAababa\\&\Rightarrow abbbaabbaabbababa\\&\Rightarrow ab(bbaa)^2bba(ba)^2\end{aligned}$$

$$S\overset{*}{\Rightarrow} abbbaabbaabbAababa$$

$\Rightarrow abbbaabbaabbaaBbababa$

$\Rightarrow abbbaabbaabbbaabbAabababa$

$\Rightarrow ab(bbaa)^3bba(ba)^3$

$\vdots$

$S \Rightarrow ab(bbaa)^n bba(ba)^n,\quad n \geqslant 0$

因此,由这个文法生成的语言是

$$L(G) = \{ab(bbaa)^n bba(ba)^n \mid n \geqslant 0\}$$

每一个正则文法都是一个上下文无关文法,因此,一个正则语言也是上下文无关语言。例如,我们知道,$L = \{a^n b^n \mid n \geqslant 0\}$不是正则语言,但这个语言可由文法 $G = (\{S\}, \{a, b\}, S, P)$产生,其产生式集合 P 由 $S \to aSb \mid \varepsilon$ 给出。

如果在 G 中有 $S \stackrel{*}{\Rightarrow} x$,则我们称一个 $x \in (V \cup T)^+$ 为 G 的一个句子形式。但是注意,在一个句子形式中可能有若干个非终端符号(变量)。在这样的情况下,我们有在推导中替换变量的顺序的选择。

如果在推导的每一步中,总是去替代句子形式中最左的变量,则称这个推导是最左推导。而如果在每步推导中,总是去代替句子形式中的最右边的变量,则称这个推导为最右推导。

例 5.3　设 $G = (\{S, A\}, \{a, b\}, S, P)$且 P 给出下列产生式:

$S \to AA$

$A \to AAA$

$A \to bA$

$A \to Ab$

$A \to a$

则我们对于串 L(G) ababaa 有 3 个不同的推导:

推导(1)	推导(2)	推导(3)
$S \stackrel{i}{\Rightarrow} AA$	$S \stackrel{i}{\Rightarrow} AA$	$S \stackrel{i}{\Rightarrow} AA$
$\stackrel{v}{\Rightarrow} aA$	$\stackrel{v}{\Rightarrow} Aa$	$\stackrel{v}{\Rightarrow} aA$
$\stackrel{ii}{\Rightarrow} aAAA$	$\stackrel{ii}{\Rightarrow} AAAa$	$\stackrel{ii}{\Rightarrow} aAAA$
$\stackrel{iii}{\Rightarrow} abAAA$	$\stackrel{iii}{\Rightarrow} AAbAa$	$\stackrel{v}{\Rightarrow} aAAa$
$\stackrel{v}{\Rightarrow} ababAA$	$\stackrel{v}{\Rightarrow} AAbaa$	$\stackrel{iii}{\Rightarrow} abAAa$
$\stackrel{iii}{\Rightarrow} abaAA$	$\stackrel{iii}{\Rightarrow} Ababaa$	$\stackrel{iii}{\Rightarrow} abAbAa$
$\stackrel{v}{\Rightarrow} ababAA$	$\stackrel{v}{\Rightarrow} Ababaa$	$\stackrel{v}{\Rightarrow} ababAa$
$\stackrel{v}{\Rightarrow} ababaa$	$\stackrel{v}{\Rightarrow} ababaa$	$\stackrel{v}{\Rightarrow} ababaa$

显然,推导(1)是最左推导,推导(2)是最右推导,推导(3)则两者都不是。

5.4 上下文无关语言的抽吸定理

5.3节例5.3中的文法明显是上下文无关文法。因此,上下文无关语言族是正则语言的超集。而正则语言族是上下文语言族的真子集。

定理5.1 上下文语言的抽吸定理 设L是一个上下文无关语言,则存在一个整数$N\in\mathbb{Z}^{+}$(它依赖于L),使得对于任何$z\in L$,且$|z|\geqslant N$,存在满足下列条件的串u、v、w、x和y:

$$z=uvwxy \tag{5.4}$$

$$|v|+|x|>N \tag{5.5}$$

$$uv^{i}wx^{i}y\in L \quad \forall i\geqslant 0 \tag{5.6}$$

其中N为上下文无关语言L的抽吸数。

如同在正则语言的抽吸定理那样,这个定理提供了揭示一个语言是上下文无关的一个工具。但正如对正则语言一样,主要用于否定正则性或上下文无关性。

5.5 下推自动机和上下文无关语言

现在我们研究下推自动机和上下文无关语言之间的关系。

定理5.2 一个语言L是上下文无关的,当且仅当它是被某个下推自动机接受的(认记的)。一个语言L是确定的上下文语言,当且仅当它可为某个确定的下推自动机所接受的。

注意:定理5.2说明非确定性并不对确定的自动机增加计算功能。也就是说,确定下推自动机和非确定下推自动机接受的是完全相同的语言,但反之,对于下推自动机情况却非如此,存在被非确定下推自动机接受的可能,但却不能被确定下推自动机接受。因此,确定的上下文无关语言形成非确定的上下文无关语言的真子集。由于逻辑、数学和程序设计语言(有某些例外)可容易地用上下文无关文法描述,因此下推自动机为对程序设计语言的句子进行语法分析提供了适当的机制。

最后我们给出上下文无关语言的某些封闭和不封闭的性质。

定理5.3 上下文无关语言族在并、连接和克林闭包运算下封闭。即L_1和L_2是上下文无关语言,则

$$L_1\cup L_2,\quad L_1L_2,\quad L_1^{*} \tag{5.7}$$

是上下文无关的。

定理 5.4 上下文无关语言族在交和补运算下不封闭。即 L_1 和 L_2 是上下文无关语言,则

$$L_1 \cap L_2, \quad \bar{L}_1 \tag{5.8}$$

定理 5.5 设 L_1 是上下文无关语言,L_2 是正则语言,则 $L_1 \cup L_2$ 是上下文无关的,但不必是正则的。即上下文无关语言族在正则交之下封闭。

5.6 上下文无关语言的应用

上下文无关文法和上下文无关语言在程序设计语言的定义和编译程序的构造中有重要的应用。最为流行的定义方法是 Backus-Naur Form(BNF)范式。这是为纪念约翰·巴克斯(John Backus,这个方法的发明者)和彼德·瑙尔(Peter Naur)他为对程序设计语言 ALGOL 进行定义而对它做了改进)。这个范式直接对应上下文无关文法。事实上,许多类似 ALGOL 或类似 Pascal 的程序设计语言都受到上下文无关文法的限制形式的影响。

例 5.4 下列是定义偶数非负整数语言的文法(上下文无关文法,但使用 BNF 的记号):

〈even-integer〉::=〈even-digit〉|〈integer〉〈even-digit〉
〈integer〉::=〈digit〉|〈digit〉〈integer〉
〈digit〉::=〈even-digit〉|〈odd-digit〉
〈even-digit〉::=0|2|4|6|8
〈odd-digit〉::=1|3|5|7|9

通过这个文法,我们可以很容易地生成偶整数,并且示出它们的语法分析树,它们对于语法分析和编译程序构造中的代码生成很重要。

5.7 图 灵 机

我们已经看到,有限自动机(Finite Automata,FA)可用来认记正则语言(L_{REG}),但对于非正则语言,如 $L=\{a^nb^n \mid n\in N\}$ 则不能,而它已知是上下文无关语言。然而,下推自动机却能识别由上下文无关文法(G_{CF})生成的上下文无关语言(L_{CF})。然而,却存在例如上下文有关的语言 $L=\{a^nb^nc^n \mid n\in N\}$,不能由上下文无关文法生成。但幸运的是有一类机器,称为线性有界自动机(Linear Bounded Automata,LBA)。它比下推自动机更强有力,能识别所有由上下文有关文法(G_{CS})所生成的语言。然而,线性有界自动机不能识别由短语结构文法(G_{PS})所生成的所有语言。为避免上述提到的三种特殊类型的自动机的局限性,乃使用以英国数学家阿兰·图灵(Alan Turing)的名字命名的图灵机(Turing Machine,

TM)。图灵机能识别由短语结构文法生成的所有语言,称为递归可枚举语言(L_{RE}),当然,包括所有正则语言、上下文无关语言以及上下文有关语言。此外,图灵机也能模拟在任何计算机上实现的所有计算。本节将研究图灵机及同它们相关联的语言递归可枚举语言(L_{RE})。

一个标准的图灵机(见图5.2)有以下特性:

(1) 图灵机有在两个方向上都无界的带。

(2) 图灵机是确定的。

(3) 没有特殊的输入带和输出带。

定义5.4　一个图灵机是由以下定义的

$$M = (Q, \Sigma, \Gamma, \Delta, q_0, \square, F) \tag{5.9}$$

其中:

(1) Q为内部状态的有限集合;

(2) Σ为输入字符集的有限符号的集合,$\Sigma \subseteq \Gamma - \{\square\}$;

(3) Γ为作为带字符集的符号集合;

(4) Δ为转换函数,定义为$\Delta: Q \times \Gamma \to Q \times \Gamma \times \{L, R\}$;　(5.10)

(5) $\square \in \Gamma$是被称为空格的一个特殊符号;

(6) $q_0 \in Q$为初始状态;

(7) $F \subseteq Q$为终止状态的集合;

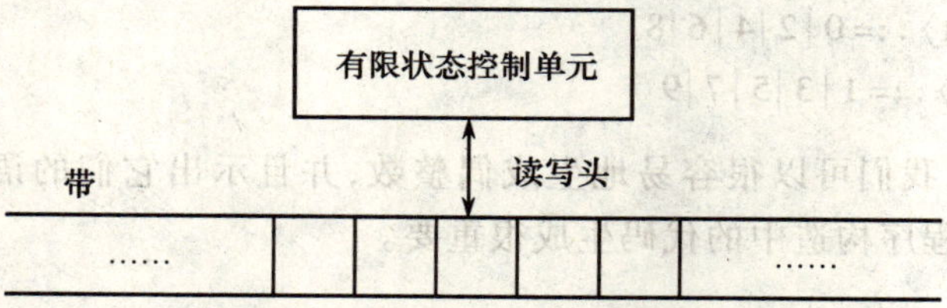

图5.2　标准的图灵机

5.8　接受语言的图灵机

一个图灵机可以看作是在下列意义下的接受者,即一个串w被写在带上,而且用空白填满带的未用部分。机器在初始状态q_0处开始,而读/写头位置在带上w的最左边。如果在一序列的移动过后,图灵机进入一个终止状态并且停机,则认为w被机器所接受。我们将提供对于上述描述的一个精确定义,还将介绍图灵机如何接受可被一个确定有限自动机或下推自动机接受的串的一些例子。

定义5.5　设$M = (Q, \Sigma, \Gamma, \Delta, q_0, \square, F)$是一个图灵机。可由这个图灵机M接受的语

言由

$$L(M)=\{w\in\Sigma^* \mid q_0w\vdash^* w_1q_fw_2, q_f\in F, w_1, w_2\in\Gamma^*\} \tag{5.11}$$

定义。

例 5.5 设 $\Sigma=\{a,b\}$,试设计一个接受语言

$$L=\{a^nb^n \mid n\geqslant 1\}$$

的图灵机。

如同 5.7 节所述,这个语言是一个可由下推自动机接受的上下文无关语言,在这个例子中可看到,这个语言也可为一个图灵机所接受。设 q_0 是初始状态,并假设我们使用 x 代替 a,用 y 代替 b,然后,我们可设计状态转换函数如下(图 5.3):

$$\Delta(q_0,a)=(q_1,x,R)$$
$$\Delta(q_1,a)=(q_1,a,R)$$
$$\Delta(q_1,y)=(q_1,y,R)$$
$$\Delta(q_1,b)=(q_2,y,L)$$
$$\Delta(q_2,y)=(q_2,y,L)$$
$$\Delta(q_2,a)=(q_2,a,L)$$
$$\Delta(q_2,x)=(q_0,x,R)$$
$$\Delta(q_0,y)=(q_3,y,R)$$
$$\Delta(q_3,y)=(q_3,y,R)$$
$$\Delta(q_3,\varepsilon)=(q_4,\varepsilon,R)$$

因此,最后所设计的图灵机如下:

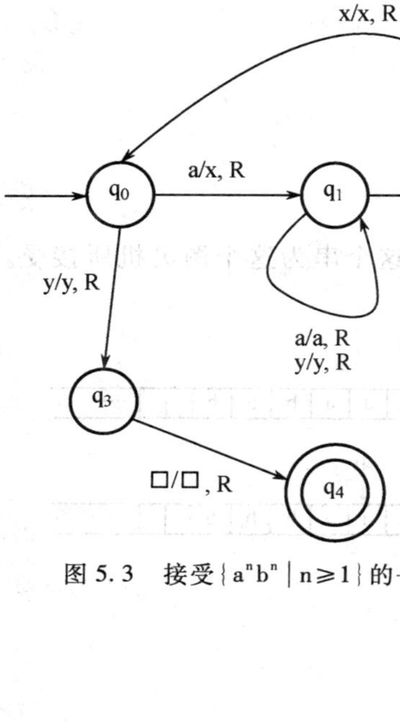

图 5.3 接受$\{a^nb^n \mid n\geqslant 1\}$的一个图灵机

$$
\begin{aligned}
M &= (Q,\Sigma,\Gamma,\Delta,q_0,\ \varepsilon,F)\\
&= (\{q_0,q_1,q_2,q_3,q_4\},\{a,b\},\{a,b,x,y,\ \varepsilon\},\Delta,q_0,\ \varepsilon,\{q_4\})
\end{aligned}
$$

这个图灵机对于一个特殊的输入 aaabbb 有以下逐次的瞬间描述(ID)：

$$
\begin{aligned}
q_0aaabbb &\vdash xq1aabbb\\
&\vdash xaq_1abbb\\
&\vdash xaaq_1bbb\\
&\vdash xaq_2aybb\\
&\vdash xq_2aaybb\\
&\vdash q_2xaaybb\\
&\vdash xq_0aaybb\\
&\vdash xxq_1aybb\\
&\vdash xxaq_1ybb\\
&\vdash xxayq_1bb\\
&\vdash xxaq_2yyb\\
&\vdash xxq_2ayyb\\
&\vdash xq_2xayyb\\
&\vdash xxq_0ayyb\\
&\vdash xxxq_1yyb\\
&\vdash xxxyq_1yb\\
&\vdash xxxyyq_1b\\
&\vdash xxxyq_2yy\\
&\vdash xxxq_2yyy\\
&\vdash xxq_2xyyy\\
&\vdash xxxq_0yyy\\
&\vdash xxxyq_3yy\\
&\vdash xxxyyq_3y\\
&\vdash xxxyyyq_3\square\\
&\vdash xxxyyy\square q_4\square
\end{aligned}
$$

这时图灵机停在一个终止状态，因此这个串为这个图灵机所接受。上述逐次瞬间描述也可用图形示出如下：

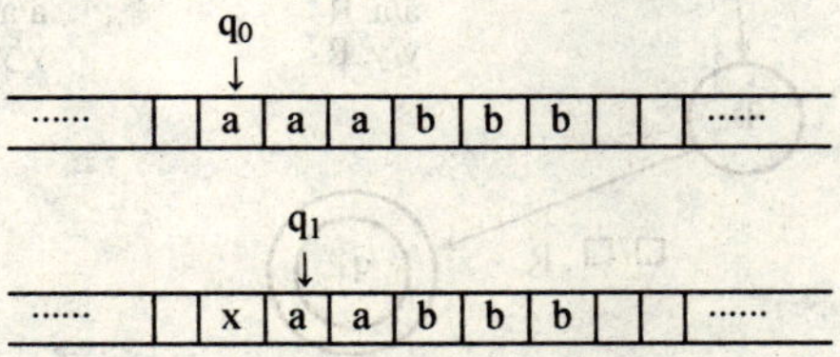

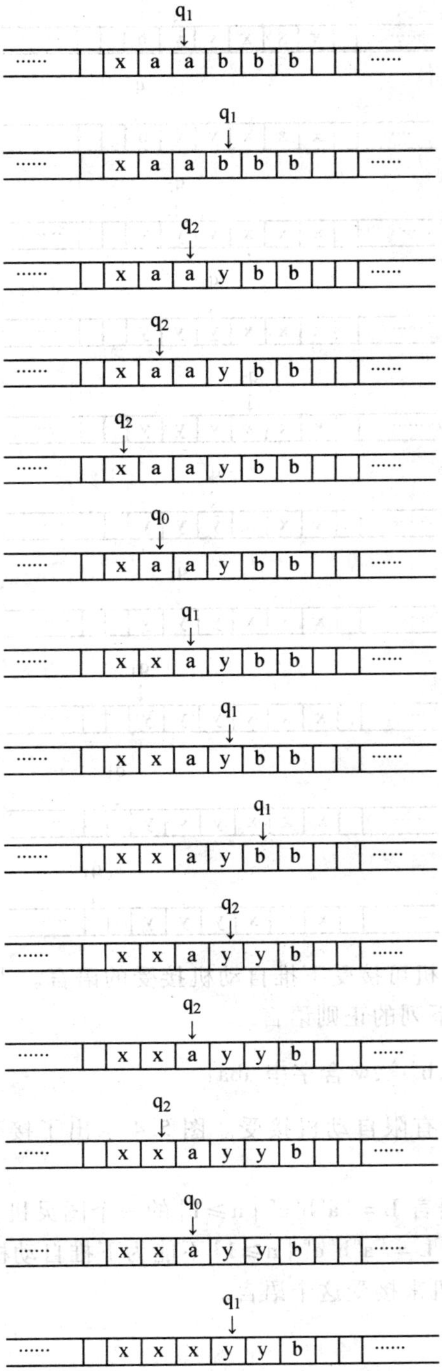
q1
…… x a a b b b ……
q1
…… x a a b b b ……
q2
…… x a a y b b ……
q2
…… x a a y b b ……
q2
…… x a a y b b ……
q0
…… x a a y b b ……
q1
…… x x a y b b ……
q1
…… x x a y b b ……
q1
…… x x a y b b ……
q2
…… x x a y y b ……
q2
…… x x a y y b ……
q2
…… x x a y y b ……
q0
…… x x a y y b ……
q1
…… x x x y y b ……

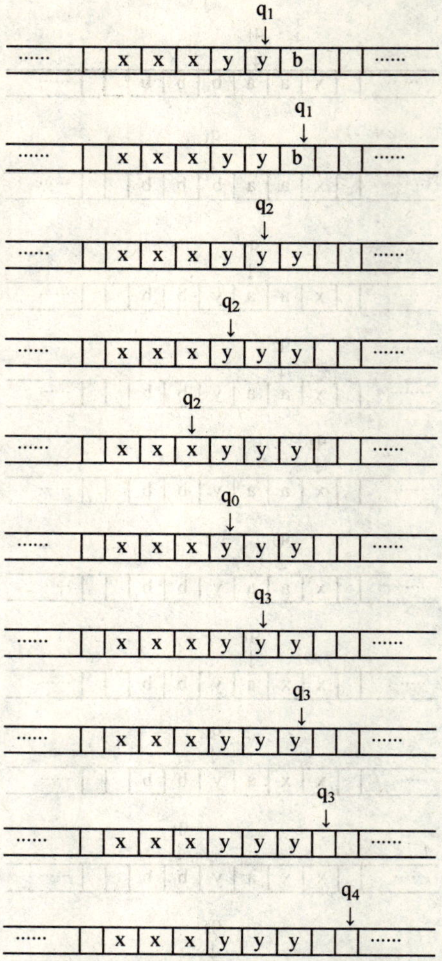

上面的例子说明,图灵机可接受下推自动机接受的语言。当然,图灵机也可接受有限自动机接受的语言,例如,下列的正则语言

$$L_{REG} = \{w \mid w \in \{a,b\}^*, w \text{ 含字串 } aba\}$$

既可为图灵机接受,也可为有限自动机接受。图 5.4 示出了接受上述语言的一个图灵机和一个有限自动机。

例 5.6　试设计接受语言 $L = \{a^n b^n c^n \mid n \geq 1\}$ 的一个图灵机。

我们已经提到过,语言 $L = \{a^n b^n c^n \mid n \geq 1\}$ 不能为下推自动机所接受。在这个例子中,我们将说明如何设计图灵机来接受这个语言。

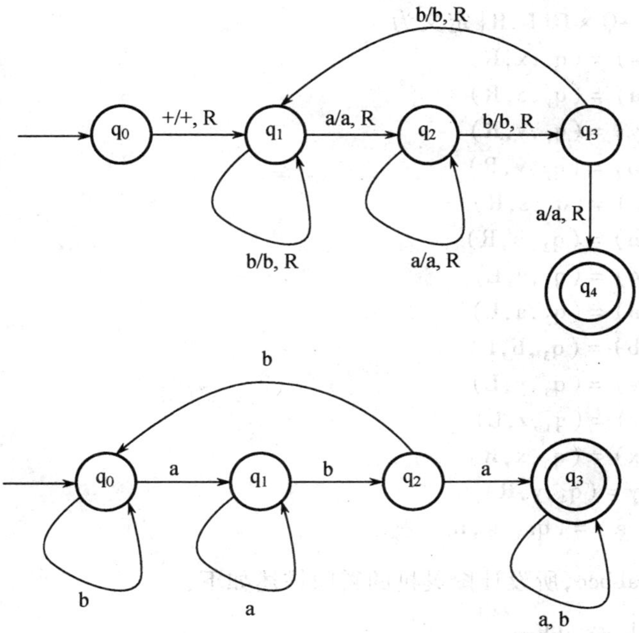

图 5.4 接受语言{a,b}*{aba}{a,b}*的图灵机和确定的有限自动机

$\Delta(q_0,a)=(q_1,x,R)$
$\Delta(q_1,a)=(q_1,a,R)$
$\Delta(q_1,y)=(q_1,y,R)$
$\Delta(q_1,b)=(q_2,y,L)$
$\Delta(q_2,y)=(q_2,Y,L)$
$\Delta(q_2,a)=(q_2,a,L)$
$\Delta(q_2,x)=(q_0,x,R)$
$\Delta(q_0,y)=(q_3,y,R)$
$\Delta(q_3,y)=(q_3,y,R)$
$\Delta(q_3,\varepsilon)=(q_4,\varepsilon,R)$

我们定义图灵机如下：

$$M=(Q,\Sigma,\Gamma,\Delta,q_0,\varepsilon,F)$$

其中：

$Q=\{q_0,q_1,q_2,q_3,q_4,q_5\}$
$\Sigma=\{a,b,c\}$
$\Gamma=\{a,b,c,x,y,z,\varepsilon\}$
$F=\{q_4\}$

$\Delta: Q \times \Gamma \to Q \times \Gamma\{L,R\}$ 定义为

$\Delta(q_0,a) = (q_1,x,R)$
$\Delta(q_1,a) = (q_1,a,R)$
$\Delta(q_1,y) = (q_1,y,R)$
$\Delta(q_1,b) = (q_2,y,R)$
$\Delta(q_2,z) = (q_2,z,R)$
$\Delta(q_2,b) = (q_2,b,R)$
$\Delta(q_2,c) = (q_3,z,L)$
$\Delta(q_3,a) = (q_3,a,L)$
$\Delta(q_3,b) = (q_3,b,L)$
$\Delta(q_3,y) = (q_3,y,L)$
$\Delta(q_3,z) = (q_3,z,L)$
$\Delta(q_3,x) = (q_0,x,R)$
$\Delta(q_0,y = (q_4,y,R)$
$\Delta(q_4,\ \varepsilon) = (q_5,\ \varepsilon,R)$

对于特殊的输入 aabbcc，所设计图灵机的瞬间描述如下：

$q_0aabbcc \vdash xq_1abbcc$
$\vdash xaq_1bbcc$
$\vdash xayq_2bcc$
$\vdash xaybq_2cc$
$\vdash xayq_3bzc$
$\vdash xaq_3ybzc$
$\vdash xq_3aybzc$
$\vdash q_3xaybzc$
$\vdash xq_0aybzc$
$\vdash xxq_1ybzc$
$\vdash xxyq_1bzc$
$\vdash xxyyq_2zc$
$\vdash xxyyzq_2c$
$\vdash xxyyq_3zz$
$\vdash xxyq_3yzz$
$\vdash xxq_3yyzz$
$\vdash xq_3xyyzz$
$\vdash xxq_0yyzz$
$\vdash xxyq_4yzz$
$\vdash xxyyq_4zz$
$\vdash xxyyzq_4z$
$\vdash xxyyzzq_4\ \varepsilon$

$\vdash$ xxyyzz εq_4

接受$\{a^n b^n c^n \mid n \geqslant 1\}$的图灵机如图 5.5 所示。

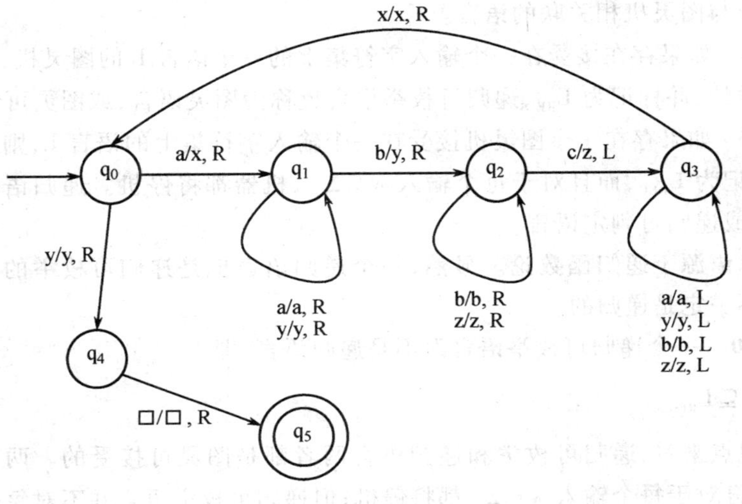

图 5.5 接受$\{a^n b^n c^n \mid n \geqslant 1\}$的图灵机

定理 5.6 图灵机可接受的语言包含正则语言类和上下文无关语言类。

5.9 各种图灵机的等价性

我们可以列出许许多多不同类型的图灵机。然而，所有不同类型的图灵机其实都有相同的功能。下面的重要定理确立了所有不同类型图灵机的等价性。

定理 5.7 如果一个语言 L 被标准的图灵机所接受，则它也可被多带（或多维）、不确定的或概率图灵机所接受。

现在我们对于图灵机建立另一个重要的结果。

设 $\Sigma = \{a, b, c\}$，如果我们能找到以某种顺序，例如词典顺序，产生其元素的枚举过程，则我们说集合 $S = \Sigma^+$ 是可数的。

定理 5.8 所有图灵机的集合尽管是无穷的，但是可数的。

定理 5.9 设 S 是无穷可数集合，则它的幂集不是可数的。

由于仅有可数多个图灵机，但却有不可数多个集合（语言），因此，必然有某些集合（语言）是不能被图灵机所接受的。

5.10 递归可枚举语言(L_{RE})

本节讨论与图灵机相关联的语言。

定义 5.6 如果存在接受在一个输入字符集上的一个语言 L 的图灵机,则说这个语言是递归可枚举的,并标记为 L_{RE},递归可枚举语言也称为图灵语言,或图灵可识别语言。

定义 5.7 如果存在一个图灵机接受在一个输入字符集上的语言 L,则说这个语言是递归的,并标记为 L_{REC},而且对于每个输入 $w \in \Sigma^+$,机器都将停机。递归语言也称为图灵可判定语言,或递归可判定语言。

递归的术语源于递归函数论。显然,一个递归语言也是递归可枚举的,但是,递归可枚举语言则不一定是递归的。

定理 5.10 一个递归可枚举语言而不是递归语言,即

$$L_{REC} \subseteq L_{RE} \tag{5.12}$$

从图灵机的观点来看,递归可枚举和递归语言两者都是图灵可接受的。两者的唯一区别在于,递归语言对于每个输入 $w \in \Sigma^+$ 都将停机;但递归可枚举语言并不对每个输入 $w \in \Sigma^+$ 都停机,即对于某个输入,它可能陷入无穷循环。

关于递归和递归可枚举语言的重要性质如下。

定理 5.11 一个语言 L 是递归的,当且仅当 L 和它的补 $\bar{L}$ 都是递归可枚举的。

定理 5.12 存在一个递归可枚举的语言 L,但它的补 $\bar{L}$ 不是递归可枚举的。

有趣的是,递归可枚举语言并非是最高级的语言,而且存在不被任何图灵机接受的语言。

定理 5.13 对于任何非空的字符集 Σ,存在在 Σ 上的非递归可枚举语言。

另一个研究图灵可接受语言的方法是文法的方法。

定义 5.8 一个文法 G=(V,T,S,P),如果它的所有产生式都有

$$x \to y \tag{5.13}$$

的形式,其中,$x \in (V \cup T)^+$,$y \in (V \cup T)^*$,则说它是短语结构的文法或无限制的文法。

定义 5.9 由一个无限制的文法生成的任何语言是递归可枚举的。

定理 5.14 对于每个递归可枚举的语言 L,存在无限制的文法 G,使得 L=L(G)。

5.11 上下文有关语言 L_{CS}

上下文有关文法代表了在上下文无关文法和无限制文法之间的一个中间步骤。它对产生式左边不加限制,但右边的长度至少需与左边一样长。

定义 5.10 如果一个短语结构的文法 G = (V,T,S,P),则说这个语言是上下文有关的,并标记为 G_{rmCS},如果所有产生式都有以下形式

$$x \rightarrow y \tag{5.14}$$

其中,$x,y \in (V \cup T)^+$,且 length(x) ≤ length(y)(或简写为 $|x| \leq |y|$)。

如果存在一个上下文有关文法 G,使得 L = L(G),或 L = L(G) ∪ ε,则说这个语言 L 是上下文有关的,并标记为 L_{CSL}。

例 5.7 试设计一个上下文有关文法来生成上下文有关语言

$$L = \{a^n b^n c^n \mid n > 0\}$$

我们可以构造带有下列产生式的文法

G = (V,T,S,P)
S→abc
S→aAbc
A→abc
A→aAbc
cb→bc
cC→cc

根据定义 5.10,它是上下文有关的。某些典型的推导如下:

$S \overset{(i)}{\Rightarrow} abc$

推导(1)

$S \overset{(ii)}{\Rightarrow} aAbc \overset{(iii)}{\Rightarrow} aabCbc \overset{(v)}{\Rightarrow} aabbCc \overset{(vi)}{\Rightarrow} aabbcc$

推导(2)

$S \overset{(ii)}{\Rightarrow} aAbc \overset{(iv)}{\Rightarrow} aaAbCbc \overset{(iii)}{\Rightarrow} aaabCbCbc \overset{(v)}{\Rightarrow} aaabbCCbc \overset{(v)}{\Rightarrow} aaabbCbCc \overset{(v)}{\Rightarrow} aaabbbCCc \overset{(vi)}{\Rightarrow} aaabbbCcc \overset{(vi)}{\Rightarrow} aaabbbccc$

推导(3)

我们已经考察了几种标准图灵机的变型,它们都不改变由机器接受的语言。对可利用的带的限制降低了图灵机的能力。一个线性有界图灵机是一个受限的图灵机,其中可利用的带的数量由串的长度确定。输入字符集包含两个符号"〈"和"〉",这是带的左右边界。

定义 5.11 一个线性有界自动机是一个代数结构

$$M = (Q, \Sigma, \Gamma, \Delta, q_0, \langle, \rangle, F) \tag{5.15}$$

其中，Q，Σ，Γ，Δ，q_0，F 与对于不确定的图灵机相同。符号"〈"和"〉"是Γ的起始符号。

定理 5.15 对于由 L_{CS} 标记的每一个上下文有关语言 L，不包括，存在某个 L_{BA}，接受 L_{CS}，即 $L_{CS} = L(M)$。

定理 5.16 如果一个语言 L 被某个 L_{BA}，M 接受，则存在一个接受 L 的上下文有关文法 G，使得 $L = L(G)$。

定理 5.17 一个上下文有关语言 L 是递归的，即 $\forall L_{CS} \subset L_{REC}$。

定理 5.18 存在一个不是上下文有关的递归语言，即 $L_{CS} \subset L_{REC}$。

5.12 机器的层次、文法和语言

本节将研究形式语言和它们的生成文法以及相应机器的乔姆斯基层次。

5.12.1 机器的层次

迄今为止，我们研究的机器的类（族）都是有限状态的，但一些机器正好与这些机器有相同的功能。这里我们说的相同功能，指的是它们接受同一个语言；但同时有的机器比这些机器有更强的功能。例如，确定有限自动机和非确定有限自动机有相同的功能。非确定下推自动机比确定下推自动机有更强的功能。有两个以上的下推存储的下推自动机比只有一个下推存储的下推自动机功能更强；但是有两个以上下推存储的下推自动机和恰有两个下推存储的下推自动机功能相同。有趣的是，有两个或更多下推存储的下推自动机的功能和图灵机相同。而所有类型的图灵机（比如确定的、非确定的、概率的、多带的以及多维的等）都有相同的功能。但是限制计算可利用的带的数量会减少图灵机的能力。线性有界自动机是这样的一类受限图灵机，其中可利用的带的数量由输入串的长度确定。在相同的字符集上各类机器之间的关系可总结如下：

确定有限自动机（DFA）
$\Updownarrow$
非确定有限自动机（NFA）
$\cap$
确定下推自动机（DPDA）
$\cap$
非确定下推自动机（NPDA）
$\cap$
线性有界自动机（LBA）
$\cap$
有两个下推存储的确定下推自动机（DPDA）
$\Updownarrow$
有两个下推存储的非确定下推自动机（NPDA）

⇕

确定的图灵机(DTM)

⇕

非确定的图灵机(NTM)

⇕

概率图灵机(PTM)

⇕

多带图灵机

⇕

多维图灵机

迄今为止,实际上主要有四类机器:有限自动机、下推自动机、线性有界自动机和图灵机(TM)。这些机器类的层次结构可描述如下:

有限自动机

∩

下推自动机(PDA)

∩

线性有界自动机(LBA)

∩

图灵机(TM)

5.12.2 文法和语言的层次

现在我们讨论形式文法和它们生成的语言之间的乔姆斯基层次。我们首先回顾一下,如果两个文法生成相同的语言,则说两个文法等价。

定义 5.12 一个产生式文法 $G=(V,T,S,P)$ 说是 i 型($0\leqslant i\leqslant 3$)的,如果它满足下列对应的限制:

0 型:无限制,即 P 中的每个产生式都有 $x\to y$ 的形式,其中 $x\in(V\cup T)^+$ 和 $y\in(V\cup T)^*$,则说这个文法是 i 型的($0\leqslant i\leqslant 3$)。0 型文法常称为无限制的文法或短语结构文法,并被标记为 G_{PS}。由 0 型文法产生的语言称为 0 型语言或递归可枚举语言,并被标记为 L_{RE}。

1 型:P 中的每个产生式都有 $x\to y$ 的形式,其中 $x\in(V\cup T)^+$,$y\in(V\cup T)^*$,且 $|x|\leqslant|y|$。1 型文法也称为上下文有关文法,并被标记为 G_{CS}。由 1 型文法生成的语言称为 1 型语言或上下文有关语言,并被标记为 L_{CS}。

2 型:P 中每个产生式都有 $A\to x$ 的形式,其中 $A\in V$,$x\in(V\cup T)^*$。2 型文法也称为上下文无关文法,并被标记为 G_{CF}。由 2 型文法生成的语言称为 2 型语言或上下文无关语言,并被标记为 L_{CS}。

3型：P中每个产生式或者有 $A \to Bx$ 的形式，或者有 $A \to x$ 的形式，其中 $A,B \in V$，$X \in T$。3型文法也称为正则文法，并被标记为 G_{REG}。由3型文法生成的语言称为3型语言或正则语言，并被标记为 L_{REG}。

本章前几节已研究了这些文法以及它们所生成的语言，在这里，我们感兴趣的是文法及其语言的层次，描述如下：

0型文法（G_{PS}）　⇔　0型语言（L_{RE}）
1型文法（G_{CS}）　⇔　1型语言（L_{CS}）
2型文法（G_{CF}）　⇔　2型语言（L_{CF}）
3型文法（G_{REG}）　⇔　3型语言（L_{REG}）

5.13　机器、语言和文法的关系

语言和文法实际上是等价的；一方面，给定一个语言，我们可以找出接受这个语言的文法；另一方面，给定一个文法，我们可以求出由这个文法所生成的语言集合。足以使人称奇的是，语言也与机器有一对一的关系。图5.6示出各种形式语言与接受这些语言的机器的关系，即由正则文法（G_{REG}）生成的正则语言（L_{REG}）可由有限自动机所接受。由上下文无关文法（G_{CF}）所生成的上下文无关语言（L_{CF}）可由下推自动机（P_{DA}）所接受。由上下文有关

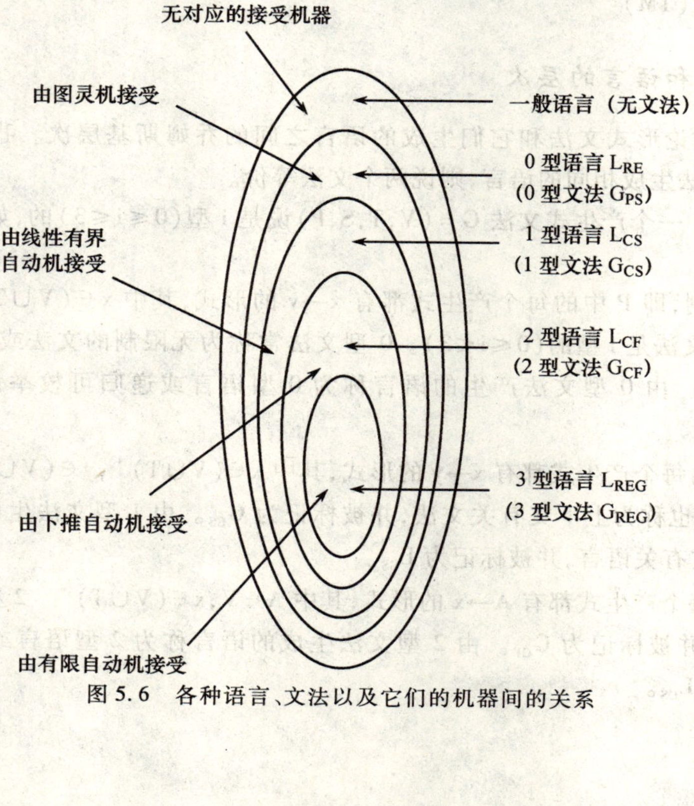

图5.6　各种语言、文法以及它们的机器间的关系

文法(G_{CS})所生成的上下文有关语言可由线性有界自动机所接受。由短语结构文法(G_{PS})生成的递归可枚举语言可由图灵机所接受。因此,各种语言和机器的层次关系如下:

$$\begin{array}{lccccccc}
\text{文法} & G_{REG} & \subset & G_{CF} & \subset & G_{CS} & \subset & G_{RE} \\
 & \Updownarrow & & \Updownarrow & & \Updownarrow & & \Updownarrow \\
\text{语言} & L_{REG} & \subset & L_{CF} & \subset & L_{CS} & \subset & L_{RE} \\
 & \Updownarrow & & \Updownarrow & & \Updownarrow & & \Updownarrow \\
\text{机器} & \text{FA} & \subset & \text{PDA} & \subset & \text{LBA} & \subset & \text{TM}
\end{array}$$

从文字上说,各种文法、语言和机器的关系也可总结如下:

文法	语言	接受的机器
0 型文法(或短语结构文法,无限制文法)	递归可枚举语言	图灵机
1 型文法(或上下文有关文法,单调文法)	上下文有关语言	线性有界自动机
2 型文法(或上下文无关文法)	上下文无关语言	下推自动机
3 型文法(或正则文法)	正则语言	有限自动机

如果我们希望包括其他的(小的)语言族,例如确定的上下文无关语言和递归语言,我们将把上述结果推广成如图 5.7 所示的层次。

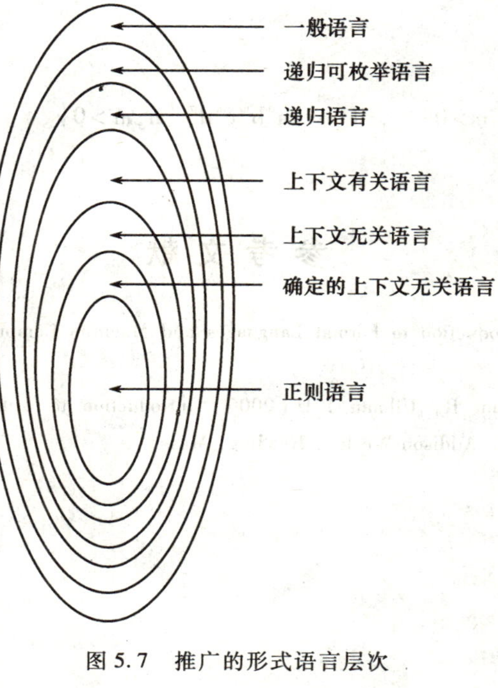

图 5.7 推广的形式语言层次

思 考 题

1. 请使用抽吸定理证明

$$L = \{a^n b^n c^n \mid n > 0\}$$

不是上下文无关语言。

2. 证明上下文无关语言族一般说来对差运算不封闭，但是在正则差之下是封闭的，即 L_1 是正则的，而 L_2 是上下文无关的，则 $L_1 - L_2$ 是上下文无关的。

3. 证明在例 5.5 中构造的图灵机不能接受语言

$$L = \{a^n b^m \mid m \geqslant 1, n > m\}$$

4. 试构造接受下列语言的图灵机：
在字符集 $\Sigma = \{a, b\}$ 上，

$$L_1 = \{a^n b^{2n} \mid n \geqslant 1\} \qquad L_2 = \{a^{2n} \mid n \geqslant 1\}$$

5. 试构造接受在字符集 $\Sigma = \{a, b, c\}$ 上的语言

$$L = \{a^k b^m c^n \mid k, m, n > 0, k = m \text{ 或 } k = n \text{ 或 } m = n\}$$

的图灵机。

6. 试求对于语言

$$L_1 = \{a^n b^n c^{2n} \mid n > 0\} \qquad L_2 = \{a^n b^m c^n d^m \mid n, m > 0\}$$

的上下文有关文法。

参 考 文 献

[1] Yan S Y (1988) Introduction to Formal Languages and Machine Computation. World Scientific, New Jersey.

[2] Hopcraft J E, Motwani R, Ullman J D (2006) Introduction to Automata Theory, Llanguages and Computation, 3rd end. Addison-Wesley, Reading, Mass.

第6章　上下文无关文法

语言是自由创造的过程，它的规律和原理是固定的，但使用生成原理的方式是自由的和无限变化的，甚至解释和词的使用也涉及创造的过程。

——诺姆·乔姆斯基

6.1　本章动机

在源程序的编译过程中，语法分析是第二阶段。语法分析阶段是在词法分析的基础上就语言的文法检查源程序的正确性。目前大多数程序设计语言的大多数特性都是上下文无关的。因此，语法分析的任务就是检查程序的语法是否与上下文无关相一致（至少是大部分），为此，需要了解上下文无关文法。在第2章中，我们简要介绍了上下文无关文法，即2型文法，第5章又从语言、文法和机器的关系方面对它进行更深入的剖析。本章再对上下文无关文法做更深入的研究，特别是从语法分析方面来研究。

上下文文法生成上下文无关语言，而上下文无关语言开始是用来提供自然语言的一个模型，因此，对于理解自然语言来说，上下文无关语言是非常重要的。后来，对程序设计语言的研究表明，它们对于程序设计语言领域也同样重要，甚至可以说还更重要些。因为在人们普通的会话当中并不是严格地遵守上下文文法的规则，而会话的对方仍然能理解说话者的意图或说话的含义。可对于计算机而言，情况全然不同，即使是程序中的一个小错误也会影响编译程序对它的理解而不能正确编译。

6.2　上下文无关文法的定义

符号 V_N 和 V_T 为非终端字符集和终端字符集，记为 $V = V_n \cup V_T$，且满足 $V_N \cap V_T = \varnothing$。$V_N$ 中的符号称为非终端符号（简称非终端），V_T 中的符号称为终端符号（简称终端）。

定义6.1　设 $G = (V_N, V_T, S, P)$，其中 S 是文法的起始符号，P 是产生式有集合。产生式有 $\alpha \rightarrow \beta$ 的形式。标记 $\pi = \alpha \rightarrow \beta \in P$，如果 α（串）至少含一个非终端符号，则说它是可生成的。而且如果 β 中也含这样一个符号，则说它是分析的。显然 π 是可生成的，当且仅当

它的逆 π^{-1}，即 $\beta\rightarrow\alpha$ 是分析的。

例 6.1 下列文法

$$G=(\{X,Y,Z\},\{x,y\},X,\{xxX\rightarrow xyXYx, XyX\rightarrow\varepsilon, Z\rightarrow yyx\})$$

的产生式可分类如下：

π_0 : $xxX\rightarrow xyXYx$ 分析和可生成的

π_1 : $XyX\rightarrow\varepsilon$ 可生成的

π_3 : $Z\rightarrow yyx$ 可生成的

定义 6.2 如果一个文法 G 的产生式都是可生成的，则说 G 是可生成的；如果 G 的产生式都是分析的，则说 G 是分析的。

如果一个文法 G 是可生成的文法，则对于它的终端符号集，由 G 生成的语言

$$L_G(G\mid V_T)=\{\alpha\in V_T^*\mid S\overset{*}{\underset{G}{\Rightarrow}}\alpha\}$$

称为由 G 生成的语言。为简化记号，写作

$$L(G)=\{\alpha\in V_T^*\mid S\overset{*}{\underset{G}{\Rightarrow}}\alpha\}$$

如果 G 是一个分析文法，则对于终端字符集，由 G 所识别的语言

$$L_G(G\mid V_T)=\{\alpha\in V_T^*\mid \alpha\overset{*}{\underset{G}{\Rightarrow}}S\}$$

称为由 G 识别的语言。

如无引起混淆的可能，我们可以把由可生成文法 G 或由分析文法 G 所识别的语言都用 L(G)来标记。这里将更专注于可生成文法。它们的分类将按照产生式的形式来进行。为简化起见，文法一词将用作可生成文法。

定义 6.3 在可生成文法 $G=(V_N,V_T,S,P)$ 中，如果 $\alpha_0\underset{G}{\Rightarrow}\alpha_1\underset{G}{\Rightarrow}\dots\underset{G}{\Rightarrow}\alpha_n$，$\alpha_n\in V_T^*$ 则说这个推导是完整的。

如果 $S\overset{*}{\underset{G}{\Rightarrow}}\alpha$，则称 α 为 G 的句子形式。显然，L(G)是不含非终端的 G 的句子形式的集合。其中的每个句子都是不含非终端的句子形式。

定义 6.4 设 V_N 和 V_T 是不相交的字符集。一个产生式 $\alpha\rightarrow\beta$ 称为是：

(1) 在 V_N 和 V_T 上的上下文无关的产生式，如果 α 仅由一个非终端符号 A 组成，而 $\beta\in(V_N\cup V_T)^*$；

(2) 上下文有关的产生式，如果 $\alpha=\alpha' A\alpha''$ 和 $\beta=\alpha'\gamma\alpha''$，其中 $A\in V_N$，$\alpha',\alpha'',\gamma\in(V_N\cup V_T)^*$ 而且 $\gamma\neq\varepsilon$。

例 6.2 设 $V_N=\{X,Y,Z\}$ 和 $V_T=\{x,y\}$，则下列产生式是在 V_N 和 V_T 上的上下文无关产生式：

π_0: $X \to xxXYx$

π_1: $Y \to \varepsilon$

π_2: $Z \to yyx$

而产生式

π_3: $xYXy \to xyXZXy$

是上下文有关的。

注意，π_3 涉及当 Y 被 x 在左边和 Xy 在右边包围时，被 yXZ 所代替。这就是说，这个替换是在 x 和 Xy 的上下文中，因此称它是上下文有关的。形如 $X \to \varepsilon$ 的上下文无关产生式称为零化的产生式或删除的产生式。因为 $X \to \varepsilon$ 的效果是删除符号 X。不含删除产生式的文法称为无 ε 的。

对应于在定义 6.4 中限制的可生成文法分类将在下面进一步描述。这个分类归功于诺阿姆·乔姆斯基，因而被命名为乔姆斯基文法层次。

定义 6.5[1] 设 $G=(V_N, V_T, S, P)$ 是一个文法：

(1) 每一个文法皆为 0 型文法。这意味着 0 型文法是最普通的，对它无任何限制。

(2) 如果它的产生式中含有一个上下文有关的产生式，即左部长度小于等于右部长度，则 G 是 1 型的（或称上下文有关的）但 $S \to \varepsilon$ 除外。如果 P 中含 $S \to \varepsilon$，则 S 将被从任何产生式右边删除。

(3) 如果它的所有产生式都是上下文无关的，则 G 是 2 型的。

(4) 如果每个产生式都有 $X \to uY$ 或 $X \to u$ 的形式，其中 $X, Y \in V_N$，$u \in V_T^*$，则 G 是 3 型的（或正则的）。

此外，如果（由于在 $\alpha \to \beta$ 中，$|\alpha| \leqslant |\beta|$）G 的所有产生式的长度递增，但 $S \to \varepsilon$ 除外，则我们说 G 是长度递增的文法。

显然，每个 3 型文法也是 2 型的文法；每个 2 型文法也是 1 型的文法；每个 1 型文法也是 0 型的文法；每个上下文有关的文法也是长度递增的文法。

对于 3 型文法，其产生式可能包含形如 $X \to Y$ 或 $X \to \varepsilon$。

如果 $G=(V_N, V_T, S, P)$ 是一个文法，我们使用大写字母带上下标或不带下标来标记单个非终端符号，而在字符集（u,v,w,x,y,z）中的小写字母表示 V_T 中的字（字符串），小写希腊字母表示 $(V_N \cup V_T)^*$ 中的串。通过这个约定，由 G 所生成的语言就由

$$L(G)=\{u \in V_T^* \mid S \overset{*}{\underset{G}{\Rightarrow}} u\}$$

给出。

定义 6.6 设 Γ 是一类文法。如果一个语言 L 在 Γ 中存在一个文法 G，使得 $L(G)=L$，则这个语言是 Γ 类语言。

例如，如果存在一个上下文无关文法 G，使得 $L=L(G)$，则 L 是一个上下文无关语言。

类似地，如果存在一个文法 G_1，使得 $K = L(G_1)$，则 K 是长度递增的语言，等等。我们用 L_i 来标记对于 $0 \leqslant i \leqslant 3$ 的 i 型文法生成的语言类。显然，我们有

$$L_3 \subseteq L_2 \subseteq L_1 \subseteq L_0$$

如同文法一样，对应的语言类称为乔姆斯基层次语言。可以证明所有的包含是严格的，每个 L_1 中的语言是长度递增的。实际上 L_1 与长度递增语言类重合。

例 6.3 由上下文无关文法

$$G = (\{S\}, \{a, b\}, S, \{S \to \varepsilon, S \to aSb\})$$

生成的语言是 $\{a^n b^n \mid n \in N\}$。

我们现在对 $n \geqslant 0$ 使用归纳法证明，对于每个 $n \in N$，$a^n b^n \in L(G)$。对于 $n = 0$ 的情况，从产生式 $\pi_0: S \to \varepsilon$ 在 G 中的存在就可直接得出证明。假设有 $a^n b^n \in L(G)$，因此 $S \underset{G}{\overset{*}{\Rightarrow}} a^n b^n$，使用产生式 $S \to aSb$ 可得到推导

$$S \underset{G}{\overset{*}{\Rightarrow}} aSb \underset{G}{\overset{*}{\Rightarrow}} \ldots \underset{G}{\overset{*}{\Rightarrow}} aa^n b^n b \Rightarrow a^{n+1} b^{n+1}$$

这也就证明了 $a^{n+1} b^{n+1} \in L(G)$。

反之，我们通过对推导的长度 $m \geqslant 1$ 使用归纳法证明推导 $S \underset{G}{\overset{*}{\Rightarrow}} u$，对于某个 $n \in N$，u 有 $u = a^n b^n$ 的形式。

如果 $m = 1$，$S \underset{G}{\overset{*}{\Rightarrow}} u$ 则 $x = \varepsilon$。因为 $S \to \varepsilon$ 是删除 S 的单个产生式，所以对于 $n = 0$，$x = a^n b^n$。

假设命题对于推导长度 m 成立且 $S \underset{G}{\overset{*}{\Rightarrow}} u$ 是长度为 $m + 1$ 的推导。如果把这个推导明确地写出，则有

$$S \underset{G}{\overset{*}{\Rightarrow}} aSb \underset{G}{\overset{*}{\Rightarrow}} u$$

因此 $u = avb$，其中 $S \underset{G}{\overset{*}{\Rightarrow}} v$ 即为长度是 m 的推导。由归纳假设，对某个 $n \in N$，$v = a^n b^n$，所以，$u = a^{n+1} b^{n+1}$。论证结束。

例 6.4 考虑长度递增的文法

$$G = (\{S, X, Y\}, \{a, b, c\}, S, P)$$

其中 P 由下列产生式组成：

$\pi_0: S \to abc$　　$\pi_1: S \to aXbc$

$\pi_2: Xb \to bX$　　$\pi_3: Xc \to Ybcc$

$\pi_4: bY \to Yb$　　$\pi_5: aY \to aaX$

$\pi_6: aY \to aa$

我们断言,$L(G)=\{a^n b^n c^n \mid n\in P\}$。

我们有归结基础 $abc\in L(G)$,对应于 $n=1$。对于 $a^n b^n c^n$,其中 $n>1$,符号 X 必然由 S 开始生成。第一个产生式是 $S\to aXbc$。

注意,对于每个 $i\geqslant 1$,有 $a^iXb^ic^{i\,*}\,a^{i+1}Xb^{i+1}c^{i+1}$。实际上,我们有

$$\begin{aligned} a^iXb^ic^i &\overset{1}{\underset{\pi_2}{\Rightarrow}} a^ib^iXc^i \\ &\overset{1}{\underset{\pi_3}{\Rightarrow}} a^ib^iYbc^{i+1} \\ &\overset{1}{\underset{\pi_4}{\Rightarrow}} a^iYb^{i+1}c^{i+1} \\ &\overset{1}{\underset{\pi_5}{\Rightarrow}} a^{i+1}Xb^{i+1}c^{i+1} \end{aligned}$$

我们断言一个词 α 包含中缀 aY(它允许我们使用产生式 π_5)以及 $S\overset{*}{\Rightarrow}\alpha$,当且仅当对于某个 $i\geqslant 1$,α 有

$$\alpha=a^iYb^{i+1}c^{i+1}$$

的形式。对 $i\geqslant 1$,可使用归纳法的一个简单论证,表明如果 $\alpha=a^iYb^{i+1}c^{i+1}$,则 $S\overset{*}{\Rightarrow}\alpha$。我们仅需要证明逆的含义,这可以通过对推导 $S\overset{*}{\Rightarrow}\alpha$,长度 $n\geqslant 3$ 使用归纳法来完成。最短的允许生成中缀 aY 的推导是

$$S\Rightarrow aXbc\Rightarrow abXc\Rightarrow abYbcc\Rightarrow aYb^2c^2$$

这个词有预描述的形式。假设对于短于 n 的推导满足条件,并设 $S\overset{*}{\underset{G}{\Rightarrow}}\alpha$ 是长度为 n 的一个推导,且 α 含有中缀 aY。由归纳法假设,在含有中缀 aY 的推导中,以前的词有 $\alpha=a^jYb^{j+1}c^{j+1}$的形式。为了继续进行推导,我们必须应用产生式 π_5 并以 X 来代替 Y,因此有

$$S\overset{*}{\underset{G}{\Rightarrow}}a^jYb^{j+1}c^{j+1}\overset{*}{\underset{G}{\Rightarrow}}a^{j+1}Xb^{j+1}c^{j+1}$$

其次,必须通过使用产生式 π_2 来把符号向右移,把它转换成 Y(当涉及 c 时,Y 必须左移来建立中缀 aY。这只有使用产生式 π_6 和 π_4 才可能出现):

$$\begin{aligned} A^{j+1}Xb^{j+1}c^{j+1} &\overset{j+1}{\underset{\pi_2}{\Rightarrow}} a^{j+1}b^{j+1}Xc^{j+1} \\ &\overset{1}{\underset{\pi_6}{\Rightarrow}} a^{j+1}b^{j+1}Ybc^{j+2} \\ &\overset{1}{\underset{\pi_4}{\Rightarrow}} a^{j+1}Yb^{j+2}c^{j+2} \end{aligned}$$

这证明,α 有所期望的形式。因此,尽管这个文法不是上下文有关的(仅有的上下文有关的产生式是 π_0,π_1,π_5 和 π_6),在语言 L(G)中的所有词都有 $a^nb^nc^n$ 的形式。

下面介绍语言 L(G)的上下文有关文法,并说明这个语言不是上下文无关的,因此 $L_2\subseteq L_1$。

例 6.5 假设 E 表示表达式，T 表示项，F 表示因子，则以下产生式将产生由 +、-、× 和/组成的算术表达式：

$$
\begin{aligned}
&E \to E + T\\
&E \to E - T\\
&E \to T\\
&T \to T \times F\\
&T \to T / F\\
&T \to F\\
&F \to (E)\\
&F \to a \mid b \mid c
\end{aligned}
$$

这个文法所认记的语言是所有由运算符 +、-、×、/以及三个变量 a、b、c 所组成，即算术表达式。这就是说所有的算术表达式都可从这些产生式逐步地推导出来。例如，算术表达式

$$(a \times b + b \times c + c \times a)/(a + b + c)$$

可从以下产生式推导中逐步地推导出来：

$$
\begin{aligned}
E &\to T\\
&\to T/F\\
&\to F/F\\
&\to (E)/F \to (E+T)/F\\
&\to (E+T+T)/F \to (T+T+T)/F\\
&\to (T \times F+T+T)/F \to (F \times F+T+T)/F\\
&\to (a \times F+T+T)/F \to (a \times b+T \times F+T)/F\\
&\to (a \times b+F \times F+T)/F \to (a \times b+b \times F+T)/F \to (a \times b+b \times c+T)/F\\
&\to (a \times b+b \times c+F)/F \to (a \times b+b \times c+c \times a)/F\\
&\to (a \times b+b \times c+c \times a)/(E) \to (a \times b+b \times c+c \times a)/(E+T)\\
&\to (a \times b+b \times c+c \times a)/(E+T+T) \to (a \times b+b \times c+c \times a)/(T+T+T)\\
&\to (a \times b+b \times c+c \times a)/(F+T+T) \to (a \times b+b \times c+c \times a)/(a+T+T)\\
&\to (a \times b+b \times c+c \times a)/(a+F+T) \to (a \times b+b \times c+c \times a)/(a+b+T)\\
&\to (a \times b+b \times c+c \times a)/(a+b+F) \to (a \times b+b \times c+c \times a)/(a+b+c)
\end{aligned}
$$

因此我们可以断言，$(a \times b + b \times c + c \times a)/(a + b + c)$ 是上述文法所认记的语句。

在上面的推导中可看出，每步推导中仅有一个非终端符号被代替或者只完成一个动作，而且每一步都是用一个产生式右部来代替当前推导中的最左的非终端符号。以这种方式进行的推导称为最左推导。另一方面，如果推导总是改变最右边的非终端符号，则这个推导就称为最右推导。所谓改变非终端符号，实际上就是用以此非终端符号为左部的一个产生式的右部来代替这个非终端符号。

利用推导树可以使我们对推导有更直观的理解。对应于以上的推导,其推导树如图 6.1 所示。

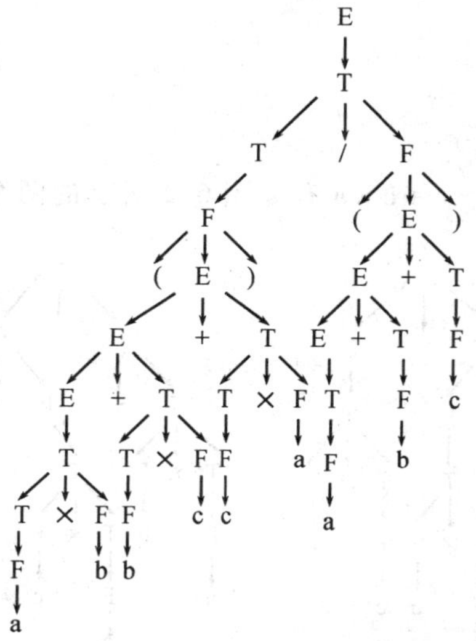

图 6.1 推导树

推导树可以形式地描述如下:

设 $G=(V_n,V_T,S,P)$ 是一个上下文无关文法。G 的一个语句的推导树如下:

(1) 每个顶点有一个标号,它是 $V_N \cup V_T \cup \{\varepsilon\}$ 中的一个符号。

(2) 根的标号是 S。

(3) 如果一个顶点是内顶点,而且它的标号是 A,则 $A \in V_N$。换句话说,推导树的所有内顶点都是非终端符号。

(4) 如果一个顶点 n 有标号 A,顶点 $n_1, n_2, .. , n_k$ 自左到右都是 n 的子结点,且它们的标号分别是 $X_1, X_2, ..., X_k$,则 $A \to X_1 X_2 ... X_k$。

(5) 如果一个顶点 n 有标号 ε,则 n 必然是叶结点,而且是父结点的一个子结点。

(6) 树的叶结点从左到右形成语句。

在推导树的形式描述中没有涉及左推导。实际上,推导树也可通过最左推导来构造,关键问题是左推导树和右推导树是否相同,或一个语句的左推导树和右推导树是否相同,因为其推导同推导树完全对应。

定义 6.7[2] 如果对于一个文法 $G=(V_N,V_T,S,P)$ 所认记的语言仅有一个推导树,则称这个文法是无二义性的。

以下是二义性的一个例子。

例 6.6 文法 $G=(V_N,V_T,S,P)$ 的产生式集合 P 由下列产生式组成:

$E \to E + T$

$E \to T$

$T \to T \times F$

$T \to F$

$F \to (E)$

$F \to a \mid b \mid c$

例如,语句(表达式)$a \times b + b \times c + c \times a$ 有如图6.2所示的两个推导树,这两个推导树看起

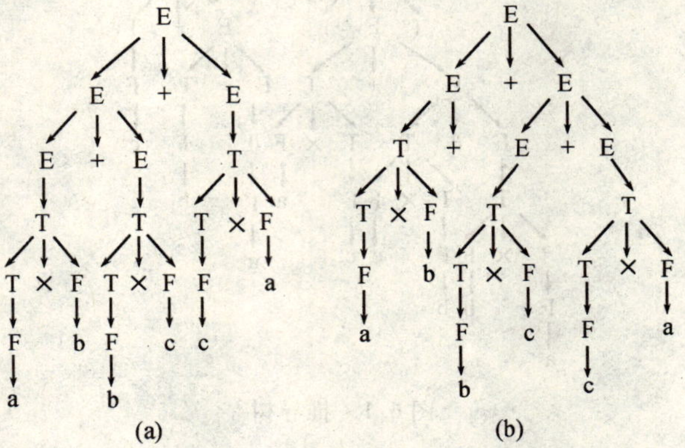

图6.2　$a \times b + b \times c + c \times a$ 的两个推导树

来是相同的,比如以下的推导:

$$
\begin{aligned}
E &\to E + E \\
&\to E + E + E \\
&\to T + E + E \\
&\to T \times F + E + E \\
&\to F \times F + E + E \\
&\to a \times F + E + E \\
&\to a \times b + E + E \\
&\to a \times b + T + E \\
&\to a \times b + T \times F + E \\
&\to a \times b + F \times F + E \\
&\to a \times b + b \times F + E \\
&\to a \times b + b \times c + E \\
&\to a \times b + b \times c + T \\
&\to a \times b + b \times c + T \times F \\
&\to a \times b + b \times c + F \times F \\
&\to a \times b + b \times c + c \times F
\end{aligned}
$$

$\rightarrow a\times b+b\times c+c\times a$

这个推导实际上是左推导。这两个推导树的区别在于,在右边的 E + E,我们是替换第一个 E 来得到 E + E + E 还是替换第二个 E 来得到 E + E + E。形式上两者相同,实际上在最左推导中有(E + E) + E,而在最右推导中有 E + (E + E)。由于对于相同的表达式有两个推导树,即最左推导和最右推导,因此它们是二义性文法。

给定一个文法,如何判定它是否为二义性的,我们下面给出它成立的充分条件。

定理 6.1　在一个文法中,如果在它的产生式中,一个非终端符号连续出现两次以上,而这个产生式左边出现同一个非终端符号,则这个文法是二义性的。

证明　不失一般性,假设这个产生式为:

$A\rightarrow AA...$

容易想象,在这个产生式中使用最左和最右推导必然得到不同的推导树。因此这个文法是二义性的得证。

从上可知,二义性推导树的两个相同的子树既可出现在左边,也可出现在右边,而这两个位置相邻。

6.3　上下文无关文法的特性

本节我们讨论上下文无关文法的基本特性。首先介绍上下文无关文法的两个范式,然后再讨论涉及语法分析的其他特性。

定义 6.8　文法的范式　范式是指对于同类的文法可有相同的表达形式。例如,对于正则文法,左线性或右线性表达式是这类文法的范式。

定义 6.9　如果一个上下文无关文法 $G=(V_N,V_T,S,P)$ 的所有产生式有 $X\rightarrow YZ$ 的形式或有 $x\rightarrow a$ 的形式,则说这个文法是处于乔姆斯基范式下的。其中,$X,Y,Z\in V_N,a\in V_T$。

如果 G 处于乔姆斯基范式下,则它是无 ε 的,因此 ε 也就不属于 L(G)。

定理 6.2　给定任何上下文无关文法 $G=(V_N,V_T,S,P)$ 且它是无 ε 的,则它有一个等价的处于乔姆斯基范式下的文法。

证明　如同我们上面提过的那样,这个文法没有 ε,也就不存在 $A\rightarrow\varepsilon$ 这样的产生式。我们假定它也没有 $X\rightarrow Y$ 这样的产生式。包含终端符号的产生式具有 $X\rightarrow a$ 的形式,已满足要求。G 的其他产生式具有 $X\rightarrow X_{11}X_{12}...X_{1k}$ 的形式,其中 $k\geqslant 2$。

如果 $X\rightarrow YZ$,则它也处于乔姆斯基范式下。因此,需要考虑的是具有 $X\rightarrow\alpha$ 形式的产生式,其中 α 是终端符号和非终端符号的串,且 $|\alpha|\geqslant 3$。假设 a 是 α 中的一个终端符号,我们引入一个非终端符号 X_{1j} 和一个产生式 $X_{1j}\rightarrow a$,并用 X_{1j} 来代替 a 在原产生式中的位置,于是得到如下产生式:

$$X \to X_{11} X_{12} \ldots X_{1k}$$

其中右部的每一项都是非终端符号。我们引入 k－2 个新的非终端符号 $Z_1, Z_2, \ldots, Z_{k-2}$ 以及产生式

$$X \to X_{11} Z_1$$
$$Z_1 \to X_{12} Z_2$$
$$\vdots$$
$$Z_{k-2} \to X_{1(k-1)} X_{1k}$$

现在定义文法 $G' = (V_N \cup V'_N, V_T, S, P')$，其中的 V'_N 是新引入的非终端符号，而 P' 由原来的产生式加上新增加的产生式组成。现在的每个产生式都满足乔姆斯基范式的要求。容易看出，G′和 G 是等价的，它们必然产生相同的语言。

使用乔姆斯基范式可以证明一个重要的 2 型文法的可判定性。这个结果把语句的长度同推导的长度关联起来。

引理 6.1[3] 设 $G = (V_N, V_T, S, P)$ 是处于乔姆斯基范式下的上下文无关文法。如果 $S \underset{\alpha}{\overset{*}{\Rightarrow}} x$，则 $|\alpha| \leqslant 2|x| - 1$。

证明 对于某个 $X \in V_N$，如果 $X \underset{\alpha}{\overset{*}{\Rightarrow}} x$，则 $|\alpha| \leqslant 2|x| - 1$。

我们对 $n = |x| \geqslant 1$ 使用归纳法来证明引理。如果 $n = 1$，则有 $x = a, a \in V_N$，于是推导 $X \underset{\alpha}{\overset{*}{\Rightarrow}} x$，由 $|\alpha| = 1$ 得到。应用产生式 $\pi: X \to a$。所以不等式成立。

现在假设命题对于小于 n 的语句成立。我们设 x 是长度等于 n 的语句，且 $n > 1$。设第一个被使用的产生式是 $X \to YZ$，于是可以把 x 写为 $x = uv$，其中 $Y \underset{\beta}{\overset{*}{\Rightarrow}} u, Z \underset{\gamma}{\overset{*}{\Rightarrow}} v$，且有 $|\alpha| = |\beta| + |\gamma| + 1$，因为在最后两个推导中使用的产生式恰好是在 $X \underset{\alpha}{\overset{*}{\Rightarrow}} x$ 中所用的。因此，应用归纳假设，便可得到：

$$\begin{aligned}|\alpha| &= |\beta| + |\gamma| + 1 \leqslant 2|u| - 1 + 2|v| - 1 + 1 \\ &= 2(|u| + |v|) - 1 = 2|x| - 1\end{aligned}$$

引理得证。

定理 6.3 如果存在一个算法来确定对于一个上下文无关文法 $G = (V_N, V_T, S, P)$ 和一个语句 x，则有 $x \in L(G)$。

证明 在开始证明之前，我们先要提及如下事实，即对于每个上下文无关文法 G 存在一个 G′，使得 $L(G') = L(G) - \{\varepsilon\}$。其次，如果 G 是一个上下文无关文法，则它的等价的上下文无关文法 G′满足下列情况之一：

1）如果 $\varepsilon \notin L(G)$，则 G′是无 ε 的。

2）如果 $\varepsilon \in L(G)$，则 G′含有唯一的删除产生式 $S \to \varepsilon$，S 是 G′的起始符号，且 S′不出现在 G′的任何产生式的右部。

有了这些事实,我们就可以构造出等价于 G 的文法 G′,使得:

1) 如果 ε 不属于 L(G),则 G′是无 ε 的。

2) 如果 ε∈L(G),则 G′含有唯一的删除产生式 S′→ε。S′是 G′的起始符号,不出现在 G′的任何产生式的右部。

假设 x = ε,当且仅当 S′→ε 是 G′中的一个产生式时,x∈L(G)。假设 x≠ε,G_1 是处于乔姆斯基范式下的一个上下文无关文法,使得 L(G′) = L(G′) - {ε},当且仅当 x∈L(G) 时,有 x∈L(G_1)。根据引理 6.1,如果 $S \overset{*}{\underset{\alpha}{\Rightarrow}} x$,则 $|\alpha| \leq 2|x| - 1$,所以通过列出长度至多 $2|x| - 1$ 的所有推导,就可判定是否有 x∈L(G)。

定义 6.10 如果一个上下文无关文法 $G = (V_N, V_T, S, P)$ 的所有产生式都有 $X \to a\alpha$ 的形式,其中 $X \in V_N, a \in V_T, \alpha \in V_N^*$,则这个文法处于格雷巴赫(Greibach)的范式下。如果 G 是处于格雷巴克范式形式下,则 G 是无 ε 的,因此 ε∉L(G)。

每个无 ε 的上下文无关文法都有一个等价的处于格雷巴赫范式下的上下文无关文法。在以下的讨论中证明这个事实。下面先介绍一些预备知识。

定义 6.11[4] 左递归符号 设 $G = (V_N, V_T, S, P)$ 是一个上下文无关文法,如果一个非终端符号 X 存在一个推导 $X \overset{*}{\underset{G}{\Rightarrow}} X\alpha$ (或 $X \overset{*}{\underset{G}{\Rightarrow}} aX$),则对于 $\alpha \in (V_N \cup V_T)^*$,它是左递归(或右递归)的。

在编译程序设计中,左递归的概念是很重要的。

如果一个上下文无关文法包含一个产生式 $X \to Xa$ (或 $X \to aX$),则这个文法是直接左递归(或右递归)的。

引理 6.2 设 $G = (V_N, V_T, S, P)$ 是一个上下文无关文法,X,Y 是两个非终端符号。假设有

$$X \to \alpha Y \beta \in P,$$

而 $Y \to \gamma_1, \ldots, Y \to \gamma_n$ 是 P 中所有以 Y 为左部的产生式,则 G 等价于 $G' = (V_N, V_T, S, P')$,其中,$P' = (P - \{X \to \alpha Y \beta\} \cup \{X \to \alpha \gamma_i \beta\} \mid 1 \leq i \leq n)$。

证明 显然我们有 L(G′)⊆L(G)。如果在一个推导中使用产生式 $X \to \alpha\gamma_j\beta$,则有

$$\gamma' X \gamma'' \overset{*}{\underset{G}{\Rightarrow}} \gamma\alpha\gamma_j\beta\gamma$$

于是我们可以在 G 中写作 $\gamma' X \gamma'' \overset{*}{\underset{G}{\Rightarrow}} \gamma\alpha Y\beta\gamma'' \overset{*}{\underset{G}{\Rightarrow}} \gamma'\alpha\gamma_j\beta\gamma''$。

反之,要证明 L(G)⊆L(G′),我们可以通过对 n(推导 $u \overset{*}{\underset{G}{\Rightarrow}} \omega$ 的长度)使用归纳法。我们有 $u \overset{*}{\underset{G}{\Rightarrow}} \omega$,其中 $u \in (V_N \cup V_T)^*$,$\omega \in V_T^*$。对于 n = 1,引理的命题是直接的。假设这个命题对于长度小于 n 的推导成立,且 $u \overset{*}{\underset{G}{\Rightarrow}} \omega$,如果在这个推导中,没有使用 $X \to \alpha Y \beta$,则显然有 $u \overset{*}{\underset{G}{\Rightarrow}} \omega$,否则,这个推导可以写作

$$u \overset{*}{\underset{G}{\Rightarrow}} \omega' X \omega'' \overset{*}{\underset{G}{\Rightarrow}} \omega'\alpha\gamma\beta\omega'' \overset{*}{\underset{G}{\Rightarrow}} \omega$$

因此，ω可以写作 $\omega = u'u_\alpha u u_\beta u''$，其中 $\omega' \overset{*}{\underset{G}{\Rightarrow}} u'$，$\alpha \overset{*}{\underset{G}{\Rightarrow}} u_\alpha$，$Y \overset{*}{\underset{G}{\Rightarrow}} u_x$，$\beta \overset{*}{\underset{G}{\Rightarrow}} u_\beta$，$\omega \overset{*}{\underset{G}{\Rightarrow}} u''$是长度小于 n 的推导。通过归纳法假设，有以下推导：

$$\omega \overset{*}{\underset{G}{\Rightarrow}} u' \quad \alpha \overset{*}{\underset{G}{\Rightarrow}} u_\alpha$$

$$\beta \overset{*}{\underset{G}{\Rightarrow}} u' \quad \omega \overset{*}{\underset{G}{\Rightarrow}} u''$$

且推导 $Y \overset{*}{\underset{G}{\Rightarrow}} u_Y$ 的存在要求 $\gamma \overset{*}{\underset{G}{\Rightarrow}} u_\gamma$ 的存在。通过归纳假设，我们得到推导 $\gamma_1 \overset{*}{\underset{G}{\Rightarrow}} u_\gamma$，因此，得到推导 $u = \omega'\alpha X\beta\omega'' \overset{*}{\underset{G}{\Rightarrow}} \omega'\alpha\gamma_i\beta\omega'' = \omega$。取 u = S 即得到所要的结论。

下面的定理指出，可消除上下文无关文法中的左递归。

定理 6.4　设 $G = (V_N, V_T, S, P)$ 是不含删除产生式的上下文无关文法。以 P_x 来标记由 X 作为产生式左部的产生式集合。如果 $X \in V_N$ 是一个左递归符号，集合 P_X 由两类产生式组成：

（1）其右部以 X 开始的 P_X 的产生式

$$X \to X\alpha_1, \ldots, X \to X\alpha_k \qquad 1 \leqslant i \leqslant k$$

（2）P_X 中其余产生式

$$X \to \beta_1, \ldots, X \to \beta_l \qquad 1 \leqslant j \leqslant l$$

中所有 β_j 都不以 X 开始。

设 Y 是一个新的非终端符号，且设 $G' = (V_N \cup \{Y\}, V_T, S, P')$ 是一个上下文无关文法，其产生式集合由

$$P' = (P - P_x) \cup \{X \to \beta_j Y, X \to \beta_i \mid 1 \leqslant i, j \leqslant l\} \cup \{Y \to \alpha_i Y, Y \to \alpha_i \mid 1 \leqslant i \leqslant k\}$$

给出，则文法 G 和 G′等价。

证明　我们用使 Y 成为右递归的产生式来代替使 X 成为左递归的产生式，由于 $1 \leqslant j \leqslant k$，$\alpha_j, \alpha_j \neq \varepsilon$，因此我们说 Y 符号不是左递归的。设 $u \in L(G)$ $S \underset{G,left}{\Rightarrow} Y \underset{G,left}{\Rightarrow} \ldots \overset{*}{\underset{G,left}{\Rightarrow}} \ldots Y_n \Rightarrow u$ 是 u 的左递归。如果 X 在推导中不出现，则同样的推导可能在 G′中出现，且 $X \in L(G)$。否则，假设 $X \overset{*}{\underset{G,left}{\Rightarrow}} \omega$ 是一个推导，它允许由 X 生成 X 的中缀 ω，而且这是以前推导的一部分。最后的推导必须有下列形式：

$$X \underset{G,left}{\Rightarrow} X\alpha_{11} \underset{G,left}{\Rightarrow} X\alpha_{12}\alpha_{11} \underset{G,left}{\Rightarrow} \ldots$$

$$\underset{G,left}{\Rightarrow} X\alpha_{11} \ldots \alpha_{12}\alpha_{11} \overset{*}{\underset{G,left}{\Rightarrow}} \beta_j\alpha_{11} \ldots \alpha_{12}\alpha_{11}$$

语句 $\beta_j\alpha_{11} \ldots \alpha_{12}\alpha_{11}$ 也可以使用推导

$$X \underset{G,left}{\Rightarrow} \beta_j\gamma \underset{G,left}{\Rightarrow} \beta\gamma \underset{G,left}{\Rightarrow} \beta\alpha_{11}\gamma \underset{G,left}{\Rightarrow} \ldots$$

$$\underset{G,left}{\Rightarrow}\beta_j\alpha_{11}\cdots\alpha_{12}\gamma\overset{*}{\underset{G}{\Rightarrow}}\beta\alpha_{11}\cdots\alpha_{12}\alpha_{11}$$

每一个左推导 $S\overset{*}{\underset{G,left}{\Rightarrow}}X$ 都对应于一个右推导 $S\overset{*}{\underset{G,right}{\Rightarrow}}X$,因此,$L(G)\subseteq L(G')$。

相反的蕴含可以以类似的方式加以论证。因此最后有 $L(G)=L(G')$。

对于无 ε 的上下文无关文法,可有两种范式——乔姆斯基范式和格雷巴赫范式。这两种范式如何相关联?下列引理即回答这个问题。

引理 6.3　设 $G=(\{X_1,\ldots,X_n\},V_T,X_1,P)$ 是处于乔姆斯基范式下的上下文无关文法,则存在一个等价的文法 $G=(V_N,V_T,X_1,P)$ 满足下列条件:

(1) $\{X_1,\ldots,X_n\}\subseteq V_n$。

(2) 以 X_i 作为左部的产生式有 $X_i\to a\alpha$ 或 $X_i\to X_j$ 的形式,其中 $a\in V_t$, $\alpha\in(V_N)^*$, $i<j$。

(3) 如果 $Y\in V_N-\{X_1,\ldots,X_n\}$,则对于每个产生式 $Y\to\gamma\in P$, $\gamma\neq\varepsilon$。γ 中第一个符号属于 $\{X_1,\ldots,X_n\}\cup V_T$ 符号外,其余为非终端符号。

我们从形如 $X\to X_jX_i$ 和 $X_i\to a$ 的产生式开始,使用一个构造性证明。然后逐渐把它们转换为 $X\to a\alpha$ 形式的产生式,其中 $a\in V_T$, $\alpha\in(V_N)^*$。

在乔姆斯基范式下,上下文无关文法的产生式有 $X_i\to X_jX_k$ 和 $X_i\to a$ 的形式,其中 $a\in V_T$。

证明　首先我们把产生式排序,使得它们左部的非终端符号的下标由小到大,即递增顺序排列;同时对于一个产生式,其左部下标应小于右部的第一个非终端符号的下标。满足这个条件的产生式已处于递增顺序,而对还未满足这个条件的产生式必有 $X_l\to X_mX_n$, $l>m$ 的形式,或者 $l=m$。后一种情况就是左递归。对于前一种情况,可通过在已处于递增情况的产生式逐步用产生式右部代入左部在非递增情况下的出现,这样就使这些产生式也变成递增形式,或使其左右两边的序号相同,成为左递归形式。

这个过程不难进行,例如,如果有 $X_3\to X_1X_4$,即属于不满足要求的情况。但必有 X_1 以及 X_2 已处于递增形式的产生式,如 $X_1\to X_2X_1$, $X_2\to X_3X_1$,于是可用它们代入原有的产生式,得到 $X_3\to X_1X_4\to X_2X_1X_4\to X_3X_1X_1X_4$。现在我们就消除了产生式两边处于递减形式的情况,下面我们的任务变成消除左递归。

这个过程可更形式化地描述如下:设 k 为 $0\leqslant k\leqslant n$,我们从 $k=0$ 开始进行修改形如 $X_i\to X_j\alpha$ 的产生式的归纳过程,其中 $0\leqslant i<k$ 可产生一个等价的文法 G_k,它有如下性质:在 G_k 中,每个产生式都有 $X_i\to X_j\alpha$ 的形式,其中 $0\leqslant i\leqslant k$,且 $i<j$。

因为对于 $k=0$,即 $i<0$,没有 $X_i\to X_i\alpha$ 的产生式。假设已经构造了 G_k,其中每个产生式都有 $X_i\to X_j\alpha$, $0\leqslant i\leqslant k$, $i<j$。设 $X_k\to X_j\alpha$ 是使得 $j\leqslant k$ 的一个产生式,且 $j\leqslant k$。如同我们已经提到过的,必然有一个产生式,它以 X_j 为左部,且处于递增形式,于是就可以用其右部代替这个非终端符号使之达到左右两边的非终端符号相同。这就是左递归的情况。另一方面,如果 $X_j\to\gamma_1,\ldots,X_j\to\gamma_m$ 是以 X_i 为左部的产生式,且 $X_k\to X_i$,于是,代入 X_i,在此

情况下,代入一次便可得到格雷巴赫范式。

由归纳假设,如果 $X_k \to X_l \beta$ 是我们得到的新的产生式之一,且有 $k>1$,重复这个操作,即对于在非递增形式出现的产生式中右部的非终端符号以其为左部的产生式的右部出现来代替它,使产生式右部非终端符号的下标逐渐增加,最终把非递增顺序改变为左递归的或递增顺序。在这个过程中,还需要引入新的非终端符号来代替终端符号,使得它成为非终端符号串。显然,这些新引进的产生式也满足引理的要求。

定理 6.5 对于每个无 ε 的上下文无关的文法,存在一个等价的处于格雷巴赫范式的文法。

证明 假定 G 已处于乔姆斯基范式之下,并且有 $G=(\{X_1,...,X_n\},),V_T,X_1,P)$ 的形式。通过应用引理 6.3,得到无 ε 的上下文无关文法 $G'=(V_N,V_T,X_1P)$,它与 G 等价,而且使得:

(1) $\{X_1,...,X_n\}\subseteq V_N$;

(2) 以 X_i 作为左部的产生式有 $X_i \to a\alpha$ 或 $X_i \to X_j\alpha$ 的形式,其中 $a \in V_T, \alpha \in (V_T)^*$,而且 $i<j$;

(3) 如果 $Y \in V_N - \{X_1,...,X_n\}$,则对于每一个产生式 $X \to \gamma \in P, \gamma \neq \varepsilon$,除第一个符号外,γ 中符号均为非终端符号,而 γ 的第一个符号是属于 $\{X_1,...,X_n\} \cup V_t$。

注意:重写符号 X_n 产生式必须有 $X_n \to a\alpha$ 的形式,其中 a 是一个终端符号,而 α 是仅含非终端符号的串。形如 $X_n \to ...$ 的产生式的右部以一个终端符号开始,因此在所有 $X_{n-1} \to X_n$ 的产生式中的 X_n 将被产生式 $X_n \to ...$ 的右部所代替。所以,所有产生式 $X_{n-1} \to ...$ 都有 $X_{n-1} \to a\gamma$ 的形式,其中 $\gamma \in (V_n)^*$。这个过程对 $X_{n-2},...,X_1$ 重复进行。

最后,由于在 $Y \to \gamma$ 中 γ 的第一个符号是一个终端符号 X_1,应用引理 6.2,以其右部以一个终端开始的产生式来代替 $Y \to \gamma$,便得到等价于初始文法格雷巴赫范式之下的上下文无关文法。

基于这个定理,我们可以设计把上下文无关文法从乔姆斯基范式转换成格雷巴赫范式的一个算法。

算法 6.1 T(上下文无关文法从乔姆斯基范式到格雷巴赫范式的转换)

输入:在乔姆斯基范式下的上下文无关文法,其产生式集合 P 由形如 $X_i \to X_k X_l$ 和 $X_l \to a$ 的产生式组成。

输出:所有产生式都将有 $X_i \to a\alpha$ 的形式,其中 $a \in V_T, \alpha \in (V_N)^*$。$V_N$ 由原 $\{X_1,...,X_n\}$ 加上辅助的用于转换的非终端符号组成。

T1(产生式排序) 形如 $X_i \to X_k X_l$ 的所有产生式将以递增顺序出现。一方面,对这些产生式来说,它们的左部以由小到大的顺序出现。另一方面,对于每一个产生式,如果 $X_i \to X_k X_l$,则 $k>i$。如果产生式不满足这个条件,可以通过逐步代入法使产生式右边的第一个非终端的下标逐步增大,直到成为递增的或者成为左递归的形式。

同时,从某个非终端符号,如 X_1 开始,如果我们有 $X_1 \to X_2 ...$ 和 $X_2 \to a$,通过用 $X_2 \to a$

代入第一个产生式的右部,得到 $X_1 \to a\alpha$,其中 α 是一个非终端符号串。所得到的产生式和原来的 $X \to a$ 便处于格雷巴赫范式下。

T2(消除左递归) 在 T1 中,我们得到形如 $X_j \to X_j\gamma$ 的产生式,其中 $\gamma \in (V_N \cup V_T)^*$。由于有两种形式的产生式 $X_j \to X_j\gamma$ 和 $X_j \to a$,通过把第二个产生式右部的 a 代入第一个产生式右部的第一个非终端符号,便消除左递归。如果 γ 全由非终端符号组成,那么它实际上是处于格雷巴赫范式下的。一般的消除左递归的步骤如下:

对于

$X \to X\gamma$ γ 是非终端和终端符号串

$X \to a$

我们可作如下变换,实现消除左递归:

$X \to aY$ Y 是新引入非终端符号

$Y \to \gamma Y \mid \varepsilon$ γ 不以 Y 开始

T3(把产生式转换成格雷巴赫范式) 将以该非终端为左部的产生式右部代入其左部非终端的下标小于其右部第一个非终端的下标的产生式,得到如下产生式

$$X_i \to a\gamma \quad a \in V_T \quad \gamma \in (\{X_1, ..., X_n\} \cup \{Y_1, ..., Y_m\})^*$$

现在,$V_N = \{X_1, ..., V_n, Y_1, ..., Y_m\}$,其中 $Y_j(1 \leqslant j \leqslant m)$ 是新引入的非终端符号,它们有产生式

$Y_j \to b_i$ $(b_i \in V_T)$

$Y_j \to b_i\alpha$ $(\alpha \in V_N^*)$

现在无论是以 X_j 还是以 Y_i 为左部的产生式都已处于格雷巴赫范式之下。

下面通过一个实例来进一步说明这个变换过程。

例 6.7 设 $G = (\{X_1, X_2, X_3\}, \{a, b\}, X_1, P)$ 是一个上下文无关文法,它的产生式集合 P 由下列产生式组成:

$$P = \{X_1 \to X_2X_3, X_2 \to X_1X_2, X_2 \to a, X_3 \to X_1X_3, X_3 \to b\}$$

从上可看出,此文法是处于乔姆斯基范式之下。注意,X_1 是左递归的,因为

$$X_1 \underset{G}{\Rightarrow} X_2X_3 \underset{G}{\Rightarrow} X_1X_2X_3$$

同时,X_2 也是左递归的:

$$X_2 \underset{G}{\Rightarrow} X_1X_2 \underset{G}{\Rightarrow} X_2X_3X_2$$

我们用 $X_2 \to X_2X_3X_1$ 代替 $X_2 \to X_1X_2$,则对于 X_2 有两个产生式

$$X_2 \to X_2X_3X_1 \quad X_2 \to a$$

因此,通过消去左递归可得到

$$X_2 \to aY_1 \quad X_2 \to a \quad Y_1 \to X_3X_2Y_1 \quad Y_1 \to X_3X_2$$

则产生式的集合是:

$$X_1 \to X_2X_1 \quad X_2 \to aY_1 \quad X_2 \to a \quad Y_1 \to X_3X_2Y \quad Y_1 \to X_3X_2 \quad X_3 \to X_1X_3 \quad X_3 \to b$$

我们把 $X_3 \to aY_1X_3X_3$ 和 $X_3 \to aX_3X_3$ 代上式中 X_3 产生式的右部,把 $X_2 \to aY_1$ 和 $X_2 \to a$ 代替产生式 X_2 右部的第一个符号。

至此,文法 $G' = (\{X_1, X_2, X_3, Y\}, \{a, b\}, X_1, P')$ 就是处于格雷巴赫范式下的文法,其产生式集合如下:

$$\begin{array}{llll} X_1 \to aY_1X_1 & X_1 \to aX_1 & X_2 \to AY_1 & X_2 \to a \\ X_3 \to aY_1X_1X_2 & X_3 \to aX_1 & X_3 \to b & \\ Y_1 \to aY_1X_3X_3X_2Y_1 & Y_1 \to aX_3X_3X_2Y_1 & Y_1 \to bX_2Y_1 & \\ Y_1 \to aY_1X_3X_3X_2 & Y_1 \to aX_3X_3X_2 & Y \to bX_2 & \end{array}$$

例 6.8 设 $G = (\{A, B, C\}, \{a, b\}, A, P)$ 是一个上下文无关文法,且其产生式集合 P 由下列产生式组成:

$$A \to BC \qquad B \to CA \mid b \qquad C \to AB \mid a$$

试将其转换为处于格雷巴赫范式下。

根据算法 6.1,我们首先要对非终端符号排序。为此,命 A 为 X_1,命 B 为 X_2,命 C 为 X_3,于是得到

$$X_1 \to X_2X_3 \quad X_2 \to X_3X_1 \mid b \quad X_3 \to X_1X_2 \mid a$$

现在第三个产生式不是处于递增形式下的,我们通过两次替换使它成为

$$X_3 \to X_1X_2 \to X_2X_1X_2 \to X_3X_1X_3X_2$$

显然这是左递归的。此外,我们还有 $X_3 \to a$,利用这两个产生式可以消除左递归:

$$X_3 \to a \quad X_3 \to bX_3X_2 \quad X_3 \to aY \quad X_3 \to bX_3X_2Y$$

以上关于 X_3 的产生式都已处于格雷巴赫范式之下,而对于 Y,有

$$Y \to X_1X_3X_2 \quad Y \to X_1X_3X_2Y$$

它们还不是格雷巴赫范式。我们先处理 X_2,由于 $X_2 \to X_3X_1$, $X_2 \to b$,于是得到

$$X_2 \to aX_1 \quad X_2 \to aYX_1 \quad X_2 \to bX_3X_2X_1 \quad X_2 \to bX_3X_2YX_1 \quad X_2 \to b$$

利用它们又可得到关于 X_1 的格雷巴赫范式:

$X_1 \to bX_3X_2YX_1X_3$　$X_1 \to bX_3X_2X_1X_3$　$X_1 \to aYX_1X_3$

$X_1 \to aX_1X_3$　$X_1 \to bX_3$

现在利用这些结果便可转换 Y：

$Y \to bX_3X_2YX_1X_3X_3X_2$　　$Y \to bX_3X_2X_1X_3X_3X_2$

$Y \to aYX_1X_3X_3X_2$　　$Y \to aX_1X_3X_3X_2$

$Y \to bX_3X_3X_2$　　$Y \to bX_3X_2YX_1X_3X_3X_2$

$Y \to bX_3X_2X_1X_3X_3X_3X_2Y$　　$Y \to aYX_1X_3X_3X_2Y$

$Y \to aX_1X_3X_3X_2$　　$Y \to bX_3X_3X_2Y$

至此，所有产生式都已处于格雷巴赫范式之下。我们已得到和原来文法等价的范式。但两者的标记不同，需要把得到的范式恢复成原来的标记，于是得到

$G = (\{A, B, C, D\}, \{a, b), A, P'\}$

P′由下列产生式组成：

$A \to bCBDAC$　$A \to bCBAC$　$A \to aDAC$　$A \to aAC$　$A \to bC$

$B \to bCBDA$　$B \to bCBA$　$B \to aDA$　$B \to aA$　$B \to b$

$C \to bCBD$　$C \to bCB$　$C \to aD$　$C \to a$

$D \to bCBDACCBD$　$D \to bCBACCBD$　$D \to bCCBD$　$D \to aDACCBD$　$D \to aCCBD$

$D \to bCBDACCB$　$D \to bCBACCB$　$D \to bCCB$　$D \to aDACCB$　$D \to AACCB$

至此，我们就完成了对于原文法的转换，得到格雷巴赫范式下的文法表示。

在讨论了上下文无关文法的两个范式后，我们进一步讨论若干相关的结果，其主要应用是显示。某些语言不属于上下文无关语言。如果我们得到这个结论，就表明它不是程序设计语言。如同在正则语言中的情况一样，这些结果传统上称为抽吸引理。在前面的讨论中，我们已把它们称为定理，因此这里也称为定理。为了讨论的需要，我们将自然数集 N 的子集 M 作为标记集合。以下对这个集合没有进一步的假设，因此结果对于所有标记集合成立。

定义 6.12[5]　设 A 是一个字符集，且 $\omega = a_{10} . . . a_{1\,|\omega|-1}$ 是 A^* 中的一个语句。在 ω 中标记集合的出现是 $|\{0, 1, . . . , |\omega| - 1\} \cap M|$。如果上下文标记集合是明显的，则可以用 $\|\omega\|$ 来标记 $\|\omega\|_M$。

定理 6.6 奥格登(Odgen)抽吸引理　设 G 是一个上下文无关文法，M 是标记集合，则存在一个数 $n_G \in N$，使得如果 $\omega \in L(G)$，$\|\omega\|_M \geq n_G$，则 $\omega = xyzut$ 使得 $\|y\|_M \geq 1$ 或 $\|u\|_M \geq 1$，$\|yzu\|_M \leq n_G$，且对于所有的 $xy^nzu^nt \in L(G)$。

证明　设 $G = (V_N, V_T, S, P)$ 和 $L(G) = \max\{|\alpha\| S \to \alpha \in P\}$。我们可以假定 $L(G) \geq 2$（否则 $L(G) \subseteq V_T \cup \{\varepsilon\}$，定义 $n_G = L(G)^{|M|+1}$，$\omega \in L(G)$ 使得 $\|\omega\|_M \geq n_G$。

设 T 是一个推导 $S \overset{*}{\underset{G}{\Rightarrow}} \omega$ 的推导树。假设 T 的一个内部顶点 v 是用非终端符号标记的，

且 word($T_{[v]}$) = s,则 v 的权重定义为 weight(v) = $\|s\|_M$。显然,我们有 weight(v) = Σ(weight(v′) | v′∈CHILDREN(v)}。

设 V 是 T 的顶点的集合。我们用下列式子定义函数 h:V→N:

如果 v∈leaves(T)

$$h(v)=0$$

如果 | {v′ | v′∈CHILDREN(v),weight(v′) > 0} | > 1,则

$$h(v)=1+\max\{h(v')\mid v'\in \text{CHILDREN}(v)\}$$

否则对每一个 v∈V,

$$\max\{h(v)\mid v'\in \text{CHILDREN}(v)\}$$

设 v 是 T 的一个内结点。如果 $h(v)=h(v_1)$,其中 $v_1\in$ CHILDREN(v),则上述定义的第三种情况适用。在这种情况下 v 至少有一个儿子有正的权值,即结点 v_1,因此 weight(v) = weight(v_1)。反之,如果 v 有一个儿子 v_1 使得 weight(v) = weight(v_1),由于有 weight(v) = Σ{weighy(v′) | v′∈CHILDREN(v)},由此得出,V 的其他儿子的权为 0。因此,由 h 的定义得 weight(v′) = weight(v)。

结论:对于一个内结点 v,存在 v 的一个儿子 v′,使得h(v) = h(v′),当且仅当存在一个儿子 v′使得

weight(v) = weight(v′)。

现在我们来证明对于 T 的每个结点 v,有 weight(v) $\leqslant L(G)^{h(v)}$。证明通过对于 height(v) 使用归纳法进行。如果 height(v) = 0,则 v 是叶子结点,h(v) = 0,且 weight(v) ⩽ 1,因此 weight(v) $\leqslant L(G)^{h(v)}$。

假设这个不等式对于其高度小于 n 的顶点成立,而 v 是高度等于 n 的顶点,则可能出现下列两种情况:

(1) 如果 $h(v)=h(v_1)$,其中 $v_1\in$ CHILDREN(v),则由归纳法假设 weight(v) = weight(v_1) $\leqslant L(G)^{h(v)}$,因此,weight(v) $\leqslant L(G)^{h(v)}$。

(2) 如果对于每一个 $v_1\in$ CHILDREN(v),都有 $h(v)=1+\max\{h(v_1)\mid v_1\in$ CHILDREN(v)},且 v 有多于一个儿子带有正的权值。设 $v_{i0},\ldots,v_{i,k-1}$ 是 v 的所有这样的儿子的集合,其中 k > 1。注意,由推导树的定义,有 k ⩽ L(G)。因此

$$\begin{aligned}\text{weight}(v)&=\text{weight}(v_{i0})+\ldots+\text{weight}(v_{ik-1})\\&\leqslant L(G)^{h(i0)}+\ldots+L(G)^{h(vik-1)}\quad(\text{由归纳假设})\\&\leqslant L(G)\cdot L(G)^{\max(h900i0,\ldots,h9vik-1)}\\&\leqslant L(G)^{1+\max(hvi0,\ldots,h(vik-1)}\\&=L(G)^{h(v)}\end{aligned}$$

由于$\|\omega\|_M$等于树 T 的根 v_{root}的权，而且$\|\omega\| \geqslant n_G$，由此得出 $L(G)^{|A_n|+1} = n_{GS} \leqslant weight(v_{root}) \leqslant L(G)^{h(v_{root})}$。因此，$h(v_{root}) \geqslant |A_n| + 1$，从而，y 包含一个分支 B，使得 B 中满足 $h(v) > 0$ 的结点有一个儿子 v'，使 $h(v) = 1 + h(v')$。于是，沿 B 有结点序列$(v_0, v_1, \ldots)$，使得

$$h(v_0) = |A_N| + 1, h(v_2) = |A_N|, \ldots, h(v_i) = |A_N| - (i-1), \ldots$$

由于在这个序列中有多于$|A_N|$个结点，因此必然会有两个结点 v_i 和 v_j，且 $i<j$ 具有相同的非终端符号 X 作为标号(见图 6.3)。设 z 是由 $z = word(T_{vi})$ 给出的 V_T 上的语句，则 $word(T_{vj})$包括 z，正因为如此，它必然有 yzu 的形式，对于某个 $y, u \in V_T^*$，而且 yzu 是 ω 中的中缀，这样对于某个 $x, t \in V_T^*$，就有 $\omega = xyzut$，所以在 G 中，有推导

$$S \underset{\omega_0}{\overset{*}{\Rightarrow}} xXt, \quad X \underset{\omega_1}{\overset{*}{\Rightarrow}} yXu, \quad X \underset{\omega_2}{\overset{*}{\Rightarrow}} z$$

重复应用第二个推导，可得到

$$S \underset{\omega_0}{\Rightarrow} xXt \underset{\omega_1}{\Rightarrow} xyXut \underset{\omega_2}{\Rightarrow} xy^2Xu^2t \underset{\omega_3}{\Rightarrow} \ldots \underset{\omega_n}{\overset{*}{\Rightarrow}} xy^nXzu^nt \underset{\omega_n}{\overset{*}{\Rightarrow}} xy^nzu^nt$$

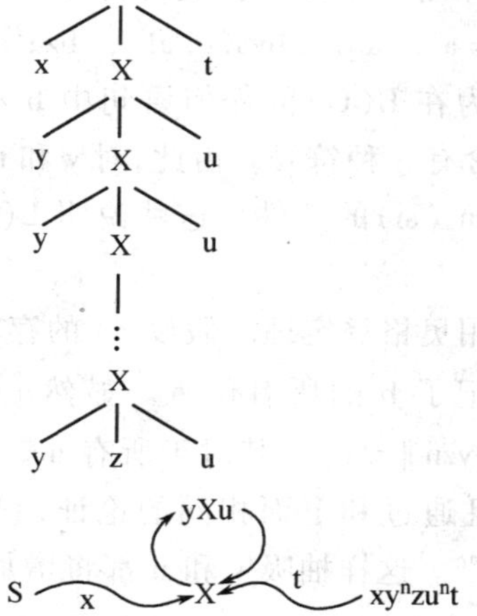

图 6.3 推导树 T

因此，对于 $n \in N, xy^nzu^nt \in L(G)$。由于 $h(v_i) > h(v_j)$，必须有$\|yzu\|_M > \|z\|_M$，所以，或者$\|y\|_M \geqslant 1$，或者$\|u\|_M \geqslant 1$。又因为 $h(v_1) \leqslant |A_n| + 1$，由此得出$\|yz| L(G)^{|A_n|+1} = n_G$。

这个抽吸定理引出下一个命题，它告诉我们在由文法生成的语句中的某些语句的短语。

推论 6.1 对于每一个上下文无关文法 G 和标记集合 M，存在一个数 n_G，使得如果

$\omega \in L(G)$，而且 $\|\omega\|_M \geq n_G$，则 ω 可以写成 $\omega = xyzut$，使得 $\|y\|_M \geq 1$，$\|u\|_M \geq 1$，$\|yzu\| \leq n_G$，而且对于 $\forall i \in N$，有 $y^i zu^i \in PHRASE(\omega, G)$，其中 $\omega_i = xy^i zu^i t \in L(G)$。

证明　（略）从上述定理的证明可找到本推论的证明。

它对应于当标记集合 M 与 N 相同时的抽吸定理。

定理 6.7　巴·希尔（Bar-Hillel）、珀勒斯（Perles）和沙米尔（shamir）的抽吸定理　设 G 是一个上下文无关文法，则存在一个数 $n_G \in N$，使得如果 $\omega \in L(G)$ 和 $|\omega| \geq n_G$，可以写成 $\omega = xyzut$，使得 $|y| \geq 1$ 或 $|u| \geq 1$，$|yzu| \leq n_G$，$n \in N$，$xy^n zu^n t \in L(G)$。

证明　如果 $M = N$，则 $\|\omega\|_M = |\omega|$，因此在奥格登引理的证明中的论断对于当前情况成立。

例 6.9　设 $A = \{a, b, c\}$，且设 $L = \{a^n b^n c^n \mid n \in N\}$。这个语言 L 不属于上下文无关的。

我们通过使用巴·希尔、珀勒斯和沙米尔的定理来证明这个事实。

证明　假设 L 是上下文无关的，则存在 $n_G \in N$ 且满足巴哈尔·希尔、珀勒斯以及沙米尔定理所述性质。令 $\omega = a^{n_G} b^{n_G} c^{n_G}$，显然，$|\omega| = 3n_G > n_G$，因此对于某个 x，y，u，z，t，有 $\omega = xyzut$，使得 $|y| \geq 1$，或 $|u| \geq 1$，$|yzu| \leq n_G$，而且对于所有 $n \in N$，$\omega = xy^n zu^n t \in L(G)$。

注意：无论是 y 还是 u，都不含一个以上类型的符号。如果 y 含有 a 和 b，则可以写成 $y = ya...ab...b$，因为 $xy^2zu^2t = a...ab...bya...ab...bzu^2t$。

现在我们就引出矛盾，因为在 L(G) 的任何语句中 b 不能在 a 之前。对 u 的论证类似。因此，每个 y 或 u 都只能含有一种符号。由此，对 y 和 u 的抽吸将违反 L(G) 中所有语句 ω 满足的 $n_a(\omega) = n_b(\omega) = n_c(\omega)$ 的条件。这就说明 L(G) 不满足定理 6.7 的条件，因此 L(G) 不是上下文无关的。

为证明这个事实，也可使用奥格登定理。假设 n_G 的存在为这个定理所保证。也可假设我们在语句 $a^{n_G} b^{n_G} c^{n_G}$ 中标记了 b 的所有位置。显然 $|\omega| = 3n_G > n_G$，因此使得 $\omega = xyzut$，$\|y\|_M \geq 1$，或 $\|u\| \geq 1$，$\|yzu\| \leq n_G$。其对于所有 $n \in N$，$xy^n zu^n t \in L(G)$，那么，至少 y 和 z 之一必须含有 a 和 b，而且通过和上面相同的论证，它们仅可含有一种类型的符号。所以它们都必须有 b 的中缀 b^{n_G}。这样抽吸 y 和 u 都将增加 b 的个数，从而违反 $n_a(G) = n_b(G)_b = n_c(G)$ 的条件。

下面是另一个说明奥格登引理的更强有力的例子。

例 6.10　考虑语言 $L = \{a^n b^n c^j \mid 0 \leq j \leq n\}$，证明这个语言不是上下文无关的。

注意，L 满足巴·希尔等人的引理条件，因此该引理不能用来证明这个例子。设对于某个 $n \geq n_G$，$\omega = a^n b^n c^j$，并令 $j < n_G$。选择 $y = a^p$ 和 $u = b^{p\omega}$，且 $p \geq 1$。可以 ω 写作 $\omega = xyzuts$，使得 $|y| \geq 1$ 或 $|u| \geq 1$，$|yzu| \leq n_G$，且 $xy^n zu^n t \in L(G)$，$\forall nL \in N$。因为抽吸不违反语言的定义，却增加 a 和 b 的个数。

为了证明 L 不是上下文有关的，这里使用归谬法。假定 L 是上下文无关的，并设 n_G

是奥格登引理中定义的数，$\omega = a^{n_G} b^{n_G} c^j$，其中 $|c| < n_G$，标记含 c 的所有位置。由于 $|\omega| = 2n_G + j > n_j$，由此得出 $\omega = xyzut$，使得 $\|y\|_M \geq 1$ 或 $\|u\|_M \geq 1$，$\|yzu\|_M \leq n_G$。因此，对于所有 $n \in N, xy^n zu^n t \in L(G)$。注意，y 或 u 必须是 a^{n_G}、b^{n_G} 或 c^{n_G} 的中缀。由于只有含 c 的位置被标记，因此这些语句中至少有一个会含已遍及的 c，也就必然有一个会在 c^j 的中缀中。但如此一来，如果两者都在 c^j 的中缀中，通过抽吸就将使 c 的个数增加，这就会使我们在L(G)中得到 c 的个数超过 a 或 b 的个数的语句。如果 y 在 b^{n_G} 的中缀中，又会使 b 的个数增加，但 a 的个数保持不变，这样也会违反这个语言的定义。当 y 处于 a^{n_G} 中缀时，也会出现类似的矛盾。到此便完成了我们的证明。

上下文无关文法和语言还有其他的特征。我们已介绍了上下文无关语言类关于并、连接和克林闭包封闭。

下面介绍关于其他运算的封闭(不封闭)特征。

定理 6.8　上下文无关语言在交运算下封闭。

证明　考虑上下文无关文法

$$G_1 = (\{S,X,Y\},\{a,b,c\},S,\{S \to XY, X \to aXb, X \to \varepsilon, Y \to cY, Y \to \varepsilon\})$$
$$G_2 = (\{S,X,Y\},\{a,b,c\},S,\{S \to XY, X \to aX, X \to \varepsilon, Y \to bY, Y \to \varepsilon\}$$

容易看出，这两个文法生成的语言是

$$L_1 = L(G_1) = \{a^m b^m c^n \mid m,n \in N\}$$
$$L_2 = L(G_2) = \{a^n b^m c^m \mid m,n \in N\}$$

因此，语言 $L_1 = \{a^m b^m c^n m,n \in N\}$ 和 $L_2 = \{a^n b^m c^m \mid m,n \in N\}$ 都是上下文无关语言。但是，$L_1 \cap L_2 = \{a^n b^n c^n \mid n \in N\}$，因此 $L_1 \cap L_2$ 不属于上下文无关语言。

推论 6.2　上下文无关语言关于补运算不封闭。

证明　我们再次使用归谬法来证明。假设这个语言类关于补运算封闭。由于它关于并运算封闭，而交可通过并和补来表示，我们有 $(\sim A \cap \sim B) = \sim(A \cup B)$，这就意味着上下文无关语言关于交是封闭的，矛盾。

定理 6.9　如果 L 是上下文无关语言，而 R 是正则语言，则 $L \cap R$ 是一个上下文无关语言。

证明　不失一般性，我们假定 L 和 R 是在同一个字符集 V_T 上的语言，开始时 L 和 R 都不含空字。

假设 $L = L(G)$，其中 $G = (V_N, V_T, S, P)$ 是一个无空字的上下文无关文法，$R = L(M)$，其中 M 是确定有限自动机 $M = (Q, V_T, \delta, q_0, F)$。定义上下文无关文法 $G = (V_N, V_T, S', P')$ 如下：非终端符号由新的起始符号 S′和 $(|V_N| + |V_T|)|Q|^2$ 个形如 $s^{qq'}$ 的新符号组成，$s \in V_N \cup V_T$，包括自动机 M 的每个状态对 (q,q')。产生式集合 P′由以下产生式组成：

$S' \to S^{q_0 q}$　　　　对于 M 的每个终止状态

$X^{qq'} \to S_0^{qq_1} S_1^{q_1q_2} \ldots S_{n-1}^{q_{n-1}q'}$ 对于 P 中每个产生式 $X \to S_0S_1 \ldots S_{n-1}$ 和每个状态序列 $(q_1, \ldots, q_{n-1})$

$A^{qq'} \to a$ 对于 G 中每一个终端符号 a,使得在 M 中有 $\delta(q,a) = q'$。

我们断言,如果对于某个 $x \in V_T^*$,$S^{qq'} \overset{n}{\underset{G'}{\Rightarrow}} x$,则在 M 中,$\delta^*(q,x) = q'$,而且如果 $S \in V_N \cup V_T$,则 $S \overset{*}{\underset{G}{\Rightarrow}} x$。这个论断可对 $n \geqslant 1$ 用归纳法证明。如果 $n=1$,对于某个 $a \in V_T$ 和 $\delta(q,a) = q'$,有 $S = x = a$。因此断言成立。

假设这个断言对于长度小于 n 的断言都成立,并设 $S^{qq'} \overset{n}{\underset{G'}{\Rightarrow}} x$ 是长度为 n 的一个推导。我们明确写出这个推导的第一步,得到

$$S^{qq'} \underset{G'}{\Rightarrow} s_0^{qq_1} s_1^{q_1q_2} \ldots s_{n-1}^{q_{n-1}q'} \overset{*}{\underset{G'}{\Rightarrow}} x$$

因此,P 中的产生式为 $S \to s_0s_1 \ldots s_{n-1}$,可以把 x 写为 $x = x_0x_1 \ldots x_{n-1}$,则得到下列的推导:

$$S_0^{qq_1} \overset{*}{\underset{G}{\Rightarrow}} X_0$$
$$S_1^{q_1q_2} \underset{G}{\Rightarrow} X_1$$
$$\vdots$$
$$S_{i-1}^{q_{i-1}q_i} \overset{*}{\underset{G}{\Rightarrow}} X_{i-1}$$
$$\vdots$$
$$S_{n-1}^{q_{n-1}q_n} \overset{*}{\underset{G}{\Rightarrow}} X_{n-1}$$

所有这些都比 n 短。由归纳假设得

$$\delta^*(q,x_0) = q_1, \delta^*(q_1,x_1) = q_2, \ldots, \delta^*(q_{n-1},x_{n-1}) = q'$$

因此,$\delta^*(q,x_0x_1 \ldots x_{n-1}) = \delta^*(q,x) = q'$,而且,如果 s_1 是非终端符号,则 $s_1 \overset{*}{\underset{G}{\Rightarrow}} x_1$;否则,如果 $s_1 \in V_T$,有 $s_1 = x_1$,所以对于 $0 \leqslant i \leqslant n-1$,$s_1 \overset{*}{\underset{G}{\Rightarrow}} x_1$。可以构造推导 $s \underset{G}{\Rightarrow} s_0$,还可以进一步构造推导 $s \underset{G}{\Rightarrow} s_0, \ldots, s_{n-1} \overset{*}{\underset{G}{\Rightarrow}} x_0 \ldots x_{n-1}$ 因此这一断言的正确性得证。

现在我们通过证明 $L(G') = L \cap R$ 来证明定理。假设 $x \in L(G')$,则有推导 $S' \overset{*}{\underset{G}{\Rightarrow}} x$,因此它在 G'中可以写作

$$S' \underset{G'}{\Rightarrow} S^{q_0q} \underset{G'}{\Rightarrow} a_0^{q_0q_1} \overset{*}{\underset{G}{\Rightarrow}} a_0^{q_0q_1} a_1^{q_1q_2} \ldots a_{n-1}^{q_{n-1}q}$$

对于某个终止状态 q 和任何状态 $q_1, \ldots q_{n-1}$,可以选择这些中间状态,使得对于 $0 \leqslant i \leqslant n-2$,$\delta(q_i,a_i) = q_{i+1}$,且 $\Delta(q_{n-1},a_{n-1}) = q$。因此有 P'中的产生式:

$$a_0^{q_0q_1} \to a_0 \quad a_1^{q_1q_2} \to a_1 \ldots a_{n-1}^{q_{n-1}q'} \to a_{n-1}$$

这表明推导 $S\overset{*}{\underset{G}{\Rightarrow}}a_0a_1...a_{n-1}$ 的存在性。

如果 ε∈R 或 ε∈L,我们考虑正则语言 $R'=R-\{\varepsilon\}$ 和上下文无关语言 $L'=L-\{\varepsilon\}$,通过以前的论证可以构造无 ε 的文法 G',使得 $L(G')=L'\cap R'$。如果 $\varepsilon\notin L\cap R$,则 $L\cap R=L'\cap R'$,这表明 $L\cap R$ 是上下文无关的。如果 $\varepsilon\in L\cap R$,则有 $L\cap R=(L'\cap R')\cup\{\varepsilon\}$。从 $G'=(V_n',V_T'S',P')$ 出发,可构造上下文无关文法

$$G''=(V_n'\cup\{S''\},V_T,S'',P\cup\{S''\to S',S''\to\varepsilon\})$$

于是有 $L\cap R=L(G'')$。

定理 6.10 设 $s:A^*\to B^*$ 是一个替换。如果对于每个 $a\in A$,$s(a)$ 是一个上下文无关语言,且 $L\subseteq A^*$ 也是一个上下文无关语言,则 $s(L)$ 是上下文无关语言。

证明 设 $L=L(G)$,其中 $G=(V_N,A,S,P)$ 是一个上下文无关文法,并设 $s(a)$ 是由一个 $a\in A$ 的上下文无关文法 $G_a=(V_N^a,B,S_a,P)$ 生成的。我们可以假定非终端符号集合 A_N^a 是两两不相交的,设 P' 是由 P 生成的产生式集合。生成过程为:在产生式集合 P 的每个产生式中,以非终端符号 S_a 代替每个字母 $a\in A$。我们断言,语言 $s(L)$ 是由文法 $G'=(V_N\cup\cup_{a\in A}V_N^a,B,S,P'\cup\cup_{a\in A}P_a)$ 生成的。

设 $y\in s(L)$,存在一个语句 $x=a_{i0}a_{i1}...a_{in-1}\in L$,使得 $y\in s(x)$,则 $y=y_0y_1...y_{n-1}$,其中 $y_k\in s(a_{ik})=L(G_{aik})$,$0\leqslant k\leqslant n-1$。因此,有对于 $0\leqslant k\leqslant n=1$ 的推导 $S_{aik}\overset{*}{\underset{Gaik}{\Rightarrow}}y_k$。同样的推导在 G' 中也可完成。因此得到推导

$$S\overset{*}{\underset{G'}{\Rightarrow}}S_{ai0}...S_{ain-1}\overset{*}{\underset{G'}{\Rightarrow}}y_0y_1...y_{n-1}=y \tag{6.1}$$

这意味着 $y\in L(G')$,所以 $s(L)\subseteq L(G')$。

反之,如果 $y\in L(G')$,则任何推导 $S\overset{*}{\underset{G'}{\Rightarrow}}y$ 都有式(6.1)的形式。在上面的论证中,对于 $0\leqslant k\leqslant n-1$,有 $S_{aik}\overset{*}{\underset{Gaik}{\Rightarrow}}y_k$,因此可以将 y 写作 $y=y_0...y_{n-1}$,而且对于 $0\leqslant k\leqslant n-1$,$y_k\in L(G_{aik})=s(a_{ik})$。这意味着 $y=y_0y_1...y_{n-1}\in S(a_{i0})...s(a_{in-1})=s(x)\in s(L)$。因此 $L(G')\subseteq s(L)$。

由于 $s(L)=L(G'')$,由此得出 $s(L)$ 是上下文无关语言。

推论 6.3 如果 $h:A^*\to B^*$ 是一个变形,且 $L\subseteq A'$ 是一个上下文无关语言,则 $h(L)$ 是一个上下文无关语言。

这个命题的证明可以直接从定理 6.10 得出,因为变形可看作替换的特殊情况。

定理 6.11 上下文无关语言类关于逆变形映像是封闭的。换言之,如果 $h:B^*\to A^*$ 是一个变形,且 $L\subseteq A^*$ 是一个上下文无关语言,则 $h^{-1}(L)$ 是一个上下文无关语言。

证明 假设 $B=\{b_0,b_1,...,b_{m-1}$,且对于 $0\leqslant i\leqslant m-1$,$h(b_i)=x_i$。设 $B'=(b_0',b_1',...,b_{m-1}')$,又设 s 是由对 $a\in A$,$s(a)=B'*aB'*$ 给出的替换。考虑有限语言 $H=b',x_i\mid 0\leqslant i\leqslant m-1$,因此映射 $g:P(A^*)\to P(A\cup B')$ 由 $g(L)=s(L)\cap H^*$ 给出。

定义变形：$h_1:(A\cup B')^*\to(\{c\}\cup B)^*$ 和 $h_2:\{c\}\cup B)^*\to B^*$，对于 $a\in A, h_1(a)=c$，$b'\in B, h_1(b')=b$ 和 $h_2(c)=\varepsilon$，对于 $b\in B, h_2(b)=b$。对于每一个语言 $L\in P(A)$ 使得 $\varepsilon\notin L, h^{-1}(L)=g(h_1(h_2(L)))$，因此，由三次应用推论 6.3，得知 $h^{-1}(L)$ 是上下文无关语言。从以下等价命题即可得出：

(1) $U=b_{i0}b_{i1}\ldots b_{ik-1}\in h^{-1}(L)$。

(2) $h(u)=x_{i0}x_{i1}\ldots x_{ik-1}\in L$。

(3) $b'_{i0}x_{i0}\ldots b'_{ik-1}x_{ik-1}\in g(L)$。

(4) $h_1(b'_{i0}x_{i0}\ldots b'_{ik-1}x_{ik-1})=b_{i0}c\ldots c\ldots b_{ik-1}c\ldots c\in h_1(g(L))$。

(5) $h_2(b_{i0}c\ldots c\ldots b_{ik-1}c\ldots c)=b_{i0}\ldots b_{ik-1}=u\in h_2(h_1(g(L)))$。

如果 $\varepsilon\in L$，则语言 $L-\{\varepsilon\}$ 也是上下文无关的，由此得出 $h^{-1}(L-\{\varepsilon\})$ 也是上下文无关的。注意，$h^{-1}(L)=h^{-1}(L-\{\varepsilon\})\cup h^{-1}(\{\varepsilon\})$ 以及 $h^{-1}(\{\varepsilon\})=\{a\in A\mid h(a)=\varepsilon\}^*$。由于 $h^{-1}(L)$ 是正则的，由此得出 $h^{-1}(L)$ 是上下文无关的。

定义 6.13　转换器是一个六元组 $J=(A,Q,B,\Theta,q_0,F)$，其中：A 是输入字符集；B 是输出字符集；Q 是状态集合的有限集合；Θ 是有限关系，$\Theta\in Q\times A^*\times B^*\times Q$ 称为转换关系；q_0 是转换器的初始状态；F 是终止状态集，$F\subseteq Q$。集合 Q 和集合 $A\cup B$ 不相交。转换器 J 如图 6.4 所示。

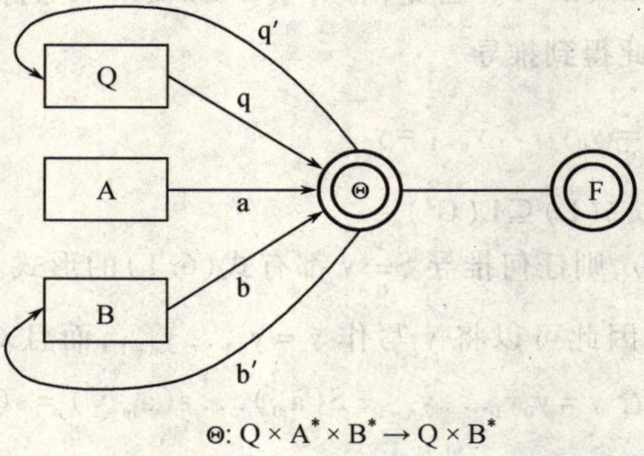

图 6.4　转换器 J

如果 $(q,x,y,q')\in\Theta$，则应用输入字 x 到在状态 Q 中的转换器 J，得到输出字 y，并使 J 处于状态 q′。这通常称为 J 的下个状态。J 的活动自状态 q_0 开始。

注意：Θ 可以含若干个以 q、x 作为头两个分量的四元组，因此转换器是不确定的装置。Θ 可含形如 (q,ε,y,q') 的四元组，有时称为空四元组，表示 j 可以在不消耗任何输入的情况下产生一个输出字 y。

综上所述，一个转换器 $J=(AQ,B,\Theta,q_0,F)$ 是：

(1) 无 ε 的　如果 $(q,x,y,q')\in\Theta$，则 $y\neq\varepsilon$。

(2) k-有界的 如果$(q,x,y,q')\in\Theta$,则$|x|\leqslant k$和$|y|\leqslant k$。

(3) k输出的 如果$(q,x,y,q')\in\Theta$,则$|y|\leqslant k$。

转换器可以由带下标的有向多重图表示。令/是一个不属于$A\cup B$的符号。一个转换器$J=(A,Q,B,\Theta,q_0)$的图是带标号的有向多重图$G(J)=(G,A^*/B^*,m)$,其中$G=(Q,E,s,d)$是一个有向多重图,它的顶点集合是J的状态集合Q,它的边的集合E包含边e,使$s(e)=q,d(e)=q'$,而且对于每个四元组$(q,x,y,q')\in\Theta m(E)=x/y$,遵循自动机中的约定,用一个引入的箭头标记初始状态,而终止状态用双圆圈标记。

例 6.11 令$Q=\{q_0,q_1,q_2,q_3\}$,$A=\{a,b\}$,$B=\{0,1\}$,如果Θ是以下转换关系的集合:

$$\Theta=\{(q_0,ab,0,q_1),(q_1,bb,01,q_3),(q_0,ba,00,q_2,),(q_2,aa,011,q_3),(q_3,\varepsilon,100,q_0),(q_2,aa,0011,q_1)\}$$

而且$F=\{q_3\}$,则转换器$J=(A,Q,B,\Theta,q_0,F)$如图6.5所示。

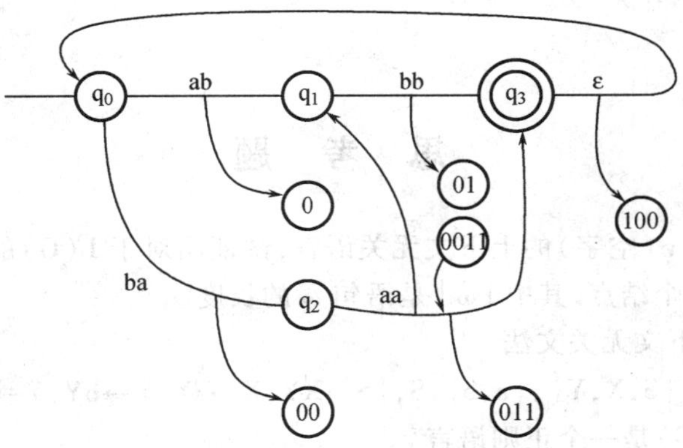

图6.5 转换器$J=(A,Q,B,\Theta,q_0,F)$

定理 6.12 设$J=(A,Q,B,\Theta,q_0,F)$是一个转换器。如果$L\subseteq A^*$是一个上下文无关语言,则J(L)是B上的一个上下文无关语言。

证明 我们知道,如果$J=(A,Q,B,\Theta,q_0,F)$是一个转换器,则存在一个字符集C,一个变形$h:C^*\to A^*$,另一个变形$g:C^*\to B^*$和一个正则语言$R\subseteq C^*$,使得对于每个语言$L\subseteq A^*$,有$J(L)=g(h^{-1}(L)\cap R)$。上下文无关语言类关于逆变形映像同正则语言的交以及变形映像封闭,由此得出J(L)是一个上下文无关语言。

有关上下文语言关于同正则语言的商封闭的性质。

定理 6.13[6] 如果L是一个上下文无关语言,R是正则语言,则LR^{-1}和$R^{-1}L$两者都是上下文无关语言。

证明 设A是一个字符集,c是不属于A的一个符号。通过对于$a\in A,h(a)=a$来定

义变形 $h:(A\cup\{c\})^*\to A^*$，且 $h(c)=\varepsilon$，则由定理 6.9 和定理 6.6 得，语言 $h^{-1}(L)\cap A^*cR$ 是上下文无关语言。注意，$\omega\in h^{-1}(L)\cap A^*cR$，当且仅当 $\omega=ucv$，其中 $uv\in L, v\in R$，这等价于 $u\in LR^{-1}$。现在考虑图 6.5 所示的转换器 J。J 将具有语句 $\omega=ucv$，且 $u,v\in A^*$：所有 A 中的符号被送往输出，直到读到 c 为止；而从此开始，转换器在其输出处仅产生空字；于是，在前面的假定下 $J(\omega)=u$。

下列命题等价：

(1) $u\in LR^{-1}$。

(2) $uv\in L, v\in R$。

(3) $ucv\in h^{-1}(L)\cap A^*cR$。

(4) $u=J(h^{-1}(L)\cap A^*cR)$。

因此，$LR^{-1}=J(h^{-1}(L)\cap A^*cR)$，即 LR^{-1} 属于上下文无关语言。定理的第二部分从以下关系可得出：

$$R^{-1}L=(L^r(R^r)^{-1})^r$$

其中 r 是倒读操作。

思 考 题

1. 假定 G 是无 ε（空字）的上下文无关语言，试证明对于 L(G) 的每个语句 ω 的推导树至多有 $2|\omega|-1$ 个结点，其中 $|\omega|$ 是语句 ω 的长度。

2. 考虑一个上下文无关文法

$$G=(\{S,X,Y\},\{a,b\},S,\{S\to XY, X\to aX, Y\to bY, Y\to\varepsilon\})$$

(1) 试证明 L(G) 是一个正则语言。

(2) 试证明对于一个语句 $\alpha\in L(G)$，虽然有 $S\overset{*}{\underset{G}{\Rightarrow}}\alpha$，但却没有最左推导。

3. 一个语句 $\alpha\in A^*$ 说是一个回文，如果 $\alpha=\alpha^R$，其中 R 表示倒读，即从左到右读 α 和从右到左读的结果相同。假设 $L_{A\text{-pal}}$ 是在 A 上所有回文组成的集合，试证明 L_{a-pal} 和 A^*-L_{a-pal} 不是上下文无关语言。

4. 对于以下的上下文无关语言，试求与它们等价的乔姆斯基范式：

(1) $G=(\{s\},\{a,b\},\{S\to a, S\to aS, S\to aSbS\})$

(2) $G-=(\{S,X,Y\},\{a,b\},S,\{S\to XYb, S\to ab, X\to SYS, X\to ba, Y\to XSX, Y\to b\})$

(3) $G=(\{S\},\{+,\times,(,),a\},S,\{S\to S+S, S\to S\times S, S\to a, S\to (S)\})$

5. 试求题 4 的等价格雷巴赫范式。

6. 试证明对于无空字的上下文无关语言 G，存在与它等价的一个文法 G′，其产生式都有 $X\to\alpha$ 或 $X\to abb$ 的形式，其中 a 和 b 是终端符号，α 是非终端符号。

7. 试论证每个不带 ε 的上下文无关语言能否产生形如 $X\to YZU$ 和 $X\to a$ 的上下文无

关文法,其中,X,Y 和 U 是非终端符号,a 是终端符号。

8. 如果一个文法 G 具有下述性质:它的产生式中没有右边为 ε 的,也没有两个非终端符号相邻的,则称文法 G 为操作符文法。试证明每个不带 ε 的上下文无关文法都可转换为一个操作符文法。(提示:首先把该文法转换成一个格雷巴赫文法。)

9. 试证明下列形式的每个上下文无关文法都可转换为一个操作符文法,其中每个产生式具有以下形式:

$$A \to aBaC \quad A \to aBb \quad A \to aB \quad A \to a$$

如果在它生成的语言中包含 ε,则在它的产生式中也包含 $S \to \varepsilon$。

10. 考虑一个上下文无关文法

$$G = (\{S\}, \{a\}, S, \{S \to a^p S, S \to a^q S, S \to \varepsilon\})$$

(1) 试证明 G 是一个二义性文法,且 $L(G) = \{a^p S\}^* \{a^q S\}^*$。

(2) 试构造一个等价于 G 的无二义性的文法。

11. 试证明 $L = \{a^m b^m c^n b^n \mid m, n \in N\} \cup \{a^m b^n c^n d^m \mid m, n \in N\}$ 是固有二义性的。

参 考 文 献

[1] Chomsky N, Schützenberger MP (1963) The Algebraic Theory of Context-free Languages. In: Braffort P, Hischberg D (eds) Computer Programming and Formal Systems. North-Holland, Amsterdam.

[2] Hopcroft JE, Ulman JD (1979) Introduction to Automata Theory, Languages and Computation. Addison-Wesley, Reading, Mass.

[3] Kozen DC (1997) Automata and Computability. Automata and Computability. Springer, New York.

[4] Greibach SA (1965) A Note on Code Set and Context-free Languages. Mathematical Linguistics and Automatic Translation 15, Harvard University, Computation Lab Rept.

[5] Aho AV, Sethi R, Ullman JD (2003) Compilers: Principles, Techniques and Tools. Pearson Education, London.

[6] Simovici, Dan A, Tenny Richard L (1999) Theory of Formal Languages with Applications. World Scientific, New York.

第7章 语法分析

语言学层次的第二层是语法层，或者说是在短语和句子中支配语素组合的规则的层次。近年来，语法原理的范围已扩大到包括如何把信息从一种形式转换成另一种形式。

——罗伯特·索尔索

7.1 本章动机

语法分析是对使用高级程序设计语言所写程序进行编译时必不可少的步骤。为了生成可在计算机上执行的目标程序，需要对源程序的正确性进行分析，这包括词素、语法以及语义的正确性。一般说来，编译程序的构造把词法分析和语法分析放在一个阶段中，即分析阶段。在这两个分析中，显然语法分析比词法分析更重要，尽管后者是前者的基础。与词法分析相比较，语法分析有更多问题要去面对。在编译程序的发展中，许多研究者和软件工程师致力于发现和设计语法分析的诸多方法。语法分析被认为是编译程序获得成功的关键，也是在编译程序的构造中最为艰难的任务。本章的目的是说明语法分析的作用，介绍在语法分析中的重要技术，并就这些技术的效率、使用的方便性等进行比较。这里还要指出，尽管所介绍的方法主要思想来自参考文献，但我们也对它们作了改进以提高效率，也更易于理解，而不仅仅涉及其结果。在以下的讨论中，将介绍语法分析的作用，并且剖析分析的过程，讨论在语法分析中设计的相关的问题。在说明方法时，我们将通过例子来说明具体做法，并给出算法来使方法更精确和更有可操作性。

7.2 语法分析在编译程序中的作用

语法分析程序以词法分析程序的输出作为输入。为了产生可在计算机上执行的目标程序，必须验证源程序的正确性，或者指出出现在源程序的常见错误以及从错误中恢复过来。因此语法分析程序的功能有两个。一方面，它要负责以明白易懂的方式报告语法错误，使程序能从错误中恢复，并继续处理余下的输入。另一方面，如果就语法结构而言，验证源程序是正确的，则其任务是把源程序转换成中间代码，使得下一步用它来生成目标代码。在这方面，已有处理这个问题的技术。不过，毕竟这两个方面都参照了文法，或者更确切地说是以参考文法的产生式为基础。如果某部分的源程序违反了产生式的规则集合，则会发出错误报告并试图处理这个问题；否则，它确认这部分源程序的正确性，并继续进行生成中间代码或其他相关工作。有三种类型的语法分析方法。通用的语法分析有科克·杨格尔·卡沙米(Kocke-Younger-Kasami)算法[1]和厄里(Earley)算法[2]，这些算法面向任何文法。然而，这些算法在产生编译程序中效率很低。在编译程序中常用的方法分为自顶向下的和由底向上的。自顶向下的语法分析方法从顶(根)往下(叶)构造语法树，而由底向上的语法分析方法则是从底(叶)开始到根往上(根)构造语法树。在这两种情况下，对语法分析程序的输入从左到右扫描，一次一个符号。

在我们所讨论的形式语言以及其所认记的语言中，大多数的程序设计语言基本上都是上下文无关的。因此，如果用户所写的源程序是正确的，则可以认为是上下文无关文法的句子。换言之，它们是文法接受的串。当讨论文法接受的串时我们提到两个方法，即最左推导和最右推导，这两个方法与自顶向下和由底向上相对应。但我们暂时先不考虑这个问题，而考虑语法错误的性质以及从错误中恢复的一般策略。

语法错误处理

如果一个编译程序只能处理正确的程序，那么这个编译程序就不是很实用的。因为程序员不可能在写程序时一次就把它写成而没有错误。因此，一个好的编译程序应该是可识别错误和确定错误所在的。由于现在讨论的是语法分析，我们关心的是在语法中出现的错误，因此要求编译程序能够检测出语法错误来。事实是在一个编译程序中检测出的或者从中恢复的错误大都集中在语法分析阶段。究其原因是许多错误本质上是语法上的，或者说它们被暴露在来自词法分析程序的句号流上，它们违反用于定义程序设计语言的文法规则，如表达式中的括号不匹配。另外一个原因是现代语法分析方法的精确性，它们能非常有效地检测出程序中的语法错误。

在编译时精确地检测出语义和逻辑上的错误是更困难的。但在本章，我们将集中考虑语法错误的处理问题。

语法错误处理的目标包括：

(1) 清晰和准确地报告错误的存在性。

(2) 迅速地从每个错误中恢复以便能继续检测出随后的错误。

(3) 不显著地减缓正确程序的处理。

普通的错误检测是简单的，因而对于它们的处理也就比较简单。但在某些情况下对于错误的检测要比出现错误滞后，因而错误难以检测出，所以错误报告只可作为参考。在困难情况下，错误处理程序可能要猜测：程序员写程序时是怎么想的。

若干语法分析方法，例如 LL 和 LR(这两个方法将在后面介绍)尽可能快地检测错误。

更确切地说,它们检测出在看到输入的一个前缀不是语言的任何合法串的前缀时就断定错误出现。普通的标点符号错误一种是在一个函数说明的自变量表中分号的位置使用了逗号,或者反过来;另一种是在一行的末尾,在强制有分号处却没有分号。还有一种是在词 else 之前的行末尾放上多余的分号。分号的错误出现多的原因可能与不同的语言关于分号的使用各有规定,彼此规则不同有关。因此,为避免这类错误,程序员应参看程序语言手册,了解对分号使用的规定。

错误处理程序应如何报告错误的出现?许多编译程序采用的策略是打印出有问题的行,并设有对于检测到错误位置的指针。然而,应该有一个可能的错误是什么的合理概率,也可包括一个合理的诊断信息,如“在此处缺了个分号”。

在检测出错误后,下一步是从错误中恢复。从程序员的角度看,希望错误处理程序能提供准确的信息,使得他们能很容易地根据错误处理程序提供的信息来改正程序。错误处理程序可以采用若干不同的策略来从语法错误中恢复。以下列出其中一些策略:

(1) 惊慌方式

当发现一个错误时,语法分析程序便一次抛弃一个输入符号,直到找到一个标记性的同步标志。同步标志通常是界定符,例如分号或结束标记,它在源程序中的作用是清楚的。

编译程序设计者必须适当选择对于源语言的同步标志。这个策略的缺点之一是它不加任何检查地,一股脑儿就跳过相当数量的输入。但它的优点也很明显,即简单,且不会进入无穷循环。

(2) 短语层次的恢复

当发现一个错误时,语法分析程序可实施对余下的输入的局部改正。这就是说,分析程序可以以允许语法分析程序继续(否则语法分析程序什么事也做不了)的某个串来代替剩下输入的某个前缀。局部改正的选择取决于编译程序的设计者。不过,典型的做法是用一个分号来代替一个逗号,或者删除一个显然是多余的分号,或者插入一个缺失的分号。

这个策略的危险性在于,不适当的改正可能导致程序进入无穷循环。因此,在选择替代符号时应非常小心。这是这个策略的第一个缺点。另一个缺点就是实际的错误很可能在检测点前就出现了。

(3) 错误生成

这个策略的思想是使用生成错误结构的产生式来扩充语言的文法。如果分析程序使用一个错误产生式,我们就能生成适当的错误诊断来指出在输入中已被识别的错误构造。

(4) 全局改正

这是一个面向全局的策略。如果在处理一个不正确的输入串时,我们能作尽可能少的改正,无疑这是很好的。它用尽可能小的改变序列来得到全局的正确的程序。给定一个不正确的输入串 x 和程序 G,这些算法将找出对于一个有关的串 y 的语法分析树,使得从 x 转换成 y 所需的标志的插入、删除和修改的数量尽可能少。这个想法似乎很好,但只是理论上的,就时间和空间而言,它的实现都非常昂贵。

7.3 语法分析方法

语法分析的目标是就程序设计语言的文法来验证程序的正确性。这意味着使用产生式由起始非终端符号开始不一定能推导出源程序来。如果在推导后能得到源程序,则从语言的语法说来源程序是正确的。这个过程是从语法分析树的根向树的叶进行,因此,称为自顶向下的分析。另一个方法从源程序即从语法分析树的叶开始,通过把某些叶组合在一起来形成一个产生式的右部,然后以这些串的双亲代替它。如果这个过程归约到语法分析树的根,这就意味着这个根和叶相匹配,或者说这个根同源程序相匹配,因此,称为由底向上的分析。在分析过程中为确保有效性,我们要避免对扫描路径的回溯,也就是说使过程一直沿着一个方向进行。LL(1)和 LR(1)正是从这个想法出发而发展起来的。更具体地说,LL(1)是源于自顶向下的方法,而 LR(1)则源于由底向上的方法。这里,第一个 L 在两个名称中都表示从左到右的扫描,在 LL(1)中的第二个 L 表示产生最左推导,1 表示前看一个字符。在 LR(1)中的 R 表示构造逆向的最右推导,其中的 1 与 LL(1)的有相同含义,可省略。以下我们对这两个方法分别进行讨论。

7.3.1 自顶向下的分析方法

自顶向下的分析可以认为是试图对于输入串或一个合法的源程序寻找一个最左推导。等价地,可看作是试图从根(对于程序设计语言来说是起始符号,通常是 PROGRAM)开始,为输入串构造一个语法分析树,并以前根顺序来建立语法分析树的叶。自顶向下的语法分析从文法的起始符号开始,向下和向右分析直到一个产生式的右端,逐步建立以输入串(源程序)作为叶的语法分析树。在这整个过程中,不允许任何回溯的步骤,使得建立语法分析树的过程完全确定,且是唯一地确定的。

为了实现上述要求,我们该如何做呢?很显然,要求在每一步语法分析树的建立都只有一个出路。例如,假设我们有下列程序的产生式集合,而且输入是 baabb。

$S \to bA \mid aB$

$A \to bSS \mid aS \mid a$

$B \to aBB \mid bS \mid b$

为检查输入串正确性的自顶向下的分析从起始符号 S 开始,应只有一条路可走,即 $S \to bA$ 而不是 $S \to aB$,因为输入串是以 b 开始的。因此语法树的初始形式是

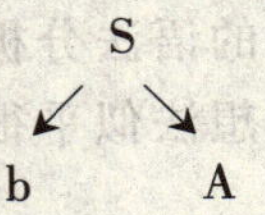

遵循这个子语法分析树,语法分析树的建立应随着 A 的推导进行。下面是三个以 A 为左部的产生式:

A→bAA
A→aS
A→a

参照输入串的第二个字符 a,显然我们只能用产生式 A→aS,尽管有 A→a 是以 a 作为右部,但它将结束这个推导而语法分析树尚未与输入串相匹配。从我们的讨论可知,开始时语法分析树的建立、起始符号以及所用推导都必须唯一地确定。如果以起始符号为左部的产生式只有一个,例如

S→aAb

但是以 A 为左部的产生式却有两个,分别是

A→aB　　A→aC

在这个情况下,为了继续创建语法分析树,我们应该使用 A→aB 还是 A→aC 呢?因为两者都有 a 作为第一个符号。如果不知道其后的符号便无从判断哪一个是正确选择。为了解决这个问题,我们需要引入 FIRST(α)的概念,它将按照各自的 FIRST( )来区分不同的产生式。

定义 7.1[2]　设 A→α 是一个上下文无关文法 G 的产生式,我们定义 FIRST(A→α) = {a | a 是按从左到右的顺序出现在 α 中的第一个终端符号;或者从 A→α 出发,$A\underset{G}{\overset{*}{\Rightarrow}}a$}。

例 7.1　在产生式集合

E→EAE | (E) | -E | id | ε
A→ + | - | × | / | ↑

中,每一个的 FIRST( )如下:

FIRST(E→EAE) = { +, -, ×, /, ↑}
FIRST(E→(E)) = {(}
FIRST(E→ -E) = { -}
FIRST(E→id) = {id}

E→ε 产生式的出现是对 FIRST( )概念的挑战,它使 FIRST( )全然不能区分各产生式了,因为 FIRST(X→ε) = {ε}无济于事。我们需要考虑由于 ε产生式的出现所引起的变化。例如,在下列产生式

P→XY
P→YU

$X \to aX$

$X \to \varepsilon$

$Y \to c$

$Y \to bY$

$U \to c$

中，首先考虑 FIRST(P→XY)。由于有 X→aX，因此有 a∈FIRST(P→XY)。但是，除 a 外，在 FIRST(P→XY)中还有更多符号。由于 X→ε，我们有 P→XY→Y→c 或 P→XY→Y→bY，因此有

$$FIRST(P \to XY) = \{a, b, c\}$$

类似地，

$$FIRST(P \to YU) = \{b, c\}$$

为了判定在两个或多个产生式中应使用哪一个，我们还需要考虑被称为 FOLLOW( )的概念[3]，它表示后继符号的集合。

定义 7.2　给定一个文法 G，对于非终端符号 A，FOLLOW(A) = $\{x \mid x \in V_T$，而且在 G 的产生式中，x 可能出现在紧跟 A 之后$\}$

按照这个定义，我们有：

(1) 假设对于起始符号 S，FOLLOW(S) = {$ | $是位于输入串右端的结束标记}。

(2) 如果 A→αBβ 是 G 中的一个产生式，则 FOLLOW(B) = {x | x∈FIRST(β)，但 β≠ε}。这里 FIRST(β)可能有几种情况。B 代表一个终端和非终端符号串。如果 β 的第一个符号是终端符号，则 FIRST(β)就指这个终端符号；如果 β 的第一个符号是非终端符号，则需要看以这个非终端符号为左部的产生式。在这种情况下，如果这个非终端符号作为多个产生式的左部，那么在 FIRST(β)中就会有多于一个终端符号。

(3) 如果有产生式 A→αB 或 A→αBβ，其中 α 和 β 都可能为 ε，而对于 β，FIRST(β)包含 ε（即有 $\beta \overset{*}{\Rightarrow} \varepsilon$），则 FIRST(β)属于 FIRST(A)。

例 7.2　给定文法 G 的产生式集合如下：

$S \to XY$

$X \to PQ$

$X \to YU$

$P \to pP$

$P \to \varepsilon$

$Q \to qQ$

$Q \to d$

$Y \to yY$

$Y \to e$

U→uU

U→f

这些产生式的 FIRST( )和 FOLLOW( )如下：

FIRST(S→XY) = {p, ε,y,e}
FIRST(X→PQ) = {p, ε,d}
FIRST(X→YU) = {y,e}
FIRST(P→pP) = {p}
FIRST(P→ε) = {ε}
FIRST(Q→qQ) = {q}
FIRST(Q→d) = {d}
FIRST(Y→yY) = {y}
FIRST(Y→e) = {e}
FIRST(U→uU) = {u}
FIRST(U→f) = {f}
FOLLOW(S) = {$}
FOLLOW(Y) = {u,f,$}
FOLLOW(X) = FOLLOW(Q) = {y. e}
FOLLOW(P) = FIRST(Q) = {q,d}

真正把一个产生式同其他产生式区分开来的是 FIRST( )和 FOLLOW( )的组合，因此把两者结合起来是适当的，且有如下定义。

定义 7.3 设 G 是一个文法，而 A 是它的一个非终端符号，且 A→α 是它的产生式之一，则 A→α 的导符集是 DS(A→α) = {a | a ∈ FIRST(A→α)，或者如果 $\alpha \overset{*}{\Rightarrow} a$，则 a ∈ FOLLOW(A)}。

因此，在上面的例子中有

DS(S→XY) = {p,y,e,q}
DS(X→PQ) = {p,q,d}
DS(X→YU) = {y,e}
DS(P→pP) = {p}
DS(P→ε) = {q,d}
DS(Y→yY) = {y}
DS(Y→e) = {e}
DS(Q→qQ) = {q}
DS(Q→d) = {d}
DS(U→uU) = {u}
DS(U→f) = {f}

从上可知，有相同左部的产生式的导符集均不相同，因此在推导过程中，应该用哪个产生式就是确定的了。

然而,有一种情况使推导无法进行,即左递归的情况。例如,在

$$A \to A\alpha$$
$$A \to a$$

中,第一个产生式属于左递归的情况。从推导的角度,它将形成如下的形式

$$A \to A\alpha \to A\alpha\alpha \to \ldots \to A\alpha\alpha\ldots\alpha$$

这个推导 A 重复出现在推导式右部的第一个位置,因此推导不能突破。此外,从导符集的角度看,

$$DS(A \to A\alpha) = \{a\}$$
$$DS(A \to a) = \{a\}$$

这两个导符集完全相同。在此情况下,如果推导涉及使用以 A 为左部的产生式,则无从做出判断使用的是哪一个,因此无法做进一步的推导。为了消除这个障碍,就要消去左递归。以下的方法可以消去左递归。

引理 7.1 在产生式 $A \to A\alpha$ 中可消去非终端符号 A 的左递归,如果还有一个产生式也以 A 为左部,$A \to \beta$,其中 β 是不以 A 开始的终端和非终端符号的序列。这通过以如下方式重写产生式

$$A \to \beta B$$
$$B \to \alpha B \mid \varepsilon$$

这个引理的证明毫不困难,这里不给出形式的证明,只给出从原来的产生式能够推出的每个串,也可从后面的产生式推出。例如,从前面的产生式推导出的串的形式是 $\beta\alpha^*$。使用后面的产生式则有:

$$A \to \beta B \to \beta\alpha B \to \ldots \to \beta\alpha\ldots\alpha B \to \beta\alpha^*$$

反之,每一个可从后面的产生式推导的串也可从前面的产生式推导出来。例如,从后面的产生式导出的串的形式是 $\beta\alpha^*$。这意味着两个生成的语言集合相同。一般说来,不论有多少左递归的产生式,通过使用以下的方法都可消去直接左递归。首先把有非终端符号 A 左递归的产生式归并为如下形式:

$$A \to A\alpha_1 \mid A\alpha_2 \mid \ldots \mid A\alpha_m \mid \beta_1 \mid \ldots \mid \beta_n$$

其中 β_i 不以 A 开始。我们用以下产生式来代替 A 的产生式:

$$A \to \beta_1 A' \mid \beta_2 A' \mid \ldots \mid \beta_n A'$$
$$A' \to \alpha_1 A' \mid \alpha_2 A' \mid \ldots \mid \alpha_m A'$$

非终端符号 A 和以前一样生成相同的串,但它不再有左递归。这个过程通过 A 和 A′的产

生式消除所有的直接左递归(假设没有任何 α_i 是 ε),但它不能消除涉及两步或以上的左递归。如果这个文法不含循环(形如 $A \Rightarrow +A$ 的产生式)或 ε 产生式(形如 $A \to \varepsilon$ 的产生式),则是有效的。

算法 7.1 消除左递归。

输入:带有左递归的非终端符号的文法 G。

输出:不带左递归的等价的文法。

算法步骤:

1) 以某种顺序安排非终端符号,将产生式分为两个部分:一部分是没有左递归的产生式;另一部分是有左递归的生产式。下面以非终端符号下标递增的顺序列出左递归的产生式:

$$A_i \to A_i\alpha_1 \mid A_i\alpha_2 \mid \ldots \mid A_i\alpha_m \quad 和 \quad A \to \beta_1 \mid \beta_2 \mid \ldots \mid \beta_n$$

$$A_j \to A_j\rho_1 \mid A_j\rho_2 \mid \ldots \mid A_j\rho_k \quad 和 \quad A_j \to \tau_1 \mid \tau_2 \mid \ldots \mid \tau_1 \quad (其中\ j > i)$$

2) for u: = i to v do begin (假定 i 是有左递归的非终端符号中的最小下标,v 是最大下标),用

$$A_i \to (\beta_1 \mid \ldots \mid \beta_n)B, \quad A_i \to \beta_1 \mid \ldots \mid \beta_n$$

和新建立的非终端符号的产生式

$$B_i \to \alpha_1 \mid \alpha_2 \mid \ldots \mid \alpha_m \quad B_i \to (\alpha_1 \mid \ldots \mid \alpha_m)B_i$$

代替形如 $A_i \to A_i\alpha_1 \mid A_i\alpha_2 \mid \ldots \mid A_i\alpha_m$,其中,$B_i$ 是非终端符号

end

但这个算法只是消除直接左递归的产生式,如果还有间接左递归,可把它转换为直接左递归,其方法类似于我们从乔姆斯基范式把产生式转换为格雷巴赫范式那样,即对于形如 $A_u \to A_v\ldots$(其中 $v < u$)的产生式,用以 A_v 作左部的产生式的右部来代替,使下标增大。因此经过多次迭代(最多要做 $u - v$ 次),产生式就会变成 $A_u \to A_x\ldots$ 的形式。这有两种可能:一是 $x = u$,即 $A_u \to A_u\ldots$ 的形式,这便是直接左递归。通过上述算法,可消除这个直接左递归。二是 $u < x$,这时没有左递归,无需作任何处理。

因此,为了消除对于 A_i 产生式的左递归,实际上是要执行与把乔姆斯基范式转换成格雷巴赫范式相类似的过程。另一个影响以唯一确定的产生式进行推导的问题是二义性。如果一个文法对于某个句子产生多于一个语法分析树,则说它是二义性的。换言之,二义性文法就是对于同一个句子可产生一个以上最左或最右推导的文法。当二义性出现时,我们便无法判断应选择哪一个推导来实现我们的目标。对于某些类型的语法分析,如这里讨论的自顶向下的分析,我们希望它是无二义性的,否则我们就不能唯一确定地选择语法树来匹配句子。然而也有例外的情况,对于某些应用,我们也应考虑若干方法。可以考

虑某些二义性的方法与无二义性的语法分析树一起抛弃不需要的语法分析树,从而对一个语句只留下一个语法分析树[4]。

为了使推导有唯一确定性,我们需要重写有二义性的文法,以消除二义性。某些二义性同左递归相关,它既是二义性的又是左递归的,在此情况下,当消去左递归时二义性也就解决了。这是理想的情况。但是它们也需要重写文法产生式来消除二义性。作为一个例子,我们考虑“悬挂 else”的文法:

Stmt→if expr then stmt
 | if expr then stmt else stmt
 | other

这里的“other”代表其他语句。这是个二义性的文法,因为对于某些语句,它会有两个语法分析树。这种情况可重写这个文法,使得它成为无二义性的。

现在我们来定义 LL(1)文法的概念。

定义 7.4 在一个文法 G 中,如果对于在产生式中作为左部出现两次以上的非终端符号的导符集均不相交,则这个文法称为 LL(1)文法。

LL(1)文法的确定:

既然我们知道了 LL(1)文法是什么,为了确定地进行自顶向下的推导,我们必须采用 LL(1)方法来确保所有具有特定的非终端符号作为左部的产生式都有不相交的导符集。如果情况如此,则整个推导过程从开始直到最后均可确定地进行。

然而,如果这个条件不满足,是否意味着不能使用 LL(1)方法呢?回答是非确定的。如果这个文法可以转换为 LL(1)文法,我们仍有可能使用;否则,许多文法将被阻止在 LL(1)的门外。而且,仅仅有一些文法是可以被转换成 LL(1)文法的,其他文法实际上都不能通过 LL(1)方法来分析。

现在的问题是如何把已知的非 LL(1)文法转换为 LL(1)文法。我们先看下面的例子。

例 7.3 给定一个描述程序的文法如下:

PROGRAM→begin DECLIST comma STATELIST end
DECLIST→d semi DECLIST
DECLIST→d
STATELIST→s semi STATELIST
STATELIST→s

试判定它是否为 LL(1)文法,如果不是,能否将它转换为 LL(1)文法?

我们只需检查非终端符号 DECLIST 和 STATELIST 的导符集,因为只有它们才各有两个导符集。前者终端符号 d 后接分号(semi),后者终端符号 d 后接一个空字。这意味着在 PROGRAM 的右部将有逗号(comma)在其后。因此只要引入一个新的非终端符号即

可,于是我们有:

PROGRAM→begin DECLIST comma STATELIST end
DECLIST→d X
X→semi DECLIST
X→ε

现在我们只需检查 X 的导符集:

DS(X→semi DECLIST) = {semi}
DS(X→ε) = {comma}

这两个产生式不相交,满足 LL(1)的要求。同理,可以对以 STATELIST 为左部的产生式作处理,可得

STATELIST→sY
Y→semi STATELIST
Y→ε

容易看出,Y 的两个导符集也不相交。因此原来的文法便转换成了 LL(1)的文法。这个方法称为左因子提取法。左因子提取法适合可预测的语法分析的文法。其基本思想是:当不清楚几个产生式中哪个可用来展开一个非终端符号时,比如 A,我们可以重写 A 的产生式来推迟决策,直到看到足够的输入才做决策。

例如,假设有"悬挂 else"的两个产生式:

Stmt→if expr then stmt else stmt
  | if expr then stmt

当看到输入标号时,我们不能直接确定该选择哪个 stmt 来展开。一般来说,如果有 $A \to \alpha\beta_1 \mid \alpha\beta_2$ 两个 A 的产生式,而且输入是由 α 导出的非空串开始的,那么我们不知道是应当展开 A 为 $\alpha\beta_1$ 还是为 $\alpha\beta_2$。然而,可以通过把 A 扩展为 $\alpha A'$来推迟决策,在看到从 α 导出的输入之后再把 A′展开成 β_1 或 β_2,原来的产生式变成:

$A \to \alpha A'$
$A' \to \beta_1 \mid \beta_2$

算法 7.2 对文法使用左因子提取算法。

输入:给定一个文法 G。

输出:一个等价的提取了左因子的文法。

算法步骤:对于每个非终端符号找对于两个或多个以它为左部的产生式右部的最长公共前缀 α。如果 $\alpha \neq \varepsilon$,即存在一个非平凡的公共前缀,则把原来的 A 的产生式

$A \to \alpha\beta_1 \mid \alpha\beta_2 \mid \dots \mid \alpha\beta_n \mid \gamma$

其中 γ 表示不以 α 开始的别的串,用下列产生式

$$A \to \alpha A' \mid \gamma$$
$$A' \to \beta_1 \mid \beta_2 \mid \ldots \mid \beta_n$$

来代替。这里的 A′是一个新的非终端符号。重复应用这个转换,直到不再有两个或多个有相同左部的产生式和有相同的右部前缀,于是原来文法就被左因子提取了。

左因子提取确实能帮助我们对一些文法进行 LL(1)化,但它并非万能,对于某些文法,它全然无效,例如:

$$P \to Qx$$
$$P \to Ry$$
$$Q \to sQm$$
$$Q \to q$$
$$R \to sRn$$
$$R \to r$$

在这个例子中,非终端符号 P 的两个产生式的导符集都含 s,因此,这个文法不是 LL(1)文法,需要进行左因子提取来变换它。我们用下列产生式来替代:

$$P \to sQmx$$
$$P \to qx$$
$$P \to sRny$$
$$P \to Rny$$

现在仍然有相交的导符集,因此,还要做左因子提取:

$$P \to qx$$
$$P \to ry$$
$$P \to sP_1$$
$$P_1 \to Qmx$$
$$P_1 \to Rny$$

现在前三个导符集不相交,但是最后两个 P_1 的产生式却相交,而且变成类似前面 P 产生式的情况,因此再对它做处理。对其用左因子提取法,得到

$$P_1 \to qmx$$
$$P_1 \to my$$
$$P_1 \to sP_2$$
$$P_2 \to Qmmx$$
$$P_2 \to Rnny$$

现在的 P_2 类似于 P 和 P_1,而且其右部更长。显然这个过程不能结束,因此我们实现转换

的努力无果而终。

前边我们已讨论了左递归,下面讨论间接左递归。

S→RT
R→TU
T→SW
U→VT
W→RU

注意,这个产生式集合并不完全。我们从 S 开始进行下列的推导:S→RT→TUT→SWVSW。显然这里出现了关于 S 的左递归。我们可以尝试把任何间接左递归转换成直接左递归,但并非总奏效。以下的实际例子就说明这个事实。

S→Aa | b
A→Ac | Sd | ε

首先把它转换为

S→Sda | b
A→Ac | Aad | bd | ε

由于导符集相交,因此需再次进行转换:

S→bS′
S′→daS′ | ε
A→bdA′ | ε
A′→cA′ | adA′ | ε

上例说明,存在所谓固有地左递归的文法,其左部相同的产生式的导符集总包含相同的终端符。对于这类文法,我们不能消除左递归也不能把它转换为 LL(1)文法。有的文法看似非常简单,但它却不是 LL(1)文法。

由 LL(1)文法生成的语言称为 LL(1)语言。一个非左递归的文法不一定能转换成一个 LL(1)文法。所以,也可以同样地说,一个文法不一定能转换成使得两者生成相同的语言。

是否存在一个算法判定给定的语言是否 LL(1)语言?这个问题的答案是否定的。此类问题称为不可判定或不可解的。理论上已经证明,不存在这样的算法,它可适用于任何情况。

LL(1)语法分析方法

在我们对 LL(1)文法和 LL(1)语言作了说明之后,现在介绍 LL(1)语法分析方法。同前所述,它属于自顶向下的语法分析方法。

为实现 LL(1)语法分析方法,首先我们要确认给定文法是否为 LL(1)的,确定的步骤如下：

(1) 检查文法是否包含左递归，如果包含左递归，则应消去左递归；如果不能消去，则这个语法分析方法以失败而告终。

(2) 如果文法不含左递归或成功消去左递归，则再检查有无导符集相交的情况。如果没有导符集相交的情况，则立即可以进行 LL(1) 的语法分析方法；否则，就要用左因子提取或其他方法把这个文法转换成 LL(1) 文法才能开始进行语法分析。

当上述两个步骤都成功之后，才能真正开始编译程序的自顶向下的语法分析。现在我们仍以例 6.1 为例介绍语法分析过程。

在做了转换，使文法成为 LL(1) 的文法之后可得到下列产生式：

PROGRAM→begin DECLIST comma STATELIST end
DECLIST→d X
X→semi DECLIST
X→ε
STATELIST→s Y
Y→semi STATELIST
Y→ε

然后，计算每个产生式的导符集：

DS(PROGRAM→begin DECLIST comma STATELIST end) = {begin}
DS(DECLIST→dX) = {d}
DS(X→semi DECLIST) = { semi}
DS(X→ε) = { comma}
DS(Y→semi STATELIST) = {semi}
DS(Y→ε) = {end}

利用这些导符集便可构造 LL(1) 语法分析表（见表 7.1）。

表 7.1 LL(1) 语法分析表

非终端符号	输入符号（终端符号）					
	begin	d	semi	comma	s	end
PROGRAM	(PROGRAM→begin...)					
DECLIST		(DECLIST→d...)				
X			(X→semi...)	(X→ε)		
STATELIST					(STATELIST→s...)	
Y			(Y→semi...)			(Y→ε)

注：假设输入语句是 begin d semi d semi d comma s semi s end。

把这个表存到内存,同时也把输入存到内存。注意,以 X 和 Y 作为左部的产生式的导符集都有元素 semi,但它们是在不同的时间出现的,因此整个推导可以确定地进行。

分析过程如图 7.1 所示。

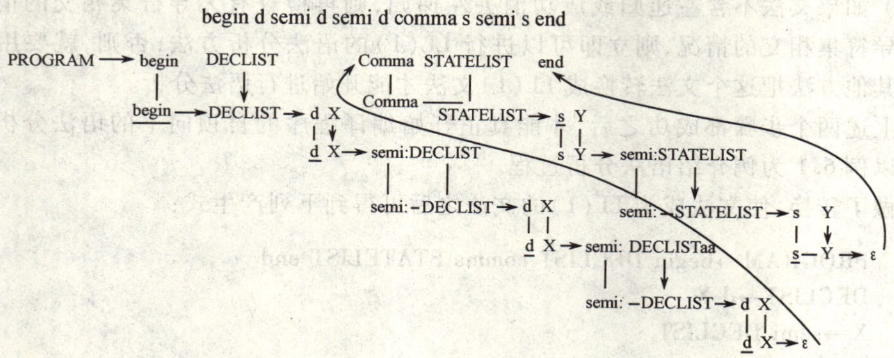

图 7.1 语法分析过程

首先扫描的是 begin,如同在分析表上看到的,记录是 PROGRAM→begin...。我们检查产生式后发现,在 PROGRAM→右边确实以 begin 开始,而在 begin 之后是 DECLIST,参照输入,以 DECLIST 为左部的产生式的右部是 dX。d 现在出现了,于是我们前进到以 X 为左部的产生式的右部,同时对照输入串,在分析表中的记录是 semi DECLIST,而在输入中确实有 semi。在分析表中 DECLIST 以 d X 作为右部,这时的输入有 d,与分析表相匹配。再向前推进到 X,X 又以 semi DECLIST 作为右部。这时输入有 semi,与记录相匹配。再看 DECLIST,它以 d 开始,又有 X 跟随,而输入没有 d 了。我们看另一个 X 的产生式,X→ε,这时已无首符了,而要看跟随符,从表中可知,跟随符是 comma,这与输入相符。之后检查以 STATELIST 为左部的产生式。产生式有 s 为导符,这与输入一致。s 之后是 Y,Y 的右部首字符为 s,也与输入相符,紧跟其后的是 STATELIST。STATELIST 的导符是 s,又与输入相符。此时 s 之后的 Y 首符为空字,其跟随符为 end,这也就是输入的最后终端符(其实还应有结束标记)。整个看,输入串同语法是匹配的,因而输入就语法而言是这个语言的合法程序。

现在我们用一个算法来描述 LL(1)语法分析的过程。我们把它称为 LL(1)语法分析算法,并简称为 LA 算法。

算法 7.3 LA 算法

输入:以已被转换为 LL(1)产生式的所有文法的产生式作为输入,根据每个产生式的导符集构造语法分析表(如表 7.1 所示)和输入语句(程序)。

输出:如果确定输入程序的合法性,则报告成功,否则报告失败。

算法步骤:

LA1(开始) 从输入中取第一个元素,并检查这个元素对应的语法分析表中的记录是否与输入匹配。要检查的第一个产生式应该是以文法的起始符号为左部的产生式,而其相应记录应当与输入程序的第一个元素匹配。

LA2(推进推导) 在以起始符号为左部的产生式中,检查其右部语法分析表的记录是否与输入的符号相符,如果相符,就使推导向产生式右边前进一个符号;如果是终端符号,则应该与输入的第二个元素相符;如果是非终端符号,那它的导符集中的一个元素要与输入元素相符。这里有两种情况,一是导符集元素来自首符集,在这种情况下,有可能是这个非终端符号直接推出这个终端符号,也可能是经由若干次推导才得到,不过从分析表我们可以看到与输入相匹配的记录。另一种情况是来自讨论中的产生式有 ε 作为其右部,即导符集元素是跟随这个非终端符号的第一个终端符号。它可能是真的跟随这个非终端符号,但也可能是跟随这个非终端符号的终端符号的首符集元素,或导符集元素,无论如何,在语法分析表中都可以查找到。

LA3(转移和返回) 在以起始符号为左部的产生式中,我们的推导沿着其右部一个符号接一个符号地进行。对于终端符号,只需检查输入符号是否也是同一个终端符号;同则匹配,不同则不匹配。如果是非终端符号,则需要转移到以它为左部的产生式,这与子程序的处理相同。它也可能嵌套多层,直到得到一个终端符号作为导符集元素为止。当这个过程成功实现输入符号与分析表记录的匹配,并且到达输入的最后一个标号时,算法报告分析成功;否则报告失败。

实际上,只要把已改造成 LL(1)的产生式做成以起始符号为根的语法分析树,则上述算法便可用来构造语法分析树,其中非终端符号作为内顶点。现在我们仍以上述例子来画出语法分析树,如图 7.2 所示,这个树的叶可链接成

begin d semi d semi d comma s semi s end

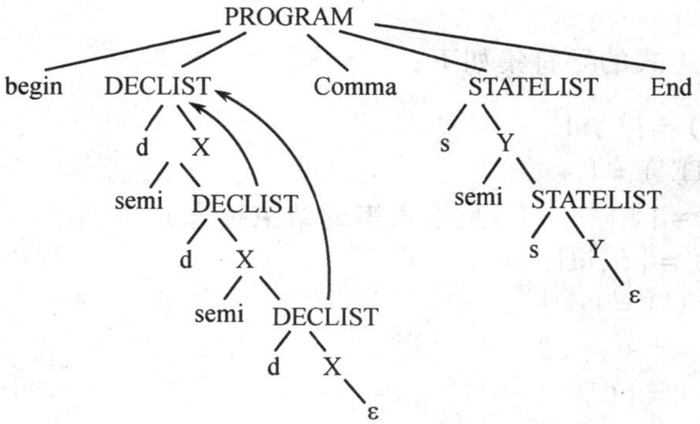

图 7.2 语法分析树

这里,调用 X→semi DECLIST 两次,调用 X→ε一次,调用 Y→semi STATELIST 和 Y→ε各一次。从 X→semi DECLIST 实现 semi 与输入的匹配,因此转到 DECLIST。在处理

DECLIST时，我们得到DECLIST→d X，然后又从X转到X的子程序，从X得到d，再得到semi DECLIST。因此得到

DECLIST →d X
→d semi DECLIST （第一次调用 X→semi DECLIST）
→d semi d X
→d semi d semi DECLIST （第二次调用 X→semi DECLIST）
→d semi d semi d X
→d semi d semi d （第一次调用 X→ε，因而 comma 跟随出来）

类似地，

STATELIST →s Y
→s semi STATELIST （第一次调用 Y→semi STATELIST）
→s semi s Y
→s semi s （Y→ε第一次调用，因而 end 跟随出来）

通过使用把非终端符号当作子程序的思想，可以更清楚地看到自顶向下语法的分析过程。下面我们再以算术表达式为例来说明把算术表达式转换成LL(1)的文法：

E→TE′
E′→+TE′
E′→ε
T→FT′
T→*FT′
T′→ε
F→(E)
F→id

首先求出每个产生式的导符集如下：

DS(E→TE′) = {(,id}
DS(E′→+TE′) = {+}
DS(E′→ε) = {$} （$是输入串的结束标志）
DS(T→FT′) = {(,id}
DS(T′→*FT′) = {*}
DS(T′→ε) = {+,),$}
DS(F→(E)) = {(}
DS(F→id) = {id}

然后构造它的语法分析表(见表7.2)。加上符号√表示它们也是跟随符。

表 7.2 LL(1)语法分析表

非终端符号	输入符号					
	id	+	*	(	)	$
E	E→TE′			E→TE′	√	√
E′		E′→+TE′			E′→ε	E′→ε
T	T→FT′	√		T→FT′	√	√
T′		T′→ε	T′→*FT		T′→ε	T′→ε
F	F→id	√	√	F→(E)	√	√

下面我们对输入语句

(id + id * id) * id

进行 LL(1)语法分析。根据前面给出的算法,由起始符号 E 为左部的产生式开始分析。由于只有一个这样的产生式,即 E→TE′,对照输入串(id + . . .),进行 T→FT′,然后进行 F→(E)这两个都是转入子程序。从产生式 F→(E)转到它的右部并寻找(,它刚好与输入的第一个符号(一致,于是,我们推进到产生式的下一个符号 E。而在 id 之下的记录是 E→TE′,为了匹配输入的 id,需要前进到下一个产生式 T→FT′,由这个产生式转到 F,而 F→id,得到 id,与输入相符。我们进行到 F 之后的 T′,但 T′→ε,因此过程将从 T 返回,而转到在 E→TE′中 T 的下一项 E′。恰好 E′→ + TE′提供 +,与输入的 + 一致。于是分析又转到 T,这次同上一样,提供 id,所以,就有(id + id,紧接着的)可以通过 E→TE′、E′→ε 和 F→(E)得到。完整的实现过程如下:

E →TE′
→FT′E′
→(E)T′E′
→(TE′)T′E′
→(FT′E′)T′E′
→(id εE′)T′E′
→(id + TE′)T′E′
→(id + FT′E′)T′E′
→(id + id * FT′E′)T′E′
→(id + id * idT′E′)T′E′
→(id + id * id εE′)T′E′
→(id + id * id ε)T′E′
→(id + id * id) * FT′E′
→(id + Id * id) * id ε ε

$\rightarrow$(id + id * id) * id

以上的推导过程显得十分冗长乏味,但整个推导过程在计算机内就是这样进行的。我们这里遵循最左推导的原则来进行。读者通过对照图 7.3 可以更清楚地了解 LL(1)的语法分析过程。

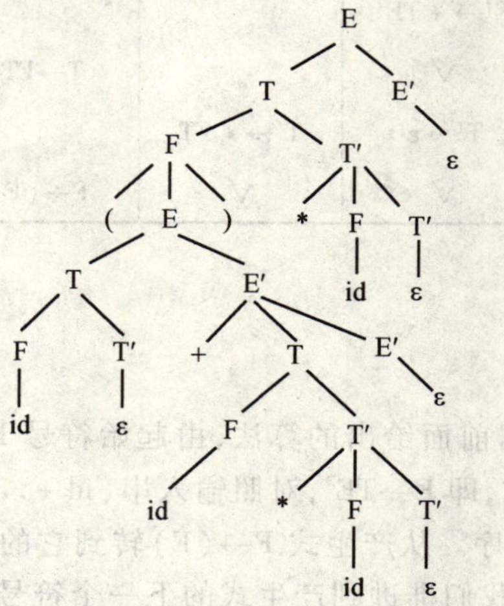

图 7.3 (id + id * id) * id 的语法分析树

借助于子程序调用,这个过程如图 7.4 所示。

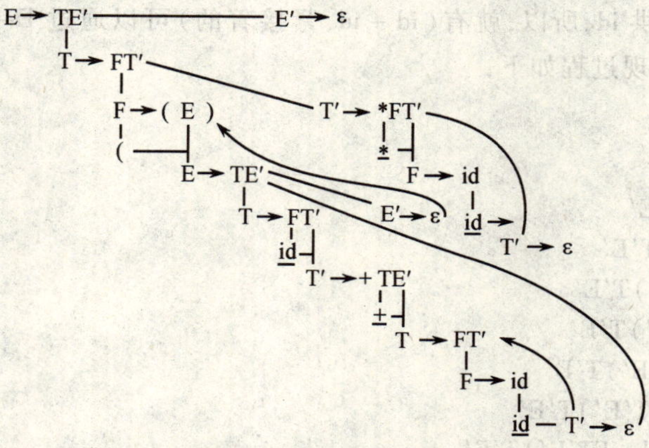

图 7.4 在 LL(1)语法分析中对子程序的调用

注意:在这个图中,向下的箭头表示调用,向上的箭头表示返回调用。

从上述讨论中可以看出,通过对照导符集和出现在导符左边的输入,分析可以确定地进行(不需要回溯)。一个语法分析方法能否被接受主要取决于原则和效率。

7.3.2 由底向上的分析方法

前面我们讨论了自顶向下的语法分析方法,特别是LL(1)的语法分析方法。这个方法的主要思想是从文法的起始符号开始,分析自顶向下进行推导,不回溯。这个过程继续进行到推导出输入程序为止。如果推导的结果与输入相符,则分析报告成功。这表示就语法而言,输入是合法的;否则分析报告失败,输入是非法的。

与自顶向下相反,由底向上的方法从输入程序开始,即从终端符号开始[5]。我们把输入元素当作语法分析树的树叶,然后通过移动和归约方法来"爬树"。移动操作的目的是把同属于一个双亲的叶合并在一起,而归约操作是把叶归约到双亲去。通过这个方法,分析就"爬树",直到把输入归约成树的根,也即文法的起始符号为止。类似于LL(1)方法,如果分析成功地结束,报告成功,就语法而言输入程序是合法的;否则报告失败,输入是非法的。

为了把终端符号归约成它们的双亲,把非终端符号归约成起始符号,或者更一般地,把终端和非终端符号串归约为起始符号。归约操作是必需的,在我们讨论归约操作的细节之前先介绍语法柄的概念。

非正式地说,一个串的语法柄或句柄是匹配一个产生式右部的字符串,而其归约为一个产生式左部代表沿最右推导的倒一步。在许多情况下,匹配某个产生式 $A \rightarrow \beta$ 的右部 β 的最左子串不是一个语法柄,因为通过产生式 $A \rightarrow \beta$ 的归约产生不能归约为起始符号的一个串。

正式地说,我们有定义7.5。

定义7.5 如果S是一个上下文无关文法G的起始符号,而且有最右推导

$$S \overset{*}{\Rightarrow} \alpha A \omega \Rightarrow \alpha \beta \omega$$

则在紧跟 α 的 $A \rightarrow \beta$ 是 $\alpha\beta\omega$ 的一个语法柄。注意,在语法柄右边的串 ω 只含终端符号。

因为文法是二义性的语法柄可能有多个,因此可能有多于一个的 $\alpha\beta\omega$ 的最右推导。

例7.4 假设G是一个上下文无关文法,且有以下的产生式:

$$S' \rightarrow aS$$
$$S \rightarrow As \mid A$$
$$A \rightarrow bSc \mid bc$$

其有如下的最右推导:

$$S' \rightarrow aS \rightarrow aAs \rightarrow abScs \rightarrow abbSccs$$

这里abbSccs是一个右句子形式,而且bSc是一个语法柄,因为由产生式 $A \rightarrow bSc$ 可归约成A。

由定义可知,语法柄对于归约来说是非常重要的,因为只有通过语法柄,归约才可进行[6]。因此,为了实现由底向上的语法分析,确保无回溯,必须保证在任何句子形式下所有的语法柄都是唯一确定的。因此归约操作对于由底向上的语法分析来说是关键的操

作。然而,当从一个语法柄转向另一个语法柄时,需要依赖于另一个操作——移动操作。

定义7.6　给定一个由产生式集合P确定的上下文无关文法。假设γ是任何右句子形式,则在实现最右归约到γ之后,从一个语法柄位置转到另一个最靠近的语法柄位置,且它是依赖于该语法柄来进行归约操作的。这个动作就称为移动操作。

可以说,移动操作是归约操作的准备。仅当完成了移动操作,归约操作才能继续进行,直到整个过程以起始符号作为结果。为了继续我们的讨论,需要定义等价和等价类的概念。

定义7.7　给定一个集合S和S中元素间关系R,R是:

(1) 自反的　表示$\forall a \in S, aRa$。

(2) 对称的　表示$\forall a, b, aRb \Rightarrow bRa$。

(3) 传递的　表示$\forall a, b, c \in S, aRb, bRc \Rightarrow aRc$。

定义7.8　给定一个集合S和定义在S的元素间的关系R,如果它是自反的、对称的和传递的,则说它是一个等价关系。

定义7.9　给定一个集合S和定义在S的元素之间的一个等价关系R,关系R使得S被分划成一些类,而且

(1) 在同类中的所有元素都等价;

(2) 属于不同类中的元素不等价;

(3) S中的任何元素必在且只在一个类中。

这种类被为等价类。由于在每个类中的元素都等价,我们可在每个类中选择一个元素作为这个类的代表,因此等价类的个数也就是类的代表的个数。

现在转到文法的产生式并考虑它的配置的集合。给定上下文无关文法G的产生式如下:

$$S' \to Sc$$
$$S \to SA \mid A$$
$$A \to aSb \mid ab$$

为了方便讨论,我们把这些产生式编号为1~5,并标记每个产生式的右部符号间的位置以及在第一个符号前和最后一个符号后的位置。这个过程称为配置。我们用两位数来标记,第一个是产生式的编号,第二个是在产生式右部从左到右的顺序号,从0开始编号。所有配置的编号如下:

(1) $S' \to_{(1,0)} S_{(1,1)}\, c_{(1,2)}$

(2) $S \to_{(2,0)} S_{(2,1)}\, A_{(2,2)}$

(3) $S \to_{(3,0)} A_{(3,1)}$

(4) $A \to_{(4,0)} A_{(4,1)}\, S_{(4,2)}\, b_{(4,3)}$

(5) $A \to_{(5,0)} A_{(5,1)}\, b_{(5,2)}$

因此对于文法 G，它的配置集合由(1,0)、(1,1)、(1,2)、(2,0)、(2,1)、(2,2)、(3,0)、(3,1)、(4,0)、(4,1)、(4,2)、(4,3)、(5,0)、(5,1)、(5,2)组成。

在这个集合中，定义关系 R 如下：(1,0)面对 S，它与以 S 为左部的产生式的右部的最左位置(第一个符号前位置)等价。因此，(1,0)与(2,0)、(3,0)等价。注意等价关系的传递性，(3,0)和(5,0)面对的是 A，这个原则对它也适用。因此(1,0)、(2,0)、(3,0)、(4,0)和(5,0)都等价。我们用 ~ 来表示等价，则有

$$(1,0) \sim (2,0) \sim (3,0) \sim (4,0) \sim (5,0)$$

我们用从 1 开始的数来对等价类进行编号。注意这里的等价类与传统的等价关系或等价类不同，其区别在于一个配置可能属于多于一个等价类。但为了进行由底向上的分析，这是必要的。例如，按照上述原则，(2,1)面对 A，因此有

$$(2,1) \sim (4,0)\ (2,1) \sim (5,0)$$

另一方面，由于(1,0) ~ (2,0)，两者都面对 S，因此它们的下个配置也等价，即(1,1) ~ (2,1)，我们有

$$(1,1) \sim (2,1) \sim (4,0) \sim (5,0)$$

现在(4,0)和(5,0)同属于两个等价类。我们定义移动函数 f 来表示类的编号。f 以配置和字符为变量，而以配置或等价类为值。我们从初始状态开始。开始时起始的配置没有输入的字符，因此就用□表示空字符。于是有

$$f((1,0), -) = \{(1,0),(2,0),(3,0),(4,0),(5,0)\} = 1$$
$$f(1,S) = \{(1,1),(2,1)\} = 2 \quad f((2,1), \square) = \{(4,0),(5,0)\}$$

因此，

$$\{(1,1),(2,1),(4,0),(5,0)\} = 2$$

我们定义 $f(2,c) = \{(1,2)\} = 3$

$$f(2,A) = \{(2,3)\} = 4$$
$$f(1,A) = \{(3,1)\} = 5$$
$$f(1,a) = \{(4,1),(5,1)\} = 6$$

但(4,1)面对 S，根据等价关系有(4,1) ~ (2,0) ~ (3,0) ~ (4,0) ~ (5,0) ~ (5,1)，因此

$$\{(4,1),(2,0),(3,0),(4,0),(5,1)\} = 6$$
$$f(6,s) = \{(4,2),(2,1)\} = 7$$
$$f(7,b) = \{(4,3)\} = 8$$
$$f(6,b) = \{(5,2)\} = 9$$

这些等价类号作为状态号，因此配置便与状态号建立了对应。我们看到，不同的配置可以

有相同状态,因为它们属于同一个等价类;而同一个配置可以有几个状态。

$$S' \rightarrow_{1} S_{2} c_{3}$$
$$S \rightarrow_{1,6} S_{2,7} A_{4}$$
$$S \rightarrow_{1,6} A_{5}$$
$$A \rightarrow_{1,2,6} a_{6} S_{7} b_{8}$$
$$A \rightarrow_{1,2,6} a_{6} b_{9}$$

此外,有必要补充对于

$$A \rightarrow \varepsilon$$

的状态。由于右部没有符号,只有一个位置,因此它对应于一个状态。

有了这些状态,我们对于由底向上语法分析方法的归约—移动操作就更清楚了。在右句子形式中,如果一个位置对应于某个产生式的右部的内部位置,则它需要向右移动到它的下个终端符号或非终端符号之后的配置处。于是当前的状态将变为对应于该配置的状态。这就是为什么需要使用移动状态来处理这种情况。当抵达产生式的末尾时,需要把右部的串归约为产生式左部的非终端符号。这个过程就像爬树一样,一直要爬到树的顶部,也就是树根处或者是文法的起始符号处。在此过程中,人们需要知道就当前正在使用的产生式而言在这个符号右边没有任何符号。但当归约操作完成后,这个位置对应于非终端符号右边的位置是某个产生式的左边,而且这个非终端符号必定出现在另外一个产生式的右边,在这个产生式的右边必有相邻符号;或者,如果它是一个空产生式的左部,那它必定有跟随符,这个跟随符必可从这样一个产生式得到,即在这个产生式中,此非终端符号作为右部的一个元素出现,紧随它的终端符就是它的跟随符,也可以是紧随它的非终端符号的首符集元素,否则,这个句子便出错。所以语法柄是可用作归约的一个产生式的右部。如果产生式是按上面的顺序给出的,则由底向上的语法分析就可以由底向上进行。如果这个分析以起始符号结束,则它报告成功,且确认输入是文法正确的句子。

LR(1)语法分析方法

在说明了由底向上语法分析方法后,下面介绍一个特定的和广泛使用的由底向上的语法分析方法,这个方法就是 LR(1)方法。

LR(1)语法分析方法是自左至右地扫描输入的,并通过在输入中向前看一个符号来产生最右推导。我们首先要讨论的是 LR(0),它不需要使用向前看的符号。

1) LR(0)语法分析方法

LR(0)语法分析精确地确定上下文无关语言的前缀性质。一个语言 L 如果无论何时,它的句子 w 的前缀 x 都不在 L 中,则说这个语言 L 具有前缀特性。LR(0)的这个性质确保这个语言的一个句子可归结为起始符号,因为它的任何前缀都不能归结为起始符号。实际上,前缀性质不是一个严格的限制,因为只要在任何确定的上下文无关语言中引入结束标记,就可以把这个语言转换为具有前缀性质的语言。在一个语言 L 中,因为任何句子仅当它包含结束标记时才是这个语言的合法句子。一个句子的任何前缀都不可能是语言 L 的合法句子,因为它不含结束标记。

直观地说,如果有一个最右推导

$$S \overset{*}{\Rightarrow} \delta\ A\ w \Rightarrow \delta\alpha\beta w$$

而且 $\delta\alpha = \gamma$,在每种情况下,δAw 实际上是右句子形式 γw。在这种情况下,我们可以对 L(G)的符号串 x 进行由底向上的语法分析,而且它有 G 的一个右句子形式。当我们实施一系列的归结 - 移动操作时,可以到达 G 的起始符号,无需回溯,这样就有 x 的最右推导了。

更确切地说,如同在上面的文法所看到的那样,它有 9 个状态。状态 3、4、5、8 和 9 分别是产生式 1、2、3、4 和 5 的终止状态需做归结操作外,其余状态仅需做移动操作。它们的责任是分别归结每个产生式,而且每个归结操作是把同产生式右部相匹配的输入串成为该产生式左部的非终端符号。例如,状态 4 和 5 是把产生式 2 和 3 的右部序列归结为非终端符号 S,状态 8 和 9 是把产生式 4 和 5 的右部归结成非终端符号 A。

正是由于文法的性质,因此负责移动操作的状态不涉及归结操作,负责归结操作的状态也与移动操作无关,这个分析可以确定地进行,因此这是一个 LR(0) 文法。这种情况称为无归结 - 移动冲突。但一般说来,对于普通的文法很可能发生归结 - 移动冲突。例如,假设

$$N)\ T \rightarrow_{(N,0)} i_{(N,1)}$$
$$N+1)\ T \rightarrow_{(N+1,0)} i_{(N+1,1)} E_{(N+1,2)}$$

(N,0)和(N+1,0)被编号为 m,于是对于函数 f 有

$$f(m,i) = m+1 = (N,1) = (N+1,1) = \{(N,1),(N+1,1)\}$$

从这两个产生式可以看出对于状态 m+1 就有移动 - 归结冲突。在产生式 N)中,状态 m+1 要求把同产生式 N)右部的输入串(现在是 i)归结成其左部的非终端符号 T。但另一方面,根据产生式 N+1),状态 m+1 是一个应当做移动操作的内部状态,应该移动到对应于配置(N+1,2)的下个状态。配置(N+1,2)将从等价配置来进行编号。这就是明显的归结 - 移动冲突。

我们再来看一个 LR(0) 文法的例子。设文法 G 是有下列产生式的一个上下文无关文法:

(1) $S' \rightarrow S\,\$$

(2) $S \rightarrow T$

(3) $S \rightarrow S + T$

(4) $T \rightarrow (S)$

(5) T→i

现在建立这些产生式的配置

(1) $S' \to_{(1,0)} S_{(1,1)} \$_{(1,2)}$

(2) $S \to_{(2,0)} T_{(2,1)}$

(3) $S \to_{(3,0)} S_{(3,1)} +_{(3,2)} T_{(3,3)}$

(4) $T \to_{(4,0)} (_{(4,1)} S_{(4,2)})_{(4,3)}$

(5) $T \to_{(5,0)} I_{(5,1)}$

我们有第一个等价配置{(1,0),(2,0),(3,0),(4,0),(5,0)},把它编号为1,然后,

$$f(1,S)=2=\{(1,1),(3,1)\}$$
$$f(2,\$)=3=\{(1,2)\}$$
$$f(1,T)=4=\{(2,1)\}=f(7,T)$$
$$f(2,+)=5=\{(3,2),(4,0),(5,0)\}=f(8,+)$$
$$f(5,T)=6=\{(3,3)\}$$
$$f(1,()=f(5,()=7=\{(4,1),(2,0),(3,0),(4,0),(5,0)\}$$
$$f(7,S)=8=\{(3,1),(4,2)\}$$
$$f(8,))=9=\{(4,3)\}$$
$$f(7,i)=f(1,i)=10=\{(5,1)\}$$

于是我们把配置都改成相应的编号,即状态:

$$S' \to_1 S_2 \ \$_3$$
$$S \to_{1,7} T_4$$
$$S \to_{1,7} S_{2,8} +_5 T_6$$
$$T \to_{1,5,7} (_7 S_8)_9$$
$$T \to_{1,5,7} I_{10}$$

通过带有状态的产生式,可以建立对应于这个文法的移动-归结表,即LR(0)语法分析表,如表7.3所示,它是LR语法分析方法必不可少的工具。

表7.3 LR(0)语法分析表

状态	符号								
	i	+	(	)	\$	S′	S	T	⊥
1	S_{10}		S_7			halt	S_2	S_4	
2		S_5			S_3				
3	R_1	R_1	R_1	R_1	R_1	R_1	R_1	R_1	R_1
4									R_2
5	S_{10}		S_7					S_6	

续表

状态	符号								
	i	+	(	)	$	S′	S	T	⊥
6									R_3
7	S_{10}		S_7				S_8		
8		S_5		S_9					
9									R_4
10									R_5

注：⊥是输入结束标记

在表中以 S 开始的项表示移动动作，以 R 开始的项表示归结动作。因此 S_i 表示移动到状态 i，R_i 表示用第 i 个产生式做归结。例如，R_1 表示用第一个产生式来做归结，即用这个产生式的左部来代替右部的串。归结意味着输入中当前的串将被产生式左部的非终端符号所代替。在表中的 halt 条款表示结束停机。实际上状态 1 不可能遇到符号 S′。但是，当变为状态 1 时，它是成功终止的状态，我们放置 halt 就表示这种情况。表中的空位置表示不可能的情况，如果出现就表示出错，分析程序报告出错。

对于 LR(0)语法分析而言，负责移动动作和负责归结动作的状态是分离的，因此在各状态行上的条款都有不同的特性。归结和移动不会在同一行上出现。这意味着每一行只有一种类型的动作，移动或归结。这种情况分析就简单了。

然而，我们必须指出，属于 LR(0)文法的很少。例如，含有如 $A\to\varepsilon$ 这样产生式的文法就不可能是 LR(0)的，因为如果这样的产生式包含在产生式集合中，它必然和另外一个形如 $P\to\alpha A\beta$ 的产生式相冲突。由前一个产生式，不论进入的符号是什么，包括 β 在内，都要做归结。但由后一个产生式，如果进入的符号是 β，则要做转移，即移到对应于 β 的一个新的状态，因此移动－归结冲突出现。

除了有移动－归结的冲突之外，也还可能有归结－归结冲突。下面的两个产生式就属于这种情况：

$$T\to i$$
$$V\to i$$

两者有对应于两个配置的同一状态，即

$$T \to_n i$$
$$V \to_n i$$

这意味着两个产生式的初始配置有相同的状态，因此，在 i 之后的两个配置也有相同的状态。因为 f(n,1)仅有一个值。但如何进行归结呢？我们应该归结到 T 还是归结到 V？这就是归结－归结冲突中。所以移动－归结冲突和归结－归结冲突是普通常见的情况。

2）SLR(1) 语法分析

LR(0)方法太弱，因而不实用。由于它不需要任何向前看的符号，因此只要检查状态本身就可以作出决定。但在实践中这种情况是很少的。作为对于 LR(0)的改进，第一步是生成 SLR(1)文法。在 SLR(1)中的 S 指简单(simple)，因此它是简单的 LR(1)语法分析。在这种分析中允许有简单的移动 - 归结冲突。当这种情况出现时，可通过向前看一个符号来解决。具体地说，对于具有 A 作为左部的产生式，如果它的某个状态的向前看符号不属于 A 的跟随者符号，则在这个状态前的符号(或符号串)的归结操作不能使用这个产生式。操作中的移动应该与作为输入的向前看符号一起进行。

一个 SLR(1)的例子：

S→real IDLIST
IDLIST→IDLIST, ID
IDLIST→ID
ID→A | B | C | D

我们省略建立状态的细节，直接地对配置赋予状态，得到如下的带有对应于配置的状态的产生式：

$S \rightarrow_{1} real_{2}\ IDLIST_{3}$
$IDLIST \rightarrow_{2} IDLIST_{3},_{4}\ ID_{5}$
$IDLIST \rightarrow_{2}\ ID_{4}$
$ID \rightarrow_{2,4} A \mid B \mid C \mid D_{7}$

通过附加了状态的产生式，可以得到相应的语法分析表(见表 7.4)。

表 7.4 SLR(1)语法分析表

状态	符号						
	S	IDLIST	ID	real	,	A, B, C, D	⊥
1	halt			S2			
2		S3	S6			S7	
3					S4		R1
4			S5			S7	
5				R2	R2	R2	R2
6				R3	R3	R3	R3
7				R4	R4	R4	R4

从表中可以看到，只有状态 3 的行有不同的条款。一个是对应于输入为“,”的 S_4，这表示在状态 3 时，如果输入是个逗号，则状态将移动到状态 4。另一个条款对应于输入结

束标识⊥,这时它将把前面的串归结为产生式 1 的左部,也就是符号 S。这是第一次我们碰到两个不同的动作——移动和归结出现在同一行上。这就是移动-归结冲突。但这个冲突通过向前看一个符号即可解决。

我们可以简单地说明插入“halt”。我们想象有另一个产生式

$$S' \to S$$

要对它的配置⊥赋予状态,因此有

$$S' \to_1 S_{halt} \perp$$

这就是为什么要在 S 列和状态 1 的交汇处插入“halt”的原因。

SLR(1)在同 LR(0)的比较中前进一步,通过区分向前看符号是否属于某个非终端符号的跟随符来解决移动-归结冲突。然而 SLR(1)的能力有限,因此我们需要寻求比 SLR(1)更强有力的方法,即 LALR(1)语法分析方法。这里的 LA 表示向前看,意味着通过向前看输入符号来解决冲突。

3) LALR(1)语法分析

由于 SLR(1)的局限性,因此实用性较低。人们必须考虑改进它,从而找出具有实用性的分析方法。LALR(1)就是对 SLR(1)进行改进的一个方法。

首先我们要找出 SLR(1)的实用性低的原因。我们已经看到,当向前看输入符号时,SLR(1)不大注意它的上下文,特别是它过去的上下文。通常只有考虑了过去的上下文才能确定一个符号是否为合法的跟随符。

例 7.5 假设文法 G 是由下列产生式给定的:

(1) $S \to T$ else F

(2) $T \to E$

(3) $T \to i$

(4) $F \to E$

(5) $E \to E + i$

(6) $E \to i$

从配置(1,0)开始,通过等价关系和关系的传递性,有

$$(1,0) \sim (2,0) \sim (3,0) \sim (5,0) \sim (6,0)$$

我们赋予这个等价配置类初始状态 1,然后有

$$f((1,0), -) = 1 = \{(2,0), (3,0), (5,0), (6,0)\}$$
$$f(1,T) = \{(1,1)\} = 2$$
$$f(2,\text{else}) = 3 = \{(4,0), (5,0), (6,0)\}$$
$$f(3,F) = 4 = \{(1,3)\}$$
$$f(1,E) = 5 = \{2,1\}, (5,1)\}$$

$f(1,i)=6=\{(6,1),(3,1)\}$

$f(3,E)=7=\{(4,1),(5,1)\}$

$f(6,;)=8=\{(3,2)\}$

$f(5,+)=f(7,+)=9=\{(5,2)\}$

$f(9,i)=10=\{(5,3)\}$

$f(4,;)=11=\{(1,4)\}$

$f(5,;)=12=\{(2,2)\}$

则可得到附有状态的产生式

(1) $S \rightarrow_{1} T_{2}\ \text{else}\ _{3}F_{4}\ ;_{11}$

(2) $T \rightarrow_{1} E_{5}\ ;_{12}$

(3) $T \rightarrow_{1} i_{6}\ ;_{8}$

(4) $F \rightarrow_{3} E_{7}$

(5) $E \rightarrow_{1,3} E_{5,7} +_{9} i_{10}$

(6) $E \rightarrow_{1,3} i_{6}$

由这些产生式可得到 LALR(1)的语法分析，如表 7.5 所示。

表 7.5 LALR(1) 语法分析表

状态	符号								
	S	T	F	E	else	;	+	i	⊥
1	halt	S_2		S_5				S_6	
2					S_3				
3			S_4	S_7				S_6	
4						S_{11}			
5					R_2		S_9		
6					R_6	S_8/R_6	R_6		
7						R_4			
8					R_3				
9								S_{10}	
10					R_5	R_5	R_5		
11									R_1
12									R_2

注意：表 7.5 中状态 6 上出现移动 - 归结冲突。这个冲突是因为 i 既出现在产生式(3)的右部，也出现在产生式(6)的右部。根据产生式(6)，i 之前的状态 1 和 3 来自不同地方，来自状态 1 时，也就是说，当随符不是产生式 E 的一部分时，应做归结操作。但在此

情况下,状态 3(它是状态 6 以前的状态)是由产生式(1)的 else 之后的状态而来。由此可知,产生(6)中 i 的跟随符就是 E 的跟随符。再由产生式(4)知 E 的跟随符就是 F 的跟随符,即由产生式(1)知,就是“;”。因此,当遇见 i 时,要确定它究竟是从状态 1 来的还是从状态 3 来的。如果是从状态 1 来的,则要归结为 E,进而归结为 T;如果是从状态 3 来的,应归结为 F,因此遇见“;”则移动(移动到状态 8)。这就是移动 - 归结冲突的来源。

为了解决这个冲突,必须考虑以前的上下文。在产生式(5)和(6)中,状态 1 都来自产生式(1)的 T,而状态 3 来自产生式(1)的 else 之后。在产生式(5)中,有两个路径:状态 1 遇见 E ,移动到状态 5;状态 3 遇见 E,移动到状态 7。同理,两个状态遇见“i” 时也应变为两个不同状态,这就解决了归结 - 移动的冲突。因此,得到的结果如下:

(1) $S \rightarrow_{1} T_{2}$ else $_{3} F_{4} ;_{11}$

(2) $T \rightarrow_{1} E_{5} ;_{12}$

(3) $T \rightarrow_{1} i_{6} ;$

(4) $F \rightarrow_{3} E_{7}$

(5) $E \rightarrow_{1,3} E_{5,7} +_{9} i_{10}$

(6) $E \rightarrow_{1,3} I_{6,13}$

现在我们用一个新的语法分析表来代替原来的分析表,这个表是真正的 LALR(1)语法分析表,因为其不再包含移动 - 归结冲突(见表 7.6)。

表 7.6 不含移动 - 归结冲突的 LALR(1)语法分析

状态	符号								
	S	T	F	E	else	;	+	i	⊥
1	Halt	S_2		S_5				S_6	
2					S_3				
3			S_4	S_7				S_{12}	
4						S_{11}			
5					R_2		S_9		
6					R_6	S_8	R_6		
7						R_4	S_9		
8					R_3				
9								S_{10}	
10					R_5	R_5	R_5		
11									R_1
12									R_2
13					R_6				R_6

这个表可用来分析LALR(1)文法。当出现移动-归结冲突时,我们就可尝试区分一个配置的以前的上下文。使用这个方法通常都可解决这类冲突。

4) LR(1)语法分析

LR(0)适合在产生式上的每个状态做移动动作或归结动作,无需考虑向前看符号。但不适合需要考虑向前看符号的情况,因此我们需要更强有力的方法。SLR(1)方法被提出作为解决方案。在SLR(1)中,允许根据不同的向前看符号,一个状态既可以做移动动作,也可以做归结动作。这个事实反映在分析表上,同一行(同一个状态)上不同的列可以有移动和归结的条款。然而,这个方法的实用性也很有限,因为大多数情况下形势要复杂得多,甚至对同一行和同一列的动作,取决于过去的上下文,或者做移动,或者做归结。因此,要把一个状态分成两个状态,一个做移动,一个做归结。在某些情况下,一个状态甚至被分成多个状态,如7.3.2小节中的例子,就是LALR(1)方法。

现在我们说,LALR(1)的功能还不够强大,对更复杂的文法无效。因此我们还要去寻找更强有力的方法,这就是最普通的LR(1)语法分析方法。

LR(1)语法分析方法与LR(0)、SLR(1)和LALR(1)方法不同,其状态数要比它们的都多得多。LR(0)、SLR(1)和LALR(1)基本上有相同的状态数,语法分析表的大小也差不多相同。

以下我们在介绍一般的语法分析方法时将介绍另一个语法方法。这个方法像自动机一样做状态转换。

例7.6 一个文法由以下产生式给出:

(1) $S \to A$

(2) $S \to xb$

(3) $A \to aAb$

(4) $A \to B$

(5) $B \to x$

首先要增加一个产生式 $S' \to S$,使得状态的确定与原来的一致。这个文法称为增广文法。现在我们有:

(1) $S' \to \cdot S \{\perp\}$

(2) $S \to \cdot A \{\perp\}$

(3) $S \to \cdot x\ b \{\perp\}$

(4) $A \to \cdot a\ A\ b \{\perp\}$

(5) $A \to \cdot B \{\perp\}$

(6) $B \to \cdot x \{\perp\}$

其中{ }内的符号是跟随符。它是跟随输入串的结束标识。·指出配置位置。这里的配置是等价的,属于一个等价类,即对应于同一状态,它与前面使用的(m,n)类似。从此开始,当不同输入进入时便有不同的状态。

现在建立所有的状态：

(1) $S' \to_{0} S_{1}$

(2) $S \to_{0} A_{2}$

(3) $S \to_{0} x_{3} b_{4}$

(4) $A \to_{0,5} a_{13,5} A_{7,8} b_{9,10}$

(5) $A \to_{0,5} B_{6,11}$

(6) $B \to_{0,5} x_{3,12}$

至此，我们便可以画出一个 LR(1) 自动机来，如图 7.5 所示。

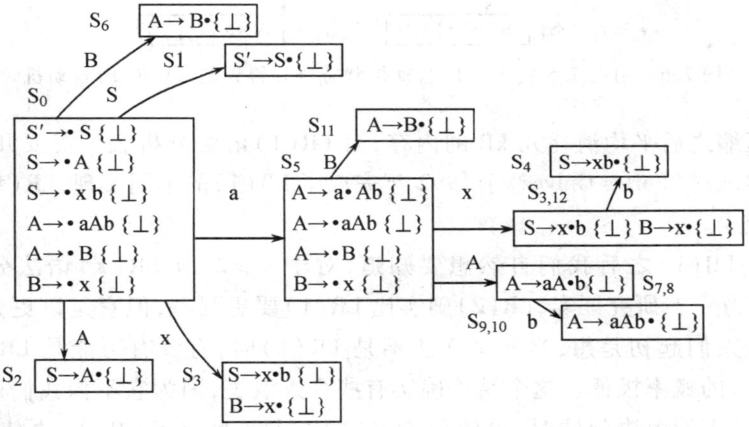

图 7.5 例 7.6 文法的 LR(1) 自动机

从图 7.5 可看出，LR(1) 状态的所有核心都对应于 SLR(1) 的状态，原因是核心通过其他状态允许符号移动而成为确定的。如果我们不考虑向前看符号，核心是 LR(0) 状态。如果这个状态被转换，则新的 LR(1) 状态也就生成了，其核心仍是 LR(0) 状态。因此，LR(1) 状态是 LR(0) 状态分裂的结果。

而 LR(1) 的威力也就来自状态的分裂。依赖于状态的分裂，SLR(1) 或 LALR(1) 解决不了的问题可以由 LR(1) 解决。当然并非所有问题都可由 LR(1) 解决。也并不是每个这样的分裂都是必要的。从图 7.5 可以看到，状态 6 和状态 2 可以合并在一起以形成状态 2,6，因为它们只由一个配置组成。通过进一步的分析，我们发现还有更多的状态可以合并，合并后得到图 7.6 所示的 LALR(1) 自动机。

在图 7.5 和图 7.6 中，产生式最右位置有符号 · 的状态是归结动作的状态，其他是移动动作的状态。在产生式外的箭头旁边的符号是输入符号。从上面的介绍可知，LR(1) 的状态数要比 LALR(1) 的状态数多得多，尽管在上面的例子中这点不明显。在实际的程序设计语言中，为 LR(1) 语法分析所用的状态的数量要比相应的 LALR(1) 语法分析的数量高几个数量级。以下是由参考文献给出的一个统计：一个程序设计语言的 SLR(1) 语法分

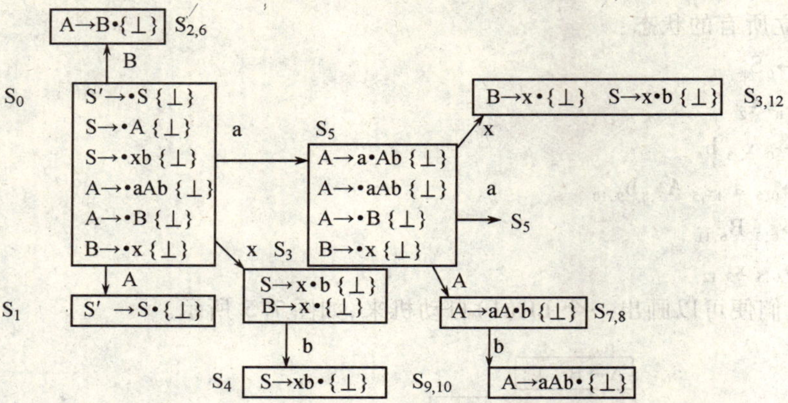

图 7.6　由图 7.5 的 LR(1) 自动机状态合并得到的 LALR(1) 自动机

析表在经过压缩之后平均消耗几 kB 的内存，而 LR(1) 语法分析表则需要几 MB 的内存。福特斯·加尔威泽(Fortes Galvez)于 1992 年完成了 LR(1) 的不同实现，LR(1) 语法分析表的数量有所减少。

在考虑了 LR(1) 之后我们自然想要知道，对于 $k \geqslant 2$ 的 LR(k) 语法分析是否要比 LR(1) 更强有力[7]？研究证实，LR(2) 确实比 LR(1) 要更强些，但它是以更大的语法分析表为代价的。人们起初是想，当一个文法不是 LR(1) 时，有没有可能是 LR(2)？但经证实，它是 LR(2) 的概率极低。这个结论确实有些令人沮丧，因为它不像我们以前碰到的情况，即当 LR(0) 不能解决问题时，可使用 SLR(1)；或者在使用 LR(1) 之前，进一步使用 LALR(1)。现在，当 LR(1) 无效时可能 LR(2) 也无效，因此 LR(2) 仍停留在理论层面。

下面说明通过 LALR(1) 进行语法分析的实际过程：

我们考虑上面的文法：

$S' \to S$

$S \to A$

$S \to xb$

$A \to a\ A\ b$

$A \to B$

$B \to x$

且假设输入串是 aaaaxbbbb。我们首先构造附加了状态的产生式如下：

$S' \to_0 S_1$

$S \to_0 A_2$

$S \to_0 x_3\ b_4$

$A \to_{0,5} a_{13,5}\ A_{8,7}\ b_{10,9}$

$A \to_{0,5} B_{6,11}$

$B \rightarrow_{0,5} x_{3,12}$

通过这些产生式和状态，便可构造语法分析表(表 7.7)。

表 7.7 LR(1)语法分析表

状态	符号							
	S′	S	A	B	x	a	b	⊥
0	Halt	S_1	S_2	S_6	S_3			
1								R_1
2								R_2
3							S_4	R_6
4								R_3
5			S_7	S_{11}	S_{12}			
6								R_5
7							S_9	
8							S_{10}	
9								R_4
10								R_4
11								R_5
12								R_6
13			S_8					

注意：在对输入串进行语法分析之前需要使用到两个栈，一个作为存放输入符号，一个作为存放状态。对于终端符号，我们只需把它们存进栈，并把状态也入栈即可。而对于非终端符号，在把它们存进栈中时，则要改变符号也要改变状态。因此在某些书中，把动作分为“转向”和“动作”。

状态栈和输入栈开始时都为空。但在状态栈中我们放置 0 表示空，而输入栈则空。

第一个 a 入栈：

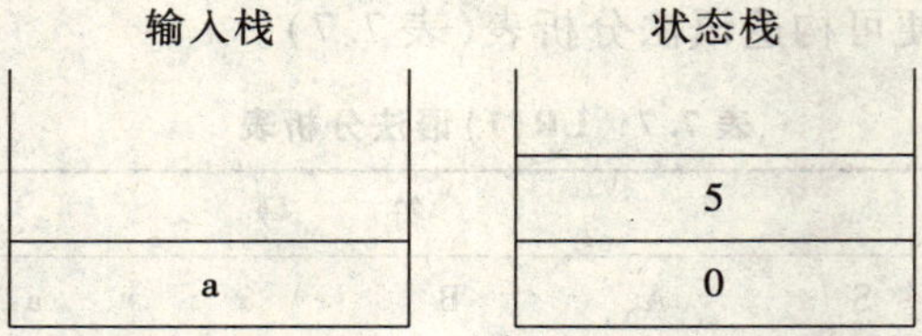

第二个 a 入栈：

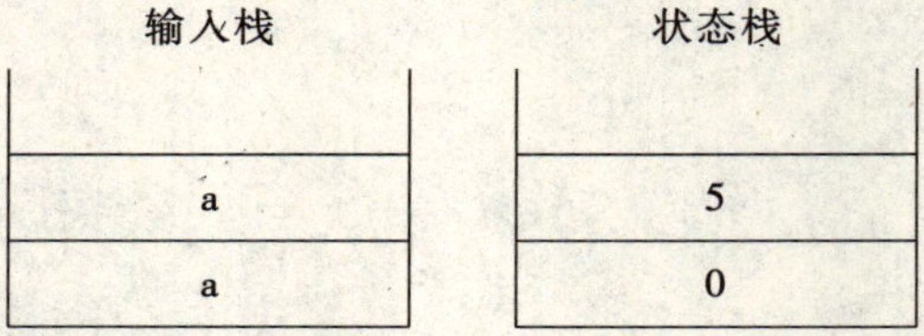

直到 4 个 a 都入栈，栈的状态仍不变：

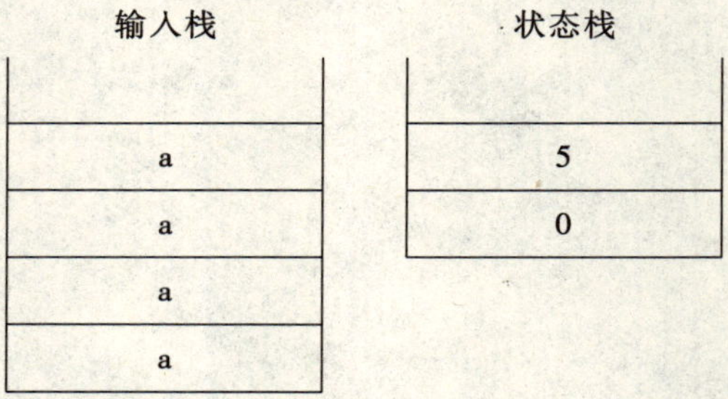

然后 x 入栈。根据分析表，状态 5 变成状态 12：

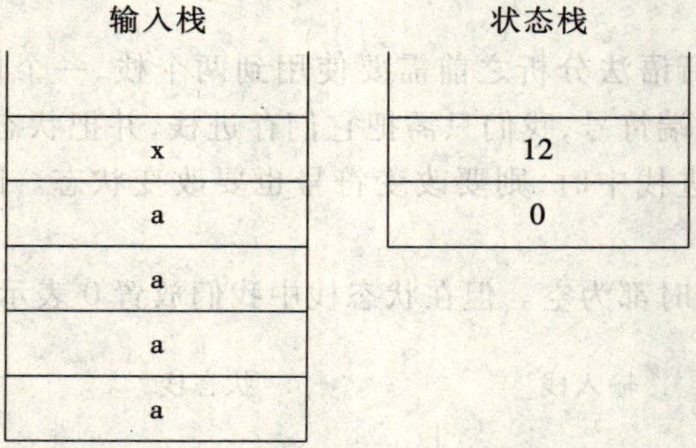

状态 12 是做归结的，它使 x 归结为 B，而它恢复为状态 5。现在在输入栈中，从顶向下有 Baaaa；在状态栈中，从顶向下有 5 0，状态 5 遇 B，转换成状态 11，状态 11 做归结，因此有：

输入栈	状态栈
B	11
a	0
a	
a	
a	

状态 11 使 B 归结为 A，而它变为状态 5：

输入栈	状态栈
A	5
a	0
a	
a	
a	

状态 5 遇见 A，便移动到状态 7：

输入栈	状态栈
A	7
a	0
a	
a	
a	

在状态 7 之下，b 进入，使状态移动到状态 9，这时两个栈如下：

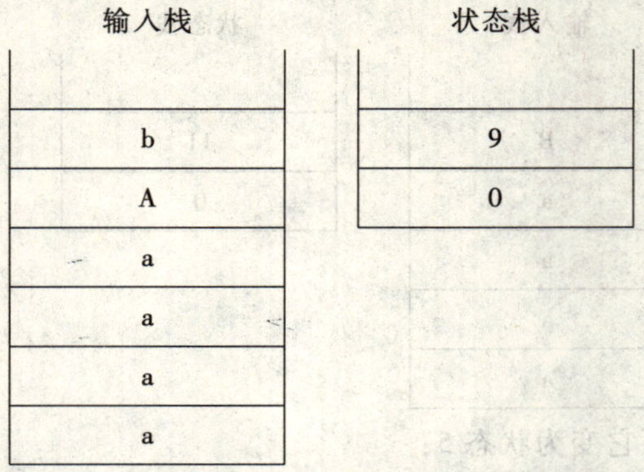

现在在输入栈顶部的三个元素是 bAa，恰好是产生式 4 的倒读的右部，而在状态栈中的状态也正是产生式末尾的状态 9。这意味着我们要用它来做归结。归结的结果变成 A，而状态则变成产生式 4 开始的状态 5，于是，现在两个栈又成为：

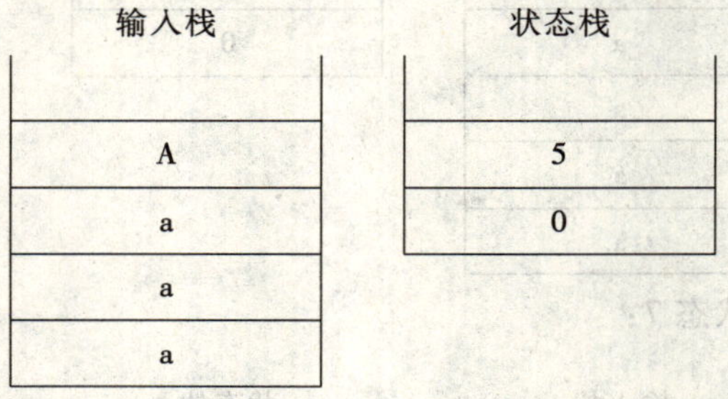

状态 5 遇见 A 又变为状态 7：

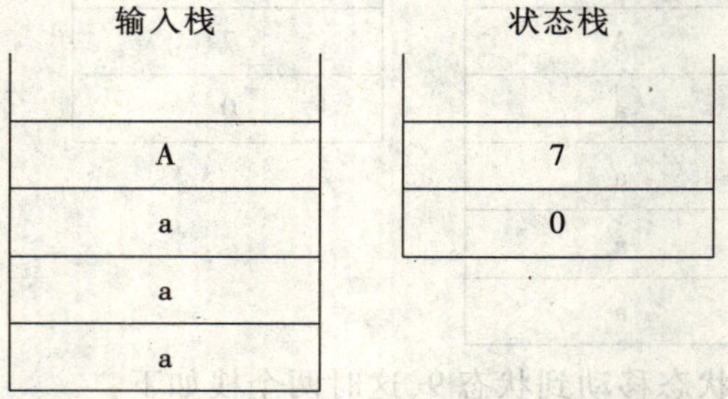

当第二个 b 进入输入栈后，状态栈又转移到状态 9，又把输入栈顶的 bAa 归结为 A，同时状态成为 5。这个过程重复直到两个栈成为：

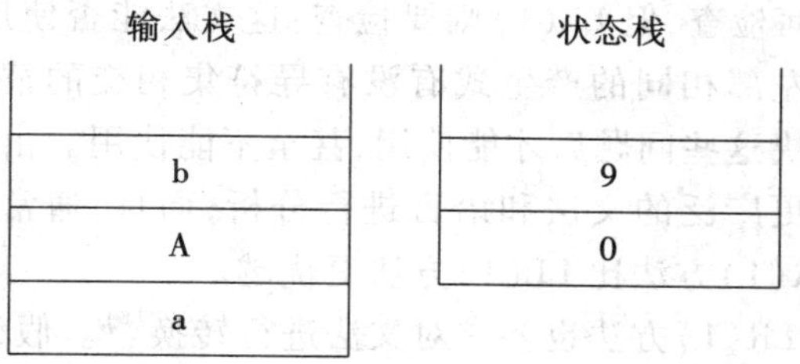

这样，输入又将被归结为 A，而状态变为 5，因而有：

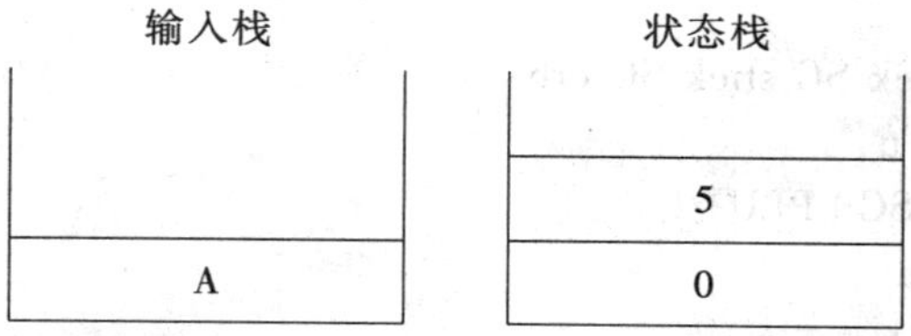

但根据语法分析表，当输入栈为空时，状态 5 实际上就是状态 0，而当状态 0 遇见 A 时，移动到状态 2。状态 2 是做归结的，它把 A 归结成 S，然后变成状态 0：

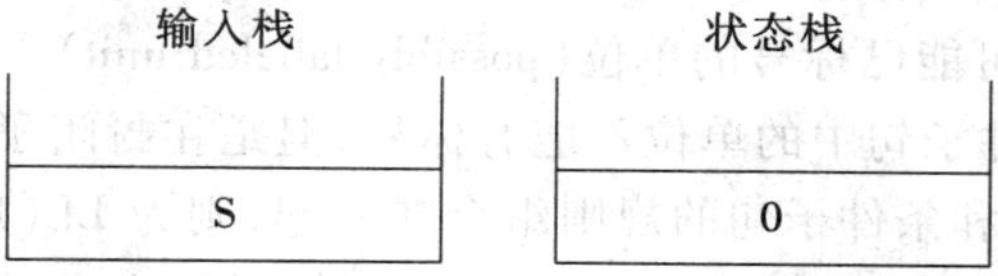

状态 0 遇见 S，变成状态 1：

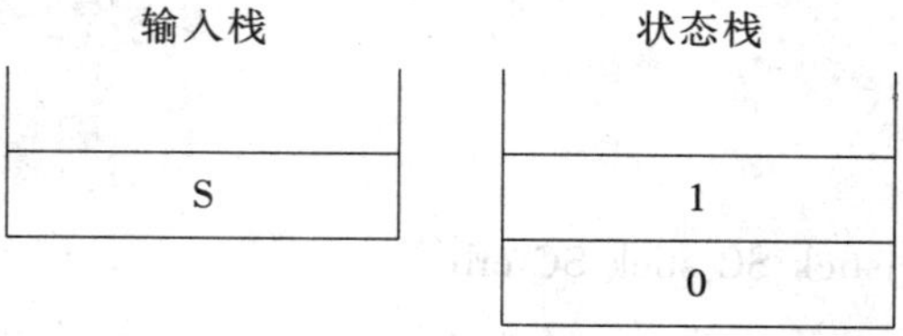

状态 1 再做归结，把 S 归结为 S′，状态再次成为 0：

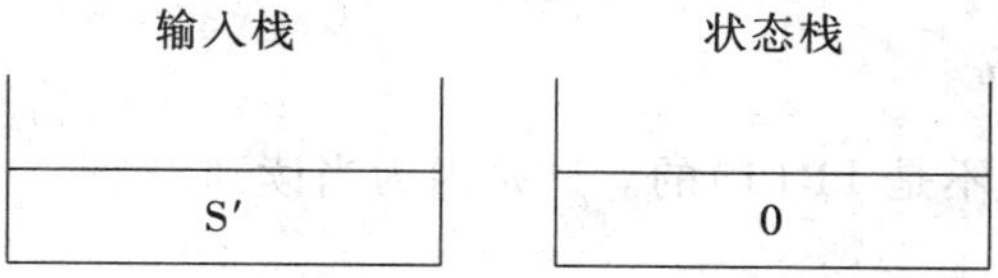

至此，分析宣告成功。这也就意味着输入串是文法的一个语句。

5）LL(1)语法分析方法和 LR(1)语法分析方法的比较

要对两个截然不同的方法进行比较是不容易的，特别是编译程序设计者各有所好。由于在这些方法间有许多争论，所以在这里只能做简单的比较。

首先从语法分析的开始来看，我们应该说 LR(1)要比 LL(1)优越，因为在开始分析之前,LR(1)不需要进行任何检查,但LL(1)则要检查:这文法能否使用LL(1)分析方法,这个文法是否包含左递归;左部相同的产生式有没有导符集相交的情况,如果有,则不能立即使用LL(1)方法,需解决这些问题后才能使用,甚至不能使用。由于LR(1)没有这些麻烦,因此可以立即用于对更广泛的文法和语言进行分析,而且,通常不需要对文法进行转换。因此,从理论上说LR(1)方法比LL(1)方法更优越。

但是,在特殊情况下LR(1)方法也要求对文法进行转换[8]。假设G1是由下列产生式给出的文法:

S→COC | CLC
COC→orb EC stick SC stick SC crb
EC→u semi EC | u
CLC→PLU semi SC | PLU
PLU→lab PLU | u

其中,COC表示条件子句(conditional clause),CLC表示封闭子句(closed clause),orb表示开圆括号(open round bracket),EC表示询问子句(enquiry clause),SC表示顺序子句(sequential clause),crb表示闭圆括号(closed round bracket),semi是分号(semicolon),u表示单位(unit),PLU表示可能已标号的单位(possibly labeled unit)。

这里,问题来自于条件子句中的单位不能有标号,但是在封闭子句中的顺序子句可以有标号。如果把封闭子句和条件子句的规则组合在一起,则为LL(1)文法。SC的两个产生式必须加以变换,否则它们的导符集必然相交。在作了转换之后的文法应用不同的标记表示,我们把它标记为G2:

S→orb T
T→lab V | u W
V→lab V | u X
W→crb | semi T | stick SC stick SC crb
X→semi V | crb
SC→PLU Y
Y→semi PLU Y | z
PLU→lab PLU | u

可以证明,原来的文法G1不是LR(1)的。这是因为当读到串

(u

而且向前看的符号是分号时,我们无法判断应该用PLU的产生式做归结还是将EC的第一个产生式移动到一个新状态。因此我们将遇到无法解决的移动-归结冲突。

从这个例子可看出,如果一个文法只通过手工就可以转化为LL(1)的,则它可成为LR(1)的也必须预先处理。这也就是说,LR(1)并非完全不需要进行转换。这还意味着LR(1)理论上相对于LL(1)的优越性(通用性)在实践中并非突出。

就语法分析表的大小以及所花销的时间相比较。LL(1)语法分析表的元素可以存放在一个字长内,表的大小约为4kB。使用LR(1)的语法分析表则需要50kB。不过这样的比较有失公允,因为我们通常并不是使用LR(1)方法而是使用LALR(1)方法,此外,通过优化,分析表的大小可以减少90%。尽管这样,人们还是普遍认为就语法分析表的大小而言,LL(1)比LR(1)要好些[9]。

从错误中恢复方面对两者进行比较。前面曾经提到,LL(1)是确定的。通过导符集可知推导的每一步是否正确。假设在某一步,一个非终端符号的向前看符号不属于它为左部的产生式的导符集,则可立即知道这个输入串有错。在LL(1)语法分析中,从错误中恢复相对简单些,只需计划最短的脱离错误的路径,从余下的输入删去符号直到在这个路径中遇到可以接受的某个符号为止,然后再沿着这个路径找到可接受的符号。这个方法称为从错误中恢复的允许集。然而对于LR(1)来说从错误中恢复要困难些。这是因为在这个方法中所收集的消息都带有假设的性质。例如,当一个方法出现错误时,状态要从栈中移出,一直要进行到出现对于标记为错误恢复的非终端符号可移动到另一个状态为止,然后移动到这个虚拟的元素。最后,跳过输入符号直到这个新状态可以接受的符号为止。

这两种方法有其共性,都适合于把动作嵌入到语法中以便于进行编译过程中的某些工作。后面我们将介绍在LL(1)方法中如何实现这一点。至于对LR(1)如何实现,由于这些动作通常是与归结动作相关联的,因此如果人们需要这些动作但又不是在产生式的最后,则应该引进一些虚拟的规则。总之,在实践中选择哪个方法取决于个人偏好。也可以让两者相互合作来实现分析过程,例如,PDP-11的C语言编译程序就是使采用递归下降法即自顶向下的方法来处理大多数表达式,使用由底向上的方法来处理其他的表达式。

思　考　题

1. 试证明每一个LL(1)文法都是LR(1)文法。

2. 试证明由以下产生式族定义的文法族

$S \to A_i\ b_i \qquad 1 \leqslant i \leqslant n$

$A_i \to a_i\ A_i \mid a_i \qquad 1 \leqslant I, j \leqslant n$,但 $j \neq i$

(1) 试证明 G_n 有 $2n^2 - n$ 个产生式和 $2^n + n^2 + n$ 个LR(0)项集合。这个结果说明,与文法的大小本身相比,LR(0)语法分析表的大小如何?

(2) G_n 是SLR(1)的吗?

(3) G_n 是LALR(1)的吗?

3. 试给出一个用于检测在LR语法分析表中的不可达条款的算法。

4. 给定一个乔姆斯基范式下的文法G,试说明对于文法如何增加用于单个插入、删除和交叉错误的产生式,使得增加的文法能生成所有可能的标识符串。

5. 一个上下文无关文法 G 是 q 文法，当且仅当它有下列性质：

(1) 每个产生式的右部或者以一个终端符号开始，或者为空。

(2) 对于出现在多于一个产生式左部的非终端符号，其导符集不相交。

证明：

(1) 任何 q 文法都是 LL(1)文法。

(2) 任何 s 文法都是 q 文法。所谓 s 文法是指：① 每个产生式的右部以一个终端符号开始；② 如果一个非终端符号出现在多于一个产生式的左部，则这些产生式的右部均以不同的终端符号开始。

(3) 任何 LL(1)文法都可转换为 q 文法。

6. 无 LR(1)文法是二义性的。

参考文献

[1] Grune D, Jacobs CJH (1990) Parsing Technique: A Practical Guide. Ellis Horwood, New York.

[2] Sippu S, Soisalon-Soinenan E (1989/1990) Parsing Theory. vol II LL(k) Parsing and LR(k) Parsing. Springer, Berlin.

[3] Robin Hunter (1988) Compilers: Their Design and Construction Using Pascal. Cambridge University Press, Cambridge.

[4] Aho A V, Ullman J D (1973) the Theory of Parsing, Translation, and Compiling, vol II: Compiling. Prentice-Hall, Englewood Cliffs, New Jersey.

[5] Chen Huowang, Qian Jiahua, Sun Yongqiang (1980) Compiler Principles. Defense Industry Press, Beijing.

[6] Jin Chengzhi (1981) Compilers: The Principles and Implementation. Higher Education Press, Beijing.

[7] Aho A V, Ullman J D (1972) The Theory of Parsing, Translation and Compiling, vol I: Parsing. Prentice-Hall, Englewood Cliffs, New Jersey.

[8] Grune D, Bal H E, Jacobs C J (2007) Modern Compiler Design. Addison-Wiley, Reading, MA.

[9] Chapman NP (1987) LR Parsing: Theory and Practice. Cambridge University Press, Cambridge.

第8章　属性文法和对它们的分析

一名好的经理应具备什么属性？

——《现代英语词典》

8.1　本章动机

在第7章中，我们介绍了语法分析方法，即自顶向下和由底向上的方法，特别是LL(1)和LR(1)语法分析方法。从讨论中可看到，进行LL(1)和LR(1)语法分析的前提是，我们要分析的语法必须是上下文无关文法，否则这两个方法都无效。也就是说，为了通过自顶向下或由底向上的方法来分析程序设计语言，就必须保证这个语言是上下文无关的。因此我们需要剖析程序设计语言的描述或定义。

在设计任何程序设计语言之前，设计者应考虑来自两个方面的要求。一方面是使用这个语言来编写程序的程序员的要求。他们要求这个语言是清晰的、明显的、有权威性的以及无二义性的，同时还应易于阅读和使用。另一方面是语言的编译程序的开发者，他们要求语言的程序结构易于实现，或易于编译程序的开发。

除上述两个方面外，还要考虑程序正确性证明的要求，因此程序设计语言的设计者选择了形式化的方法来对语言的语法和语义进行完整的描述。这种形式化语言的第一个尝试是ALGOL60报告[1]。这个语言的大部分是使用上下文无关文法描述的。但是，使用上下文无关文法仍然不能描述余下部分的语法和语义，因此，只能用英文来描述它们，而且，原始报告中存在许多二义性问题，即使是修改报告，也难以完全避免（Naur，1963[2]；Knuth，1968）。

随着程序设计语言的形式化定义技术的发展，ALGOL W报告（Bauer等，1958）试图把某种类型的信息放到语法的形式化部分。ALGOL 68的修改报告（van Wijngaarden等，1975）通过使用二级文法来定义这个语言的完整语法（后来被称为W文法，以纪念其发明者）。他们的工作再次证实，任何程序设计语言都不能完全使用上下文无关文法来描述，因为按照定义，上下文无关文法只能包含有限多个产生式。通过这些产生式是无法描述语言的非上下文无关的一些特性的。为解决这个问题，属性文法应运而生。

8.2 属性文法

属性文法已用于定义很多语言的语法。为了翻译程序设计语言写成的程序，除了生成程序的代码外，编译程序还需要记录数量。例如，编译程序可能需要知道标识符的类型，或者在目标代码中第一条指令的位置，或者所生成指令的条数。因此我们抽象地称为与程序的组成相关联的属性。本章主要指上下文无关文法所不能描述的属性。由于属性文法是基于上下文无关文法构造的，因此它能处理由上下文处理所要求的计算，并说明上下文无关文法的语法分析。下面使用上下文无关文法来定义 Pascal 语言的一部分，然后推广这个文法，使用属性文法来定义这个语言的非上下文无关的方面。这里给出的部分 Pascal 的定义是根据 Watt(1977)和 McGettrick(1980)的工作给出的[3]。

不属于上下文无关的属性。例如，我们通过自顶向下的方法构造输入语句的语法分析树。在语法分析树中，叶表示终端符号，但它们不包含终端符号的其他特征(属性)。作为抽象语法树(Abstract Syntax Tree，AST)，终端符号可以有它的初始属性，例如，表示整数的标识符可以有类型属性“integer”(整数)，它的值由程序的输入提供，而这不属于上下文无关的文法中定义。表示标识符的标记有初始值“identifier”(标识符)，但它却没有地址值和存放在这个地址的数值，它的值由输入提供。它也不由上下文无关文法定义。这些均由属性文法完成。

源程序的上下文无关部分的分析由词法分析和语法分析一同完成。它们分析的特征可以是局部的，也可以是嵌入式的。其他情况，例如检查程序入口的形式参数个数是否与声明的个数一致，就不属于上下文无关的范畴。

为了检查强制性的上下文无关条件和收集特定语言的信息进行语义处理，需要对上下文进行处理。在某种意义下，属性文法是上下文无关文法的补充，并且是针对语义分析的。在编译程序中，对上下文无关的处理分为两个阶段。第一个阶段是检查语言中所有的上下文关系，仅检查通过，才认为输入程序正确。第二个阶段是收集属性的信息，这些信息被保存到抽象语法树的结点中。上下文的处理是通过检查上下文关系并计算所有结点的属性完成的。因此，简单地说，上下文处理要求的计算可在上下文无关文法的语法分析中描述，这就生成了属性文法。为了满足这个需要，上下文无关文法在两个方面延伸，一是数据，二是计算。

对于每一个文法符号，不管它是终端符号还是非终端符号，都假设有 0 个或多个属性，而且每个属性都有名字和类型，这叫做形式属性。形式属性的类型和特定值与实际属性一致。属性用来保留特定结点的语义信息，因此，所有对应于相同文法符号 S 的结点都有相同的形式属性，但它们的实际值——实际属性却不相同。

例如

$$A \rightarrow M_1 M_2 \ldots M_n$$

产生式，有一序列的相关计算规则——属性计算规则。这些计算规则规定根据右部属性 M_i($1 \leqslant i \leqslant n$)的属性来计算 A 的属性，检查上下文条件，并且一旦出现某类错误便发出警告或出错消息。这些计算规则与产生式相关，而与非终端符号无关，这是因为计算规则是与成员 M_i 的属性相关，而成员 M_i 是由产生式规则确定。

文法符号属性分为综合属性和继承属性。如果一个变量在一个产生式中出现两次以上，则其每个出现都有相同的属性值。信息可以从起始符号传递到生成的句子或程序中。这种属性称为继承属性。信息也可以从属性值在句子中得到的位置传送到起始符号处，这类属性称为综合属性。在开始时，仅仅是终端符号有综合属性。综合属性的值是从程序文本直接得到的。一个子结点的综合属性可以被父结点访问，而且允许在父结点进行进一步的计算。注意，仅当计算所依赖的所有值都被确定后计算才可进行。在父结点处的计算不仅变成在该结点的综合属性，而且也变成在其子结点的继承属性。

下面我们在上下文无关文法的产生式中加上属性。这里，向上的箭头表示综合属性[4]，向下的箭头表示继承属性。

< 程序 > ::= program < name > ↑ NAME
(< 程序参数 >)
< 分程序 > ↓ STANDARDENV ↓ { } ↓ { }

箭头后的大写字母表示属性变量。从这个表示可以看出，NAME 有综合属性，因为它的值是从词法分析得到的。STANDARDENV 有继承属性，因为它的值是从标准标识符和它们的含义得到的。

分程序还有两个继承属性，一个是任何形式参数，另一个是任何全局标号，这两个属性值是空的({ })。我们对分程序作如下补充：

< 分程序 > ↓ GLOB ↓ FORM ↓ GLOBLAB
::= < 标号说明 > ↑ LOCLAB
< 常量定义 > ↓ GLOB ↓ FORM ↑ NEWLOC1
< 类型定义 > ↓ GLOB ↓ NEWLOC1 ↑ NEWLOC2
< 变量说明 > ↓ GLOB ↓ NEWLOC2 ↑ NEWLOC3
< 过程和函数说明 > ↓ GLOB ↓ NEWLOC3 ↑ LABELS ↑ NEWLOC
< 语句部分 > ↓ ENV ↓ LABELS ↑ STMLAB

GLOB、FORM 和 GLOBLAB 分别表示全局变量、形式参数和全局标号。这些全局属性属于继承属性。属于 < 标号说明 > 的局部属性的值可从程序得到，它们是综合属性。< 常量定义 > 的全局属性和形式参数属于继承属性，而 NEWLOC1 表示新的局部常数，它们的值可从程序中得到，因此也属于综合属性。如同我们上面指出过的，综合属性不仅可以是父结点的综合属性，也是子结点的继承属性。NEWLOC1 在 < 常量定义 > 中是综合属

性,但它在 <类型定义> 中变成继承属性。NEWLOC2 和 NEWLOC3 也有相同的转化。

此外,它们必须遵守以下规则:

(1) 为了形成 ENV (环境),应将所有在 GLOB 但不在 NEWLOC 中的标识符加到 NEWLOC 中。

(2) 为了形成 LABELS (标号),应将所有在 GLOBLAB 而不在 LOCLAB 中的标识符加到 LOCLAB 中。

(3) STMLAB (即语句标号) 是 LABELS 的子集。

以这个方法定义的产生式的属性可以确保局部标识符的定义性出现总是居于应用性出现之前,而局部常数(而不是局部变量)可以出现在类型定义中,等等。而且有:

<语句部分> ↓ENV ↓LABELS ↑STMLAB
::= <复合语句> ↓ENV ↓LABELS ↑STMLAB
<复合语句> ↓ENV ↓LABELS ↑STMLAB
::= begin
<语句> ↓ENV ↓LABELS ↑STMLAB
{; <语句> ↓ENV ↓LABELS ↑ SYMLABi}
end

其中,在{ }内可以有零个或多个的条款, STMLABi 不相交,STMLAB 是 STMLABi 的并。

<语句部分> ↓ENV ↓LABELS ↑STMLAB
::= <复合语句> ↓ENV ↓LABELS ↑STMLAB
<复合语句> ↓ENV ↓LABELS ↑ STMLAB
::= begin
<语句> ↓ENV ↓LABELS ↑STMLAB
{; <语句> ↓ENV ↓LABELS ↑ STMLAB i}
end

其中,在{ }内可以有零个或多个条款,STMLABi 不相交,STMLAB 是 STMLABi 的并。

<语句> ↓ENV ↓LABELS ↑STMLAB
::= <无标号语句> ↓ENV ↓LABELS ↑STMLAB
<标号> ↑LABEL: <无标号语句> ↓ENV ↓LABELS ↑STMLAB

其中,STMLAB = LABELS ∪ STMLAB。

<无标号语句> ↓ENV ↓LABELS ↑STMLAB
::= <简单语句> ↓ENV ↓LABELS ↑SYMLAB
| <结构语句> ↓ENV ↓LABELS ↑STMLAB
<简单语句> ↓ENV ↓LABELS ↑STMLAB
::= <赋值语句> ↓ENV

<过程语句> ↓ENV
<goto 语句> ↓ENV
<空语句>

注意,简单语句(除非是 goto 语句)不能含任何标号,对于 goto 语句,标号是语句的一部分。

<结构语句>↓ENV↓LABELS↑STMLAB
::= <复合语句> ↓ENV↓LABELS↑STMLAB
<条件语句>↓ ENV↓ LABEL↑STMLAB
<重复语句> ↓ENV↓ LABELS ↑STMLAB
<with 语句> ↓ENV↓ LABELS↑STMLAB
<赋值语句>↓ENV ::= <变量>↓ENV↑TYPE1
:= <表达式>↓ENV ↑TYPE2

其中,TYPE1 是在环境(ENV)中的变量类型,TYPE1 和 TYPE2 是赋值兼容的。

需要指出的是,将属性分成综合属性和继承属性并非逻辑上必需的,但却是非常有用的,这个分类是属性文法理论的不可或缺的部分。

综上所述,属性文法是基于上下文无关文法定义终端符号和非终端符号的属性的,它描述语言的非上下文无关的特性。属性文法可以描述任何 0 型文法。可以将程序设计语言看作是带有附加的非上下文无关限制的一个上下文无关语言。这意味着属性文法能很好地处理它们。目前已有由属性文法生成有效的分析程序的技术,而且该技术有很好的可读性,所以属性文法能很好地处理程序设计语言。作为上下文无关文法的补充,属性文法既可满足程序员在语言的语法和语义定义的要求[5],也可满足编译程序编写者在语言的实现方面的要求。

8.3 依赖图和属性的计算

在 8.2 节中提到,对于 $A \to M_1 M_2 ... M_n$ 这样的产生式都有一系列的计算规则(属性计算规则)用于计算每一个属性,而这与依赖图密切相关。依赖图就是用于描述计算规则的,下面给出依赖图的定义。

定义 8.1 依赖图 在对应于产生式规则 $A \to M_1 M_2 ... M_n$ 的语法分析树中,如果一个结点的属性 b 依赖于属性 c,则在该结点上对于 b 的语义规则的计算必须在 c 的语义规则计算之后进行。在一个语法树中,综合属性和继承属性之间的相互依赖关系可以通过有向图来描述,这个有向图称为依赖图。

图 8.1 给出了一个简单实用的属性文法规则,它使用非终端符号定义标识符和表达式给出常数定义声明。

在这个常数定义声明有两个非终端符号 Defined-identifier 和 Expression。属性文法创

```
Constant-definition(INH old symbol table, SYN new symbol table)
→"CONST" defined-identifier=Expression";"
ATTRIBUTE RULES:
    SET Expression.symbol table To
       Constant-definition.old symbol table;
    SET Constant-definition.new symbol table To
      Update symbol table (
         Constant-definition.old table;
         Defined-identifier.name;
         Check type of constant-definition (Expression.Type)
         Expression.Value
      );
      Defined-identifier (SYN name)→…
      Expression (INH symbol table, SYN type, SYN value)→…
```

图8.1　在常数定义中的简单属性规则[6]

建的文法规则的两个属性是 old symbol table 和 new symbol table，一个表示应用常数表前的符号表的继承属性；另一个表示插入了标识符之后的符号表的综合属性。这两个属性的值通过属性计算规则得到。第一个计算规则把 Expression 的继承属性符号表赋给继承属性 Constant-definition. old symbol table，因此 Expression 的计算规则可以参照它来确定 Expression 的综合属性和 Value。文法中的符号名可用作计算规则的标识符。标识符 Expression 表示为规则 Expression 创建的任意结点。结点的属性可像记录的段那样被访问。第二个计算规则是一个新的符号表并把它标识为 constant-definition. new symbol table，它是通过调用函数 Update symbol table( ) 完成的。这个函数出现在其他地方时应有如下声明：

```
FUNCTION Update symbol table (
    Symbol table, Name, Type, Value)
    Returning a symbol table;
```

在图8.1中 Update symbol table 的实际参数的个数应与这里的形式参数的个数相同。Symbol table 用 old symbol table 代替；Name 用 Defined-identifier name 代替；Type 用 Expression type 代替；Value 用 Expression value 代替。

在图8.1中示出的 Constant-definition 的规则依赖性[7]如图8.2所示。

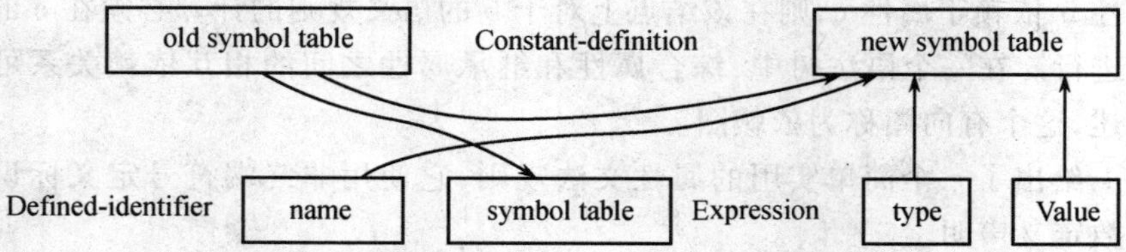

图8.2　图8.1中常数定义的规则依赖性

关于图 8.1 还有两点需要说明。首先，在 Update symbol table 函数中不仅使用 identifier，还使用非终端符号 Defined-identifier，这是因为两者是显著不同的。一个标识符定义的出现（标识符），只提供一个信息（名字），而标识符应用的出现（Defined-identifier）除名字外还提供其他信息，例如范围、类型、分类（它们是常数、变量、参数、段或选择符等）、值、分布信息等。其次，在函数 Update symbol table 中不仅使用 Expression type，还使用 Checked type of constant，definition（Expression.type），这是因为 constant type 的上下文检查是调用函数，而不是直接使用值，因此这个检查是必要的。如果检查成功，则返回初始的 Expression.type，这就是我们所需要的。否则，它将发出错误信息，这个子程序将返回一个特殊的 Erroneous.type 值。

此外，还要注意数据流和依赖关系之间的区别。在图 8.2 中，箭头表示数据流。如果数据流从变量 a 流到变量 b，则 b 依赖 a，数据依赖有时以对偶表示，如（a，b）表示 b 依赖 a，即“数据从 a 流到 b”或“a 是 b 的前提条件”。简单地说，属性依赖图实际上包含数据流的箭头。

现在我们把 Expression 的第二个属性加到图 8.1 的常数定义中，如图 8.3 所示。这样便建立了对于常数定义的完整数据流。

```
Expression (INH symbol table, SYN type, SYN Value)→
  Number
  ATTRIBUTE RULES:
    SET Expression, type To Number, type;
    SET Expression, Value To Number, Value;
```

图 8.3 Expression 的第二个属性文法

如果再在定义中加上语句

CONST Pi = 3.14159265

则结果如图 8.4 所示。通常，表达式的语义依赖于符号表的内容，而符号表是预先给定的，因此我们说符号表是 Expression 的一个继承属性。由于一个数的语义与符号表无关，因此从数到符号表没有使用箭头表示。

前面已提到，属性文法涉及属性的计算，它提供了一系列的相关规则计算——属性计算规则。例如，产生式规则

A→BCD

要求在输出结束时赋予属性值。这里，在给出属性计算的一般方法之前先讨论产生式属性计算的过程。图 8.5 中给出 4 个结点 A、B、C 和 D，每个结点分别有继承属性（INH）和综合属性（SYN），并放置在每个结点的两边。结点 A 中输出的箭头有两个方向：朝上的箭头指向 A 的综合属性，朝下的箭头指向 B、C 和 D 的继承属性。因此计算规则依赖 A 的父

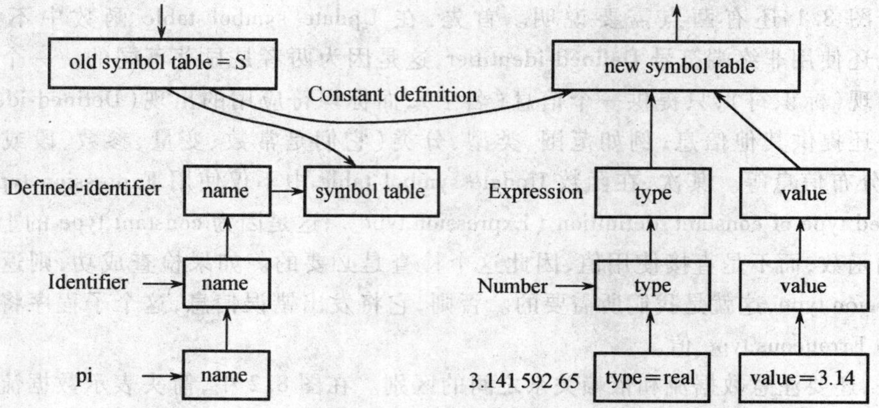

图 8.4 对于数据流的属性语法树

结点，通过传递 A 的属性值来向下传送信息。计算规则也依赖 A 的子结点 B、C 和 D，通过赋值给综合属性来向上传递信息。

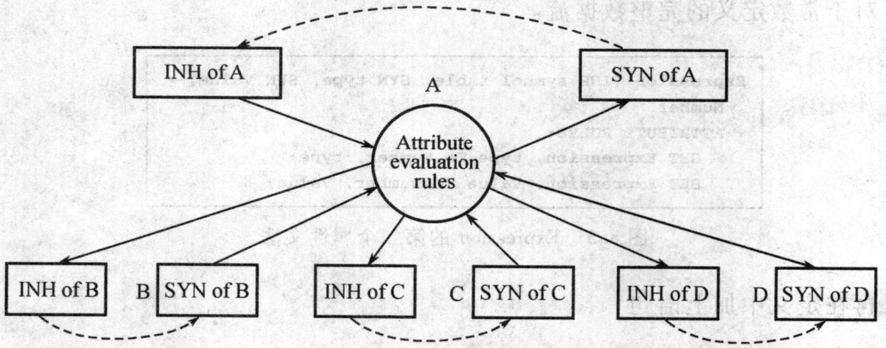

图 8.5 带有属性的结点数据流

从图 8.5 可以看出，数据流的方向是从 A 的继承属性流到 A 的综合属性。同样的规则也适用于结点 B、C 和 D。因此，在它们各自的计算规则下，数据流从每个结点的继承属性流向其综合属性。同时，A 的计算规则使得数据流从 B 的综合属性流向继承属性。对于 C 和 D 的情况相同。一般说来，继承属性可看作是输入参数，而综合属性可看作是输出参数。在输入和输出间有一个时序，通常输入先于输出，不过也有例外，有些综合属性可能在继承属性之前获取值[8]。

以下是属性计算的一般方法：

（1）建立相应的抽象语法树。

（2）构造属性依赖图。

（3）给树的每个结点的属性分配空间。

（4）将由终端表示所获取的值赋给终端属性。

（5）对依赖图的结点进行拓扑排序，然后按照排序执行计算规则，并把值赋给属性，直到赋完为止，确保只存在一个值可用时才可以被使用，且每次只有一个属性获得值。

对于图 8.4 的属性语法树，我们可以根据上面描述的计算方法来实现计算。属性计算的顺序可根据数据流的方向来确定。图 8.6 给出了通过属性计算后得到的属性语法树。

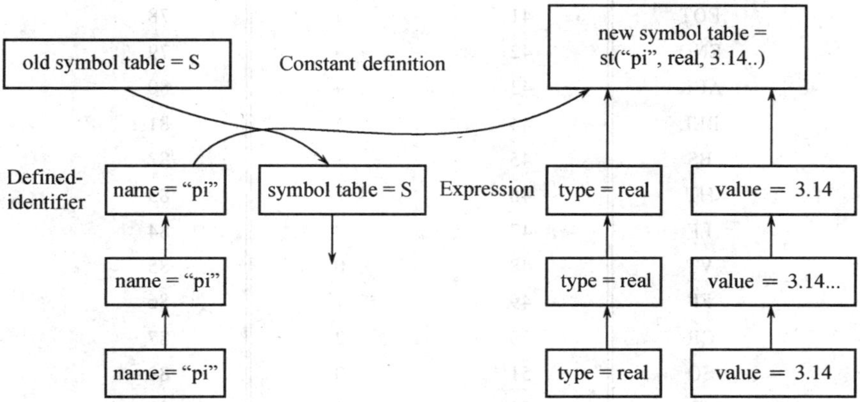

图 8.6 图 8.4 通过属性计算后得到的属性语法树

简单的属性计算方法仅允许以下列方式进行赋值：

$$\text{Attribute}_1 = \text{func}_1(\text{attribute}_{1,1}, \text{attribute}_{1,2}, \ldots)$$
$$\text{Attribute}_2 = \text{func}_2(\text{attribute}_{2,1}, \text{attribute}_{2,2}, \ldots)$$

复杂的属性计算允许在规则部分使用程序设计语言的特征，例如 if、while 和 case 语句，以及称为局部属性的局部变量。

实现属性计算的一个简单方法是仅仅实现数据流机。实现数据流机的方法是访问数据流图的所有结点，完成在每个结点处的所有可能的赋值。重复这个过程，直到根的所有综合属性得到值为止。这个方法称为动态属性计算，因为计算所依赖的顺序是由编译程序的运行时间确定的。

8.3.1 动态属性计算

属性文法的作用在于，它们以可控的方式把语法树任意位置的信息传输到另一位置。我们通过一个简单的属性文法来说明属性计算的方法。它实际上是一个动态属性计算，例如，它可以用来计算在 ASCII（American Standard Code for Information Interchange，美国信息标准代码）或在 EBCDIC（Extended Binary-Coded Decimal Interchange Code，扩充二－十进制交换码）[9]下字母的代码。

为使读者了解这两种编码，下面以十进制码字符的 ASCII 作简要介绍（表 8.1）。

表 8.1　ASCII 码字

十进制码	字符	十进制码	字符	十进制码	字符
0	NUL	37	%	74	J
1	SOH	38	&	75	K
2	STX	39	‘	76	L
3	ETX	40	(	77	M
4	EOT	41	)	78	N
5	ENQ	42	*	79	O
6	ACK	43	+	80	P
7	BEL	44	‘	81	Q
8	BS	45	–	82	R
9	HT	46	.	83	S
10	LF	47	/	84	T
11	VT	48	0	85	U
12	FF	49	1	86	V
13	CR	50	2	87	W
14	SO	51	3	88	X
15	SI	52	4	89	Y
16	DLE	53	5	90	Z
17	DC1	54	6	91	[
18	DC2	55	7	92	\
19	DC3	56	8	93	]
20	DC4	57	9	94	↑
21	NAK	58	:	95	←
22	SYN	59	;	96	‘
23	ETB	60	<	97	a
24	CAN	61	=	98	b
25	EM	62	>	99	c
26	SUB	63	?	100	d
27	ESC	64	@	101	e
28	FS	65	A	102	f
29	GS	66	B	103	g
30	AS	67	C	104	h
31	US	68	D	105	i
32	SP	69	E	106	j
33	!	70	F	107	k
34	“	71	G	108	l
35	#	72	H	109	m
36	$	73	I	110	n

续表

十进制码	字符	十进制码	字符	十进制码	字符
111	o	117	u	123	{
112	p	118	v	124	|
113	q	119	w	125	}
114	r	120	x	126	~
115	s	121	y	127	DEL
116	t	122	z		

对于 EBCDIC 码,这里没有详细列出,只给出格式。EBCDIC 也由 8 个二进位组成,并分成两个区域,前 4 位为区,后 4 位为数字,例如

8	4	2	1	8	4	2	1
0	0	1	1	0	1	0	1
码区				数字			

上面的数字表示每位二进位数字的权。图 8.7 给出了 ASCII 和 EBCDIC 的文法。

```
Code→↑Digit-Seq↓Base-Tag
Digit-Seq→↑Digit-Seq Digit | Digit
Digit→Digit-Token
Digit-Token→0 | 1 | 2 | 3 | 4 | 5 | 6 | 7 | 8 | 9
Base-Tag→ 'A' | 'E'
```

图 8.7 ASCII 和 EBCDIC 的上下文无关文法

这个文法定义了 ASCII 和 EBCDIC 的上下文无关文法以及它们的元素属性。在最后一个产生式中的 A 表示 ASCII,E 表示 EBCDIC。如果 Base-Tag 后面跟着 A,则表示 Digit 的数字序列是 ASCII 的字符码;如果跟着 E,则表示 Digit 的数字序列是 EBCDIC 的字符码。这里的关键点是字符码的计算取决于基标识 A 和 E,但为简便起见,我们只使用 Digit-Seq 的值。

图 8.8 给出 ASCII 和 EBCDIC 的更具体的属性文法。

由图 8.8 容易画出 Code、Digit-Seq、digit 和 Base-Tag 的依赖图(略)。为了使用上述方法实现数据流,我们必须访问依赖图上的所有结点。但访问这些结点时应避免无穷循环。避免循环的简单方法是将结点链接到语法分析树,然后再访问它们,因为语法分析树不存在循环。因此递归遍历语法分析树中的所有结点可自动地访问依赖图上的所有结点。在每个结点上,我们尽可能地按照计算规则来完成所有的赋值、遍历子结点,而且当从结点返回时再次根据规则进行赋值。在遍历之前赋值是向下传输继承属性,而在遍历之后赋值是获取综合属性和向上传输属性。

```
Code(SYN Value)→
   ↑Digit-Seq↓Base-Tag
   ATTRIBUTE RULES
     SET Digit-Seq.Base To Base-Tag.Base ;
     SET Code.Value To Digit-Seq.Value;
Digit-Seq( INH Base.SYN Value)→
   ↑Digit.Seq[1]*↑Digit
   ATTRIBUTE RULES
   SET Digit-Seq[1].Base To Digit-Seq.Base;
   SET Digit.Base To Digit.Seq.Base;
   SET Digit-Seq.Value To Digit-Seq.Value;
   |Digit
   ATTRIBUTE RULES
   SET Digit.Base To Digit-Seq.Base;
   SET Digit-Seq.Value To Digit.Value;
Digit(INH Base,SYN Value)→
   Digit-Token
    ATTRIBUTE RULES
     SET Digit.Value  To Checked Digit Value(
      Value-of (Digit-Token,repr[0]-Value,of ('0',
        Base
       );
Base-Tag(SYN Base)→
   'A'
   ATTRIBUTE RULES
     SET Base-Tag.Base To ASCII;
     'E'
   ATTRIBUTE RULES
     SET Base-Tag. Base To EBCDIC;
```

图 8.8　ASCII 和 EBCDIC 的属性文法

注：图中 Digit-Seq[1] 可看作是 Digit-Seq 的父结点，用于区分 Digit-Seq。

8.3.2　循环处理

由于在属性计算中，从某个结点开始遍历它的子结点，然后可能还要返回这个结点，因此而出现循环。如果循环无穷地继续，则计算将无法进行，因此我们必须防止循环的发生。为此，有必要对循环进行检测。这个工作既可动态地进行，也可静态地进行，称为动态检测和静态检测。

动态循环检测是在语法分析树中存在循环时而对一个实际的语法分析树进行属性计算进行的。而静态循环检测则是推导语法分析树能否从属性文法中生成，它所检测的是文法生成的所有语法分析树,因此,如果在一个特定的语法分析树中进行动态检测时检测不到循环,则认为该语法分析树没有循环;如果在一个属性文法中进行静态检测时检测不到循环,则认为文法生成的所有语法分析树都没有循环。因此,静态检测比动态检测更有价值,但它也更难实现。

下面我们进一步分析这两种方法。

对于动态循环检测来说,有一个比较粗略的方法就是检测环的个数。如果语法分析树有 m 个属性,但含有比 m 多的环,那么我们就可确认这个语法分析树包含循环。因为如果这个语法分析树不含循环,那么每个环至少可以计算一个属性。因此在计算进行 m 轮后,所有的计算都应该完成了,而如果未完成计算,则表明含有循环。

对于静态循环检测来说,我们要从产生式规则中找出循环存在的原因。显然,从一个产生式规则 R 的依赖图中不可能生成一个循环,因为属性计算规则允许把值赋给一个属性集合(包括 R 的子结点继承属性和 R 的综合属性),而使用的是另一个属性集合(包括 R 的子结点综合属性和 R 的继承属性)。如果两个集合不相交,则它们没有公共元素,所以它们就形成不了循环。在一个语法分析树中,如果存在一个属性依赖循环,则数据流必定离开原来的结点遍历到树的某个部分,然后返回该结点。也许这个过程可以循环的方式进行,直到它又回到原来的结点上。例如,它离开结点 N 的继承属性,去到 N 下面的树,在下面遍历一个子树两次,又遍历另一个子树一次,然后往上到 N 的一个综合属性,再继续遍历树的余下部分,在那里通过 N 的左兄弟结点,再通过 N 的右兄弟结点,最后返回结点 N,到达结点 N 的继承属性。如果这个继承属性和它所离开的结点属性相同,则依赖循环便形成了。

在属性依赖图中,对于一个结点可能有两个依赖性,即从继承属性到综合属性的依赖性和从综合属性到继承属性的依赖性。前者称为 IS(继承 - 综合)依赖性,后者称为 SI(综合 - 继承)依赖性。IS-SI 图可用来检测循环的存在性,因为循环是满足传递关系的。因此通过环来检测循环是可实现的。

8.4 L属性文法和S属性文法

关于属性文法的研究,主要是由于需要确定程序设计语言的非上下文无关的特性而引出的。它涉及计算规则,这也是我们研究的目标,因为计算规则的某些特殊性质可给我们带来方便。本节将讨论 L 属性和 S 属性。

定义 8.2 如果一类针对语法的定义称为 L 属性定义,则它们的属性总可通过深度有限的遍历来计算。L 表示左,因为属性信息是以从左到右的形式出现的,因此在从左到右遍历语法分析树的过程中,属性计算也就完成了[10]。

一个针对语法的定义是 L 属性的,如果在产生式 $A \rightarrow X_1X_2...X_n$ 的右边的每个 X_j, $1 \leqslant j \leqslant n$ 的继承属性依赖于:

(1) 产生式中的 X_j 左边的符号 $X_1,...,X_{j-1}$ 的属性；

(2) A 的继承属性。

因此 L 属性的特性是：一个非终端符号 N 的子结点的继承属性仅仅依赖于产生式中结点左边的子结点的综合属性和 A(产生式左部)自身的继承属性。这意味着它的任何产生式的数据依赖图没有从一个子结点到它本身或它的左子结点的数据流箭头。

许多程序设计语言都是 L 属性的，因为它们固有的从左到右的数据流向有助于程序员读程序和理解程序。例如，在 Constant-definition 的依赖图中从 Expression 到 Defined-identifier(从右到左)的方向没有数据流。但是 ASCII 和 EBCDIC 的例子则不属于 L 属性文法，因为其中从右到左有数据流。

图 8.9 给出了 L 属性文法分析树的一部分。

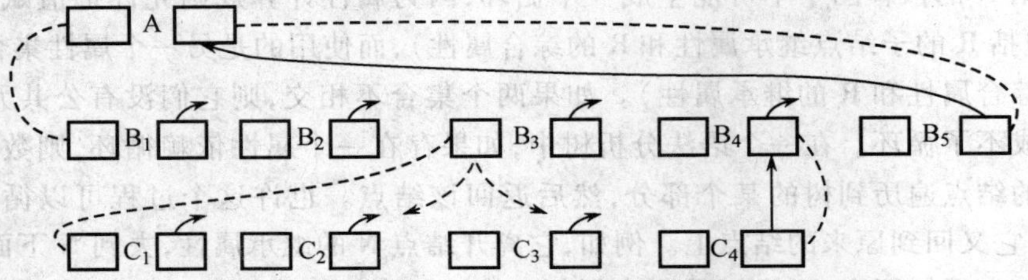

图 8.9　一个 L 属性文法的部分分析树中的数据流

在图 8.9 中，每个结点左右两边各有一个框，左边的代表继承属性，右边的代表综合属性，结点的名称居于两者之间。结点 A 有五个子结点：B_1、B_2、B_3、B_4 和 B_5，而 C_1、C_2、C_3 和 C_4 是 B_3 的子结点。向上的箭头表示子结点的综合数据流，指向右或父结点的综合属性。当属性计算在一个结点起作用时，便获得了这个结点的继承属性，而且这些属性可以传递给需要它们的子结点，在图中用带箭头的虚线表示。

假设属性计算在结点 C_3 起作用，则只有两个属性集参与到计算中：

(1) 从顶点到被处理的结点的通路上的所有结点的属性，即结点 C_3、B_3 和 A 的属性。

(2) 这些结点的左兄弟结点的综合属性，即结点 C_1、C_2、B_1 和 B_2 的综合属性。

C_3、B_3 和 A 的右兄弟不参与其中，因为它们的综合属性不在此列。

图 8.9 中还隐含了一点，这就是继承属性被保留在其所属结点处。它们的值从顶传递到处理它的结点(如前面介绍的常数的定义)。这个结构是通过自顶向下的分析方法得到的。

L 属性文法中的属性计算可以方便地包含在自顶向下的分析中。而使用自顶向下的分析来完成这个计算则需要一些技巧。关键问题是继承属性必须从父结点传递到子结点；而在由底向上的分析中，处理了所有子结点后才能定义和构造父结点。因此，当需要继承属性时还没有位置来向下传递它。

但是，由底向上的分析程序有一个存入终端和归结为非终端符号的栈，我们将这个栈与属性栈对应。属性栈可以与栈相同的顺序保存栈元素的属性，这样一来，只要能预先存放好元素的继承属性即可。但为了把继承属性存入栈,必须执行一些代码才能完成。在由底向上的分析中,这些代码仅当被选择的产生式结束时才可执行,即当所有的项都已被识别和完成归结时才可执行。但现在我们要在产生式的中间就执行这些代码,因此要求

A→B{C; inh-attr:= f(B. syn. attr);C}

其中括号的部分是需要执行的动作,即把继承属性赋给 C。为此,我们引入 ε-产生式。

A→B A-actional C
A-actional → ε{C. inh-attr:= f(B. syn-attr);}

现在 A-actional 中的代码是在一个候选产生式的末尾,因此它将在 A-actional→ ε的右部被归结时执行。这是可行的,但是这个文法却不再是 LALR(1)的,因为在这个文法中引入 ε,对于由底向上的分析是有害的。只有当 A→B. C 是这个状态集合中唯一的项时,这个分析程序才能起作用,即确定这一项以及执行这个程序段,并确保父结点是 A,因此分析程序知道,它需要构造父结点。

由底向上的属性文法分析还有其他方法。其中之一是使用这样的属性栈:它把仅为综合属性的位置当作下个结点的仅为继承属性的位置。在此情况下不必执行任何代码。

定义 8.3 如果一个属性文法中的所有属性都是综合属性而无继承属性,则称这个文法为 S 属性文法。

由于综合属性是由底传向顶的,因此可容易地进行由底向上的分析。将每个子结点的综合属性都放入栈中,然后执行候选产生式末尾的代码,其父结点把这些属性弹出栈,并用父结点的综合属性来代替。

L 属性可容易地转换为 S 属性,但这个转换并不增强这个方法的可读性。转换的基本方法是把当前不能进行的计算推迟到能够进行时。此外,更为特殊的事情是,需要用到继承属性的任何计算都由定义计算的数据结构代替,并建立所有的综合属性。这个数据结构作为一个综合属性被向上传递到可能要用到缺失的继承属性之处,作为一个常数或一个结点的综合属性来使用。采用这个方法可方便地将 L 属性文法转换为 S 属性文法。

图 8.10 总结了抽象语法树的属性值流是对 L 属性文法和 S 属性文法。

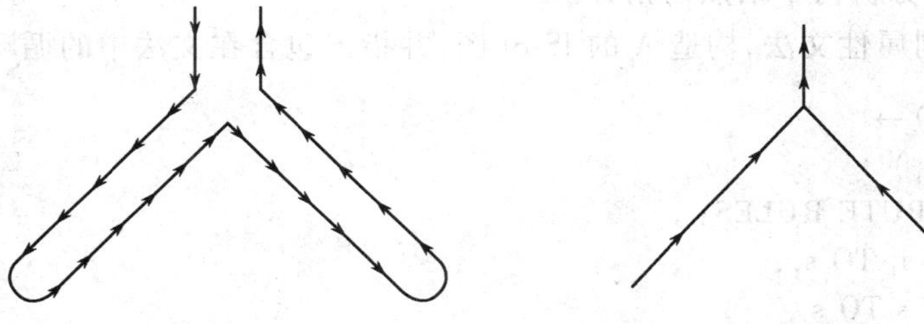

L 属性　　　　S 属性

图 8.10 L 属性和 S 属性

从图 8.10 中可以看出，在 L 属性文法中，属性值沿着一个树枝向下流到另一个树枝，然后再沿着这个树枝向上流动到另一个树枝。但是在 S 属性文法中，属性值只能向上流动。

属性文法是上下文无关文法的补充，特别是在处理非终端符号时它可以帮助我们完成编译过程。

思 考 题

1. 令综合属性 val 给出下列文法中由 S 生成的二进制的值。例如，当输入 110.011 时，S.val = 6.375：

S→L.L | L
L→LB | B
B→0 | 1

（1）用综合属性来确定 S.val。

（2）用一个针对语法的定义来确定 S.val，在这个定义中，B 的唯一综合属性是 c，并且确定由 B 生成的二进位对于最后值的贡献。例如，在 110.011 中，第一位和最后一位对值 6.375 的贡献分别是 4 和 0.125。

2. 假设一个 L 属性文法定义的基础性文法是 LL(1) 的，或是可解决二义性并构造出预测性的语法分析的语法树。试证明继承属性和综合属性可保存在由预测性的语法分析表导出的自顶向下的语法分析栈中。

3. 下列各项属于非终端符号还是属于非终端符号的产生式规则？

（1）继承属性。

（2）综合属性。

（3）属性计算规则。

（4）依赖图。

（5）IS-SI 图。

（6）抽象语法树的结点。

（7）抽象语法分析树子结点的指针。

4. 试考虑下列属性文法，构造 A 的 IS-SI 图，并指出包含在文法中的循环：

```
S(SYN S)→
  A(i1,s1)
  ATTRIBUTE RULES:
    SET i1 TO s1;
    SET s TO s1;
  A(INH i1,SYN s1)→
    A(i2,s2) 'a'
```

```
        ATTRIBUTE RULES
            SET i2 TO s1;
            SET s1 TO s2;
    B(i2,s2)
    ATTRIBUTE RULES:
        SET i2 TO s1;
        SET s2 TO s2;
    B(INH I,SYN s)→
        'b'
    ATTRIBUTE RULES: SET s TO c;
```

5. 给出非终端符号的下列属性

```
    S(INH i1. i2, SYN s1, s2)→
        T  U
      ATTRIBUTE RULES:
        SET T.i TO f1(S.i1,U.s);
        SET U.i TO f2(S.i2);
        SET S.s1 TO f3(t.s);
        SET S.s TO f4(U.s);
```

试画出其依赖图。

参考文献

[1] Irons ET (1961) A Syntax Directed Compiler for Algol 60. Comm ACM, 4(1):51 – 55.

[2] Knuth DE (1968) Semantics of Context-free Languages. Mathmatical Systems Theory 2(2): 127 – 145. Etrata 5(1): 95 – 96.

[3] Reps TW (1984) Generating Language-Based Environments. MIT Press, Cambridge.

[4] Lewis PM, Rosenktrantz DJ, Stearns RE (1974) Attributed Translations. J Computer and System Sciences, 9(3): 279 – 307.

[5] Mayoh BH (1981) Attribute Grammars and Mathematical Semantics. SiAM J Computing 10(3): 503 – 518.

[6] Kennedy K, Ramanathan J (1979) A Deterministic Attribute Grammar Evaluator Based on Dynamic Sequencing. TOPLAS 1(1): 142 – 160.

[7] Engelfrief J (1984) Attribute Evaluation Methods. Lorho pp 103 – 138.

[8] Cohen R, Harry E (1979) Automatic Generation of Near-optimal Linear-time Translators for Non-circular Attribute Grammars. Sixth ACM Symposium on Principles of Programming Languages, pp 121 – 134.

[9] Kastens U (1980) Ordered Attribute Grammars. Acta Informatica, 13(3): 229 – 256.

[10] Bochmann GV (1976) Semantics Evaluation from Left to Right. Comm ACM, 19(2): 55 – 62.

第 9 章　编译程序设计的代数方法

我们一定不能失去最终目标，这就是对于程序设计语言实现的构造。而且对已经付诸心血的逻辑推理而言，已知它是正确的。当然，这样一个实现在提交使用前仍需广泛地测试，但它将立即通过所有的测试，而且为程序人员永远的利益，它将继续正确地工作。

——霍尔

设立方程如同把一种语言翻译成另一种语言。

——波利亚

9.1　本章动机

本章将独立于前面几章，主要介绍面向过程程序设计语言编译程序设计的新方法。这种方法是基于这些语言满足代数定律进行的。它所采用的策略是通过一系列的代数转换把源程序归结为一个规范形式，而且这个规范形式确定了目标机器的特性。这种方法的特点是编译程序的正确性由每个代数转换的正确性所保证，而这些转换的正确性由更基础的定律所证明。

这里介绍编译程序设计的新方法的目的在于开阔读者的思路，使得他们了解在编译程序设计时，除了前面介绍过的方法之外，还有其他不同的方法。其次，我们要向读者介绍这个领域的前沿，特别是把正确性同翻译过程结合起来。毫无疑问，正确性对软件是至关重要的，如果没有正确性，那么软件就毫无价值[1]。对于编译程序而言，这个断言是正确的。从 20 世纪 60 年代开始人们就提出了很多方法，试图解决编译程序正确性的问题，但这里只介绍代数方法，因为比起已有的方法来说，这个方法有其优点。这个方法也从其他方法获得裨益，这就是编译过程完全由其语义通过代数定律给出的过程语言的统一框架所表征，因此我们把这个语言称为推理语言，而源语言是这个语言的一个子集。另外我们还介绍其他说明性的运算符，比如用来模拟假定和断言的构造[2]。使用这个方法开发的编译程序可提供正确性的证明，只要代数转换是正确的，则由这些转换导出的在规范形式下的编译程序必然也是正确的。这里，我们要强调形式化方法的重要性。代数和公理方法都属于形式化方法的范畴。有许多研究人员从事这方面的研究并取得了非凡的成就,因此,我们鼓励读者在这方面作出努力。这里要指出的是,本章强调的是编译的代数方法而不是在两个语言之间的翻译,仅涉及编译程序的代码生成阶段而不是编译程序的整个开发过程。因此尽管它独立于前面的几章,但是它与后面的中间代码生成和目标代码生成有密切的关系。

9.2 源 语 言

由于我们的目标是把以源语言写成的程序翻译成目标语言,因此我们首先介绍作为推理语言的子集的源语言,这个源语言可以看作是狄依克斯特拉(Dijkstra)提出的带卫戍的命令语言的一个推广,它带有过程和一般的递归。

图 9.1 给出了源语言的运算符,其中,x 表示任意程序变量,e 表示表达式,b 表示布尔变量,p 和 q 表示程序,X 表示程序标识符。

skip	空操作
x:=e	赋值,把表达式e的值赋给左边的变量
p;q	顺序组成
$p\prod q$	不确定性 (魔鬼)
$p\lhd b\rhd q$	条件语句:如果b成立,则执行p,否则执行q
b*p	迭代:当b成立时执行p
dec x·p	(静态的)对用于说明p中的变量x
proc X≅p·q	具有体p和范围q的过程X
μX·p	具有体p的递归程序X

图 9.1 源语言的运算符

- skip 执行这个操作时状态无任何变化,而且成功地结束。
- x:= e 这个赋值由计算表达式 e 开始,然后把它的值赋给 x。为简便起见,我们假定 e 的计算总是成功的,因此赋值总是终止的。
- p;q 程序 p;q 表示顺序合成,即如果 p 的执行成功结束,那么便执行 q。
- $p\prod q$ 程序 $p\prod q$ 的运行或者像 p,或者像 q,这个不确定性称为魔鬼式的,因为如果 p 或 q 出错,则 $p\prod q$ 也出错。
- $p\lhd b\rhd q$ 这是个条件语句,由计算布尔表达式 b 开始执行。如果 b 成立,则执行 p,否则执行 q。
- b∗p 这是迭代语句,表示一个循环,从计算布尔表达式 b 开始。如果 b 成立,则执行 p,而且跟随的是同样的迭代,直到 b 不再成立为止。如果 b 开始时不成立,则这个语句就像 skip 语句那样动作。尽管迭代是递归的一个特殊情况,但为方便起见,我们将它作为一个独立的运算来命名。
- dec x · p 这是一个声明。它说明在程序 p(声明的作用域)中使用的变量 x。这里与普通的做法有差别,即我们不强制性地规定在使用之前要先声明变量。未声明的(或全局的)变量可起输入和输出命令的作用。这些变量的初始值被作为程序的输入,而最后值可看作是程序产生的输出，目的是简化类型信息的处理。

proc X≌ p · q　它以名字 X 和体 p 来引入一个非递归的过程。跟随符号 · 的程序 q 是过程的作用域。在 q 中 X 的出现解释为对过程 X 的调用。为了减少复杂性，这里把过程和递归分开。

- μX.p　这是递归程序，名称是 X，体是 p，类似于上面的过程，在体 p 中 X 的出现解释为对 X 的调用。

需要指出的是：源程序允许变量和过程的任意次嵌套，递归调用亦然。为了使其更通用，我们不定义表达式的语法，而用 uop 和 bop 作为源程序的运算符，分别表示任意单目运算和双目运算。根据实际情况，我们假定目标机有实现这些运算符的指令。

源语言被嵌套在图 9.2 所示的构造声明空间中。与图 9.1 中相同，x 表示任意程序变量，b 表示布尔表达式，p 和 q 表示程序(或说明)。

$\bot$	流产
$\top$	奇迹
$p \cup q$	不确定性（安琪儿）
$b_{\bot}$	断言：如果b成立，则执行(skip)，否则$\bot$
$b^{\top}$	假定：如果b成立，则执行skip，否则$\bot$
$b \rightarrow p$	卫戍命令：如果b成立，则执行p，否则$\top$
$x:\in b$	广义赋值：对x赋予一个使b为真的值，如不可能，则$x:\in b$就如$\top$一样动作
var x	以不确定的（动态）的作用域对变量x的说明
end x	结束由一个var引入的变量x以前的（动态）作用域

图 9.2　说明空间

下面是对图 9.2 中的运算符的解释：

- $\bot$(流产)　它有不确定的行为：可能不能结束，或者可能以出乎意料的任何结果结束。遵循霍尔[1,2]论据，对于在当前环境可看得见的动作前可能发散(失效)的所有程序标识流产。这个决定的动机是，原则上允许继续发散的任何程序可以认为是程序设计错误，因为人们不能依赖它。大多数推理语言的运算符都是严格的：当它们的任何一个自变量流产时便产生流产。例如，true * skip 是一个发散的程序，因为它等价于递归程序 μX.X。我们可以认为流产是源程序的一个构造，但是，我们相信没有哪个程序员会故意使用$\bot$。通常它是由于非所期望的计算结果引起的，例如因为非终止的递归引起的。
- $\top$(奇迹)　这是另一个极端，它有最为可能的确定的行为，因而可为任何目的服务。但这只是对于推理有用的理论上的概念。显而易见，它不可能被实现，否则我们就不用写程序了——就让$\top$为我们去做了。
- p∪q　这个程序执行 p 或者 q，但它不像 ⊓。这个选择是所谓的安琪儿，即对于给定的情况最适合的程序。因此仅当 p 和 q 两者都出错时 p∪q 才会出错。
- $b_{\bot}$(断言)　这是模拟一个断言。如果在放置断言处断言成立，它就像 skip 那样动作，否则失效并像$\bot$那样动作。

- $b_\top$(假定) 这是模拟一个假定,可以看作是一个奇迹测试:它保持状态不变,像 skip 那样动作,否则像$\top$那样动作。

- b→p(卫戍命令) 这个命令表示,如果 b 成立,则执行 p;否则像$\top$那样动作。它意味着卫戍同给定条件的假定无区别。

- x:∈b 这是一个广义的或不确定的赋值操作,是对 x 赋予使条件 b 成立的任意值。当没有这样的 x 值时,这个赋值就像$\top$那样动作。因此,在此情况下的不确定性就可看作安琪儿。这样设计的主要原因在于,使用不确定性来抽象控制状态在目标机被编码的方式。在这种情况下,条件 b 描述下一个可能状态的集合,而 x 表示机器的组成,如寄存器。如果没有使 b 为真的 x 值,则机器就像$\top$这样动作,如同我们上面提过的那样,它可以用于任何目的。我们的主要目的是减少编译程序设计者在处理不满足条件 b 时的麻烦。当然,也有另一个选择,即当没有使条件 b 成立的 x 值时就认为赋值出错。这种情况下,选择将是魔鬼式的。在一些应用中,两个解释都是合理的。

- var x 和 end x 这两个记号看似是不必要的。但在大多数程序设计语言中运算符 dec 是常用的构造,用于引入带有词法(或静态的)作用域语义的局部变量。但尽管如此,使用独立的构造来引入变量和结束它的作用域对于推理的目的而言还是有效的。从运算的观点来说,我们可以把 var x 想象成把其当前值压入一个隐形栈,把 end x 想象成从这个栈弹出这个值,而弹出的值被赋予 x,如果栈为空,则这个值就是任意的。因此 var x 以一个动态的作用域语义来引入 x,这个作用域扩展到下个 end x 被执行或这个 x 的静态作用域结束为止,两者哪个先出现,哪个就起作用。

源语言仅允许单个赋值,而说明语言允许如下形式的多重赋值:

$$x_1,...,x_n := e_1,...,e_n$$

多重赋值是可实现的,而且也可看作是一个源运算符。但这里只将它用来做推理。

尽管上述的某些构造并非严格地必要,因为其中的某些构造可借助其他构造来定义,但是构造对于说明和推理而言都是有帮助的。

我们将使用代数定律来给出说明(推理)语言的语义。大多数定律都使用形如 p = q 的等式表示。形式地说,这个等式意味着 p 和 q 有相同的行为:对于任意的初始状态 s,当且仅当 q 终止时 p 才终止,而且在 s 处开始的由 p 产生的终止状态和由 q 产生的终止状态相同。但是 p 和 q 可能消耗不同的资源(如内存),也可能以不同的速度运行。等式实际上意味着观察者不能区分它们(因为他看不见内部的状态),因此在任何上下文中可以 q 代替 p 或以 p 代替 q。

可以把布尔条件附加到一个定律中,表示仅当这个条件为真时才保证该定律成立,而且定律也可以是不等式。作为说明,下面给出一些代数定律。记号 ⊑ 是一个格的关系,有关格的理论,请参阅现代代数的相关著作。

对于所有的程序 p、q 和 r,有:

$p \sqsubseteq \top$　　奇迹是格的顶

$\bot \sqsubseteq p$　　流产是格的下部

$(r \sqsubseteq p \wedge r \sqsubseteq q) \equiv r \sqsubseteq (p \sqcap q)$　　$\sqcap$ 是最大的下界

$(p \subseteq r) \wedge (q \subseteq r) \equiv (p \cup q) \subseteq r$　　$\cup$是最小上界

一个重要的关于求精关系的事实是,推理语言的所有运算符本身是单调的。这意味着如果q是对p的求精,则在任何上下文中用q代替p便可改进整个上下文。更形式地说,对于任何上下文F:

$$p \subseteq q \Rightarrow F(p) \sqsubseteq F(q)$$

在引入源语言和说明语言的运算符后,我们便可介绍编译方法了。首先我们需要定义用作目标的机器。我们的目标机器很简单,它由四个部件组成:

P　　一个顺序的寄存器(程序计数器)

A　　一个通用寄存器(累加器)

M　　一个变量存储器(RAM)

m　　一个指令存储器(ROM)

需要强调的是,编译方法的实质性特征是把目标语言嵌入到推理语言。我们把机器部件表示为程序变量,把指令设计为更新机器状态的赋值,并定义简单机器的指令如下:

load(n)⇔(定义为)　$A, P := M[n], P+1$

将内存n中的值赋给A,同时程序计数器加1。

store (n)⇔(定义为)　$M, P := (M \odot \{n \to A\}), P+1$

用A来更新在内存n中的值,同时程序计数器加1。

bop-A(n)⇔(定义为)　$A, P := (A\ \mathrm{bop}\ M[n]), P+1$

在A处的值和在内存n中的值执行一个二目运算,结果保存到A中,同时程序计数器加1。

uop-A⇔(定义为)　$A, P := (\mathrm{uop}\ A), P+1$

A中的值执行单目运算,并把结果存回A中,同时程序计数器加1。

jump (k)⇔(定义为)　$P := k$

程序计数器的内容被赋予k值,因此下一条要执行的指令将在k处。

cjump(k)⇔(定义为)　$P := (P+1 \lhd A \rhd k)$

如果在A中的值成立,则下一条要执行的指令是在顺序的位置P+1处,否则将跳去执行k处的指令。

前面我们使用映像重写(⊙)将内存n中的值用A的值更新。我们虽然也可以使用记号 M[n]:= A,但是对于推理语言来说,它不是很适合,因为 M[n]不是真正的变量,特别是需要定义如无自由性和替换这样的运算符,这里指的是如果两个变量在语法上不同,则把它们当成是不同的。可对于 M[e]和 M[f]来说,如果 e 和 f 有相同的值,就认为它们是相同的,尽管它们在语法上不相同。

前面曾提到,我们不涉及类型信息。但在上下文中假设 P 是整型变量,M 是数组变量,则定义 cjump 的条件赋值仅为以下条件的缩写:

$$(P := P + 1) \lhd A \rhd (P := k)$$

类似的策略也用来模拟其他目标机器的部件和指令。

用来描述执行一个内存中指令的简单机器行为的规范形式是,从位置 P 开始的内存 m 所取指令的迭代执行代码:

$$\text{dec } P, A \cdot P := s; (s \leqslant P < f) * m[P]; (P = f)_\perp$$

其中 s 是预想的起始地址,f 是要执行的代码的结束地址。程序在正确的指令处开始是通过初始的赋值 P:= s 来表达的,而在正确的位置处结束是通过最后的断言$(P = f)_\perp$来表达的。

迭代程序$(s \leqslant P < f) * m[P]$意味着当 P 的值介于 s 和 f 之间时便实现 m[P]的执行。以这个方法来设计的编译程序,无论是多深的构造结构性证明,都可由这个规范形式下的某个程序改进。这个过程分为三个阶段:表达式的简化(或分解)、数据的求精(或数据表示的改变)和控制的消除。

下面举例说明这三个阶段。

例 9.1 简单赋值。首先我们考虑形如

$$x := y$$

的一个赋值语句的编译,其中的 x 和 y 都是变量。我们考虑如此简单的例子是因为要说明包括随后所有步骤的整个过程。翻译过程的任务之一是删除嵌套表达式。这个阶段预期的结果是每个赋值都将最终引出定义机器指令的模式;然后,根据定义就可引入实际的指令名以代替这些模式。

注意,上面的赋值并不对应于任何以上定义的机器指令,所有的指令都是借助于机器的寄存器来定义的。

可将 x:= y 转换为

$$\text{dec } A \cdot A := y; x := A$$

其中 A 是简单机器的通用寄存器,而且赋值将被翻译成两个指令:一个装入指令和一个存储指令。容易发现,这两个顺序指令就如同 x:= y 一样动作。A 是一个局部变量,在执行两个赋值指令后它的作用域便结束,因此它的最终值在这点之后就观察不到。

但是被变换的程序仍然对带有符号名的抽象全局变量进行操作，其中目标程序仅对具体存储器 M 进行操作。从编译程序的符号表，比如 Ψ，映射把每个变量映射到不同的内存地址上。我们定义一个数据求精 Ψ^+，把每个程序变量 x 映射到对应的机器单元，因此 x 的值被保持为 $M[\Psi]^*$。数据求精的目的是在整个程序中用 M[Ψx] 代替 x，当对简单程序执行数据求精时，程序便变成

$$\text{dec } A \cdot A := M[\Psi y];\ M := M \odot \{\Psi x \to A\}$$

对于控制的消除阶段，其任务是把源程序嵌套的控制结构简化为一层的结构，像目标程序那样。这可以通过引入一个控制状态变量来调度动作的选择和排序。在简单目标程序的情况下，一个简单的指针 P 指出下一指令在内存中的位置，于是程序变成

$$\begin{aligned}&\text{dec } P, A \cdot P := s;\ (s \leqslant P < s+2) * [\,(P = s) \to \\ &\quad \text{load}(\Psi y) \,\square\, (P = s+1) \to \\ &\quad \text{store}(\Psi x)\,];\ (P = s+2) \perp\end{aligned}$$

这个表达式是我们得到的程序，表示指令必须装入到 s 和 s + 1 的内存 m 中。这也就完成了整个过程。

注意，编译过程的产物是在同一语言（规范形式）中的一个程序，由此，我们可以很容易得到目标机器生成的指令序列。

表达式中，Ψx 表示内存 M 中 x 的地址，M[Ψx] 表示存储这个值的内存单元。

例 9.2　简单条件语句。考虑以下的条件语句，它依赖于 x 和 y 之间的 bop 关系成立与否来把 x 或 y 赋给 z：

$$(z := x) \lhd x \text{ bop } y \rhd (z := y)$$

这个条件语句可以表达寻求一个极大（极小）的程序，在这种情况下，bop 代表 ≤（或 ≥）。这里使用源语言的记号 bop 来表示任意的双目运算。可以推导语句的规范形式，这类似于赋值语句的推导，所以我们忽略其细节而直接表示它的规范形式：

$$\begin{aligned}&\text{dec } P, A \cdot P := s;\ (s \leqslant P < s+8) \\ &\quad (P = s) \to \text{load}(\Psi_x) \\ &\square\, (P = s+1) \to A \text{ bop } M[\Psi_y] \\ &\square\, (P = s+2) \to \text{cjump } (s+6) \\ &\square\, (P = s+3) \to \text{load}(\Psi_x) \\ &\square\, (P = s+4) \to \text{store}(\Psi_x) \\ &\square\, (P = s+5) \to \text{jump}(s+8) \\ &\square\, (P = s+6) \to \text{load}(\Psi_y) \\ &\square\, (P = s+7) \to \text{store}(\Psi_z) \\ &(P = s+8) \perp\end{aligned}$$

在执行第一条指令$(P=s)\to load(\Psi_x)$之后,x 的值被保存在寄存器 A 中;第二条指令执行 x 和 y 之间的 bop 操作(x bop y),结果存放在 A 中;第三条指令是判断结果的真假,如果结果为假,则跳转到 $P=s+b$ 处执行,直到把 y 的值赋给 z;否则执行 $P=s+3$ 处的指令,直到 $P=s+5$ 为止,然后把 x 的值赋给 z。编译方法的主要特征是在编译程序被设计时便证明了它的正确性。从语言的代数基本定律来看,需要若干定理来对编译过程的正确性进行解释和证明。现在我们首先研究主要定理之一,即说明该过程的正确性的编译过程定理。

定理 9.1 编译过程。令 p 是一个任意程序。给定一个常数 s,把 p 的每个全局变量映射到存放它的值的内存 M 的地址上,则存在一个常数 f 以及存储在单元 s 和 f 之间的在 m 中的机器指令序列,使得

$$\Psi_\omega^*(p) \sqsubseteq \text{dec } P, A \cdot P:=s;\ (s \leqslant P < f) * m[P];(P=f)\perp$$

其中 Ψ_ω^* 是一个(由符号表构造出来的)函数,它实现对数据表示的必要改变:即从源程序的抽象数据空间到由内存 M 所表示的机器的具体状态的改变。

注意:Ψ_ω^* 在上述正确性命题中起着实质性的作用。直接比较程序 p 与其规范形式是毫无意义的,因为它们在不同的数据空间中操作。p 对程序变量 x,y,...,z 进行操作,而它的规范形式则对具体的内存 M 进行操作。这个定理将在本章最后证明。

9.3 代数基础和推理语言

本节首先介绍求精代数类型的一个理论基础和推理语言,这里使用的源语言是推理语言的一个子集;然后给出基于这些思想的求精演算的一些例子,并叙述数据求精的问题;同时将我们的编译方法与说明推导程序的更一般的任务连接起来。因此本节的内容对于我们研究的编译方法是至关重要的。

9.3.1 代数基础

我们首先引入偏序和全序的概念。

定义 9.1 偏序。一个对偶$(S,\sqsubseteq)$,其中 S 是一个集合,而$\sqsubseteq$是对于 $x,y,z\in S$:

$x \sqsubseteq x$	反身性
$(x \sqsubseteq y)\wedge(y \sqsubseteq z)\Rightarrow(x \sqsubseteq z)$	传递性
$(x \sqsubseteq y)\wedge(y \sqsubseteq x)\Rightarrow(x=y)$	对称性

则说它是一个偏序。

定义 9.2 全序。一个对偶$(S,\sqsubseteq)$如果是一个偏序,而且对于 S 中的每对元素 x 和 y 都是可比较的,即有 $(x \sqsubseteq y)\vee(y \sqsubseteq x)$,则说它是一个全序。

为简便起见,我们把$(S,\sqsubseteq)$ 省略为 S,在可能引起它是表示偏序还是全序的误解之处,我们将会指明。

定义 9.3 给定S的一个子集T(全序或偏序),我们称 $x \in S$ 是T的一个上界,如果对于 $\forall y \in T$,则 $y \sqsubseteq x$。x是T的最大下界,如果它是T的一个下界,同时,当y也是T中另一个下界时,便有 $y \sqsubseteq x$。

一个元素⊥是S的最小元素或底部,如果对于 $\forall x \in S, \perp \sqsubseteq x$;

一个元素⊤是S的最大元素或顶部,如果对于 $\forall x \in S, x \sqsubseteq \top$。

定义 9.4 给定S和T以及由 $\sqsubseteq_T$ 定义的偏序,则从S到T的函数的集合 $S \to T$ 是由 $\sqsubseteq_T$ 定义的偏序,其定义为

$$f \sqsubseteq g \Leftrightarrow (\text{定义为})\ f(x) \sqsubseteq_T g(x)\ \text{对于}\ \forall x \in S$$

此外,如果S是由 $\sqsubseteq_S$ 定义的偏序集,则称 $f: S \to T$ 是单调的;如果对于 $\forall x, y \in S$,

$$x \sqsubseteq_S y \Rightarrow f(x) \sqsubseteq f(y)$$

则用 $\{S \to T\}$ 来标记从S到T的单调函数的集合;如果S是离散的,则 $x \sqsubseteq_S y$ 成立,当且仅当 $x = y$,因此 $S \to T$ 和 $\{S \to T\}$ 是相等的。

定义 9.5 给定一个偏序集S,如果对于 $\forall T, U \sqsubseteq S$ 都有最大下界和最小上界,其中T和U都是S的子集,则称S是完备格。

从几何上说,最大下界是两个集合的交,而最小上界是两个集合的并,因此每个完备格都有一个底部元素和一个顶部元素。关于完备格还有两个众所周知的性质:

(1) 任何有限全序集是一个完备格。

(2) 如果S是一个偏序集,T是一个完备格,则 $\{S \to T\}$ 是一个完备格。

布尔集合{true,false}是完备格的一个简单例子,当排序是通过隐含关系实现时,最小上界∨和最大下界∧分别解释为析取和合取。一个完备格的底部元素是假(false),顶部元素是真(true),则是一个完备的分配格,因为 $\forall a, b, c \in \{\text{false}, \text{true}\}$:

$$a \wedge (b \vee c) = (a \wedge b) \vee (a \wedge c)$$
$$a \vee (b \wedge c) = (a \vee b) \wedge (a \vee c)$$

在格论中,上述两个性质是等价的。格还有一个性质,即如果对于它的每个元素都有补(逆)元素,则称这种格为Bool格。

如同人们所熟知的那样,程序通常是在由变量集合所形成的状态空间上运行。我们用State来表示由相等关系定义偏序的所有可能状态的集合,因此它是一个离散的偏序。在实践中,我们需要一个方法来描述状态的特定关系,例如,程序的初始状态的集合以及最终状态的集合,可以通过状态空间取布尔值的函数(或谓词)来描述。

由于State是一个偏序集,而Bool是一个完备格,因此{State→Bool}也是一个完备格。而且,由于State是离散的,因此{State→Bool}和State→Bool相等。我们称它是谓词格。谓词格的最小上界 $a \vee b$ 由谓词a or b描述,最大下界 $a \wedge b$ 由谓词a and b描述。false元素描述的是状态的空集,true元素描述的是所有可能状态的集合。具体定义如下:

$(a \vee b) \Leftrightarrow$(定义为) $\lambda x \cdot a(x) \vee b(x)$

$(a \wedge b) \Leftrightarrow$(定义为) $\lambda x \cdot a(x) \wedge b(x)$

true$\Leftrightarrow$(定义为) $\lambda x \cdot$ true

false$\Leftrightarrow$(定义为) $\lambda x \cdot$ false

这里引入带参数 x 和体 t 的一个 λ 抽象匿名函数。在上述定义中,x 取遍 State 的值。格的顺序是谓词上的隐含关系,以通常的方式由逐点的扩展来定义:

$a \Rightarrow b \Leftrightarrow$(定义为) $\forall x \cdot a(x) \Rightarrow b(x)$

其中 $\forall x \cdot p \rightarrow q$ (读作:对于所有的 x,如果 p 成立,则 q)表示在谓词演算中的全称量词。特别是,当等价于真时,可省略 p。

使用这个记号来表达我们以前定义的运算是困难的,不过可通过某些限制来表达:

$p \sqsubseteq q \Leftrightarrow$(定义为) $\lambda x \cdot p(x) \sqsubseteq q(x)$

$p \sqcap q \Leftrightarrow$(定义为) $\lambda x \cdot (p(x) \vee q(x) \vee \bot)$

右部执行的顺序是:首先执行 p(x),如果结果为假,则执行 q(x),否则结果是魔鬼不确定性。

$p \sqcup q \Leftrightarrow$(定义为) $\lambda x \cdot (p(x) \vee q(x) \top)$

类似地,右部执行的顺序是从最左到右。

按照狄伊克斯特拉的观点,程序是谓词的变换(从谓词到谓词的函数)[2]。因此,通常的程序构造都可定义为变换[3]。

定义 9.6 wp(p,a) = c 指的是如果程序 p 在满足其最弱前提条件 c 的一个初始状态下执行,则将在满足事后条件 a 的一个状态终止。

在这个定义中,最小前提条件 c 描述最大可能的初始状态的集合,即它在满足 a 的状态结束时确保 p 的执行。显然,这里的焦点是全局的而不是局部的正确性。这意味着,其目的不仅仅是在 p 最终结束时满足条件 a,而且还要确保在由 c 确定的任何状态被执行时 p 都将最终结束。

定义 9.7 谓词转换格(PredTran)是从一个谓词格到另一个谓词格的所有单调函数的集合,即{Predicate→Predicate}。应用程序(谓词转换器)p 到谓词 a 使用 p(a)来标记,与狄伊克斯特拉的 wp(p,a)等价[4]。

显然,PredTran 是一个完备格,因此它包含任意的最小上界(⊔)和最大下界(⊓)。⊔为安琪尔不确定性,而⊓为魔鬼不确定性。顶部元素是奇迹(⊤),底部元素是流产(⊥)。谓词转换格建立每一个事后条件,而谓词转换器不建立任何事后条件。我们定义⊤和⊥如下:

$\top \Leftrightarrow$(定义为) $\lambda a \cdot$ true

$\bot \Leftrightarrow$(定义为) $\lambda a \cdot$ false

根据狄伊克斯特拉的观点,任何程序构造都可定义为谓词转换器。如定义跳(skip)

(恒等谓词转换)、赋值和顺序组成如下:

$$\text{skip} \Leftrightarrow (\text{定义为})\ \lambda a \cdot a$$

$$x := e \Leftrightarrow (\text{定义为})\ \lambda a \cdot a[x \leftarrow e]$$

$$p;q \Leftrightarrow (\text{定义为})\ \lambda a \cdot p(q(a))$$

其中 $a[x \leftarrow e]$ 标记在 a 中,以 e 来代替 x 的每个出现。

狄伊克斯特拉[5]提议,程序设计语言的构造必须满足五个健康条件。假定在 a and b 上隐含的变量表示谓词,p 表示程序,则定义这五个健康条件如下:

(1) $p(\text{false}) = \text{false}$　　排除奇迹的定律

(2) 如果 $a \Rightarrow b$,则 $p(a) \Rightarrow p(b)$　　单调性

(3) $p(a) \wedge p(b) = p(a \wedge b)$　　合取性

(4) $p(a) \vee p(b) = p(a \vee b)$　　析取性

(5) $p(\ni i \mid i \geqslant 0 \cdot a_i) = \ni i : i \geqslant 0 : p(a_i)$　　连续性

对所有谓词序列 $a_0, a_1, \ldots$ 使得对于 $\forall i \geqslant 0, a_i \Rightarrow a_{i+1}$。

最后一个性质等价于要求不确定性是受限的[3]。

这五个健康性条件并不总是成立的。例如,第四个性质仅对确定性程序才成立。通过对 p、a 和 b 选取适当的值,容易例证析取性为假:

$$p = (x := 2 \sqcap p := 3)$$

$$a = (x = 2)$$

$$b = (x = 3)$$

下面计算 p(a)的值。

$$\begin{aligned} p(a) &= x := 2\ (x = 2) \wedge x := 3\ (x = 2) && \{\sqcap \text{的谓词转换器的定义}\} \\ &= \text{true} \wedge \text{false} && \{\text{赋值的谓词转换器的定义}\} \\ &= \text{false} && \{\text{true} \wedge \text{false} = \text{false}\} \end{aligned}$$

类似地,可以证明 $p(b) = \text{false}$,因此 $p(a) \vee p(b) = \text{false}$。同样容易证明,$p(a \vee b) = \text{true}$。因此可得结论,即对于不确定的程序,第四个性质一般不成立。但作为隐含式则成立,即

$$p(a) \vee p(b) \Rightarrow p(a \vee b)$$

完备格 PredTran 包括对于说明目的有用的谓词转换器,但它们一般是不可实现的。在上述性质中,只有单调性为 PredTran 中的所有谓词所满足。$\top$破坏了排除奇迹的定律;允许在任意集合上的最大下界就意味着不能满足受限不确定性的假设(因此连续性);安琪儿不确定性违反了连续性的性质。

我们通过一个类似的例子说明连续性为假的事实,这个例子说明了析取性为假。设 p、a 和 b 为

$p=(x:=2\sqcup x:=3)$

$a=(x:=2)$

$b=(x:=3)$

容易说明,在特殊情况下 $p(a)\wedge p(b)=\text{true}$,$p(a\wedge b)=\text{false}$。尽管如此,健康性条件仍然非常重要。它们在一个说明性构造的一般空间中分为可实现和不可实现的准则。

基于最小前提条件,人们提出并开发了求精运算,这些运算的目的是把逐步求精方法形式化。逐步求精方法用于从高级说明性构造中系统地构造程序。它已被良好地建立起来。实际上,所有的求精运算通过对于说明的附加特征来扩展一个给定的过程语言(特别是狄伊克斯特拉的卫戍命令语言)。例如,设[a,c]是用来描述一个程序的说明性构造,即程序在满足 a 的状态下执行,而在满足 c 的状态下终止。这可以看作是一个转换器,如同语言的其他运算符,可以把它定义为

$$[a,c]\Leftrightarrow(\text{定义为})\ \lambda b\cdot a\wedge(c\Rightarrow b)$$

因此,扩展的语言是一个说明性语言,而且程序作为说明的一个子类出现,于是程序设计可看作是构造序列的说明。初始的说明是一个高级的抽象(通常不可实现),而最后的说明才是可执行的程序。推导的过程是逐步地把说明转化为程序。推导的中间步骤包含说明和程序构造,这些是形式的对象,因为说明和程序被嵌套在同一个语义框架内。推导要求说明之间的求精关系的思想。求精关系的精确定义是谓词转换器的格的排序。对于模拟逐步求精而言,这个排序的两个数学性质具有重要意义。一是为了允许一个给定的说明能将它的求精在任意上下文中所代替,这个排序语言运算符必须是单调性的。这个性质也称为合成性。其二是传递性,由于推导过程通常需要大量的步骤,因此有必要确保推导的最后程序满足原来的说明。

这个过程中要求的附加工具是从给定的说明引入程序构造的规则,例如,说明引入 skip 和顺序合成的规则如下:

$$[a,c]\sqsubseteq \text{skip If } a\Rightarrow c$$

$$[a,c]\sqsubseteq[a,b];[b,c]$$

另外,还有一些对说明进行操作的规则[6],例如,减弱一个给定说明的前提条件或者加强事后条件(或两者兼而有之)就导致如下说明:

$$[a_1,c_1]\sqsubseteq[a_2,c_2]\ \text{if } a_1\Rightarrow a_2\wedge c_2\Rightarrow c_1$$

上面讨论了如何通过逐步引入控制结构来把一个抽象的说明转化为一个程序,这称为算法或控制的求精。但是这只是得到实现过程的一部分。说明通常是借助集合、关系等数据类型表述的,而这些通常在过程程序设计语言中是不可利用的。因此控制求精的另一个任务是把抽象数据类型转换成如数组和记录那样的可有效地被实现的具体类型。这个任务称为数据求精。

数据求精的基本思想是用一个抽象函数来确定一个给定的具体状态表示的抽象状态。此外具体状态集合可以通过不变关系来限制。这首先是由霍尔提出的[7]，后来在他的思想基础上人们又提出了许多方法，更新的方法是使用一个关系来确定抽象函数和不变量，这样就放宽了以下假设，即抽象状态在功能上依赖于具体状态。与求精演算相联系，数据求精被表征为分程序之间算法求精的特殊情况，形如

$$\mathrm{dec}\ x: Tx \cdot p^*$$

的分程序用来表示操作在具有类型 Tx 的变量 x 的抽象程序。类似地，

$$\mathrm{dec}\ x': Tx' \cdot p'$$

表示具体程序 p′中，具有类型 Tx′的变量 x′的数据求精可通过不等式

$$(\mathrm{dec}\ x: Tx \cdot p) \sqsubseteq (\mathrm{dec}\ x': Tx' \cdot p')$$

来表达。

我们的目的是通过用具体的局部变量代替抽象的局部变量来构造具体的分程序。这可保持分程序的整体效果，特别是当按照一个统一规则，即 p′中的每个命令是 p 中相应命令的翻译时。因此 p′与 p 的构造方式相同。

这个策略的一个不可缺少的部分是连接抽象变量 x 和具体变量 x′的抽象不变量，这称为耦合不变量。由于不能对数据空间的不同程序进行直接比较，因此要用这个不变量将它们联系起来。例如，在编译程序的设计中，这个不变量将建立源程序的数据空间和目标程序的数据空间的关系。

简单目标机器的内存 M 中的变量 y 使用 M[Ψy]来标记，其中 Ψ 是一个符号表，它把标识符映射到 M 中各自的地址上。对于表示源程序状态的全局变量表 $y_1, ..., y_n$，相关的耦合不变量是

$$y_1 = M[\Psi y_1] \wedge ... \wedge M[\Psi y_n]$$

在这个数据求精方法下，程序之间的新关系可表达为：(操作在变量 x′上的)程序 p′在耦合不变量 I 之下是(操作在变量 x 上的)程序 p 的一个数据求精，可写作 $p \leqslant_{I,x,x'} p'$，而且可形式地写作

$$p \leqslant_{I,x,x'} p' \Leftrightarrow (\text{定义为})\ (\exists x \cdot I \wedge p(a)) \Rightarrow p'(\exists x \cdot I \wedge a)$$

对于∀不含 x′的 a(把程序当作谓词转换器)。广泛地说，它的前提条件是要求具体变量的初始值同某个抽象值集合相耦合，对于它，抽象程序将在建立事后条件中获得成功。这个结果要求具体程序产生新的具体值，且它也耦合到一个可接受的抽象状态。为了说明数据求精，我们给出一个简单例子。考虑上面的耦合不变量它把源程序的数据空间与目标程序的数据空间相关联。我们可以证明，程序

$$M := M \odot \{\Psi x \to M[\Psi y]\}$$

是程序

$$x := y$$

的求精。

这达到了我们所希望的意图。这个程序的效果是用 M{Ψy}(在内存 Ψy,即 y 的地址处的内容)去更新在内存 Ψx 处(x 的地址)的值。更一般地说,我们可以证明,对变量进行操作的任意源程序由对存储器进行操作 M 相应目标程序所求精。

这个定义的给出有两个原因。一是保证了给出的数据求精的特征,即

$$\text{If } (p \leqslant_{I,x,x'} p') \text{ then } (\text{dec } x:Tx \cdot p) \sqsubseteq (\text{dec } x':Tx':p')$$

二是通过程序构造来分布,因此允许数据求精逐块地进行。例如,通过顺序合成的分布:

$$\text{If } (p \leqslant_{I,x,x'} p') \text{ and } (q \leqslant_{I,x,x'} q')$$
$$\text{then } (p;q) \leqslant_{I,x,x;} (p';q')$$

但是我们也采用另一种方法来避免定义数据求精关系。使用算法求精关系不仅可以表征数据求精,而且可以进行计算。其基本思想是进入一个编码的程序,比如从具体状态计算抽象状态的 Ψ 和从抽象状态计算具体状态的 Φ,然后,对一个给定的抽象程序 p 求出具体程序 p′,使得

$$\Psi;p;\Phi p'$$

借助于说明特征,有可能给出对于 Ψ 和 Φ 的高级定义。这里,约定 x 代表抽象变量,x′代表具体变量,I 代表耦合不变量,则 Ψ 可定义为

$$\Psi \Leftrightarrow (\text{定义为})\, \text{var } x;x\ :\in_{\perp} I;\text{end } x'$$

这个表达式的意义是引入抽象变量 x 并赋值,使得其满足不变量,然后从数据空间删除具体变量。⊥在上述推广的赋值命令中表示,如果它不能建立,那它就流产。类似地,我们有 Φ 的定义:

$$\Phi \Leftrightarrow (\text{定义为})\, \text{var } x';x':\in_{\top} I;\text{end } x$$

这里引入具体变量 x′并赋值,使得它满足不变量,然后从数据空间删除抽象变量。但是,如果不能建立 I,这个广义的赋值命令将会产生一个奇迹。

需要指出的是,引入这两类广义赋值命令只是为了当前的讨论,今后我们仍将使用记号 $x:\in b$ 代替 $x:\in_{\top} b$,因为根据定义,两者是相同的。

注意,我们使用分开的命令来引进和结束变量的作用域,这是定义程序的编码和译码的一个必要特征。首先引进 x 和结束 x′的作用域;然后引进 x′和结束 x 的作用域。

在这个方法中,可以证明其分布性质,因此数据求精也可以逐块实现,如

$$\Psi;(p;q);\Phi \sqsubseteq (\Psi;p;\Phi);(\Psi;q;\Phi)$$

由此可知,算法和数据求精可以在一个共同的关系框架内执行。

前面曾提到,编译的任务是程序的求精。在这个意义下,我们可以建立对于编译程序设计与从说明书中推导程序的任务之间的联系[8]。后面我们将把推导程序简单地称为推导。在这两种情况下,都是用说明的特征来扩展一个程序设计语言,使得其框架统一,避免了程序和说明书(当借助于不同的形式化来表达时)之间的不同。

在一个推导中,其思想是以一个任意的说明书开始,而以只从计算机可执行的构造形成的程序结束的。在这种情况下,初始的目标是任意源程序,而最后的产品是它的规范形式。这两种情况所用的工具是相同的,即转换导致求精。

推导有两个任务:控制和数据求精。我们把编译程序的设计也分成这两个主要阶段。不过,在一个推导中,控制求精涉及在说明书中逐步地引入控制结构,而我们则相反,把一个源程序的嵌套控制结构归结为规范形式程序的单层迭代。

关于数据求精,一般的思想在一个推导过程中与在设计一个编译程序中是一样的,即都以具体的表示来代替抽象的数据类型。特别是我们使用编码和译码的思想,这样就不需要定义一个分开的命令来进行数据求精。编码程序是从表示机器内存的具体状态检索源程序的抽象空间。反之,译码程序是把抽象空间映射到具体机器状态。

在下一节中,我们将正式地把编码和译码形成的对偶作为模拟,它满足上面描述的分布性质,允许求精逐块地进行。但也必须指出,在以这种方式设计一个编译程序与从说明书推导程序间是有差别的。例如,我们对于获取要求方面并不感兴趣,因此,我们的语言不包括此类服务的构造。在我们的语言中最接近于已有的说明语句是广义的赋值语句。我们在一个目标机器中以控制状态被编码的方式对它进行抽象。另外,我们最关心的是程序变换,因此需要一个广泛的关联语言运算符的定律,这个定律的集合必须完备,以把任意程序归结为规范形式。因此我们将所用的框架称为求精代数。

9.3.2 推理语言

本小节将借助于关联语言运算符的等式和不等式(定律)给出我们的说明语言的意义。我们以非正式的(操作性的)证明开始,把定律作为自证明的公理。我们的目的虽然不在逻辑意义下描述定律的完备集合,但是它们是完备的,即它们允许把任何程序归结为一个规范形式。

大多数代数定律都是以形如 $p=q$ 的形式表达的,表示 p 和 q 有相同的行为;程序 p 和 q 可能消耗不同的资源(如存储器)且以不同的速度运行,我们无法区分它们所实现的任务,因此在任何上下文中都可以 q 来代替 p,或者反之。可以在一个定律上附加布尔条件,意思是,仅当在这个条件下计算结果为真时定律才成立;也可以使用不等式(而非等式)表达求精。

下面介绍设计编译程序过程的代数定律。前面已介绍如何从一些运算符定义出其他运算符,例如迭代可定义为递归的一个特殊情况,而且证明了关于迭代的所有定律,因为这些是规范形式归结定理证明的基础。然后介绍基本运算符定律的正确性。我们把语言的代数语义与定义基本运算符以及验证定律的数学模型连接起来。最后论证在某种意义下推理语言及其代数定律是一致的。

程序设计语言及推理语言的说明运算符有相同的形式,即它们都可看作是谓词转换器。在这个统一的框架下没有必要区分程序和说明。我们将两者都称为程序。程序具有语法和语义。一方面,我们对它们实施语法的操作,如替换。另一方面,我们使用关联语言操作符的代数运算符表达语义的性质。因而严格地说,我们应该区分这两种性质。但是这样做并不方便,因为我们只能从讨论的上下文中区分它们。

1）概念和记号

(1) 名字约定　为了方便讨论,我们对标记程序的一些术语作如下约定。

X,Y,Z	标记程序的变量
p,q,r	任意的但是给定的程序
x,y,z	变量表
a,b,c	布尔表达式
e,f,g	表达式表

除上述约定外,我们也使用下标,例如,$b_0,b_1,...$表示布尔表达式,也称为条件;用逗号来连接表,如 x,y 表示表 x 和 y 的连接。必要时还可以进一步进行约定。

(2) 优先规则　为了明确优先关系和减少围绕程序术语括号的数量,我们定义以下的优先规则:具有相同优先级的运算符出现在同一行上。通常我们假定,括号内的运算比其他运算符的优先级更高。

uop	单目运算符	优先级高
bop	双目运算符	↓
,	表的连接	
:∈及 :=	(广义的)赋值	
→	卫成命令	
*	迭代	
;	顺序合成	
⊔ ⊓	不确定性(安琪儿和魔鬼)	
◁ ▷	条件	
μ	递归	↓
dec	带有局部说明的分程序	优先级低

(3) 自由和约束标识符 如果一个变量 x 在一个程序 p 中出现是在 p 中 x 的静态说明的作用域内,则称这个变量是约束的(或局部的);否则称它是自由的(或全局的)。例如,在 dec x · x:= y 中的 x 是约束的,但是在 x:= y 中则是自由的。

注意,动态说明中的命令不是对变量的约束符,例如,在 var x 和 end x 中 x 是自由的。如果在程序 p 中每个变量都是自由的,则程序 p 中的一个变量表是自由的。

在程序标识符的情况下,如果 x 在程序 p 的出现不在程序 p 所定义的任何程序(对于名字 x 而言)的作用域中则说 x 在程序 p 的出现是自由的;否则是约束的。

(4) 替换 对于变量 x 和 y,

$$p[x \leftarrow y]$$

标识在 p 中对于 x 的每个出现用 y 替代的结果。x 可能是在和 y 同名的变量(静态)说明的作用域中。在此情况下,对 p 的局部变量的系统重命名出现,以避免变量的重复。这通常称为安全替换。如果 x 和 y 是变量的(等长的)表,则替换是按位置进行的,因此在这个表中没有变量会出现一次以上。

类似地,

$$f[x \leftarrow e]$$

标识在表达式 f 的表中用表达式 e 替换(等长的)变量 x 的表。

我们也允许用程序替换程序标识符:

$$p[x \leftarrow q]$$

通过在 p 中对局部说明更名,避免了 q 的自由标识符的重复。为简明起见,我们有时通过把 X 的(自由)出现明显化,例如在 F(X) 中用 q 代替 X 便写成 F(q),因此在任何情况下都不出现自由标识符的重复。

(5) 定律、说明、引理、定理及证明。

以下所描述的定律将给出一个名字和建议的使用名。例如,

(;skip unit)

是和这个定律相关联的名,表示 skip 是顺序合成的 unit。

有些定律可以描述为引理或定理,因为它们都可从更基本的定理中获得证明。

我们使用条件(不)等式来证明定律。证明的策略是由两边之一开始,通过一序列的代数变换试图达到另一边。每一步将以一个或多个对定律、定义、引理或定理的引用作为解释。

证明实质上是一个程序变换活动。我们假设被变换的程序是(在语法上)可正确开始的,然后应用大量定律最终产生正确的程序。尽管这样,有些定律(如定律 9.2,9.42 和 9.47)在它们的左边出现的自由变量却不在右边出现。因此,逆序(自右到左)对这些等式

的应用要求用户提供明显的对自由变量的实例化(约束)。在这些情况下,必须防止把一个有效的程序转换成甚至语法上也不是良好形成的程序。机械化转换的一个优点是可以确保这个问题不出现。这里我们不去处理像类型这样的上下文信息,在转换期间,可能会引入未声明变量,这些变量被作为全局变量。

2) 跳、流产和奇迹

跳(skip)命令没有任何效果,而且总是成功终止。

流产命令以⊥来标识,是所有程序中最不可预测的,它可能不能终止,或可能以任何结果终止。因此⊥表示一台破损机器的行为或失控运行的程序。我们以在进行其环境可见的任何动作之前就出轨的任何程序来标识流产。做这个选择的动机是,在原理上,一个被允许连续地出轨的程序可认为是程序设计出错,因为它是不可信赖的。

奇迹命令以⊤来标识是另一个极端。它可为任何目的服务,更确切地说,它求精每个程序。但这是不可行的,否则我们就连程序都不用写了,⊤将替我们把事情都做了。我们使用⊤仅仅是作为理想结果的推理之需要。

3) 顺序合成

程序 p;q 标识程序 p 和 q 的顺序合成。如果 p 的执行成功终止,则 q 将跟随 p 执行。

由于 skip 的执行总是终止而且保持每件事不变,因此以 skip 开始或后续 skip 命令都不影响一个程序 p 的结果。换言之,skip 是顺序合成的左或右的单位元素。

定律 9.1 (skip;p) = p = (p;skip) (;skip 单位元素)

注意,在⊥终止后一个 p 的执行不能改变状态,因为⊥是对于终止不可依赖的。更确切地说,⊥是顺序合成的左零元素。

定律 9.2 ⊥;p = ⊥ (-⊥左零元素)

⊤在一个程序 p 之前得到的是一个奇迹。⊤是顺序合成的左零元素。

定律 9.3 ⊤;p = ⊤ (-⊤ 左零元素)

顺序合成是可结合的。

定律 9.4 (p;q);r = p;(q;r) (;结合)

4) 魔鬼不确定性

程序 p ⊓ q 标识程序 p 和 q 的魔鬼选择,即选择 p 或 q,这个选择完全是任意的。流产命令允许选择完全任意的行为,因此进一步的选择与其无差别。

定律 9.5 p ⊓ ⊥ = ⊥ (⊓ - ⊥ 零元素)

另一方面,奇迹命令不提供选择。

定律 9.6 p ⊓ ⊤ = p (⊓ - ⊤ 单位元素)

当被选择的两个程序是同一个程序时,选择便成为虚的——⊓是等幂的。

定律 9.7 p ⊓ p = p (⊓等幂)

选择的顺序是无关紧要的——⊓是可交换的。

定律 9.8 p ⊓ q = q ⊓ p (⊓可交换)

魔鬼选择是可结合的。

定律 9.9 $(p \sqcap q) \sqcap r = p \sqcap (q \sqcap r)$ （$\sqcap$结合）

5）安琪儿不确定性

两个程序 p 和 q 的安琪儿选择以 $p \sqcup q$ 来标识。非正式地说，它是可以像 p 或 q 一样动作的程序，而取哪个更合适则由给定的上下文确定。

如同前面提到过的那样，$\bot$是全然不可预测的，因此对于所有目的而言，它是最不适合的程序。

定律 9.10 $\bot \sqcup p = p$ （$\sqcup - \bot$ 单位元素）

另一方面，$\top$ 适合所有情况。

定律 9.11 $\top \sqcup p = p$ （$\sqcup - \top$ 零元素）

与$\sqcap$相同，安琪儿选择是等幂、交换和结合的。

定律 9.12 $p \sqcup p = p$ （$\sqcup$等幂）

定律 9.13 $p \sqcup q = q \sqcup p$ （$\sqcup$交换）

定律 9.14 $(p \sqcup q) \sqcup r = p \sqcup (q \sqcup r)$ （$\sqcup$结合）

6）顺序关系

这里定义程序的顺序关系$\sqsubseteq$为 $p \sqsubseteq q$，当程序 q 至少像 p 一样确定时成立，或者当程序 q 仅提供由 p 提供选择的子集时成立。在这种情况下，q 至少像 p 一样可预测。这与我们所采用的求精相符。$p \sqsubseteq q$ 可读作 p 被 q 所求精。我们借助$\sqcap$定义$\sqsubseteq$。非正式地说，如果在 p 和 q 的魔鬼选择中总是产生 p，则可以确信在所有情况下 p 要劣于 q。

定义 9.8 顺序关系

$p \sqsubseteq q$ 定义为 $(p \sqcap q) = p$

这个顺序关系与前面所述的谓词转换器的格是一致的，或者说顺序关系可借助于$\sqcup$来定义。

定律 9.15 $p \sqsubseteq q \equiv (p \sqcup q) = p$ （$\sqsubseteq - \sqcup$）

从定义 9.9 和关于$\sqcap$的定义中可知，$\sqsubseteq$是程序上的偏序关系。

定律 9.16 $p \sqsubseteq p$ （$\sqsubseteq$的反身性）

定律 9.17 $(p \sqsubseteq q) \wedge (q \sqsubseteq p) \Rightarrow (p = q)$ （$\sqsubseteq$的反对称性）

定律 9.18 $(p \sqsubseteq q) \wedge (q \sqsubseteq r) \Rightarrow (p \sqsubseteq r)$ （$\sqsubseteq$的传递性）

$\sqsubseteq$是一个格的关系，其底部元素和顶部元素分别是$\bot$和$\top$，其交（最大下界）和析取（最小上界）分别是$\sqcap$和$\sqcup$。

定律 9.19 $\bot \sqsubseteq p$ （$\sqsubseteq - \bot$ 的底部元素）

定律 9.20 $p \sqsubseteq \top$ （$\sqsubseteq$的顶部元素）

定律 9.21 $(r \sqsubseteq p \wedge r \sqsubseteq q) \equiv r \sqsubseteq (p \sqcap q)$ （$\sqsubseteq - \sqcap$最大下界）

定律 9.22 $(p \sqsubseteq r) \wedge (q \sqsubseteq r) \equiv (p \sqcup q) \sqsubseteq r$ （$\sqsubseteq - \sqcup$最小上界）

为了使用代数定律来转换复合程序的子部分，$p \sqsubseteq q$ 意味着 $F(p) \sqsubseteq F(q)$，对于所有的上下文（从程序到程序的函数）是很关键的，这等价于说，F（我们语言的所有运算符）关于 $\sqsubseteq$ 是单调的，于是有如下定律。

定律 9.23 如果 $p \sqsubseteq q$，则

(1) $(p \sqcap r) \sqsubseteq (q \sqcap r)$

(2) $(r;p) \sqsubseteq (r;q)$，$(p;r) \sqsubseteq (q;r)$

对于我们语言的其他运算符，这里将不明确地证明它们的单调性。

7）无界的不确定性

这里推广使用运算符 $\sqcap$ 和 $\sqcup$ 选取程序的任意集合（如 p）作为自变量。$\sqcup_p$ 标识 p 的最小上界。它的定义如下。

定义 9.9 最小上界

$$(\sqcup P \sqsubseteq p) \equiv (\forall X \mid X \in p \cdot X \sqsubseteq p)$$

这个定义指出，p 求精集合 P 的最小上界，当且仅当对所有的 X（$\forall X \in p$），p 求精 X。用 $\sqcap$ p 标记 P 的最大下界，可类似地定义如下。

定义 9.10 最大下界

$$(p \sqsubseteq \sqcap p) \equiv (\forall X \mid X \in p \cdot p \sqsubseteq X)$$

令 $\sqcup$ 是所有程序的集合，$\varnothing$ 是空集，于是有

$$\sqcup \varnothing = \bot = \sqcap \sqcup$$

$$\sqcap \varnothing = \top = \sqcup \varnothing$$

由上述定义可证明，一般来说，顺序合成不能通过最小上界或最大下界向右分配，因为

$$\bot; \sqcap \varnothing = \bot \neq \sqcap \varnothing$$

$$\top; \sqcup \varnothing = \top \neq \sqcup \varnothing$$

顺序合成通过这些运算符的向右分配用来定义狄伊克斯特拉的健康性条件。然而，一般说来，向左分配成立，而且通过把程序当作谓词转换器可验证它们。记号 $\{X \mid b \cdot F(X)\}$ 读作在 b 所确定范围内的 $\forall X$ 中元素 F(X) 的集合。

定律 9.24

(1) $\sqcup p;p = \sqcup \{X \mid X \in p \cdot (X;p)\}$ （; − $\sqcup$ 左分配）

(2) $\sqcap p;p = \sqcap \{X \mid X \in p \cdot (X;p)\}$ （; − $\sqcap$ 左分配）

顺序合成还可用来验证程序的格（被当作谓词转换器）是分配的。

定律 9.25

(1) $(\sqcup p) \sqcap p = \sqcup \{X \mid X \in p \cdot (X \sqcap p)\}$ （$\sqcap$ − $\sqcup$ 分配）

(2) $(\sqcap p)\sqcup p=\sqcap\{X \mid X\in p\cdot(X\sqcup p)\}$ （$\sqcup-\sqcap$分配）

在所有的谓词转换器中,狄伊克斯特拉指出了通过某些健康性条件可实现的那些转换。这里我们把这些条件形式化为把我们的语言关联起来的等式：

(1) $p;\bot=\bot$ p不是奇迹

(2) $p;\sqcap \mathsf{p}=\sqcap\{X \mid X\in \mathsf{p}\cdot(X\sqcup p)\}$ 对于所有程序p的(非空)集合,p是合取的

(3) $p;\sqcup \mathsf{p}=\sqcup\{X \mid X\in \mathsf{p}\cdot(p;X)\}$ 对于所有程序p的(非空)集合,p是析取的

(4) $p;\sqcup\{i \mid i\geqslant 0\cdot q_i\}=\sqcup\{i \mid i\geqslant 0\cdot p_i;q_i\}$ 对所有的$i\geqslant 0$,假定$q_i\equiv q_{i+1}$,则p是连续的

对于一个程序p,如果等式(2)对所有程序p的集合(可能为空)都成立,则称这个程序普遍地是合取的。类似地,如果对于所有程序p,第三个等式成立,则称p是普遍地析取的。

8) 递归

令X表示希望构造的递归程序的名字,并令F(X)定义程序预想的行为,对于一个给定的上下文F,如果F是仅仅借助于已经介绍过的记号定义的,则由结构归纳法得出F是单调的：

$$p\sqsubseteq q\Rightarrow F(p)\sqsubseteq F(q)$$

实际上对于以下介绍的命令而言,这都是成立的,因为它们都是单调的。

以下的两个性质是由克纳斯特·塔斯基(Knaster-Tarski)[6]给出的。从这两个性质中可知,$\mu X\cdot F(X)$是方程$X=F(X)$的解,而且是最小解。

定律9.26 $\mu X\cdot F(X)=F(\mu X\cdot F(X))$ （μ不动点）

定律9.27 $F(Y)\sqsubseteq Y\Rightarrow\mu X\cdot F(X)\sqsubseteq Y$ （μ最小不动点）

9) 近似逆

设F和G是程序的函数,使得对所有的程序X和Y有

$$F(X)=Y=\equiv X=G(Y)$$

则G是F的逆,反之亦然。因此,对于所有的X,$G(F(X))=X=F(G(X))$。然而,众所周知,一个函数有逆当且仅当它是双射的。由于双射函数集较小,因此逆的概念较有限。标准的方法是把逆函数的思想作如下推广。

定义9.11 近似的逆 设F和F^{-1}是程序的函数,使得对于所有的X和Y有

$$F(X)\sqsubseteq Y\equiv X\sqsubseteq F^{-1}(Y)$$

则称F是F^{-1}最弱的逆,而F^{-1}是F的最强的逆。对偶(F,F^{-1})称为伽罗华联结。

顺序合成的左和右最弱的逆和程序开发演算一同定义。更广泛地说,顺序合成目的是把一个任务(说明)r分解成两个子任务p和q,使得

$$r \sqsubseteq p;q$$

这个方法允许人们通过计算分量 p 和 q 之一必须满足的最弱说明得出问题的解。例如,可以从 q 和 r 来计算 p 的最弱说明。我们用 q\r 来标识它,而且有 $r \sqsubseteq (q\backslash r);q$。这称为最弱的前提描述。对偶地,r/p 是满足 $r \sqsubseteq p;(r/p)$ 分量 q 的最弱说明,也称为最弱的后说明。

语言构造的最强的逆用得较少。这是因为它们仅仅对于普遍地析取的运算符存在。加迪纳(Gardiner)和潘迪亚(Pandya)[8]提出了一个基于最强的逆的对递归进行推理的方法,称为弱运算的逆。以下我们列出最强的逆的某些性质。

在介绍最强的逆的性质之前,我们先来回顾两个基本定义。如果对于所有的集合(可能为空)p,有

$$F(\sqcap P) = \sqcap\{X \mid X \in P \cdot F(X)\}$$

则 F 是普遍合取的。类似地,如果对于所有的集合(可能为空)P,有

$$F(\sqcup P) = \sqcup\{X \mid X \in P \cdot F(X)\}$$

则 F 是普遍地析取的。

定理 9.2 最强的逆

(1) 如果存在 F^{-1},则 F 和 F^{-1}是单调的。

(2) 如果存在 F^{-1},则 F^{-1}是唯一的。

(3) 如果存在 F^{-1},则对于所有程序 X,有

$$F(F^{-1}(X)) \sqsubseteq X \sqsubseteq F(F^{-1}(X))$$

(4) 如果存在 F,当且仅当 F 是普遍析取的,则 F 通过

$$F^{-1}(Y) \Leftrightarrow (\text{定义为}) \sqcup\{X \mid F(X) \sqsubseteq Y \cdot X\}$$

定义。

(5) 如果存在 F^{-1},则 F^{-1}是普遍合取的。

以下引理说明顺序合成对它的第一个自变量有最强的逆。

引理 9.1 (;的最强的逆)

设 $F(X) \Leftrightarrow (\text{定义为}) \quad (X;p)$

则 F 有最强的逆,我们把它标识为

$$F^{-1}(X) \Leftrightarrow (\text{定义为})\ X;\sqcup\ p$$

而且对于所有的 X,有

$$(X;\sqcup\ p);p \sqsubseteq p$$

证明　从定律9.24(;-⊔左分配)得出,F是析取的。因此,从定理9.2(4)可知,它有最强的逆。从定理9.2(3)得出不等式。

10) 模拟

这里我们考虑程序本身的逆。一个程序S的逆是一个程序T,满足

$$S;T = skip = T;S$$

这意味着运行S接着运行T和运行T接着运行S就如同程序没有运行,因为skip命令无效果。

关于程序的逆前面已有所讨论,更正式的讨论可参考文献[9]。它定义了对于以狄伊克斯特拉语言所写的求逆程序的证明规则。这些工作的一个共同特征是使用上面给出的精确的逆的记号。然而这个思想是有所受限的,因此我们采用程序的逆的一个较弱的定义。

定义9.12　(模拟)

设S和S^{-1}是使得

$$(S;S^{-1}) \sqsubseteq skip \sqsubseteq (S^{-1};S)$$

成立的程序,则对偶(S,S^{-1})被称为模拟,S^{-1}是S最强的逆,而S是S^{-1}最弱的逆。

模拟的一个简单的例子是对偶(⊥,⊤),因为

$$(\bot;\top) = \bot \sqsubseteq skip \sqsubseteq \top = (\top;\bot)$$

模拟对于一般的计算是有用的。当进行程序转换时,一个程序其后跟着它的逆(即$S;S^{-1}$或$S^{-1};S$)的情况并不鲜见,它作为被转换程序的子项出现。因此,从模拟的定义看,有可能通过以跳来代替上式的子项,从而消除它(当然,这仅仅对于不等式的推理有效)。

对于模拟概念的许多有价值的使用是在数据求精中。以下给出的模拟的分配性对于证明在编译过程中数据表示阶段的改变的正确性特别有用,在那里源程序的抽象空间被目标机器的具体状态所代替。

下面给出模拟的一些性质。

定理9.3　模拟

设S是一个程序,则以下性质成立:

(1) 如果存在S^{-1},则S^{-1}是唯一的。

(2) S^{-1}存在当且仅当它普遍析取。

(3) 如果存在S^{-1},则S^{-1}是普遍合取的。

我们定义下面的简写记号:

定义9.13　模拟函数

设$\{S,S^{-1}\}$是模拟,我们使用S和S^{-1}本身作为以下定义的函数:

$S(X) \Leftrightarrow$(定义为) $S;X;S^{-1}$

$S^{-1}(X) \Leftrightarrow$(定义为) $S^{-1};X;S$

以下定理说明模拟和适当的逆的概念是紧密相关的。

定理 9.4 模拟的解除

设 S 和 S^{-1} 是如定义 9.13 的模拟函数，则 S^{-1} 是 S 的最强的逆。而且，从定理 9.2(最强的逆)可得

$$S(S^{-1}(X)) \sqsubseteq X \sqsubseteq S^{-1}(S(X))$$

以下的定理说明模拟函数是如何通过运算符分配的，而且也包含对分配结果可能的改进。

定理 9.5 模拟函数的分配性

(1) $S(\bot) = \bot$

(2) $S(\top) \sqsubseteq \top$

(3) $S(skip) \sqsubseteq skip$

(4) $S(X;Y) \sqsubseteq S(X);S(Y)$

(5) $S(\sqcap p) \sqsubseteq \sqcap \{X \mid X \in p \cdot S(X)\}$

(6) $S(\sqcup p) = \sqcup \{X \mid X \in p \cdot S(X)\}$

(7) $S(\mu X \cdot F(X)) \cdot \sqsubseteq \mu X \cdot S(F(S^{-1}(X)))$

11) 假定和断言

一个条件 b 的假定，记作 $b^{\top}$，可以看作是一个奇迹测试，即如果 b 为真，则保持状态不变(像 skip 一样动作)，否则像$\top$一样动作。一个条件 b 的断言，记作 $b_{\bot}$，当 b 为真时，像 skip 一样动作，否则像$\bot$一样动作。

我们假设一个表达式的计算总是产生一个结果，显然对于一个布尔表达式，这或者为真，或者为假。尽管这个判定简化了我们的代数系统，但是却没有理论的限制可以防止我们去涉及无定义的表达式。

假定和断言的目的是分别给出前提条件和事后条件，即程序的状态。例如，

$$a^{\top};p;b_{\bot}$$

用来表达如下事实：a 的假定是在程序 p 的环境上的一个责任，如果环境不能提供满足 a 的状态，则 $a^{\top}$ 就将像$\top$一样动作。这就使得程序免于去涉及不满足 a 的状态，因为没有程序能实现$\top$。另一方面，一个断言是放置在程序本身的一个责任。如果 p 在结束时不能使 b 为真，则 $b_{\bot}$ 将像$\bot$一样动作。

下面的三个定律指出，一个真条件的假定和断言等价于跳，即一个假条件的假定导致奇迹，而一个假条件的断言导致流产。

定律 9.28 $true^{\top} = true_{\bot} = skip$ ($b^{\top}, b_{\bot}$ 真条件)

定律 9.29 $\text{false}^{\top} = \top$ （$b^{\top}$假条件）

定律 9.30 $\text{false}_{\perp} = \perp$ （$b_{\perp}$假条件）

合并两个连续的假定将引起原条件的合取假定。这表示，如果任何一个条件不被满足，结果将是奇迹。一个类似的定律对断言成立。

定律 9.31 $(a^{\top};b^{\top}) = (a \wedge b)^{\top} = (a^{\top} \sqcup b^{\top})$ （$b^{\top}$合取）

定律 9.32 $(a_{\perp};b_{\perp}) = (a \wedge b)_{\perp} = (a_{\perp} \sqcap b_{\perp})$ （$b_{\perp}$合取）

两个条件析取的假定将像一个奇迹那样动作，当且仅当无一条件被满足。对于断言也有一个类似的定律。

定律 9.33 $(a \vee b)^{\top} = (a^{\top} \sqcap b^{\top})$ （$b^{\top}$析取）

定律 9.34 $(a \vee b)_{\perp} = (a_{\perp} \sqcap b_{\perp})$ （$b_{\perp}$析取）

选择可在假定（或断言）的执行之前或之后。

定律 9.35 $b^{\top};(p \sqcap q) = (b^{\top};p) \sqcap (b^{\top};q)$ （$b^{\top}-\sqcap$分配）

定律 9.36 $b_{\perp};(p \sqcap q) = (b_{\perp};p) \sqcap (b_{\perp};q)$ （$b_{\perp}-\sqcap$分配）

下面的定律指出，$(b_{\perp};b^{\top})$是一个模拟。

定律 9.37 $(b_{\perp};b^{\top}) = b_{\perp} \sqsubseteq \text{skip} \sqsubseteq b^{\top} = (b^{\top};b_{\perp})$ （$b_{\perp}-b^{\top}$模拟）

一个假定和一个任意的程序在以下意义下可交换。

定律 9.38 如果 b 的自由变量不由程序 p 所赋值，则

$$(p;b^{\top}) \sqsubseteq (b^{\top};p) \quad (b^{\top};p\text{ 可交换})$$

当 b 为假和 p 为$\perp$时，不等式左边归结为$\perp$，右边归结为$\top$。

12）卫戍命令

卫戍命令用 $b \rightarrow p$ 标记。如果卫戍 b 为真，则整个命令像 p 一样动作；否则像$\top$一样动作。这就提示，一个卫戍命令的效果和给定条件的假定一样。我们定义卫戍命令如下。

定义 9.14 卫戍命令

$$b \rightarrow p \Leftrightarrow (\text{定义为})\ b^{\top};p$$

因此，从上述定义、顺序合成以及假定的定律可以证明卫戍命令的定律。

定律 9.39 $(\text{true} \rightarrow p) = \top$ （$\rightarrow$true 卫戍）

定律 9.40 $(\text{false} \rightarrow p) = \top$ （$\rightarrow$false 卫戍）

卫戍命令可通过合取来解除嵌套。

定律 9.41 $a \rightarrow (b \rightarrow p) = (a \wedge b) \rightarrow p$ （$\rightarrow$卫戍合取）

卫戍命令对$\sqcap$可分配。

定律 9.42 $b \rightarrow (p \sqcap q) = (b \rightarrow p) \sqcap (b \rightarrow q)$ （卫戍$-\sqcap$分配）

卫戍命令的魔鬼选择可写成通过卫戍析取单个卫戍命令，这可从定律 9.41 和定律 9.42 容易地导出。

定律 9.43 $(a \to p \sqcap b \to q) = (a \vee b) \to (a \to p \sqcap b \to q)$ (→卫戍析取 1)

证明 右边 $= (a \vee b) \to (a \to p) \sqcap (a \vee b) \to (b \to p)$ {定律 9.42(卫戍 - ⊓分配)}

$= (a \vee b) \to (a \to p \sqcap b \to p)$ {定律 9.41(→卫戍合取)}

= 左边

当 p 和 q 是相同的程序时,有如下定律。

定律 9.44 $(a \to p \sqcap b \to p) = (a \vee b) \to p$ (→卫戍分配 2)

顺序合成通过卫戍命令向左分配。

定律 9.45 $(b \to p);q = b \to (p;q)$ (;→左分配)

13) 卫戍命令集

卫戍命令主要是用来模拟确定的执行机制的可能动作。这个机制按照当前的状态可实现 n 个状态之一,这可通过以下形式的程序来模拟:

$$b_1 \to action_1 \sqcap \ldots \sqcap b_n \to action_n$$

假定 $b_1, \ldots, b_n$ 两两不相交,则上式可写成

$$b_1 \to action_1 \square \ldots \square b_n \to action_n$$

这称为卫戍命令集。严格地说,□不是我们语言的新的运算符,它仅是用来改进简洁性和可读性的语法糖,任何使用□的定理都可借助于⊓及相关的析取性条件来重新表述。

如果一个命令集中有一个相同的卫戍命令,则这个命令集便与带有这个卫戍的命令一样动作。

定律 9.46 $a \to (a \to p \square b \to p) = a \to p$ (□消除)

证明 这个证明依赖于(隐含的)假定,即 a 和 b 是析取的(或 $a \wedge b = false$)。

左边 $= a \to (a \to p \sqcap b \to p)$

$= (a \to (a \to p)) \sqcap (a \to (b \to p))$ {定律 9.42(卫戍 - ⊓分配)}

$= (a \to p) \sqcap (false \to q)$ {定律 9.41(→false 卫戍合取)和 $a \wedge b = false$}

$= a \to p$ {定律 9.41(→false 卫戍)和定律 9.6(⊓ - ⊤单位元素)}

14) 条件

一个条件命令有一般的语法形式 $p \lhd b \rhd q$,它是标记

if b then p else q

的简洁形式。

定义 9.15 条件

$$(p \lhd b \rhd q) \Leftrightarrow (\text{定义为})\ (b \to p \square \sim b \to q)$$

一个条件最基本的性质是如果初始时条件成立,则执行左分支;否则执行右分支。

定律 9.47 $(a \wedge b)^{\top};(p \lhd b \vee c \rhd q) = (a \wedge b)^{\top};p$ (⊲⊳真条件)

定律 9.48 $(a\wedge\sim b)^{\top};(p\lhd b\wedge c\rhd q)=(a\wedge\sim b)^{\top};p$ （$\lhd\rhd$假条件）

一个条件的左分支可以条件的假定开始。类似地，一个右分支可以条件的逆的假定开始。

定律 9.49 $(b^{\top};p)\lhd b\rhd q=(p\lhd b\rhd q)=(p\lhd b\rhd(\sim b^{\top};q))$ （$\lhd\rhd$清空 $b^{\top}$）

如果左右两边程序相同，则可去除条件。

定律 9.50 $p\lhd b\rhd p=p$ （$\lhd\rhd$等幂）

卫戍通过条件分配。

定律 9.51 $a\to(p\lhd b\rhd q)=(a\to p)\lhd b\rhd(a\to q)$ （卫戍－$\lhd\rhd$分配）

顺序合成通过条件左分配。

定律 9.52 $(p\lhd b\rhd q);r=(p;r)\cdot\lhd b\rhd(q;r)$ （;$\lhd\rhd$左分配）

以下的两个定律允许在某些情况下消除嵌套条件。

定律 9.53 $p\lhd b\rhd(p\lhd c\rhd q)=p\lhd b\vee c\rhd q$ （$\lhd\rhd$条件析取）

定律 9.54 $(p\lhd b\rhd q)\lhd c\rhd q=p\lhd b\wedge c\rhd q$ （$\lhd\rhd$条件合取）

我们已经把假定和断言作为主要的命令，而且借助于它们定义了卫戍命令和条件命令。以下的等式说明可以将条件作为构造器并将假定、断言以及卫戍命令作为特殊情况来考虑。

$$b_{\perp}=skip\lhd b\rhd\perp$$

$$b^{\top}=skip\lhd b\rhd\sqcup\top$$

$$b\to p=p\lhd b\rhd\top$$

15）赋值

命令 x:=e 代表一个多重赋值，其中 x 是一个不同变量的表，而 e 是等长度的表达式表，它计算 e 的分量同时赋予相应的 x 分量（相同位置），例如：

x,y:=y,x

交换 x 和 y。

一个表达式的计算最终产生一个结果，因此赋值能终止。而且，大多数定律的正确性依赖于这样一个事实，即表达式的计算不改变任何变量的值。也就是说，不产生副作用。

显然，把一个变量的值赋给它自己不改变其本身。

定律 9.55 (x:=x)=skip （:=skip）

这样虚的赋值可以加到任何赋值上而不影响其效果。

定律 9.56 (x,y:=e,y)=(x:=e) （:=恒等式）

可以对变量表和表达式表进行同样的排列而不改变赋值的效果。

定律 9.57 (x,y,z:=e,f,g)=(y,x,z:=f,e,g) （:=对称性）

可容易地对同一个变量的两个赋值的顺序合成合并成一个赋值。

定律 9.58 (x:=e; x:=f)=(x:=f[x←e]) （:=组合）

$f[x\leftarrow e]$标记在 f 中对于 x 的每一个出现都用 e 代替。

如果一个变量的值是已知的,则这个变量在表达式的出现可用该值代替。

定律 9.59 $(x=e)\rightarrow(y:=f)=(x=e)\rightarrow(y:=f[x\leftarrow e])$ (:= 替换)

赋值是普遍合取的。

定律 9.60 $x:=e;\sqcap p=\{X \mid X\in p\cdot(x:=e;X)\}$ (:= ⊓右分配)

赋值通过一个条件向右分配,用相应的表达式代替条件中被赋值的变量。

定律 9.61 $x:=e;(p\lhd b\rhd q)=(x:=e;p)\lhd b[x\leftarrow e]\rhd(x:=e;q)$ (:= ◁▷右分配)

类似地,在下列意义下可交换赋值和断言。

定律 9.62 $(x:=e;b_{\perp})=(b[x\leftarrow e])_{\perp};x:=e$ (:= $-b_{\perp}$交换)

16) 广义赋值

我们使用 $x:\in b$ 表示一个广义的或不确定的赋值命令。它表示在可能时把 x 赋给使条件 b 为真的值。但如果不存在这样的值,则赋值像$\top$一样动作。

定律 9.63 $(x:\in false)=\top$ (:∈假条件)

另一方面,一个真值条件对于 x 的最后值不施加任何限制。在此情况下,广义赋值可保持任何东西不变,就像 skip 一样动作。

定律 9.64 $(x:\in true)\sqsubseteq skip$ (:∈真条件)

在一个广义赋值后紧接着同一条件的假定没有影响,即如果赋值确立条件,则假定就像 skip 一样动作;否则,赋值本身(及紧接着的假设)就像$\top$一样动作。

定律 9.65 $x:\in b;b^{\top}=x:\in b$ (:∈清空 $b^{\top}$)

对于断言,一个类似的定律成立。

定律 9.66 $x:\in b;b_{\perp}=x:\in b$ (:∈清空 $b_{\perp}$)

可通过同样条件的假定来对一个广义赋值求精,原因是赋值变量的最后值可以是任意的,而假定不改变任何变量的值。实际上,一个假定可以当作对变量空表的一个广义赋值。

定律 9.67 $(x:\in b)\sqsubseteq b^{\top}$ (:∈ 由 $b^{\top}$求精)

假定如下条件成立,则广义赋值通过条件向右分配。

定律 9.68 如果 x 不在 b 中出现,则

$$X:\in a;(p\lhd b\rhd q)=(x:\in a;p)\lhd b\rhd(x:\in a;q) \qquad (:\in-\lhd\rhd右分配)$$

一般说来,一个赋值不能仅借助于广义赋值来表达。例如,没有对应于赋值 $x:=x+1$ 的广义赋值,原因是没有引入记号来标记允许形如 $x:\in b$ 的条件回访 x 的初始值。但是当表达式 e 没有提及 x 时,$x:=e$ 可以写作为广义赋值。

定律 9.69 如果 e 没有提及 x,则

$$x:\in(x=e)=x:=e \qquad (:\in - := \text{转换})$$

如果赋予 x 和 y 任意值(顺序地)以使一个给定条件成立,则可通过确保赋予 x 和 y 同样的(任意的)值来减少不确定性。

定律 9.70 如果 b 没有提及 y,则

$$(x:\in b;y:\in b[x\leftarrow y])\sqsubseteq(x:\in b;y;=x) \qquad (:\in \text{通过}:=\text{求精})$$

假定对全局变量无干扰出现,则可交换一个赋值程序和一个任意程序的执行顺序。

定律 9.71 如果 b 中无自由变量,且 p 中也无对 x 的赋值,则

$$(p;x:\in b)\sqsubseteq(x:\in b;p) \qquad (x:\in;p \text{ 的交换})$$

当 p 是$\perp$且当赋值是$\top$时,不等式出现。

17) 迭代

我们使用 b * p 表示迭代命令。它是更传统的语法

While b do p

的一个简洁形式。迭代可以定义为递归的特殊情况。

定义 9.16 迭代

$$b*p\Leftrightarrow(\text{定义为})\ \mu x\cdot(p;x)\lhd b\rhd skip$$

由于在我们的语言中迭代是一个推导的运算符,因此可证明(而不仅仅是假设)它的某些性质。这说明在由基本定律开发更精巧的变换策略中代数定律提供的模块性所起的作用。这些策略大大地简化了规范形式归约的证明。如果条件 b 初始时不成立,则迭代像 skip 一样动作。

定律 9.72 $(a\wedge\sim b)^\top;b*p=(a\wedge\sim b)^\top$ (*的消除)

证明 左边 $=(a\wedge\sim b)^\top;(p;b*p)\lhd b\rhd skip$

{定义 9.17(迭代)和定律 9.26(μ 不动点)}

$=(a\wedge\sim b^\top)$

{定律 9.63($\lhd\rhd$假条件)和定律 9.1(;跳单位元素)}

= 右边

定律 9.73 $a^\top;(a\vee b)*p=a^\top;p;(a\vee b)*p$ (*展开)

证明 左边 $=a^\top;((p;(a\vee b)*p)\lhd(a\vee b)\rhd skip)$ {定义 9.10(迭代)和定律 9.26(μ 不动点)}

$=a^\top;(p;(a\vee b)*p)$ {$\lhd\rhd$真条件(定律 9.47)}

= 右边

在证明中的一个递归步骤是展开一个迭代,而且当它是一个卫戍命令集时,它简化展开的体。

定律 9.74 设 $R=(a\to p\Box b\to q)$,则

$$a^{\top};(a\vee b)*R=a^{\top};p;(a\vee b)*R \qquad (*-\Box\text{展开})$$

证明 由定律 9.73(∗展开)和定律 9.46(□消去)即可得出定律 9.74。

如果迭代的条件只允许一个卫戍成立,则可消除在一个迭代内的卫戍命令集。

定律 9.75 设 $R=(a\to p\Box b\to q)$,则 $a*R=a*p \qquad (*-\Box\text{消除})$

证明

$$\begin{aligned}
\text{左边} &= a*(a\to p\Box b\to q)\\
&=\mu x\cdot(a^{\top};(a\to p\Box b\to q);x)\lhd a\rhd skip \quad \{\text{定义 9.10(迭代)和定律 9.49(}\lhd\rhd\text{清空 } b^{\top})\}\\
&=\mu x\cdot((a^{\top};p;x)\lhd a\rhd skip) \quad \{\text{定律 9.46(□消去)}\}\\
&=a*p \quad \{\text{定律 9.49(}\lhd\rhd\text{清空 } b^{\top}\text{)和定义 9.10(迭代)}\}\\
&=\text{右边}
\end{aligned}$$

下面的定律允许在迭代命令中替换卫戍命令。

定律 9.76 设 $R=(a\to p\Box b\to q)$,如果 $r;(a\vee b)*R\sqsubseteq p;(a\vee b)*R$,则 $(a\vee b)*(a\to r\Box b\to q)\sqsubseteq(a\vee b)*R \qquad (*\text{替换卫戍命令})$

证明 证明从右边开始。

$$\begin{aligned}
\text{右边} &= (a\vee b)*(a\to p\Box b\to q)\\
&=((a\to p\Box b\to q);(a\vee b)*(a\to p\Box b\to q))\lhd a\vee b\rhd skip\\
&\qquad \{\text{定义 9.10(迭代)和定律 9.26(}\mu\text{ 不动点)}\}\\
&=(a\to(p;(a\to p\Box b\to q)\Box b\to(q;(a\to b\Box b\to q)))\lhd a\vee b\rhd skip\\
&\qquad \{\text{定律 9.24(;}\sqcap\text{左分配)}\}\\
&\sqsupseteq(a\to(r;(a\to p\Box b\to q)\Box b\to(q;(a\to p\Box b\to q)))\lhd a\vee b\rhd skip\\
&\qquad (\text{假定})\\
&=((a\to r\Box b\to q);(a\to p\Box b\to q))\lhd a\vee b\rhd skip\\
&\qquad \{\text{定律 9.24(; }\sqcap\text{左分配)}\}\\
&=(a\vee b)*(a\to r\Box b\to q) \quad \{\text{定律 9.27(}\mu\text{ 最小不动点)}\}
\end{aligned}$$

下面定律确立尾递归和迭代之间的联系。它可使用程序设计构造的近似的逆来证明。

定律 9.77 $(b*p);q=\mu x\cdot((p;x\lhd b\rhd q) \qquad \{*-\mu\text{ 尾递归}\}$

证明 这个证明分两个方向进行。

首先证明左边 ⊒ 右边。

$$\begin{aligned}
(b*p);q &= ((p;b*p)\lhd b\rhd skip);q \quad \{\text{定义 9.10(迭代)和定律 9.26(}\mu\text{ 不动点)}\}\\
&=(p;((b*p);q))\lhd b\rhd q \quad \{\text{定律 9.62(;}-\lhd\rhd\text{左分配)和定律 9.1(;}-\text{跳单位元)}\}\\
&\sqsupseteq \mu x\cdot((p;x)\lhd b\rhd q)=\text{右边} \quad \{\text{定律 9.26(}\mu\text{ 最小不动点)}\}
\end{aligned}$$

然后证明右边⊒左边

$$
\begin{aligned}
\text{右边} &= \mu x\cdot((p;x\lhd b\rhd q))\\
&= (p;(\mu x\cdot(p;x)\lhd b\rhd q))\lhd b\rhd q\\
&\sqsupseteq (((p;(\mu x\cdot(p;x)\lhd b\rhd q));{}^{\sqcup}q);q)\lhd b\rhd q\\
&\qquad\text{(从引理 9.1(;的最强的逆) 有(右边;}{}^{\sqcup}q);q\sqsubseteq\text{右边)}\\
&\sqsupseteq (((p;((\mu x\cdot(p;x)\lhd b\rhd q));{}^{\sqcup}q)\lhd b\rhd skip);q)\\
&\qquad\{\text{定律 9.62(; - }\lhd\rhd\text{ 左分配) 和定律 9.1(;跳单位元素)}\}
\end{aligned}
$$

由定义 9.12 可得：

$$
\begin{aligned}
(\text{右边};{}^{\sqcup}q) &= ((\mu x\cdot((p;x)\lhd b\rhd q));{}^{\sqcup}q)\\
&\sqsupseteq (p;((\mu x\cdot((p;x)\lhd b\rhd q));\sqcup q))\lhd b\rhd skip\\
&\sqsupseteq b*p \qquad\{\text{定律 9.26(}\mu\text{ 最小不动点) 和定义 9.12 (近似的逆)}\}
\end{aligned}
$$

因此右边⊒左边。结合两个方向的证明，故定律得证。

下面的定律主要用于顺序合成的规范形式归结的正确性。

定律 9.78　$(b*p);(b\vee c)*p=(b\vee c)*p$　　(*顺序)

证明　证明分两个方向进行。首先证明右边⊒左边。

$$
\begin{aligned}
\text{右边} &= RHS\lhd b\rhd RHS \qquad\{\text{定律 9.50(}\lhd\rhd\text{等幂)}\}\\
&= ((p;RHS)\lhd b\vee c\rhd skip)\lhd b\rhd((b\vee c)*p)\\
&\qquad\{\text{定义 9.10(迭代) 和定律 9.25(}\mu\text{ 不动点)}\}\\
&= ((p;RHS)\lhd b\vee c\rhd(b\vee c)*p)\lhd b\rhd((b\vee c)*p)\\
&\qquad\{\text{定律 9.49(}\lhd\rhd\text{清空 }b^{\top}\text{) 和定律 9.72(* - 消去)}\}\\
&= (p;RHS)\lhd b\rhd((b\vee c)*p) \qquad\{\text{定律 9.54(}\lhd\rhd\text{条件合取)}\}\\
&\sqsupseteq \mu x\cdot(P;x)\lhd b\rhd((b\vee c)*p)) \qquad\{\text{定律 9.26(}\mu\text{ 最小不动点)}\}\\
&\sqsupseteq (b*p);((b\vee c)*p) \qquad\{\text{定律 9.77(}-\mu\text{ 尾递归)}\}\\
&= \text{左边}
\end{aligned}
$$

再证明左边⊒右边。

$$
\begin{aligned}
\text{左边} &= ((q;(b*p))\lhd b\rhd skip);(b\vee c)*p\\
&\qquad\{\text{定义 9.10(迭代) 和定律 9.26(}\mu\text{ 不动点)}\}\\
&= (p;LHS)\lhd b\rhd RHS\\
&\qquad\{\text{定律 9.52(; - }\lhd\rhd\text{左分配) 和定律 9.1(;跳单位元)}\}\\
&= (p;LHS)\lhd b\rhd((p;RHS)\lhd b\vee c\rhd skip) \qquad\{\text{定律 9.26(}\mu\text{ 不动点)}\}\\
&\sqsupseteq (p;LHS)\lhd b\vee c\rhd skip \qquad\{\text{定律 9.55(}\lhd\rhd\text{条件析取) 和 }LHS\sqsubseteq RHS\}\\
&= (b\vee c)*p
\end{aligned}
$$

18）静态说明

记号 dec x · p 声明不同变量的表 x 用于程序 p 中(声明的作用域)。这种形式的子程序可以在一个程序预期其出现处出现。

变量可在表中声明,也可单个地声明。

定律 9.79 如果 x 和 y 没有公共变量,则

dec x·(dec y·p) = dec x,y·p (dec 结合律)

变量声明与变量出现的顺序无关。

定律 9.80 dec x·(dec y·p) = dec y·(dec x·p) (dec 可交换)

如果一个声明了的变量从未使用,则该声明无效。

定律 9.81 如果 x 在 p 中不是自由变量,则

dec x·p = p (dec 删去)

如果约束变量不作为自由变量,则可以改变约束变量的名字。

定律 9.82 如果 y 不是 p 中的自由变量,则

dec x·p = dec y·p[x←y] (dec 更名)

一个被声明变量的值是完全任意的,因此一个变量的初始化可以减少不确定性。

定律 9.83

(1) dec x·p = dec x·p; x:= e;p (dec – := 初始值)

(2) dec x·p ⊑ dec x·p;x:∈b;p (dec:∈初始值)

在一个变量的作用域结束前对其赋值是没有影响的,但是广义赋值不能完全忽略,因为它可能产生奇迹。

定律 9.84

(1) dec x·p = dec x·p;x:= e (dec – x:= 最终值)

(2) dec x·p ⊑ dec x·p; x:∈b (dec – x:∈最终值)

如果一个变量不与具有同名的变量相互干扰,则可以增大这个变量的作用域而不影响其效果。因此程序设计构造对于声明有分配律,例如,如果顺序合成的运算符的自变量之一声明变量 x,则这个声明的作用域可同其他分量一起扩充,这里假定这个自变量不与其他自变量重名。

定律 9.85 如果 x 在 q 中不是自由的,则

(1) (dec x·p);q = dec x·p;q (; – dec 左分配)

(2) q;(dec x·p) = dec x·q;p (; – dec 右分配)

当两个自变量声明同一个变量时,这两个声明可用其中一个代替。

定律 9.86 (dec x·p);(dec x·q) ⊑ dec x·p;q (dec – ;分配)

注意,这可能减少不确定性。考虑 q 是 y:= x 的情况时,上面的不等式左面 y 的最后值将是完全任意的。而在右边可能的情况是,x 在 p 中被赋予一个值,因此 y 的最后的值就是 x 的值。在所有情况下,右边的值至少和左边一样是确定的。

假定在卫戍中或条件中不出现 x，如果一个卫戍命令集的每个分量或条件声明变量 x，则这个声明可以移到构造外。

定律 9.87　如果 x 不出现在 a 或 b 中，则

$$a \to (\text{dec } x \cdot p) \square b \to (\text{dec } x \cdot q) = \text{dec } x \cdot a \to p \cdot \square b \to q \qquad (\text{dec} - \square \text{ 分配})$$

定律 9.88　如果 x 不出现在 b 中，则

$$(\text{dec } x \cdot p) \lhd b \rhd (\text{dec } x \cdot q) = \text{dec } x \cdot p \lhd b \rhd q \qquad (\text{dec} - \lhd \rhd \text{分配})$$

注意，如果 x 仅在一个分支上被声明（在其他分支上它不是自由的），这时将使用定律 9.81。

声明也可以移出迭代程序，这也可能减少不确定性。如同以下所示，这个定律可由其他更基本的定律推导得出。

定律 9.89　$b * (\text{dec } x \cdot p) \sqsubseteq \text{dec } x \cdot b * p$（dec － * 分配）

证明

右边 = $\text{dec } x \cdot (p; b * p) \lhd b \rhd \text{skip}$　{定义 9.10（迭代）和定律 9.26（μ 不动点）}

= $(\text{dec } x \cdot p; b * p) \lhd b \rhd \text{skip}$　{定律 9.88（dec － ◁▷分配）和定律 9.81（dec 消去）}

⊒ $((\text{dec } x \cdot p); \text{dec } x \cdot b * p) \lhd b \rhd \text{skip}$　{定律 9.86（dec －；分配）}

= $b * (\text{dec } x \cdot p)$ = 左边　{定义 9.10（迭代）和定律 9.26（μ 不动点）}

19）动态说明

命令 var x 引进 x 的一个动态作用域，它扩展到

- X 的静态作用域的结束；
- 命令 end x 的执行。

两者哪个先到就哪个起作用。

一个操作自变量可以帮助澄清两个类型的声明如何相互关联。一般的思想是，把每个变量同未受限的栈相关联。可以把 x 的静态声明当作是通过其（隐式的）未受限的栈引入的一个新变量（即赋予任意的值）。这个栈开始时为空，动态声明的命令操作在这个栈上，并非是创建一个新的变量。var x 的作用是把 x 的当前值压入这个栈，并对 x 赋予任意值。end x 则把 x 弹出栈，并把弹出的值赋给 x，如果栈为空，则这个值是任意的。

由于我们的语言不强加变量声明，因此必须考虑在这种场景中如何看待未加声明的变量。在此情况下的操作解释是，当变量第一次被使用时，一个未受限的栈自动地与一个未加声明变量相关联。关于栈，var 和 end 的效果与上述的讨论相同。

我们已有引入和结束一个变量的作用域的命令，这对于数据求精中的编码和译码程序的定义有必要。编码程序引入抽象状态并且结束具体状态的作用域，而译码程序引入具体状态并且结束抽象状态的作用域。

var 和 end 命令都遵守类似于 dec 所遵守的定律。但是，对于动态声明而言，一般来

说,更名是无效的(当静态和动态声明有相同效果时除外)。

在下述意义下,var 和 end 两者是可结合的。

定律 9.90 如果 x 和 y 没有公共变量,则

(1) (var x; var y) = var x,y (var 可结合)

(2) (end x; end y) = end x,y (end 可结合)

假定一个变量(动态的)增大不干扰其他的自变量,则这个变量的作用域可以增大而不起作用。

定律 9.91 如果 x 不是 p 中的自由变量,则

(1) p; var x = var x; p (var 改变作用域)

(2) end x;p = p; end x (end 改变作用域)

只要在条件内 var 和 end 不出现干扰,则两者可通过条件分配。

定律 9.92 如果 b 没提到 x,则

(1) (var x; p) ◁b▷ (var x;q) = var x;(p◁b▷q) (var - ◁▷右分配)

(2) (end x;p) ◁b▷ (end x;q) = end x;(p◁▷q) (end - ◁▷右分配)

var x 给 x 赋予任意值。这是通过对 x 的初始化来减少不确定性。

定律 9.93

(1) var x ⊑ (var x; x:= e) (var - := 初始值)

(2) var x ⊑ (var x;x:∈ b) (var - :∈初始值)

在一个变量的作用域结束之前对其赋值是没有影响的。但是对于广义赋值不能被完全忽略,因为它可能引起奇迹出现。

定律 9.94

(1) end x = (x:= e ;end x) (end - := 最终值)

(2) end x ⊑ (x:∈ b; end x) (end - :∈最终值)

下面两个定律对于数据求精的推理很重要。它们准确地赋予 var 和 end 动态声明的语义。第一个定量指出,跟随 end x 之后的 var x 使 x 之外的所有变量不变;为 end x 所跟随的 var x 没有作用(对 x 也一样),因此对偶(end x;var x) 是一个模拟。

第二个定律提出,当 end x 和 var x 后跟随对 x 的一个赋值,且赋值不依赖前面的 x 值时,则顺序合成不起作用。

定律 9.95 (end x; var x) ⊑ skip ⊑ (var x; end x) (end - var 模拟)

定律 9.96 (end x; var x;x:∈ b) = x:∈ b (end - var 跳)

我们注意到:这个定律即使在 x 出现在 b 中时也成立,因为 x 在 b 中的出现不访问 x 以前的值。这是它对当前 x 值的一个要求。静态声明(dec)不符合上述两个定律,因为没有构造来结束一个变量的作用域。下面两个定律把这两类声明关联起来。

如果在 x 的一个静态声明的作用域中的第一个命令是 var x 或 end x,则这个命令无效。

定律 9.97

(1) dec x · var x ;p = dec x · p (var 消除 1)

(2) dec x · end x; p = dec x · p (end 消除 2)

首先我们给出(1)的证明。回想一下,x 的静态声明创建一个开始时为空的隐式栈。在(1)左边的 var x 的作用是把 x 的当前值(它是任意的)压入栈中,而且对 x 赋予任意值。但是 x 的值已是任意的,因此对它赋值是无作用的。其次把任意值压入一个空栈也是无关紧要的。可以访问这个值的唯一命令是随机的 end x,如果栈为空,它将赋一个任意值给 x。

关于(2)的证明更简单些。因为同 x 相关联的栈开始时为空,end x 的效果是把任意值赋给 x,但是 x 的值已是任意的。如同我们前面提到的,一个变量的动态作用域不能扩展到超过它的静态作用域,因此在它的静态作用域结束前开始或终止 x 的动态作用域是无关紧要的。

定律 9.98

(1) dec x · p;var x = dec x · p (var 消除 2)

(2) dec x · p;end x = dec x · p (end 消除 2)

有时需要区分一个给定变量的静态和动态的作用域。因此我们必须考虑这两类说明何时会有相同的效果。

前面已经讨论过,由不同的构造来引入和结束一个变量(动态)的作用域比单个构造更灵活。如果只允许静态声明,那么在我们的语言中将不可能表达这个思想,因此,通常一个静态声明不可能代替动态声明。然而,在某些条件下可以实现,条件是,在一个程序中的每个 var x 都有一个对应的静态地确定 end x,使得形如

var x;q;end x

的分程序可被

dec c · p

所代替。这个条件可由下列定义描述。

定义 9.17 (分程序结构)

如果一个程序 p 是按照如下规则构造的,那么这个程序 p 相对于一个变量 x 是一个分程序结构。

(1) 所有不含 var x 或 end x 命令的程序关于 x 都是分程序结构的。

(2) 如果 p 关于 x 是分程序结构的,则 var x;p; end x 也是分程序结构的。

虽然上述条件对于允许用 x 的一个静态说明代替动态声明而言是必要的,但并不是充分的。因为静态说明由静态作用域规则所支配,而动态声明则由动态声明规则所支配。例如:假设程序标识符 X 是由程序文本 x:= y 所限定,考虑以下程序(设 x、y 和 z 是不同的

变量)

var y;y:= x; X; end y

其中 X 的出现代表被约束为 x:= y 的一次调用。动态作用规则确定,在程序(由标识符 x 所标识)中 y 的出现被约束为 y 的(动态)声明。因此容易得出结论,上述程序的作用是把 z 赋给 x。

现在我们来考虑下列程序的效果:

dec y · y:= z;X

在此情况下,由于 y 的声明是静态的,则在这个作用域的范围内的任何调用命令都受静态作用域规则所控制。这就意味着,在程序 X 中 y 的出现被其作用域包括对 X 的一个调用的 y 声明。因此在上述声明中被引入的 y 不同于在 X 中的 y,它们恰好具有相同的名字。对上述的 y 的局部更名(回想一下,更名仅对于静态声明是允许的),比如,改成新变量 w 并不改变上述程序的行为,这导致

dec w · w:= z;X

这可以容易地转换成(使用简单的说明定律)

x:= y

在此情况下,相同变量的静态声明和动态声明有不同的效果。这仅在有调用命令时出现,因为它们受不同作用规则的支配,依赖于所引入的是静态的还是动态的声明。

为了抓获不能区分的给定变量的静态声明和动态声明的精确上下文,我们需要以下的概念:

定义 9.18 连续作用域

我们说一个变量 x 在程序 p 中有连续的作用域,如果

- p 不包含自由程序标识符(代表调用命令)或
- 如果程序标识符 X 在 p 中是自由的,则变量 x 在(定义)X 的程序中必定不是自由的。
- 注意,在由程序

dec y; y:= z; X

例证的情况下,变量 y 没有连续的作用域,因为有一个自由的程序标识符 X,其中 y 是自由的(X 受限于程序 x:= y)。

最后,我们给出将变量的两种形式的说明关联起来的定律。

定律 9.99 如果 p 是关于 x 构造的一个分程序,且在 p 中 x 有一个连续的作用域,则

dec x · p = var x;p;end x (dec-(var,end)转换)

我们可以确保,通过要求嵌套的说明总是使用不同的变量名,它们也不同于全局变量名,则程序关于任何局部变量总是有连续的作用域。当应用上述定律时,假设连续作用域的条件总被满足。例如,在

dec y; y:= z; X

中 y 的作用域不连续。假设 w 是一个新的变量,更名允许我们把这个程序转换成明显地满足关于 w 的连续作用域的条件,因为 w 不出现在限制 X 的程序(x:= y)中。现在我们可以推导出上述程序等价于

x,x:= y

这是我们所预期的结果。

由定律 9.99 可以推导出关于引入局部说明的定律。

定律 9.100 如果 p 是关于 x 构造的分程序,且 x 在 p 中有连续的作用域,则

$$x:\in b;p;x:\in c=(\text{dec } x\cdot x:\in x:\in b;p);x:\in c \text{(dec 的引入)}$$

证明

左边 = end x;var x;x:∈ b;p;end x;var x;x:∈ c
{定律 9.96(end-var 跳)}
= end x;(dec x · x:∈ b;p);var x;x:∈ c
{定律 9.99(dec - (var-end)转换)}
= (dec x · x:∈ b;p);end x;var x;x:∈ c
{定律 9.91(end 改变作用域)}
= (dec x · x:∈ b;p):x:∈ c
{定律 9.96(end-var 跳)}
= 右边

定律 9.99 和定律 9.100 将在下一节中用来实现源程序的变换。这些是分程序结构的,因为 var 和 end 不是我们源程序的一部分。前面已说明如何确保程序关于任何局部变量总有连续的作用域,因此假设这些条件被满足时,定律便适用。

20) 基本定律的正确性

在纯代数观点下,一个给定语言的定律是其语言的一个代数语义。由于篇幅有限,在此不对更基本的定律的正确性进行验证。这些定律是表达语言的运算符之间关系的公理。但是,对于遵循面向模型方法的人而言,当公理集较大时,就如现在这样,假设一个不相一致的定律集很可能是一个灾难,因为它允许证明不正确的结果,就像要证明一个不正确的编译程序的正确性那样。

避免这个问题的方法是把语言的代数语义与可以证明这些定律的(非平凡的)数学模

型联系起来,也可把语言的代数语义与更具体的(操作)模型联系起来。这允许用来检验语言运算符的可行性。但在我们的推理语言中是不可能的,因为语言中包括不可实现的运算符。

即使这个模型是为其既定的目的服务也有可能为其他目的服务。例如,在应用程序设计的代数定律求解一个给定任务中,人们发现了允许更简明证明的更精巧的变换策略。所有的定律都是从更基本的定律推导出来的。

对于推理语言来说,这些非平凡模型的存在表明:它的代数定律在某种意义下是一致的。以下使用谓词变换模型来说明如何验证我们语言的基本定律,但只涉及一些运算符,这些运算符的定义已在上一节中给出,但为了方便起见,我们再重述它们。在一个谓词集合中,p 和 q 表示任意程序,P 表示一个任意的程序集合。

$$\begin{aligned}
&\text{skip} \Leftrightarrow (\text{定义为})\lambda a \cdot a\\
&\bot \Leftrightarrow (\text{定义为})\lambda a \cdot \text{false}\\
&\top \Leftrightarrow (\text{定义为})\lambda a \cdot \text{true}\\
&\sqcup P \Leftrightarrow (\text{定义为})\lambda a \cdot (\exists X \mid X \in P \cdot X(a))\\
&\sqcap P \Leftrightarrow (\text{定义为})\lambda a \cdot (\forall X \mid X \in P \cdot X(a))\\
&p;q \Leftrightarrow (\text{定义为})\lambda a \cdot p(q(a))
\end{aligned}$$

$\sqcup$ 和 $\sqcap$ 的二目版本被定义为上述定义的特殊情况:

$$\begin{aligned}
&p \sqcup q \Leftrightarrow (\text{定义为})\lambda a \cdot p(a) \vee q(a)\\
&p \sqcap q \Leftrightarrow (\text{定义为})\lambda a \cdot p(a) \wedge q(a)
\end{aligned}$$

其余运算符的定义可类似地给出[3]。由上面的定义可以证明相应运算符的定律。例如,从 $\sqsubseteq$ 的定义,借助最弱前提条件。我们可以推导它的特征:

$$\begin{aligned}
P \sqsubseteq q &\equiv (p \sqcap q) = p && \{\text{定义 9.1(顺序关系)}\}\\
&\equiv (\lambda a \cdot p(a) \wedge q(a)) && \{\sqcap\text{的定义}\}\\
&\equiv \forall a \cdot (p(a) \wedge q(a) \Leftrightarrow p(a)) && \{\text{扩展公理}\}\\
&\equiv \forall a \cdot (p(a) \Rightarrow q(a)) && \{\text{谓词演算}\}
\end{aligned}$$

这就是基于最弱前提条件的求精定义。另一个例子,我们验证定律 9.25($\sqcup$ - $\sqcap$ 分配律):

$$\begin{aligned}
&(\sqcup P) \sqcap p\\
&\quad = \lambda a \cdot (\sqcup P)(a) \wedge p(a) && \{\sqcap\text{的定义}\}\\
&\quad = \lambda a \cdot (\exists X \mid X \in P \cdot X(a)) \wedge p(a) && \{\sqcup\text{的定义}\}\\
&\quad = \lambda a \cdot (\exists X \mid X \in P \cdot (X \sqcap p)(a)) && \{\sqcap\text{的定义}\}\\
&\quad = \lambda a \cdot (\exists X \mid X \in \{X \in P \cdot (X \sqcap p)\}) \cdot X(a) && \{\text{集合论}\}\\
&\quad = \cup \{X \in P \cdot (X \sqcap p)\} && \{\cup\text{的定义}\}
\end{aligned}$$

9.4 一个简单的编译程序

本节将介绍一个编译程序是如何工作的。我们首先描述一个任意的执行机制的模型规范形式。这里的规范形式定理与控制的消除相关联:把源程序嵌套的控制结构归结为一层的迭代。这些定理在很大程度上与特定的目标机器无关。然后我们设计并证明源语言的一个子集的编译程序正确性,但不包括过程或递归。这里考虑的构造是跳、赋值、顺序合成、魔鬼不确定性、条件、迭代和局部说明。

编译过程分成三个主要阶段:表达式的简化、控制的消除和数据求精。这个过程涉及从源程序的抽象空间到目标机器的具体状态的转换。

每个普通转换都有一个定理,说明对于一个特定目标机器的编译过程更确定的转换有一个规则。每个规则描述把源程序转换成规范形式的一个变换,同时又有与特定目标机器一样的结构。把这些规则集合在一起,即可用来完成编译的任务。

注意:上一节的代数定律与这些归结规则所发挥的作用不同。定律表达的是语言运算符的一般性质,而规则是为将任意程序转换成规范形式的特殊目的服务的。简而言之,定律是用来证明规则的必要的定义,而规则是用来进行编译的。

9.4.1 规范形式

形如

$$\mathrm{dec}\ v\cdot v:\in a;b*p;c_{\perp}$$

的程序可解释为以下列方式执行程序的一般模型:

(1) 变量表 v 代表机器的组成部件(如寄存器)。它们被作为局部变量引入。由于它们在源程序级没有对应东西,因此它们最终的值是无关紧要的。

(2) a 是关于初始状态的一个假定。如果不能通过对 v 赋值使 a 为真,那么这个机器像奇迹那样动作,从而免除了编译程序的设计者处理不满足 a 的那些状态。使用不确定赋值 v:∈a 来初始化机器可使用对控制状态进行编码的方法来进行抽象。

(3) p 是内存的程序,它被循环执行直到条件变假为止。通常,p 是形如

$$b_1\rightarrow p_1\Box\ldots\Box b_n\rightarrow p_n$$

的一个卫成命令集。当机器处于状态 b_1 时,执行动作(或指令)p_1。在此情况下,条件 b 由

$$b_1\vee\ldots\vee b_n$$

给出。

(4) c 是关于机器最终状态的断言。如果程序的执行不断言 c,则机器像流产那样结束。

注意,在迭代 $b*p$ 终止时 b 为假,且有

$$b*p;c_\perp = b*p;(\sim b)_\perp;c_\perp = b*p;(\sim b\wedge c)_\perp$$

于是,不失一般性,可以假设 $c=(\sim b\wedge c)$,因此

$$(b\wedge c)=\text{false}$$

规范形式定理将依赖于 b 和 c 不相交的假设。

一个规范形式程序可简写为如下定义的形式。

定义 9.19 规范形式。

$$v:[a,b\rightarrow p,c]\Leftrightarrow(\text{定义为})\text{dec } v\cdot v:\in a;b*p;c_\perp$$

其中,$(b\wedge c)=\text{false}$

为方便起见,可使用形式

$$v:[a,(b_1\rightarrow p_1\square\ldots\square b_n\rightarrow p_n),c]$$

作为

$$v:[a,(b_1\vee\ldots\vee b_n)\rightarrow(b_1\rightarrow p_1\square\ldots\square b_n\rightarrow p_n),c]$$

的简写。

9.4.2 规范形式的归结

为了把任意程序归结为规范形式,需要说明每个原始命令如何改写成规范形式;以及在应用到规范形式下的操作数时语言的每个运算符如何产生规范形式下可表达的结果。以下的归结不涉及数据表示的改变,因此我们可直接比较源程序的构造和相关的规范形式程序。

如下一些定理虽然指出简单的结果(有些只是代数定律或引理的推论),但它们都有直观形式,因为每个都说明语言的一个给定的运算符如何归结为规范形式。这些定理可以看作是表达普通的变换,而与目标机器无关。

如果初始状态与终止状态重合,则机器不做任何动作。更具体地说,空代码是 skip 的可能的实现。

定理 9.6 skip。

$$\text{skip}\sqsubseteq v;[a,b\rightarrow p,a]$$

证明

$$\begin{aligned}\text{右边}&=\text{dec } v\cdot v:\in a;a_\perp && \{\text{定律 9.75}(*\text{消除}),a\wedge b=\text{false}\}\\&=\text{dec } v\cdot v:\in a;\text{skip} && \{\text{定律 9.66}(:\in\text{空 } a_\perp)\text{和定律 9.1}(;\text{skip 1})\}\end{aligned}$$

$\sqsupseteq$ skip = 左边　　{定律 9.93(dec - :∈初始值)和定律 9.91(dec 消除)}

下面的引理说明如何将一个原始命令写成规范形式。这个引理对于所有程序 p 都有效,但在非原始的构造中不使用,因为我们遵循最内的(由底向上的)归结策略。

引理 9.2(原始命令)

如果 v 在 p 中不是自由的,则

$$p \sqsubseteq v:[a \to (p;v:\in c),c]$$

右边 = dec v · v:∈ a;p;v:∈ c;$c_\perp$　　{定律 9.73(* 展开)和定律 9.72(* 消除)}

　$\sqsupseteq$ dec v * p;v:∈　　{定律 9.83(dec - :∈初始值)和定律 9.81(:∈空 $c_\perp$)}

　$\sqsupseteq$ p　　{定律 9.84(dec - :∈最后值)和定律 9.81(dec 消除)}

　= 左边

以下的 skip 和赋值的规范形式是上面引理的初始化。由如下事实,即 skip 是顺序合成的单位元,skip 被进一步简化,其操作解释是 skip 可通过一个跳转来实现。

定理 9.7　skip。　skip $\sqsubseteq$ v:[a,(a→v:∈ c),c]

定理 9.8　赋值。　x := e $\sqsubseteq$ v:[a,a→(x := e;v:∈ c),c]

顺序合成假设,它的两个自变量(程序)都已是规范形式,且左自变量的最终状态与右自变量的初始状态一致,得到的规范形式的卫戍命令集把原来的卫戍命令组合在一起。首先我们考虑一个特殊情况,其中右自变量的卫戍命令集包括左自变量的卫戍命令集在内。

引理 9.3　顺序合成。

$$v:[a,b_1 \to p,c_0];v:[c_0,(b_1 \to p \,\square\, b_2 \to q),c] \sqsubseteq v:[a,(b_1 \to p \,\square\, b_2 \to q),c]$$

证明　令 $R = (b_1 \to p \,\square\, b_2 \to q)$,则

左边 = dec v · v:∈ a;b_1 * p;$c_{0\perp}$;v:∈ c_0;$(b_1 \vee b_2)$ * R;$c_\perp$

　　　　　　　　　　　　　{定律 9.86(dec - ;分配)}

　$\sqsubseteq$ dec v · v:∈ a;b_1 * p;$(b_1 \vee b_2)$ * R;$c_\perp$

　　　{定律 9.95(v:∈ c_0 由 $c_0^\top$ 求精)和定律 9.37($c_{0\perp} - c_0^\top$ 转换)}

　= dec v · v:∈ a;b_1 * R;$(b_1 \vee b_2)$ * R;$c_\perp$　　{定律 9.75(* - □消除)}

　= v:[a,$(b_1 \to p \,\square\, b_2 \to q)$,c] = 右边　　{定律 9.78(* 序列)}

现在我们证明,通过消除任意的卫戍命令可以归结一个规范形式的卫戍命令集,所得程序比原程序差。换言之,通过引进新的卫戍变量来扩展卫戍命令集可导致求精。

引理 9.4　消除卫戍命令。

$$v:[a,(b_1 \to p \,\square\, b_2 \to q),c] \sqsupseteq v:[a,b_1 \to p,c]$$

证明 令 $R=(b_1\rightarrow p\Box b_2\rightarrow q)$，于是

$$\begin{aligned}左边 &\sqsupseteq v:[a,b_1\rightarrow p,c];v:[c,r,c] && \{引理 9.3(顺序合成)\}\\ &\sqsupseteq v:[a,b_1\rightarrow p,c] && \{定理 9.7(skip)及定律 9.1(;跳单位元)\}\\ &= 右边\end{aligned}$$

顺序合成的归结可直接由引理 9.3 和引理 9.4 得到。这些引理更实用。

定理 9.9 顺序合成。

$$v:[a,b_1\rightarrow p,c_0];v:[c_0,b_2\rightarrow q,c]\sqsubseteq v:[a,(b_1\rightarrow p\Box b_2\rightarrow q),c]$$

证明

$$\begin{aligned}右边 &\sqsupseteq v:[a,b_1\rightarrow p,c_0];v:[c_0,(b_1\rightarrow p\Box b_2\rightarrow q),c] && \{引理 9.3(顺序合成)\}\\ &\sqsupseteq v:[a,b_1\rightarrow p,c_0];v:[c_0,b_2\rightarrow q,c] && \{引理 9.4(消除卫戍命令)\}\\ &= 左边\end{aligned}$$

下面的引理表明，当条件命令的分支是规范形式且有相同分量时（只是初始状态不同）如何消除一个条件命令。在得到的规范形式程序中首先要确定应该激活哪一个初始状态。

引理 9.5 条件。如果 v 在 b 中不是自由的，则

$$v:[a_1,R,c]\lhd b\rhd v:[a_2,R,c]\sqsubseteq v:[a,R,c]$$

其中 $R=(a\rightarrow(v:\in a_1\lhd b\rhd v:\in a_2)\Box b_1\rightarrow p)$

证明

$$\begin{aligned}右边 &= \mathrm{dec}\ v\cdot v:\in a;(v:\in a_1\lhd b\rhd v:a_2);(a\vee b_1)*R;c_\perp\\ &\qquad \{定律 9.74(* -\Box展开)\}\\ &= \mathrm{dec}\ v\cdot v:\in a;(v:\in a_1;(a\vee b_1)*R;c_\perp)\lhd b\rhd(v:\in a_2;(a\vee b_2)*R;c_\perp)\\ &\qquad \{定律 9.52(;\lhd\rhd 左分配)\}\\ &= \mathrm{dec}\ v\cdot v:\in a;v:\in a_1;(a\vee b_1)*R;c_\perp\lhd b\rhd(\mathrm{dec}\ v\cdot v:\in a;v:\in a_2;(a\vee b_1)*\\ &\qquad R;c_\perp)\qquad \{定律 9.68(:\in\lhd\rhd 右分配)和定律 9.88(\mathrm{dec}-\lhd\rhd 分配)\}\\ &= v:[a_1,R,c]\lhd b\rhd v:[a_2,R,c]= 左边 \qquad \{定律 9.93(\mathrm{dec}-:\in 初始值)\}\end{aligned}$$

引理 9.5 对于直接演算是有效的，也可用于条件和迭代命令规范形式的归约证明。

定理 9.10 条件。如果 v 在 b 中不出现，则

$$v:[a_1,b_1\rightarrow p,c_1]\lhd b\rhd v:[a_2,b_2\rightarrow p,c]\sqsubseteq v:[a,R,c]$$

其中 $R=(a\rightarrow(v:\in a_1\lhd b\rhd v:\in a_2)\Box b_1\rightarrow p\Box c_1\rightarrow v:\in c\Box b_2\rightarrow q)$

证明

$$\begin{aligned}右边 &= v:[a,R,c]\\ &\sqsupseteq v:[a_1,R,c]\lhd b\rhd v:[a_2,R,c] && \{引理 9.5(条件)\}\\ &\sqsupseteq v:[a_1,b_1\rightarrow p,c_1];v:[c_1,c_1\rightarrow v:\in c,c]\lhd b\rhd v:[a_2,b_2\rightarrow q,c]\\ &\qquad \{引理 9.3(顺序合成)和引理 9.4(消除卫戍命令)\}\end{aligned}$$

$\sqsupseteq v:[a_1, b_1 \to p, c_1] \lhd b \rhd v:[a_2, b_2 \to q, c]$

= 左边 {定理 9.7(skip)和(; - sk1)(定律 9.1)}

下面的引理表明,如果要执行的第一个卫戌命令的唯一效果是使得某个表达式为真,则可以用这个表达式代替规范程序的初始状态。

引理 9.6 空初始状态。

$$v:[c_0, (c_0 \to v:\in a \square b \to p), c] \sqsupseteq v:[a, (c_0 \to v:\in a \square b \to p), c]$$

证明:左边 $= v:[c_0, (c_0 \to v:a \square b \to p), c] \sqsupseteq v:[a, (c_0 \to v:\in a \square b \to p), c]$

$= \mathbf{dec}\ v \cdot v:\in c_0; v:\in a; (c_0 \vee b) * (c_0 \to v:\in a \square b \to p); c_\perp$

{定律 9.73(* - □展开)}

$\sqsupseteq v:[a, (c_0 \to v:\in a \square b \to p), c]$ = 右边 {定律 9.83(dec - :∈ 初始值)}

为了归结一个迭代命令,我们假设它的体具有规范形式。令 a_0 和 c_0 是这个规范形式程序的初始和最终状态。整个迭代的规范形式的运作如下:第一个要执行的是条件命令,它检查迭代的条件是否成立。在此情况下,a_0 被激活;否则,程序达到最终状态。当 c_0 被激活时,第一个动作的卫戌被激活,使得条件命令再次被执行。

定理 9.11 迭代。如果 v 在 b 中不出现,则

$$b * v:[a_0, b_1 \to p, c_0] \sqsubseteq v:[a, R, c]$$

其中,$R = (a \to (v:\in a_0 \lhd b \rhd v:\in c) \square c_0 \to v:\in a \square b_1 \to p)$

证明 右边 $= v:[a, R, c]$

$\sqsupseteq v:[a_0, R, c] \lhd b \rhd v:[c, R, c]$ {引理 9.5(条件)}

$\sqsupseteq v:[a_0, b_1 \to p, c_0]; v:[c_0, R, c] \lhd b \rhd \mathbf{skip}$

{引理 9.3(顺序合成)和定理 9.7(skip)}

$\sqsupseteq v:[a_0, b_1 \to p, c_0]$;右边 $\lhd b \rhd \mathbf{skip}$ {引理 9.5(空初始状态)}

$\sqsupseteq b * v:[a_0, b_1 \to p, c_0]$

= 左边

两个程序的魔鬼不确定性选择可以通过以上两个之一来实现。实际上在源程序层次上就可以消除选择,从而避免编译其中的一个分量。

定理 9.12 不确定性。

1) $(p \sqcap q) \sqsubseteq p$

2) $(p \sqcap q) \sqsubseteq q$

证明 由定律 9.22(⊑ - ⊓最大下界)即可证明。

9.4.3 目标机器

设计一个编译程序,使其对一个简单机器产生代码。这个机器由四个部件组成:

A:累加器

P:一个顺序的寄存器(程序计数器)

M:指令寄存器(ROM——只读存储器)

m:数据或操作数存储器

方法是,把机器部件看作程序变量,而把设计指令看作更新机器状态的赋值。

P 和 A 用单个变量表示。尽管我们对类型不进行特殊的处理,但将赋予 P 整数值,它表示在只读存储中的位置。将 A 作为一个普通源变量处理,它在表达式的分解中将起重要的作用。M 为从程序计数器 P 到 ROM(只读存储器)的指令地址的映像,而 m 为表达式中变量地址在内存中的实际地址。

为了模拟 M 和 m,需要扩充我们的语言来允许映像变量。在映像中我们使用以下运算符:

$\{x \to e\}$	单点映像
$m_1 \cup m_2$	并
$m_1 \cdot m_2$	重写
$m[x]$	应用

在这些运算符中我们最不熟悉的是 $m_1 \odot m_2$,它包含 m_2 中的所有对偶,但 m_1 的定义域元素不在 m_2 中。例如,

$$\{x \to e, y \to f\} \odot \{y \to g, z \to h\} = \{x \to e, y \to g, z \to h\}$$

其次,我们使用下列简写记号:

$$\{x_1, \ldots, x_n \to e_1, \ldots, e_n\} \Leftrightarrow (\text{定义为}) \{x_1 \to e_1\} \cup \ldots \cup \{x_n \to e_n\}$$

思　考　题

1. 试用本章介绍的推导语言来表达

   $a(1+p)^n - a$

2. 试用本章介绍的推导语言来表达

   $$\text{面积} = (s(s-a)(s-b)(s-c))^{1/2}$$

   其中 $s = (a+b+c)/2$。

3. 试用本章介绍的推导语言编写实现比较三个数 a、b 和 c,找出最大数的程序。

4. 试用本章介绍的推导语言,求出使得下式成立的最小的 n:

   $$1 + 2 + \ldots + n \geqslant 500$$

5. 试用本章介绍的推导语言,编写求最大公因子的递归和非递归两个版本的程序。两个整数 x 和 y 的最大公因子的定义如下:

$$\gcd(x,y)=\begin{cases} y & \text{如果 } y\leqslant x \text{ 且 } x \bmod y=0 \\ \gcd(y,x) & \text{如果 } y>x \\ \gcd(y,x \bmod y) & \text{其他} \end{cases}$$

6. 试用本章介绍的推导语言把输入的十进制数转换为任何进制的数。

7. 试用本章介绍的推导语言编写一个可接受来自键盘的字符,然后按照递增的顺序排序程序,且删除重复的字符(如果有的话)。

8. 试用本章介绍的推导语言,编写一个计算

$$(P\rightarrow(Q\wedge R)\wedge(\sim P\rightarrow\sim Q)\wedge\sim R)$$

的程序

9. 试编写一个实现累加器功能的程序,对用户的输入数据进行累加,直到输入为 0 止,然后使用本章所介绍的方法来编译这个程序。

参考文献

[1] Dijkstra EW(1976) A discipline of Progranmming. Prentice-Hall, Englewood Cliffs, New Jersey.

[2] Sampio A(1997) An Algebraic Approach to Compiled Design. World Scientific, Singapore.

[3] Guinan PJ, Cooprider JG, Sawyer S(1997) The Effective Use of Automated Application Development Tools. IBM System Journal 36(1):124 – 139.

[4] Hoare CAR(1969) An Axiomatic Basis for Computer Progamming. Communications of the ACM 12, pp 567 – 583.

[5] Dijkstra EV(1968) A Constructive Approcach to the Problem of Program Correctness. BIT 8(3): 174 – 186.

[6] Meyer B(1985) On Formalism in Specifications, IEEE Software 2, pp 6 – 26.

[7] Hoare CAR(1987) An Overview of Some Formal Methods for Progran Design. IEEE Computre 20, pp 85 – 91.

[8] Fenton NE, Fleege SLP(1997) Software Metrics: A Rigorous and Practical approach, 2nd edn. IEEE Society, Los Alamitos(Chapter 5).

[9] Tracz WJ(1979) Computer Programming and the Human Thought Process. Software: Practice and Experience 9, pp 127 – 137.

第10章 中间代码生成

我们的任务是过河，但是没有桥或没有船就不能过。不解决桥或船的问题，过河就是一句空话。

——毛泽东

10.1 本章动机

在编译的分析阶段之后便进入综合阶段。这个阶段的主要任务是生成目标代码。从理论上说，在完成对源程序的分析并且保存为生成目标代码所需要的所有信息后，生成目标代码并不困难。但是，不直接生成目标代码而先生成中间代码有其优点，而且对于生成更有效的目标代码也有好处。

所谓的中间代码是指用中间语言改写的源程序。实际上，如果我们以数次扫描来编译源程序，那我们就已经使用中间语言了。我们用它作为把前一遍的结果传输到次一遍的媒介，也就是前一遍的输出成为次一遍的输入。所以两者相同，它们都是中间语言。首先，在完成了编译的分析之后也就产生了改写过的源程序版本。词法分析程序把标识符、变量、常数以及语言的保留字转换为具有定长度的机器形态。因此，在分析阶段之后，程序文本和条款由具有定常度的各种符号表组成，这个源程序代替了原来的源程序。最简单的形式是整数，其中有对应于语言的保留字，有表示标识符表或常数表的指针等。因此我们也可把这个改写了的源程序称为程序的中间代码，但是它还不是我们所要的中间代码。这个中间代码同源文本之间的区别是，它不包含源程序包含的原始信息而只包含所有同词法分析程序生成的各种表相结合的信息。

我们所指的中间代码是分析阶段最后生成的代码，虽然它独立于机器但它更接近于机器代码。分析程序生成语法树作为中间形式，但它还不是中间代码。因为语法树仍然保留大多源语言的痕迹以及语法分析程序所属的程序实用范例，这些对于进行目标代码生成不利。因此，我们希望通过中间代码的生成将其中特定结点的集合归结为通用结点的小集合。这样的集合在实际机器上较容易实现，也就较为容易生成目标代码。因此，本章的目的是介绍涉及中间代码生成的所有问题。此外，中间代码还有另一个优点，就是一个独立于机器的优化程序可以应用到中间代码上[1]。图 10.1 示出了中间代码和代码优化程序的位置。

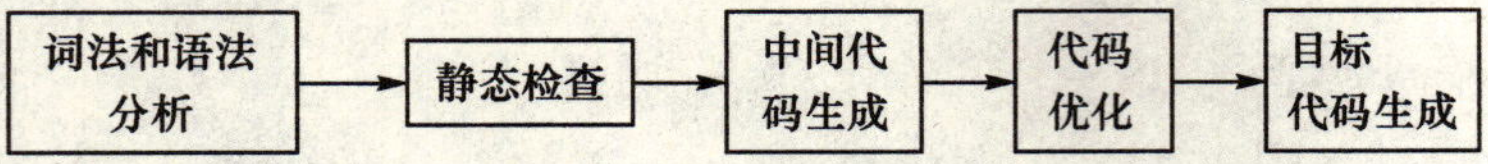

图 10.1 中间代码生成程序和代码优化程序的位置

10.2 中间代码语言

假设通过分析阶段我们得到语法分析树,这个树中的结点可分为三类:管理结点、表达式结点和控制流结点。

管理结点是指声明、模块结构的指示等结点。管理结点可以包含表达式计算,例如,数组元素地址的计算等。在通常情况下,管理结点对应的目标代码很少。但在一些情况下,例如,对于模块,编译程序必须生成代码来执行模块的初始化,然而管理结点需要的代码很少。

控制流结点[2]描述的特征有:由条件语句引起的分支、由开关语句引起的多重选择、计算语句、函数调用、异常处理、方法应用、Prolog 的规则选择和远程过程调用。控制流结点所需要的结点特征依赖于源程序所属的类别。因此,控制流结点所需要的代码也不多。

表达式出现在所有的范畴中。表达式明显地出现在所有语言的代码中。表达式是中间代码需要处理的主要目标,因此,我们需要考虑如何选择中间语言。原则上中间语言应该满足下列条件:

(1) 与机器无关;

(2) 简单;

(3) 易于生成中间代码,而且,也容于转换成机器代码;

(4) 易于处理优化代码程序。

按照中间语言的这些要求,人们通过广泛的研究和大量的实践,逐渐形成较为成熟和普遍接受的中间语言,如无循环的有向图(ADG)、后缀表达式以及三地址代码。

10.2.1 图形表示

一个语法分析树描述源程序的自然层次结构。一个无循环有向树通过更紧凑的方式来提供相同的信息,因为它能标识子表达式,例如,赋值语句

$$a := (b + c) \times (b - c) - (b \times c)/3$$

其语法分析树和无循环有向图如图 10.2 所示。

上述赋值语句的语法分析树是由语法驱动定义生成的。赋值语句的语法驱动定义如下:

$$S \rightarrow id := E$$

$E \to E_1 + T \mid E_1 - T$

$E \to T$

$T \to T_1 \times F$

$T \to F$

$F \to (E)$

$F \to id$

$F \to num$

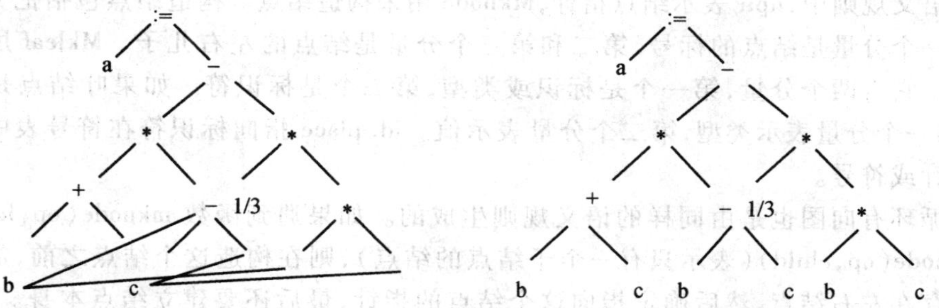

(a) 一个无循环有向图　　(b) 语法分析树

图 10.2　a := (b + c) × (b − c) − (b × c)/3 的图形表示

注意：在这些产生式中，E_1 和 T_1 不是新的非终端符号，实际上是 E 和 T，引入它们是为了方便分析。id 和 num 分别表示标识符，因此它们是终端符号。根据这些产生式规则，可以得到如图 10.3 所示的语义规则。

产生式	语义规则
S→id:=E	S.nptr:=mknode(':=',mkleaf(id,id.place,E.nptr))
$E \to E_1+T \mid E_1-T$	E.nptr:=mknode('+'|'-',E_1.nptr,T.nptr)
E→T	E.nptr:=T.nptr
$T \to T_1 \times F$	T.nptr:=mknode('×',T_1.nptr,F.nptr)
T→F	T.nptr:=F.nptr
F→(E)	F.nptr:=E.nptr
F→id	F.nptr:=mkleaf(id,id.place)
F→num	F.nptr:=mkleaf(num,num.val)

图 10.3　赋值语句的语法分析树语义规则

根据图 10.3 的语义规则，可形成图 10.2(b)上的语法分析树，并进行函数调用：

P_1 := mkleaf(id, entry a);

P_2 := mkleaf(id, entry b);

P_3 := mkleaf(id, entry c);

P_4 := mknode('+', p_2, p_3);

P_5 := mknode('−', p_2, p_3);

P_6 : = mknode(‘x’, p_4, p_5);

P_7 : = mkleaf(num, 1/3);

P_8 : = mknode(‘x’, p_2, p_3);

P_9 : = mknode(‘–’, p_7, p_8);

P_{10} : = mknode(‘–’, p_6, p_9);

P_{11} : = mknode(‘: =’, p_1, p_{10});

在语义规则中,nptr 表示结点指针,Mknode 用来构造结点。构造结点包括把分量分离开。第一个分量是结点的标号,第二和第三个分量是结点的左右儿子。Mkleaf 用来构造叶结点。它有两个分量,第一个是标识或类型,第二个是标识符。如果叶结点是一个常数,则第一个分量表示类型,第二个分量表示值。id. place 指向标识符在符号表中符号的相应指针或符号。

无循环有向图也是由同样的语义规则生成的。如果遇到函数 mknode(op,left,right)或 mkunode(op,child)(表示只有一个子结点的结点),则在构造这个结点之前,需要检查是否已存在左右结点,然后确定指向这个结点的指针,最后还要建立结点本身。这样,便生成了图 10.2 的无循环有向图。

图 10.4 示出了表示图 10.2(b)上的语法分析树。在图 10.4(a)上,每一个结点表示

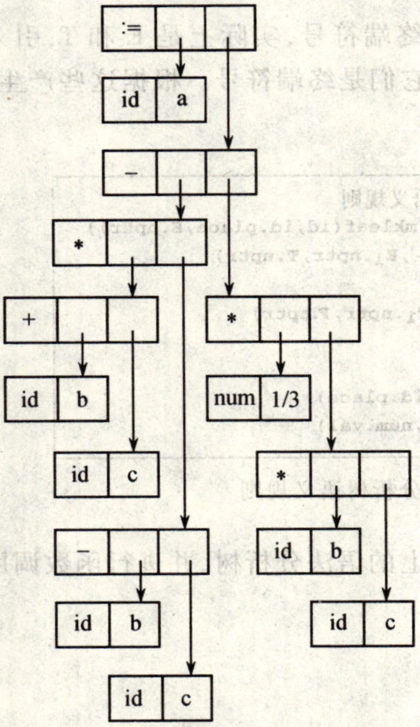

(a)

1	id	a	
2	id	b	
3	id	c	
4	+	2	3
5	id	b	
6	id	c	
7	–	5	6
8	*	4	7
9	num	1/8	
10	id	b	
11	id	c	
12	*	10	11
13	*	9	12
14	–	6	13
15	:=	1	14

(b)

图 10.4　图 10.2(b)的语法分析树的两种表示

一个记录，其中的左字段是运算符，而后面两个字段分别是这个运算符的左操作数和右操作数，它们包含两个字段，一个类型字段，一个名字或值（如果是一个数）字段。在图 10.4(b) 中，结点在一个记录数组中被分配，结点的指针作为结点的下标或位置。从位于 15 的根结点开始，遵循指针即可访问所有的结点。

10.2.2 后缀表示

后缀表示仅仅是语法分析树的线性化表示，它是树的结点，按一个结点直接跟随其子结点的顺序表示。按照这个原理，表达式

$$a := (b + c) \times (b - c) - (b \times c)/3$$

的后缀表示为

$$abc \times bc - (1/3)bc \times \times - :=$$

下面进一步介绍后缀表示。我们首先给出树的定义。

定义 10.1 一个或多个结点的有限集合 T 称为树，如果其中

(1) 有一个称为树的根的特殊结点；

(2) 剩余的结点被分成 $m(\geqslant 0)$ 个不相交的集合 $T_1, ..., T_m$，且每一个都是树，则 $T_1, ..., T_m$ 称为 T 的子树。

特别地，当 $m = 2$ 时，树 T 便称为二叉树。

在计算机科学中，人们特别感兴趣的是二叉树，因为其在数据结构等方面有广泛应用。我们可以用二叉树来表示任何表达式，方法是用根来标记运算符，用两个子结点来标记两个操作符，如图 10.5 所示。

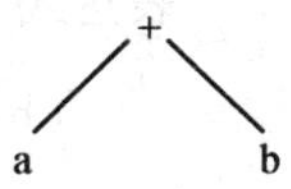

图 10.5 用二叉树表示 a + b

定义 10.2 给定一个二叉树，我们称系统地访问该树的每个结点为对树的遍历。

克努特(Knuth)提出三种遍历二叉树的方法，分别是：后序遍历、中序遍历和前序遍历。这三种遍历方法是递归地定义的。当二叉树为空时，不需遍历；否则，遍历可分以下三步进行：

前序遍历	中序遍历	后序遍历
访问根结点	访问左子树	访问左子树
访问左子树	访问根结点	访问右子树
访问右子树	访问右子树	访问根结点

例如，对于图 10.2(b) 的语法分析树，其对应的表达式是

$$(b + c) \times (b - c) - (b \times c)/3$$

这个表达式的二叉树如图 10.6 所示。如果我们以前序遍历来遍历它，得到的是

$- \times + bc - bc \times 1/3 \times bc$

其中每个运算符都出现在它的操作数之前,因此称为前序遍历。前序遍历也称为波兰记号以纪念发明这个记号的波兰人卢卡谢维奇(Lukasiewicz)。如果我们以中序遍历来遍历它,得到的就是原来的表达式

```
QUAD→operand op1  operand = INT |
          op2 operand
operand→INT | ID
INT→DIGIT | DIGIT INT
DIGIT→0 | 1 | 2 | 3 | 4 | 5 | 6 | 7 | 8 | 9
ID→a | b | c | . . . | z | (a | b | . . . | z)ID
op1→ + | - | × | ÷ | and | or
op2→ - | ~
```

四元组的例子如下:

$-a = 3$

$a + b = 5$

$b + 1 = 3$

a and b = 2

表达式

$$(b + c) \times (b - c) - (b \times c)/3$$

可表示成四元组:

b + c = 1		(+b c) = 1
b - c = 2		(-b c) = 2
1 × 2 = 3	或表示为	(×1 2) = 3
b × c = 4		(×b c) = 4
#(1/3) × 4 = 5		(×#(1/3)4) = 5
3 - 5 = 6		(-3 5) = 6

其中的整数对应于编译程序赋予的标识符,用#表示常数。这种代码也称为三地址代码,其中两个用来表示操作数地址,另一个用来存放结果的地址。这里我们假定运算符是双目运算符。至于单目运算符,则把它看作是双目的特殊情况,即它只需要一个操作数地址和一个结果地址。如果运算符是单目的,则第二个操作数是空的。四元组可以用三元组或双地址代码所代替。每个三元组由两个操作数地址和一个运算符组成。显然,这两个操作数与四元组的相同。操作数除了可以是变量和常数外,还可以是其他三元组的下标或索引。例如,

表达式

$$(b+c)\times(b-c)-(b\times c)/3$$

的三元组形式是：

位置	三元组
1	b + c
2	b − c
3	@1 × @2
4	b × c
5	(1/3) × @4
6	@3 − @5

说明：这里使用@表示三元组索引，因此对于常数，如1/3，不再使用#符号来区分。

下面给出一个三元组的代码，由此可以很容易推导出它所实施的计算。

位置	三元组
1	a + 1
2	@1 × @1
3	b + @2
4	@3 + c
5	@4 =: x
6	@1 + 1
7	d × @6
8	@7 =: y

这里实际上给出了 x 和 y 的计算如下：

$$x := b+(a+1)^2+c$$

$$y := d(a+2)$$

四元组和三元组是广泛使用的中间代码形式，因此我们必须把由分析阶段形成的语法分析树转换成四元组形式，才能形成等价于源代码的目标代码，或者说是源代码所预期的目标代码。

现在我们来分析由各种语句所生成的中间代码的四元组。

1）赋值语句

一个赋值语句有下列形式：

$$v := e$$

其中 v 是变量，e 是表达式。我们已经在本章前面部分介绍过中间代码的四元组形式，现

在的问题是,它可以是一个简单变量,也可以是下标变量的变量。如果它是一个简单变量,则赋值语句的中间代码是

$$<v := e> = \left\{ \begin{array}{l} \text{计算 e 的四元组代码} \\ := v <<e>> \end{array} \right\}$$

其中 $<e>$ 标记存储表达式的地址,因此 $<<e>>$ 标记表达式的值。

2）数组元素的地址计算

我们在赋值语句中提到,左边的变量可能是下标变量。如果是下标变量,则赋值语句需要把在右边算出的值赋给在左边的下标变量的地址位置。这涉及如何由索引或下标来计算下标变量的地址。此外,在赋值语句右边的表达式中也可能有下标变量,因此同样需要由下标算出地址以及求出其值。因此计算数组元素的地址是编译程序的任务。

数组可以是一维的,二维的,甚至是更高维的。一维数组的一般形式是

array(num) of T

num 指出元素的个数。这个数的计数如果从 0 开始,则元组的实际个数是 num + 1。T 是元素的类型,它可以是整数、浮点数等。类型确定元素的长度或宽度,并以 w 来标记。

为了方便访问元素,通常将数组的元素分配在一个连续的块区中。第一个元素所在的起始地址称为基地址。为了明确数组的个数,可以把 num 写作 low. . up 的形式,即

array(low. . up) of T

假设要访问第 i 个元素,则要检查 i 是否满足

$$low \leqslant i \leqslant up$$

如果这个条件不成立,则表示所需要的这个元素不在这个范围内,编译程序报告错误。如果这个条件成立,而且每个数组元素的宽度都是 w,则数组的第 i 个元素开始于

$$base + (i - low) \times w \tag{10.1}$$

其中 low 是下标的下界,base 是为数组分配的存储的相对地址,即 base 是 A[low]的相对地址,A 是数组名。

式(10.1)如加改写,就可以在编译时间进行部分计算。它可写成

$$i \times w + (base - low \times w)$$

在得到数组的说明及对它进行存储分配后,子表达式 base - low × w 便可在编译时间计算出来。因此我们假定 c = base - low × w 作为常数被保存在数组 A 的符号表中。所以 A[i]的相对地址可以将 i × w 加到 c 中得到。每次访问 A[i]时,c 已在符号表中,只须计算i × w 即可。

对于地址计算,我们有中间代码的四元组形式:

(×low w) = 1
(− base 1) = 2
(×i w) = 3
(+3 2) = 4

或者更简单地写作：

(×i w) = 1
(+c 1) = 2

后面的四元组表示 base − low × w 已存入 c 中。对 c 的这种做法称为编译时间的预计算。

这个方法也可应用于多维数组元素地址的计算。对于二维数组，有

array $A(l_1..u_1, l_2..u_2)$

的形式。例如，整数数组 array A(1..2,1..3)。这声明 A 是一个二行三列的整数数组。A 中有 6 个元素。二维数组通常有两种存放形式，分别为以行为主（逐行进行存放）和以列为主（逐列进行存放）。图 10.6 给出了 2 行 3 列的数组 A 的两种存放形式：(a) 以行为主的形式和(b) 以列为主的形式。

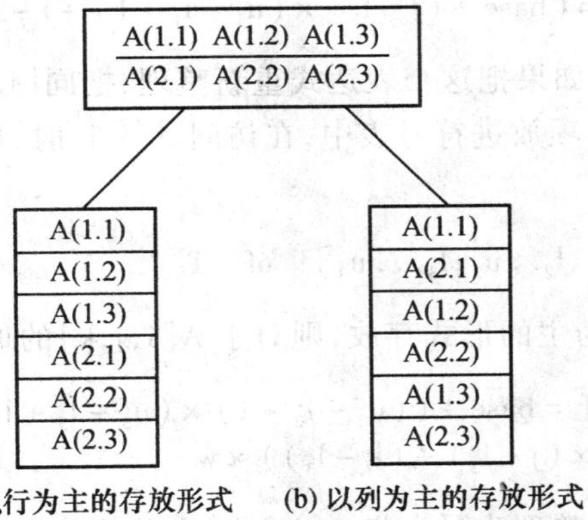

图 10.6　一个 2 行 3 列的数组 A 的存放形式

与一维数组相同，如果要访问数组元素 A[I,j]，则首先要检查[I,j]是否满足

$l_1 \leqslant i \leqslant u_1$　和　$l_2 \leqslant j \leqslant u_2$

仅当这两个不等式成立时才可进行 A[i,j] 的地址计算。当二维数组以行为主存放时，A[i,j]的相对地址计算可以按以下公式进行：

$$A[i,j]\text{的地址} = base + ((i - l_1) \times (u_2 - l_2 + 1) + j - l_2) \times w \tag{10.2}$$

其中 w 是元素的宽度。把这个表达式重新整理，可得到类似式(10.1)的结果：

$$(base-(l_1\times(u_2-l_2+1)+l_2)\times w+(i\times(u_2-l_2+1)+j)\times w \tag{10.3}$$

其中，base = $A[l_1,l_2]$的地址。式(10.3)的第一项是一个固定值，如果数组已存入内存，也就是说，它与被访问的元素 A[i,j]没有任何关系。因此，它也可以作为一个项存入 A 的符号表中。所以，要得到 A[i,j]的相对地址，只要把式(10.3)的第二项，即和[i,j]有关的部分加到符号表的这个值即可。假设我们也把这个值记为 c，那也就是把同[i.j]有关部分和 c 相加即可。

式(10.3)的中间代码的四元组形式如下：

$(-u_2l_2)=1$
$(+1\#1)=2$
$(\times 1\ 2)=3$
$(+3\ j)=4$
$(\times 4\#w)=5$
$(+5\ c)=6$

类似地，如果数组是以列为主存放的，则有：

$$A[i,j]\text{的地址}=(base+(j-l_2)\times(u_1-l_1+1)+i-l_1)\times w \tag{10.4}$$

同以行为主的形式一样，如果把这个表达式重新整理，把同[i,j]无关的部分预先在编译时间计算，并把它作为 A 的项放进符号表中，在访问 A[i,j]时，也可减少地址计算的时间。

对于三维数组

$$\text{array } A[l_1,..u_1,l_2..u_2,l_3...u_3] \quad \text{of} \quad T$$

如果数组再次按照以行为主的形式存放，则对于 A[i,j,k]的地址的计算如下：

$$A[i,j,k]\text{的地址}=base+((u_2-l_2+1)\times(u_3-l_3+1)\times(i-l_1)+(u_3-l_3+1)\times(j-l_2)+(k-l_3))\times w \tag{10.5}$$

同样，表达式(10.5)也可整理改写为与 A[i,j,k]无关部分和有关部分，将无关部分在编译时间预先算好，并作为 A 的符号表的项存放在内存中；另一部分是与 i、j 和 k 真正相关的。

可以将以行为主的形式或以列为主的形式推广到多维数组(维数 >3)。以行(列)为主的形式是在扫描一个模块的数组元素时，其最右(左)的下标跑得最快。数组元素 $A[i_1, i_2,...,i_k]$地址的表达式是式(10.5)的推广：

$$[A(i,j)\text{的地址}=(((base+(l_1n_2+l_2)n_3+l_3)...)n_k+l_k)\times w+(((...(i_1n_2+i_2)\times n_3+i_3)...)n_k+i_k)\times w \tag{10.6}$$

其中，对于所有的 j，$n_j=u_j-l_j+1$，而且假定它们都是固定的，式(10.6)的第一项可以在编译时间计算，结果作为 A 的符号表的项存在内存中。计算数组地址的生成代码也可以在语法分析中完成,为此,对文法的产生式规则要加以转换,即要在产生式规则中插入动作使得其能够生成四元组。下面就是对于表达式文法的过程。对于表达式的产生式规则如下:

```
S→EXP
EXP→TERM |
      EXP + TERM
TERM →FACT |
      TERM × FACT
FACT → - FACT |
      ID |
      (EXP)
```

为了描述动作,我们需要使用由具体记录组成的数组。它的每个项包含一个整数或字符(当 quad = true 时,保存的是 qno,表示四元组的号码;否则,保存的是 Idop,表示运算符)。ptr 是栈的指针。quadno 是变量,它的值是所分配的上一个四元组的号码。ptr 和 quadno 的初始值为 0。假设刚刚读入的字符(或符号)被保存在"in"中,则以下是加入了动作的产生式规则:

```
(1) S→EXP{ptr := ptr - 1(栈由底往上增长)}
(2) EXP→TERM |
    EXP + {ptr : = ptr + 1;                  (如果 quad = true,则
        stack[ptr]. quad : = false;          保存 qno;否则保存运算符)
        stack[ptr]. idop : = in}
    TERM{for(i = ptr - 2;i = ptr;i ++ )
       if stack[i]. quad then
         emit(stack[i]. qno)
       else emit(stack[i],idop);
       quadno : = quadno + 1;
       emit(' = ',quadno);
       ptr : = ptr - 2;
       stack[ptr]: = true;
       stack[ptr]: = quadno;}
(3) TERM→FACT|
    TERM ×{ptr : = ptr + 1;
       stack[ptr]. quad : = false;
       stack[ptr]. idop : = in;}
```

```
     FACT{for(i = ptr - 2;i = ptr;i ++)
        if stack[i].quad then
          emit(stack[i].qno)
        else emit(stack[i].idop);
        quadno : = quadno + 1;
        emit('=',quadno);
        ptr : = ptr - 2;
        stack[ptr]: = true;
        stack[ptr]: = quadno;}
(4) FACT→ - {ptr : = ptr + 1;
        stack[ptr].quad : = false;
        stack[ptr].idop = in}
     FACT{for(i = ptr - 1;i = ptr;i ++)
        If stack[i].quad then
        emit(stack[i].qno)
        else emit(stack[i].idop);
        quadno : = quadno + 1;
        emit('=',quadno);}
      | ID{ptr : = ptr + 1;
        stack[ptr].quad : = false;
        stack[ptr].idop : = in}
      | (EXP)
(5) ID→a | b | c | ... | z
```

上面的产生式中没有附加动作的地方意味着不需要插入动作。

现在,为了在对数组进行语法分析时也能插入动作,使其能生成四元组,我们需要建立数组的产生式规则。首先,为了在表达式文法中允许标识符出现的地方也允许数组元素出现,我们引入非终端符号 N 来代替 id,即有

N→id[Elist] | id
Elist→Elist,E | E

但是,为了在把下标表达式组合在一起形成 Elist 时,我们可利用数组的各维的界,当形成 N 时,要把数组名附加在下标表达式的最左边,而不是把它同 Elist 链接在一起。这样较容易插入动作,因此上面的产生式要改写成

N→Elist] | id

Elist→Elist, E | E

这样一来,一个符号表项的指针就可作为数组 Elist 的综合属性传送。

在改写了上面的产生式规则后,我们现在可以定义数组的文法。数组的元素既可以出现在产生式的左边,也可出现在产生式的右边。这些产生式规则如下:

(1) S→N := E

(2) E→E + E

(3) E→(E)

(4) E→N

(5) N→Elist]

(6) N→id

(7) Elist→Elist, E

(8) Elist→id[

为了在这些产生式中插入动作,我们需要说明所使用的符号。首先,我们使用 Elist. dim 来记录在 Elist 中的维数,即下标表达式的个数。其次使用函数 limit(array. j)返回 n_j 的值,即在符号表中由数组 Array 所指的数组第 j 维元素的个数。最后,使用 Elist. place 表示临时存储单元,存放由下标表达式计算的值。当访问数组元素 $A[i_1, i_2, ..., i_k]$ 时[3],在产生式中生成的动作将使用以下的递归式

$$
\begin{aligned}
& e_1 := i_1 \\
& \quad \vdots \\
& e_m := e_{m-1} \times n_m + i_m
\end{aligned}
\tag{10.7}
$$

来计算第 k 维数组的第 m 个下标

$$
(...(i_1 n_2 + i_2) \times n_3 + i_3 ....) \times n_m + i_m \tag{10.8}
$$

因此,当 m = k 时,地址计算需要乘以宽度 w(见式(10.6))。注意,这里的 i_j 可能是表达式真正的值。式(10.6)的第一项是固定的,并且作为项保存在数组 A 的符号表中。上面提出的文法是二义性的,因为它包含左递归。我们可以通过转换来消除左递归,得到下面的文法:

(1) S→N := E

(2) E→(E)

(3) E→N

(4) E→(E)A

(5) E→NA

(6) A→ + E

(7) A→ + EA

(8) N→Elistid]

(9) N→id

(10) Elist→id[

(11) Elist→id[EB

(12) B→,E

(13) B→,EB

注意:这仍然不是一个 LL(1)文法,因为有些左部相同的产生式的导符集包含公共元素。

严格地说,我们应该使用这些产生式规则来插入生成四元组的动作,但是由于对于数组的地址计算会引起二义性的问题,因此为简单起见,我们仍然在一般的产生式上插入动作:

(1) S→N:=E

```
{if N.offset = null then/ * N is simple id * /
    emit(N.place':='E.place);
 else
    emit(N.place'['N.offset']'':='E.place)}
```

(2) $E \to E_1 + E_2$

```
{E.place:=newtemp;
 Emit(E.place':='E1.place'+'E2.place)}
```

(3) $E \to (E_1)$

```
{E.place:=E1.place}
```

前面我们提到,E_1 和 E_2 不是新的非终端符号,而是 E 本身。我们使用它们只是为了与左边的 E 相区别。

(4) E→N

```
{if N.offset = null then/ * N is a simple id * /
        E.place:=N.place
 else begin
        E.place:=newtemp;
        emit(E.place':='L.place'['N.offset']')
        end}
```

在下标变量的情况下,我们要得到的是数组某个元素的值。N.place[N.offset]就是下标对应的那个元素的值。

(5) N→Elist]

```
{N.place:=newtemp;
```

N. offset : = newtemp;

emit(N. place' : = ' c(Elist. array))

emit(N. offset' : = ' E. list. place' * ' width(Elist. array))}

其中 N. offset 是新的临时变量，表示式(10.6)的第二项；函数 width(Elist. array)返回式(10.6)的宽度 w。N. place 表示由函数 c(Elist. array)返回的第一项。

(6) N→id

{N. place : = id. place;

N. offset : = null}

(7) Elist →$Elist_1$. E

{t : = newtemp;

m : = $Elist_1$. ndim + 1;

emit(t' : = ' $Elist_1$. place' * ' limit($Elist_1$. array, m));

emit(t' : = ' t' + ' E. place);

Elist. array : = $Elist_1$. array;

下面使用这些递归关系来产生动作，其中 Elist. place 对应于式(10.7)中的 e_{m-1}，Elist. place 对应于 e_m。

(8) Elist →id[E

{Elist. array : = id. place;

Elist. place : = E. place;

Elist. ndim : = 1}

这里 E. place 保持表达式 E 的值和例 10.1 中对于 m = 1 的式(10.8)的值。假设 A 是一个 15 × 25 的数组，且 $l_1 = l_2 = 1$，$n_1 = 15$，$n_2 = 25$，取 w 为 4，则赋值 x : = A[y, z]对应于图 10.7 所示的语法分析树。

赋值语句可以翻译成下列的四元组序列或三地址序列。注意：数组以 0 行和 0 列作为初始地址，$l_1 = l_2 = 1$ 表示 0 行被删除。然而基地址取的还是 0 行 0 列，因此实际的基地址应该取该地址减去 26 × 4 = 104。

四元组代码		三地址代码
y × 25 = 1	或	t_1 : = y × 25
1 + z = 2		t_2 : = t_1 + z
$base_A$ − #104 = 3		t_2 : = $base_A$ − #104
2 × #4 = 4		t_3 : = 4 × t_1
3[4] = 5		t_4 = t_2[t_3]
5 : = x		x : = t_4

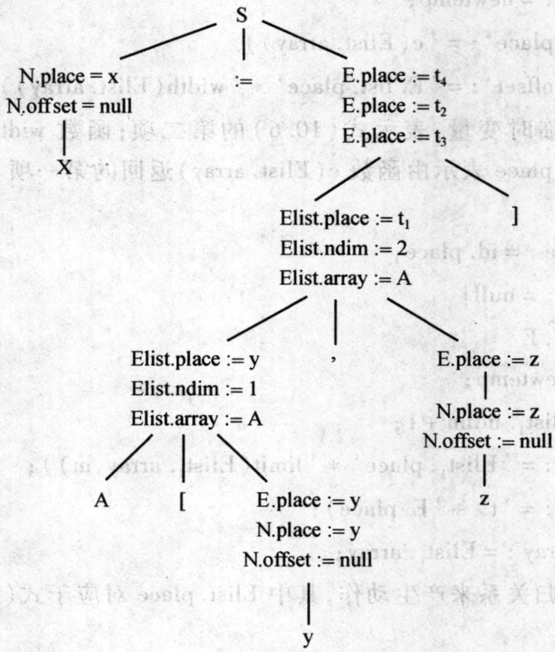

图 10.7　x : = A[y,z]的语法分析树

3）在赋值语句中的类型转换

在程序语言中,定义了不同类型的变量和常数,对于某些类型,它们之间的一些运算不能执行,或者没有定义。但是,如果将其中的变量或常数转换成另一种类型,则允许进行运算。例如,假设有两个类型——实数和整数,整数被转换为实数,则这两种类型便可以实现操作。因此编译程序要根据文法来确定,或禁止[4],或首先执行转换,以实现不同类型之间的运算。

对于上面介绍的赋值语句的文法,我们可以引入另一个属性,其值或是实数,或是整数。语义规则 type 同产生式 E→E + E 相关联:

E→E + E
{E. type : =
if E_1. type = integer and
E_2. type = integer then integer
else real}

这个规则不足以生成中间代码的四元组形式,并且我们忽略了对于错误类型的检查。对于 E→E + E 的整个语义规则和大多数产生式,必须修改为形如 x : = inttoreal y 的三地址语句形式。这个语句是把整数 y 转换成等值的一个实数 x，但还必须包括运算符代码是否进行定点运算或浮点运算的一个标志。对于形如 $E \rightarrow E_1 + E_2$ 的产生式规则的完整语义动作如下：

```
E. place : = newtemp;
if E1. type = integer and E2. type = integer then
   begin
      emit(E. place‘ : = ’E1. place‘int + ’E2. place);
      E. type : = integer
   end
else if E1. type = real and E2. type = real then
      emit(E. place‘ : = ’E1. place‘ : = ’E1. place‘real + ’E2. place);
      E. type : = real
   end
else if E1. type = integer and E2. type = real then
      begin
         u : = newtemp;
         emit(u‘ : = ’‘inttoreal’E2. place);
         E. type : = real
   end
   else if E1. type = real and E2. type = integer then
     begin
        u : = newtemp;
        emit(u‘ : = ’‘intoreal’E2. place);
        emit(E. place‘ : = ’E1. place a ‘real + ’u);
        E. type : = real
     end
else
     E. type-error;
```

这是对于赋值语句整数和实数的转换。对于减法、乘法和除法的转换情况类似。上面提出的语义动作对非终端符号 E 使用两个属性 E. place 和 E. type。如果表达式中有更多类型需要转换，则要仔细组织语义动作。

例如，

$$X := y \times z + a \times b$$

其中，X、y 和 z 是实数，a 和 b 是整数。中间代码的输出如下：

t_1 : = a int × b

$t_2 := y \text{ real } z$

$u := \text{inttoreal } t_1$

$t_2 := t_2 \text{ real} + u$

$X := t_2$

4）条件语句

条件语句的形式如下：

if e then S_1 else S_2

这个语句首先计算表达式 e 的值，因此，需要一系列四元组来完成这个计算。然后判定 e 值的真假，如果 e 的值为真，则执行 S_1 表示的语句，这些语句应该紧跟判定语句 e；如果 e 的值为假，则执行 S_2 的语句。因此条件语句的四元组代码如下：

< e >	（计算表达式 e 的一系列四元组）
(then, << e >> ,0,0)	（如果 e 为真，则执行下列代码）
< S_1 >	（S_1 所对应的四元组（系列））
(goto, , ,)	（执行 S_1 后转移）
(else, , ,)	（如果 e 为假，则转移到此）
< S_2 >	（S_2所对应的四元组（系列））
(if end, , ,)	（条件语句结束）

例 10.1 假设一个嵌套的条件语句是

if E_1 then S_1 else

　　if E_2 then S_2 else S_3

则它的中间语句的四元组形式是

< E_1 >

(then << E_1 >> ,0,0)

< S_1 >

(goto, , ,)

< else, , ,)

< E_2 >

(then << E_2 >> ,0,0)

< S_2 >

(goto, , ,)

(else, , ,)

< S_3 >

(ifend, , ,)

(ifend, , ,)

5）循环语句

考虑带有 while 型的循环语句

while B do S

这个语句和条件语句类似。首先要计算 B，这里引入一个标号来标记转移地址，我们使用 L：< B >来表示计算 < B >的代码的第一个地址，因此有：

L：< B >
(while，<< B >>，0，0)
< S >
(goto，L，0，0)
(wfend，0，0，0)　（当 B 为假时，转移到 while 语句的末尾）

另一种循环语句的形式是

for (i = a；i≤b；i ++)
　do S

它的四元组代码如下：

(：=，i，a，0)
L：< S >　（中间代码序列，其中 i 应使用当前值代替，L 表示第一个四元组）
(+，i，1，i)
(≤，i，b，0)
(goto，L，0，0)　（当 i≤b 时返回，继续执行 S）
(forend，0，0，0)　（如果超出范围，则循环结束）

6）过程语句[5]

我们使用下列文法来表示过程调用

S→call id(Elist)
Elist→E
Elist→E，Elist

对应于非终端符号 E，还应该有其他的产生式规则以生成算术或布尔表达式。由于我们仅涉及过程调用的中间代码，因此在这里忽略这些产生式。

S→call id(Elist)
Elist→E
Elist→E，Elist

例如，如果过程语句是 G(E_1，E_2，E_3，E_4，E_5)，则四元组代码如下：

E_1. place：= < E_1 >　（< E_1 >表示计算 E_1 的代码。这里表示所计算的值存在

E_1. place 中，以下类似。)

E_2. place := < E_2 >
E_3. place := < E_3 >
E_4. place := < E_4 >
E_5. place := < E_5 >
(actpar, E_1. place, 0, 0)
(actpar, E_2. place, 0, 0)
(actpar, E_3. place, 0, 0)
(actpar, E_4. place, 0, 0)
(actpar, E_5. place, 0, 0)
(call G. place, 0, n)

其中 actpar 是用于指示实际参数的转移方式。最后的(Call G. place,0,n)实现参数调用，其中 n 指示参数的个数。

例 10.2 给定一个产式语句 g(x×3, y+z)，对应于这个语句的四元组是

(×, 3, x, T_1)
(+, y, z, T_2)
(actpar, T_1. place, 0, 0)
(actpar, T_2. place, 0, 0)
(call, g. place, 0, 2)

例 10.3 假设有一个产生式语句 G(x×3, g(x+2)×2)，则对应于这个语句的四元组代码如下：

(+, ×, 2, T_1)
(actpar, T_1. place, 0, 0)
(call, T. place, 0, 1)
(call, g. place, 0, 1)
(×, 3, x, T_2)
(×, 2, g(x+2), T_3)
(actpar, T_2. place, 0, 0)
(actpar, T_3. place, 0, 0)
(call G. place, 0, 2)

例 10.4 假设有一个过程语句 R(S(T(x)))+3，要求我们给出它的中间代码。按照由底向上的原理，可生成如下代码：

(actpar, x. place, 0, 0)
(call, T. place, 0, 1)
(:=, T. place, 0, T_1)

(actpar, T_1. place, 0, 0)
(call S. place, 0, 1)
(: = , Splace, 0, T_2)
(actpar, T_2. place, 0, 1)
(call R. place, 0, 1)
(: = , R. place, 0, T_3)
(+ , T_3, 3, T_4)

7）布尔表达式

在前面介绍四元组的文法时我们已介绍了布尔表达式的四元组。在那里我们还未定义的唯一形式是

$E \rightarrow id_1$ relop id_2

这里将 relop 看作是双目运算符，因此它对应于三地址代码：

relop id_1 id_2 T

其中 T 存储双目运算符 relop 操作的值。接下来可以确定 T 的值。例如：

$a \wedge b \vee c \wedge (b \vee (x = 0)) \wedge d$

这个表达式的中间代码的四元组形式如下：

(∧ab) = 1
(= x 0) = 2
(∧2 d) = 3
(∨b 3) = 4
(∧c 4) = 5
(∨1 5) = 6

8）开关语句

各种语言都有 switch 或 case 语句，它提供一个条件的多个选择的可能性。例如，在取前四名的竞赛中有冠军、亚军、季军和殿军，这将被授予不同的奖励级别：当使用 switch 语句处理时，可以用有五个 switch（case）的 switch 语句来处理，分别对应于上述四个级别的获奖以及不获奖的情况。switch 语句的设定有许多形式，一般形式是：

```
switch E
   begin
      case V1 : S1
      case V2 : S2
      ...
      case Vn-1 : Sn-1
```

```
    default:S_n
  end
```

switch 语句实现如下操作[6]：

(1) 计算表达式 E。

(2) 查找在 case 列表中与表达式 E 的计算结果相同的 V_i。如果它的值与列表中任一个都不同，则取缺省值。

(3) 执行与找到的 V_i 值相关联的语句 S_i。

按照执行的要求，生成这个语句的中间代码有两种方法。第一种方法是在 E 的值计算出来后，保存它，如存到单元 t 中，然后测试 t 的值，根据结果来选择和执行 S_i。

```
  <计算E 的中间代码>
        t := <E>
        goto test
L1 :S1 的中间代码
    goto exit
L2 :S2的中间代码
    goto exit
    ...
L n-1 :Sn-1的中间代码
    goto exit
Ln :缺省值的中间代码
    goto exit
test:if t = V1 then goto L1
  if t = V2 then goto L2
    ...
  If t = Vn-1 then goto Ln-1
    goto Ln
exit
```

第二种方法是在计算 E 的值并把它存入 t 之后便逐次地测试它。首先，测试它是否等于 V_1，如果等于，就去执行相应的语句 S_1；否则检查它是否等于 V_2，. . .，直到它满足 n - 1 个值中的某一个，或者如果它与 n - 1 个值的任何一个都不相同，则属于缺省值的情况。V_1，V_2，. . .，V_{n-1} 应当以取值的概率的高低来安排，即被取到的概率高者应排在前。这种方法的中间代码如下：

```
<计算 E 的中间代码>
  t := <E>
  if t≠V1 goto L1
  <S1>的中间代码
```

goto exit
L_1: if $t \neq V_2$ goto L_2
<S_2>的中间代码
goto exit
L_2:
...
L_{n-1}: if $t \neq V_{n-1}$ goto L_n
<S_{n-1}>的中间代码
goto exit
L_n:缺省值的中间代码
exit

至此,我们几乎对于语言的所有语句都介绍了如何生成对应于它们的中间代码。但我们没有考虑如何使它们更有效,如使语句更短,使用存储空间更少,而只考虑了实现语句本身。

思　考　题

1. 试设计实现从语法分析树到四元组形式的中间代码的程序。

2. 试证明,给定由运算符和操作数组成的一个串,如果其中的运算符都是双目的,则这个串是一个后缀的表达式,当且仅当(1)运算符的个数恰比操作数的个数少一个,(2)表达式的每一个非空前缀的运算符个数也比操作数少一个。

3. 试证明中缀表达式不能通过如下的转换方案翻译成前缀形式,即所有的动作是打印动作以及所有动作都出现在产生式的右边的末尾。

4. 某些语言允许对要给予属性说明的一个名字表嵌套。产生式抽象化问题如下:

D→namelist attrlist |
　(D) attrlist
namelist→id, namelist |
　id
attrlist→A attrlist |
　A
A→decimal | fixed | float | real

D→(D) attrlist 表示在说明中提到的所有名字,不论它们被嵌套了多少层都被赋予 attrlist 上的属性。注意 n 次及 m 个属性可能有 mn 项进入到符号表中。试给出由这个文法定义的说明文法的语法驱动定义。

5. 试把下列赋值语句翻译成三地址代码:

A[i,j] = B[i,j] + C[i,j] + D[i,j]

6. 试把下列程序中的可执行语句翻译成三地址代码(其中的 printf 和 scanf 可予保留)。

```
void main( ) {
    in n;float m,s;
    printf("the amount of copies!");
    scanf("%d",&n);
    m = n × 24;
    if(m > 20000)
        s = m × 0.75;
    else if(m > 10000)
        s = m × 0.8;
    else if(m > 2000)
        s = m × 0.85;
    else if(m > 100)
        S = m × 0.9
    else s = m;
    printf("the amount of payment$;%g\n\n"s);
}
```

7. 试把下列过程语句转换为四元组形式:

(1) g(x(x-1),i+2)

(2) f(g(x+1),x-1)

(3) p(q(r(x)),r(x))

参考文献

[1] Davidson JW, Fraser CW(1984) Code Selection Through Object Code Optimization. TOPLAS 6(4):505 - 526.

[2] Tanenbaum AS, van Staveren H, Keizer EG, et al(1983) A Practical Tool for Making Portable Compilers. Comm ACM 26(9):654 - 660.

[3] Laverett TW, Cattell RGG, Hobbs SO, et al (1980) An Overview of the Production-quality Compiler-compiler Project. Computer 13(8):39 - 40.

[4] Fraser CW, Hanson DR(1982) A Machine-independent Linker. Software—Practice and Experience 12, pp 351 - 366.

[5] Nori KV, Ammann U, Jensen K, et al(1981) Pascal Implementation Notes in Barron, pp 125 - 170.

[6] Nawey MC, Waite WM (1985) The Robust Implementation of Equence-controlled Iteration. Software—Practice and Experience 15(7):655 - 668.

第 11 章　调试和优化

天下没有完美无缺的事物,任何事物都有改善的空间。

11.1　本章动机

在中间代码生成到目标代码生成之前,我们还有一些要做的工作,即调试和优化。

对于目标代码的生成,我们要让它运行得又好又快。本章主要讨论调试和优化的问题,这是生成目标代码的必要步骤。

11.2　错误的检测和恢复

出现在程序中的错误主要有三种类型:录入和拼写错误、语法错误、语义错误。

录入和拼写错误经常出现在输入中,特别是当录入程序者并非程序的设计者,或在英语方面不是太好时,必然会有较高的出错率。可以把错误按其性质分成两类,一类属于孤立性的错误,即它们对于整个程序的影响有限。另一类则属于全局性的错误,这类错误会造成全局性的影响。

孤立性的错误包括保留字的录入错误,例如,把 begin 录成 bigin 或 begen,这类错误在词法分析程序开始工作后能容易地找出来,并改正错误且不停止分析工作,同时它又能向程序员/用户报告出错信息。

孤立性错误包括标识符的录入错误或拼写错误,例如,如果把 AI 录成 A1,则在程序输入时将会有两个标识符同时出现。如果 AI 是被声明了的,那 A1 就是未被声明的。因此在符号表中有一个关于 AI 的记录,但却没有关于 A1 的记录,这就表明 A1 还未被声明。然而,编译程序并不知道 A1 实际上是 AI,以为是用户忘了对它进行声明。于是很可能对 A1 进行声明。但是过后这个错误会被发现,因为它的出现是由 AI 的录入错误引起的,这样就必然出现以下情况:对它的访问次数必然是少的,或者它不被赋值,或者不被访问。因此,对于某个标识符被赋值但却不被访问,或者仅仅被访问而不被赋值的情况出现,必然是由录入错误或拼写错误引起的。因此,使用构造到符号表中的赋值计数器或者访问计数器,可以检查一个标识符是否正确。

根据经验统计,录入出错主要有下列情况:

1）在一个字或标识符中少一个字母。

2）在一个字或标识符中多一个字母。

3）相邻两个字母被倒置。

4）在一个字或标识符中出现一个错误字母。

改正这些错误的方法是:首先,从符号表中选择那些被认为是录入错误或拼写错误的符号,检查就针对它们来进行。检查目标中是否有被录错的标识符或被拼写错的标识符。其次,选择一个子集而不是对全部集合来进行检查,以限制被检查的标识符的数量。按照经验统计,如果在要检查的标识符中,字母个数是 n,则只需要检查长度为 $n-1$、n 或 $n+1$ 的标识。当 $n \leqslant 2$ 时不需要检查录入错识或拼写错误。

迄今为止我们谈的是对于孤立错误的分析。现在我们再谈影响全局的错误,如括弧的不匹配。当有许多错误出现在表达式中时,括弧不匹配的情况经常会发生。然而,在某些情况下它的影响不大。例如,表达式

$$x := a/((b+c) - d \times (e+f))$$

如果最后的括弧丢失了,它就变成

$$x := a/((b+c) - d \times (e+f)$$

通过分析,这个错误可容易地发现,因此这仍属于孤立的错误。

但是,如果在上述表达式的$(b+c)$中的右括号变成左括号,表达式将变成

$$x := a/((b+c(- d \times (e+f))$$

那么它就变成了全局错误。显然,在这里我们可以发现一个括号匹配的错误,但却很难适当地处理它。当然,经过仔细分析,我们可以猜测紧跟在 c 之后的左括号应该是一个右括号,改正后,问题便可以解决。我们发现,$-d$ 和$(e+f)$之间的乘法有运算符 × 在它们之间,而在 c 和$(-d \times (e+f))$之间的乘法却没有相应的运算符。由于这样的不一致性并不是问题,因此造成了检查的困难。

在当前快速的交互系统中,通常当从调试中发现一个错误时,过程会立即停止并且向程序员或用户报告错误,让用户改正。如果完成,则程序继续。但程序员则希望在发现一个问题之后调试程序能继续找出更多的错误,直到找出所有的错误。当错误确实影响全局时,程序就不能再执行了,除非程序已经从错误中恢复,即便这个恢复是设想的。

因此对于从错误中恢复有两种策略:一个是错误的改正。这个策略是使分析或调试通过对输入符号流的修改或对分析程序内部状态的修改而成为可能。但这个策略很容易偏离分析程序并产生虚拟的错误信息。另一个策略是错误的非改正策略。它不修改输入流,而是删除由分析程序生成的所有信息,继续分析程序剩余部分。如果这个分析成功,

则不再有错误了；否则必定还有其他错误，因而意味着不能生成一个正确的语法分析树。

实际上当我们引入 LL(1)和 LR(1)语法分析树时已经考虑了出现错误的情况，而且也相应地确立进行调试和恢复的机制，使编译程序的运行对用户更友好。

11.3 语法错误的调试

下面进一步分析出现错误的情况。我们首先考虑类型错误，因为类型错误是在语法中出现得最多的错误。

为了检查类型错误，必须确立类型文法，然后在文法中插入动作，并基于这些文法和动作进行类型检查。以下是普通的源语言文法的例子，其中 P 代表程序，它由一系列声明 D 开始，后跟一系列语句 S(至于类型检查如何被加到语句中，我们将在后面讨论)。关于声明的产生式表如下：

P→D;S
D→D;D | id:T
T→integer | real | boolean | array[num] of T | ↑ T

假定当没有出现类型错误时类型检查程序返回的是 void，而 void 是等幂的，即 void void = void，因此无论多少个 void 连接在一起，结果都等于一个 void。但是如果找到类型错误，则会立即发出一个类型错误信息，因此我们有如下类型文法加上插入的动作：

P→D;S	{P. type : = if S. type = void then void else type-error. Notice that the number of S. type is more than one.}
D→D;D	
D→id:T	{addtype(id, entry, T. type)}
T→integer	{T. type : = integer}
T→real	{T. type : = real}
T→char	{T. type : = char}
T→boolean	{T. type : = boolean}
T→array[num] of T	{T. type : = array[1. . numval, T_1. type]}
T→ ↑ T	{T. type : = pointer(T_1. type)}

对于 T，我们可以把它推广如下：

T→T'→'T

它表达函数的类型，即从自变量到函数值的变换。相应地，有

$T \rightarrow T_1$'→'T_2 {T. type→T_1. type→T_2. type}

下面，是对于语句 S 的语义动作：

$S \to id := E$ {S. type := if id. type = E. type then void else type-error}

$S \to$ if E then S_1 {S. type := if E. type = boolean then S_1. type else type-error}

$S \to$ while E do {S. type := if E. type = boolean then S_1. type else type-error}

$S \to S_1 ; S_2$ {S. type := if S_1. void and S_2. type = void then void else type-error.}

对于表达式,我们有加上动作规则的文法:

$E \to$ truth {E. type := Boolean}

$E \to$ num {E. type := integer}

$E \to$ literal {E. type := char}

$E \to$ id {E. type := lookup(id, entry)}

$E \to E_1$ mod E_2 {E. type := if E_1. type = integer and E_2. type = integer then integer else Type-error}

$E \to E_1[E_2]$ {E. type := if E_2. type = integer and E_1. type = array then E. type = array[s, t] Else type-error}

$E \to E_1 \uparrow$ {E. type := if E_1. type = pointer(t) then t else type-error}

此外,比较符如 <、≤、>、≥、=,以及连接符 and 和 or 都可以引入到 E 的产生式中,得到的类型是 boolean 型。对它们也可类似地进行类型的检查。

11.3.1 LL(1)的错误检查

我们现在考虑对于 LL(1)的语法分析错误的处理和恢复。在第 10 章中已经讨论过哪些是 LL(1)的错误,这里需要讨论的是如果发生错误,应该如何处置,主要涉及两点:

(1) 如何避免无穷循环?因为无穷循环将引起分析过程无休止地运行却没有任何结果。

(2) 如何避免生成带有错误的语法分析树?如果所生成的语法分析树有错,则不能实现编译所预期的目标。

因此我们需要一个好的策略以便通过至少删去一个输入符号来避免无穷循环,确保通过抛弃猜测的下个符号或插入一个符号以免生成有错误的语法分析树。所谓预期符号指的是使用 LL(1)语法分析程序匹配输入流的符号系列。我们将把预期符号放进猜测栈的一个栈中。

许可集方法是一个系统地构造用于从错误中恢复的框架结构方法。这个方法的关键是构造许可集,当发现错误时执行如下三个步骤:

(1) 按照语法分析的状态利用某些适当的算法来构造许可集 A,A 应包含文件结束符号(EOF)以及在非终端符号的跟随符集中的符号。

(2) 从输入流中抛弃不被 A 中符号所接受的符号,直到第一个符号 t,即为 A 中的某个符号所接受的符号。

(3) 使语法分析程序遵循合适的算法执行下去，使得在处理了 t 之后猜测栈和输入流可同时前进。

对这个方法的改进也包含三个步骤：

(1) 构造许可集。

(2) 跳过非可接受的符号。这样一来，会有 0 个或多个符号被顺序地抛弃直到遇到一个许可集中的符号。由于在 A 中总有文件结束符(EOF)，因此当这个步骤被跳过时，它就会终止。

(3) 再次使猜测栈和输入流同时前进。

令修改过的语法分析程序继续进行分析。它首先尝试做正常的猜测或做匹配移动。如果成功，则语法分析程序正常运行；如果失败，则对于在栈顶的非终端符号，它猜测最短可能的表达式候选。而对于终端符，在它被输入之前要插入猜测栈的顶部元素。然后重复执行步骤(3)，直到归结成功为止，从而语法分析程序使猜测栈和输入流同时前进。

11.3.2 LR(1)的错误处理[1]

在 LR(1)的分析中，从错误中恢复要困难些，因为它所收集的大部分信息是与假设的性质有关的。当发现一个错误时，LR(1)语法分析程序正处在状态 S 中，而当前的输入是 t，在分析表中对应于(s,t)的项是空的。为了从错误中恢复，我们需要选择一个非终端符号作为从错误中恢复的符号。我们以 R 来标记它，并且对它加上 erroneous 的候选形式。假设原来的产生式是

$$N \to \alpha .\, R\beta$$
$$R \to .\, GHI$$

现在我们加上

$$R \to .\, \text{errorneous} - R$$

伪终端符号 errorneous - R 表示一个哑结点，可以替代 R。从错误中恢复的过程由逐个地从栈顶移出元素开始，到发现从错误中恢复的一个状态出现为止。假设从错误中恢复的状态是 s，由于我们对 R 构造了一个哑结点 errorneous - R，因此对应于(s,errorneous - R)的项不可能是空的，而它恰好是 s 所允许的符号。我们用 t 来标记这个状态，再逐个地从输入字删除产生式 R 的剩余部分。这个过程的目的是避免循环的重复，但是这个措施在避免生成有错误的语法分析树中未必成功。对于 LR(1)的从错误中恢复的算法非常复杂，这里我们不再深入讨论。

11.4 语义错误检查[2]

词法错误检查和语法错误检查是在源程序尚未运行(实际上也还不能运行)时进行的,因此它们被称为静态检查。而语义检查主要是动态检查,因为通过静态检查无法发现下列错误:

(1) 零为除数。例如,在 a/b 中,b 在运行时间内可能取值为 0。

(2) 作为运算的结果,表达式可能超过计算机能表达的数的范围。例如,a + b,a × b,a/b 或a ↑ b 的值可能超过计算机中的极大值。

(3) 一个变量 i 被作为下标(如在 a[i]中)来访问 A[l..u]中的元素,但是 i 却不在 l..u 的范围中。

如果出现以上情况,则计算机不能得出正确的计算结果,只有把程序修改好才能正确地进行计算。

11.5 程序的优化[3]

通过中间代码生成的程序不可能是最有效的。所谓有效包括时间有效性和空间有效性。时间有效性指的是在由中间代码生成的程序中运行最快的程序。空间有效性指的是程序使用最少的内存。这也是对于实现相同任务的程序而言的。然而,实现相同任务的程序可能有很多个,当我们对程序的有效性进行测量时,要对这些程序进行比较以确定优劣几乎不可能。所以比较合理的是,基于中间代码进行改进,使得程序更紧凑,所用的内存更少。

编译程序的其他功能是优化所生成的中间代码[4]。经过优化后的中间代码将生成更好的目标代码。以这样的方式所做的优化称为窥孔优化或局部优化。和它相对应的是全局优化。全局优化是对整个源程序的优化,而该程序是由算法确定,即程序是按照算法来编写的,因此全局优化要求,为了优化程序,相应地要对算法进行修改。例如,如果我们要对一些数进行排序,而我们已经基于气泡排序算法编写了排序程序。我们知道气泡排序算法性能较差,因此全局优化将以性能比气泡算法好的算法来代替之,根据这个算法来编出的程序就会比原来由气泡算法的程序要好。在替代算法中,shellsort 可以是一个选择。此外,如果原来的程序是递归的,递归程序在结构上是紧凑的,但有效性却不如迭代程序,因此可以以迭代程序来代替递归程序。

下面是局部优化的原则和优化技术[5]:

(1) 优化步骤必须保留原来程序的目的。这就是说,优化必须不改变对于一个给定的输入所产生的输出。如果所谓的优化引起错误,如,以 0 为除数,则这就不是优化,而只是一个破坏。

(2) 优化应使程序更有效。这就是说,它要运行得更快和更节省内存空间。如果不能在这两方面做任何改进,则不能说是优化。至少也应该是以空间为代价的速度上效率的改进,或者以速度为代价在空间上效率的改进。

(3) 优化必须是值得的。优化的结果应该是物有所值,也就是说,同我们所作努力相比,有更大的收效。

下面介绍在局部优化中可以采用的一些技术。

表达式的预处理

1) 永久折叠方法[6]

对于表达式而言,为优化采取的最广泛使用的方法是永久折叠法和算术简化法。永久折叠法在常数表达式计算的编译中是一个传统的术语,例如,大多数的编译程序都会将下列程序

```
char lower-case-form-capital(char ch){
    return ch + ('a' - 'A');
}
```

翻译成为

```
char lower-case-form-capital(char ch){
    return ch + 32
};
```

因为'a'在 ASCII 码中的值是 97,而 A 是 65。

永久折叠法是最简单的和最有效的改进,尽管程序员很少直接写常数表达式,因为它们可能来自字符常数、宏、符号解释以及中间代码生成。

2) 算术简化

算术简化法使用较低代价的算术运算来代替较高代价的算术运算,这样一来我们便得到了好处。以下列出可能的替换:

运算 →	替换
E * 2 * * n	E << n
2 * V	V + V
3 * V	(V << 1) + V
V * * 2	V * V
E + 0	E
E * 1	E
E * * 1	E
1 * * E	1

在这个表中,E 表示(子)表达式,V 表示变量,<<表示左移运算符,* * 表示乘幂运算符。假定乘法的消耗要比加法和移位高,但是比乘幂低,这对于大多数计算机都是对的。利用消耗较低的运算符来代替消耗高的,这就称为强度的降低。如果一个操作可全部被删除,这就称为零化变换。以下是以 Java 写成的 3D 文本的程序,它示出了程序的优化。

```
//decide where to place the text
  If( ! isstyleset(CAPTION)){
    switch(text placement){
      case CENTER:
      xx = (bound. width/2) - (fm. stringwidth(text)/2);
      yy = (bound. height/2) - (fm. getheight()/2);
      break;
      case LEFT
      xx = thickness + TEXT - OFFSET;
      yy = (bound. height/2) - (fm. getheight(1/2));
      break;
      case RIGHT
      xx = bound. width-thickness-EXT-OFFSET-fm
          . string. width(text);
    yy = (bound. height/2) - (fm. getheight()/2);
    break;
        }
    }
else {
     Int space = fm. char width('i');
     xx = thickness + TEXT - OFFSET + spaces;
     yy = 0;
     //fill a rectangle in bounding space of string..
     get. set color(getbackground());
     g. setcolor(getbackground());
     g. fillrec(xx,yy,
     fm. stringwidth(text) + (space * 2);
     fm. getheight());
   xx + = spacer;
};
```

把它转化为抽象语法树之后,就得到以下的中间代码:

```
(1) if CAPTION = styleSET then goto 30
(2) T : = textplacement
(3) if t < >1 goto 9
(4) xx : = bounds. width/2
(5) xx : = xx-fm. stringwidth( text)/2
(6) yy : = bound. height/2
(7) yy : = ( fm. getheight( ) )/2
(8) goto
(9) if t < >2 goto 15
(10) xx : = thickness
(11) xx : = xx + TEXT - OFFSET
(12) yy : = bound. height( )/2
(13) yy : = fm. getheight( )/2
(14) goto
(15) xx : = bound. width
(16) xx : = xx-TEXT - OFFSET
(17) xx : = xx-fm. stringwidth( text)
(18) yy : = bound. height/2
(19) yy : = yy-fm. getheight( )/2
(20) goto
(21) w : = fm. char. width( 'i' )
(22) space : = realpoint( w)
(23) xx : = thickness
(24) xx : = xx + TEXT - OFFSET
(25) xx : = spacer
(26) yy : =0
(27) t1 : = g. setcolor( getbackground( ) )
(28) t2 : = g. fillrec( xx, yy,
     fm. stringwidth( text) , ( space * 2) ) ;
     fm. getheight( ) ) ;
(29) xx : = xx + spacer
(30) (程序出口)
```

注意,在上面的程序中,某些 goto 语句尝无目标,而且在每种情况下 fm. getheight( )都应被使用(除了 LEFT,其他情况也需要使用 fm. stringwidth(text)),因此,我们可以优化这个程序来得到下面的程序:

(1) if CAPTION + styls then goto 23

(2) t : = fm. getheight( )

(3) t_1 : = textplacement

(4) goto 34

(5) xx : = thickness

(6) xx : = xx + TEXT - OFFSET

(7) yy : = bound. width/2

(8) yy : = yy - t/2

(9) goto 34

(10) xx : = bound. width/2

(11) xx : = xx - t_2/2

(12) yy : = bound. height/2

(13) yy : = yy - t/2

(14) goto 34

(15) xx : = bound. width

(16) xx : = xx-thickness

(17) xx : = xx - t_2

(18) yy : = bound. height/2

(19) yy : = yy - t/2

(20) goto 34

(21) if t_1 = 2 goto 5

(22) t_2 : = fm. string. width(text)

(23) if t_1 = 1 goto 8

(24) If t_3 = 3 goto 13

(25) t_2 : = fm. stringwidth(text)

(26) t_3 : = fm. charwidth('i')

(27) space : = realpoint(t_3)

(28) xx : = thickness

(29) xx : = xx + TEXT - OFFSET

(30) xx : = xx + spacer

(31) yy : = 0

(32) t_2 : = fm. stringwidth(text)

(33) t_3 : = g. setcolor(getbackground())

(34) t_4 : = g. fillrect(xx, yy, t_2, (spacer * 2), t)

(35) xx : = xx + spacer

(36)(程序的出口)

这个程序的长度比原来的程序稍长,但它确实对原程序进行了改进。读者可自行检查。

11.6 优化的主要方法

优化的主要方法有:消除公共子表达式,复写的传播,消除死码,循环优化,消除归纳变量和减小强度,等等。这些优化不改变程序的功能,因为优化仅仅是在一个基本模块的语句中实施的,因此被称为局部优化。

1) 消除子表达式

首先我们介绍公共子表达式的定义。

定义 公共子表达式。如果一个表达式 E 是:一个表达式,且它的值已经事先在某处被计算出来,则说这个表达式是公共子表达式。

例如,如果我们有如下程序:

t_0 : = 6 × a
x : = A[t_0]
t_1 : = 3 × a
t_2 : = 3 × b
t_3 : = A[t_2]
A[t_1] : = A[t_3]
t_4 : = 6 × a
t_5 : = A[t_4]
A[t_5] : = x
goto B

则通过消除公共子表达式可得到如下程序:

t_0 : = 3 × a
x : = A[2 × t_0]
t_1 : = 3 × b
t_2 : = A[t_1]
A[t_0] : = A[t_2]

```
A[A[2×t0]]:=x
goto B
```

2）复写传播

像 a:=b 这样的赋值被称为复写传播或复写。如果我们更深入地观察消除公共子表达式的例子就会发现其中有复写。在我们的算法中经常会有这种情况。例如，如果在一个程序中有两个分支：

```
if E goto B1
x:=t3
t14:=a[t1]
a[t2]:=t14
a[t1]:=x
goto B0
```

复写传播的思想是在复写赋值 a:=b 之后，尽可能使用 b 而不是 a。

3）死码的消除

如果一个变量在一个程序的某个点之后的值可使用，则变量在该点是活的；否则是死的。一个相关的概念是，如果一段代码计算的值不被使用，则这段代码是死的或无用的。程序员不会去写不被执行的程序段，或者对一个变量赋值，但之后不访问该变量。但是这种情况却可能由于以前的变换而出现，也可能由于多次对程序的修改而不经意中产生。

例如，在设计开关语句时，普通的做法是：

```
switch E
begin
case   V1:S1
case   V2:S2
...
case   Vn-1:Sn-1
default:Sn
end
```

过后发现，某些情况的处理相同，例如，V_2 和 V_5，V_3 和 V_7 有相同的处理，因此可以将它们结合。但是如果把它写成：

```
switch E
begin
case V1:S1
case V2,case V5:S2
case V3,case V7:S3
```

```
case V4:S4
case V5:S5
case V6:S6
case V7:S7
end
```

则 case V_5:S_5和 case V_7:S_7 是死码,它们不会被执行,因此应该从程序中删去。

此外还有一种情况是,在对一个程序进行修改后,发现应从某处转出,因此要加上一个 goto 于某处,使原来的程序成为

```
...
...
goto L
...
```

但这样一来,goto L 后面的程序就成为不会被执行的死码了,所以应删除。因此当我们使用 goto 语句时需要特别留意这种情况。

4) 循环优化

循环程序的执行时间不与程序的长度成比例,而与执行次数成比例。这种情况可能是,程序很短但其执行次数却很大,程序的运行时间也会很长。我们特别关注内循环,因为程序往往在这里花掉大量时间。如果能减少在一个内循环中指令的条数,程序的运行时间可能会缩短,甚至即使循环外的指令增加了。循环优化的三种重要方法是:把代码移出循环的代码移动方法;从内循环移出变量的消除归纳变量方法;减少强度的方法,即用强度低的运算来替强度高的运算。例如用加法代替乘法。以下我们对这些技术逐个进行说明。

(1) 代码移动确定执行时间的因素是循环体的长度和循环执行的次数,因此代码移动是减少循环中的代码数量的一个重要修改,特别是当循环的执行次数固定时。

应当保留的在循环中的变量是在循环中真正要被执行的变量。如果执行循环时一个变量不变,则这个变量称为循环不变量。对于一个循环不变量,无需把它放在循环体中而花费计算它的时间。例如,有程序

```
u := a
v := b
...
while(i < (u + v)(u - v))
```

如果循环体不改变 u 和 v 的值,则(u + v)(u - v)是一个循环不变量,则不必重复计算它,所以可以移动代码如下:

```
u := a
v := b
t := (u + v)(u - v)
whie(i < t)...
```

(2) 归纳变量的消除。前面提到过,对于在一个循环中真正需要的计算,应使它更为有效。归纳变量的消除和强度减少都属于这个范畴。

当在一个循环中有两个或多个变量时,通过归纳变量的消除,我们可能抛弃其他变量而只保留其中一个。例如,以下的带有循环的程序:

```
        i := n - 1
        j := m
        t1 := 5 × j
        v := a[t1]
B2:
        ...
     B3:j := j - 1
        t1 := 4 × j
        t2 := a[t1]
    if t2 > v goto B4 else B3
    B4:if i ≥ j goto B6 else B5
    B5:goto B3
    B6:
```

在这个程序中,B_2 形成一个内循环,但是 j 和 t_1 是归纳变量。因为 t_1 是同 j 一起变化的,所以我们不能抛弃 j,也不能抛弃 t_1,全然抛弃两者也不可行。但是,我们可以做部分修改,使其能部分地降低计算强度。通过进一步的分析,我们可实现归纳变量的消除。

5) 计算强度的减少[7]

以下是计算 $\sum_{k=0}^{n} a_k x^k$ 的一个程序。

```
double power-series(int n,double a[ ],double x){
    double result = 0.0;
    int k;
        for(k = 0;k = n;k ++ ) result + = a[k] × (x * * k);
    return result;
}
```

如果把 x 置为 1.0,上述程序段就变为

```
double power-series x - 1(int n,double a[ ]){
    double result = 0.0;
    int k;
    for(k = 0;k≤n;k ++) result + = a[k] × (1.0 * * k);
    return result;
}
```

通过减少 1.0 * * k = 1 的强度,可得到

```
double power-series x - 1(int n,double a[ ]){
    double result = 0.0;
    int k;
    for(k = 0;k≤n;k ++) result + = a[k];
    return result;
}
```

程序优化涉及生成中间代码之前的预处理、正确代码生成以及后处理。生成中间代码前的预处理意味着对抽象语法树的改进;正确代码生成意味着当要生成代码时,应当以更好的一个代码来代替这个中间代码(更有效和更优);后处理意味着即使在代码生成之后仍有可能作某些优化(窥孔优化)。

在这整个过程中,我们专注于控制流、数据流以及代码序列,其中控制流是最重要的。但是如果我们希望得到优化的最佳效果,那就要重视每一个方面。

思 考 题

1. 试说明为什么预期栈的配置 A 在它的允许集合中必须包含 EOF。
2. 下面是描述自顶向下语法分析的简单文法:

input→expression EOF
expression→term rest-expression
term→IDENTIFIER | parenthesized-expression
parenthesized-expression→'('expression ')'
rest-expression→' + 'expression | ε

利用它和本章中的一些知识,确定 LL(1)语法分析栈 parenthesized-expression rest-expression EOF 的许可集。

参 考 文 献

[1] Graham SL, Haley CB, Joy WN (1979) Practical LR Error Recovery. ACM SIGPLan Notices 14(8):

168 – 175.

[2] Alfred V Aho, Ravi Sethi, Jeffrey Ullman D(2003) Compilers, Principles, Techniques and Tools. Prentice-Hall, Englewood cliffs.

[3] Giegerich R (1983) A Formal Framework for the Derivation of Machine-specific Optimizers. TOPLAS 5(3):422 – 448.

[4] Cocke J, Kennedy K (1977) An Algorithm for Reduction of Operator Strength. Comm ACM 20 (11): 850 – 856.

[5] Graham SL(1984) Code Generation and Optimization. In B Lorho (ed) Methods and Tools for Compiler Construction: An Advanced Course, pp, 251 – 288.

[6] Cocke J, Markstein J(1980) Measurement of Code Improvement Algorithms. Information Processing 80, 221 – 228.

[7] Allen Fe, Cocke J, Kennedy K(1981) Reduction of Operator Strength. In: Muchicks, Jones N(ed) Program Flow an Algsis: Theory and Application. Prentice-Hall, Englewood Cliffs, pp 79 – 101.

第12章 存储管理

皮之不存，毛将焉附？

——《左传·僖公十四年》

12.1 本章动机

编译程序的任务是把源程序翻译成目标程序，因此严格地说，编译程序同存储管理没有太多关系，存储管理不是它的任务。但是，编译程序只有驻留在内存时才能工作，而它所生成的目标程序也留在内存中。在编译期间，编译程序应考虑源程序的布局，各种表格、中间代码、目标代码的位置配置，等等。如果这些布局不恰当，编译程序则不能有效地访问它们，编译程序的工作就不能有效地进行。因此从这个意义上说，编译程序和存储管理的关系是很密切的。

本章的任务是说明影响编译过程的存储管理。我们将说明，对于编译程序而言存储管理意味着什么；为了使编译程序有效地工作，应该如何实现存储管理；应该采用何种策略来实现存储管理；等等。

假设编译程序为了使被编译的程序运行，从操作系统获得存储空间。在此之前，编译程序需要编译源程序，并构造存储在内存中的符号表。从词法分析、语法分析到中间代码生成等，最后才能得到称为目标代码的被编译的程序。本章将说明在这个过程中，存储管理是如何工作的？

12.2 全局分配策略

操作系统负责存储器的管理和计算机其他资源的管理。当一个编译程序开始工作时，为了支持编译程序，操作系统将分配存储器给编译程序。操作系统至少向编译程序分配以下三段存储空间：

(1) 代码段。包含程序代码，由程序计数器访问。

(2) 栈段。包含栈以及上界和下界限制的监控机制。栈段通过一个或多个指针来访问,通常由机器指令自动执行。

(3) 数据段。这是单独的连续可扩展的单元,由程序控制其存储数据。程序有起始地址和程序大小,而且机器指令对其内容可编址。我们也把数据段称为堆,它对应于栈。

存储管理的任务是分配和回收数据段中的子段,使得这些子段可装入数据段。此外,存储管理的另一个重要任务是,当存储空间满足需要时,响应存储空间的请求命令。按照被调用程序的特性,实参和形参之间的对应可以不同方式实现。所生成的目标代码的大小在编译时间被固定,因此编译程序可放置在静态地确定的区域,或许放在内存的低端。类似地,某些数据对象的大小也可在编译时间知道,这些数据也可放置在静态地确定的区域,如图12.1所示。

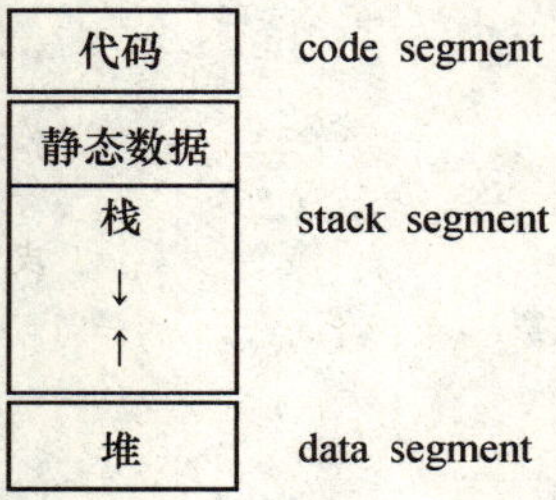

图12.1 把运行时间的存储细分为代码和数据区域

静态地分配尽可能多的数据对象的原因是,这些对象的地址可编译为目标代码。在一些程序设计语言中的所有数据对象都可静态地分配。

语言的实现使用控制栈的扩充来管理过程的活动[1]。当出现一个调用时,正在执行的活动被中断,而有关机器状态的信息,例如程序计数器和寄存器的值等被保存到栈中,也包括与这个活动相关的其他信息。

栈的分配是基于控制栈的思想进行的。存储被组织成一个栈。存储记录分别在活动开始和活动结束时被压入栈和退出栈。一个过程的每个调用中,局部变量的存储包含在该调用的活动记录中。因此局部变量被约束存储在每个活动的新存储器中,因为当作出一个调用时新的活动记录便入栈,而且,当该活动结束时,局部变量的值被删除,即当活动记录退出栈时,局部变量所用的存储消失,因此这些值也就消失了。

我们现在描述这样一种栈的分配形式,其中所有活动记录的大小在编译时间已知。至于在编译时间只知道关于栈大小的不完整信息的情况我们下面再考虑。

假设寄存器 top 标记栈的顶,在运行时间,分别通过从顶值增加和减少记录大小实现活动记录的分配和去分配。如果过程 q 有一个大小为 a 的活动记录,则栈顶的值加 a;当执行目标代码 q 之前且控制从 q 返回时,则栈顶值减去 a。

一个称为堆的运行时间区域保存所有信息。一些语言提供在程序控制下对数据的存储进行动态分配,这样的数据存储区通常称为堆。栈的分配策略在有以下两种情况之一时不能使用:

(1) 当活动结束时需要保留局部变量的名。

(2) 被调用程序的活动比调用程序的活动维持得更长。这种情况不会发生在其活动树正确地描述过程间控制流的语言中。

在上述情况下,活动记录的释放不一定以后进先出的方式出现,存储空间不能组织成一个栈,因此需要使用堆式分配策略。堆式分配策略根据活动记录或对象的需要,把连续的存储区域分成一个块。这些块可以任何顺序释放,因此堆有空闲区域和使用中区域交替出现的形式。

下面说明对于一个活动记录进行栈式分配和堆式分配的差别。

(1) 堆式分配策略。假设 s 是一个调用者过程,在堆中有它的数据和控制链接,它调用过程 r。由于这不同于普通的过程调用,因此在过程 r 结束时,它的活动记录仍被保留。假如现在又开始一个新的过程调用,它的活动记录不能紧跟 s 的活动记录存放,而只能紧跟 r 的活动记录存放。现在如果被保留的 r 的活动记录被释放,则在 s 和这个新的活动记录之间就会出现空闲空间。这个空间就留给堆的管理程序利用。

(2) 栈式分配策略。调用者过程 s 的数据和控制链接在它调用其他过程之前被保留在自己的存储区域中。当它调用过程 r 时,它的数据、控制链接以及当前地址的下个地址被压入栈中。一旦 r 的活动结束,返回 s,则 s 的这些信息都要出栈。但如果是由 r 调用一个新过程,则 r 的数据和控制链接要压入栈,放在 s 的信息上,结束时由 r 来恢复控制,r 的信息才能出栈。

随着程序的执行,栈和堆的大小也会发生变化,如图 12.1 所示,它们处于存储器的两端,两者相向增长,此长彼消。栈由高向低增长,即栈的顶往下到页的底部。由于我们顺着页向下,内存地址增加,因此“向下增长”意味着向更高的地址增长。如果 top 标记栈顶地址,与栈顶的偏离量可将栈顶减去 top 值得到。在许多机器中这个计算可以通过在一个寄存器中保留 top 值来实现。栈地址可以表示为与 top 的偏离量。

12.3 存储分配算法

12.3.1 栈分配算法

栈分配是运行时间分配,它用来为调用其他过程以实现特定任务分配所需的存储。在目标程序的主程序运行中,有时需要调用其他过程为它实施特定的任务。该过程的入口地址是在目标程序中已有的。但是在这个过程执行结束时要返回主程序,返回到哪里它自己并不知道,设置栈的目的就是用来存放这个返回地址。当然要保存的不仅是返回地址,由于该过程运行时占据了计算机的中央处理器,原来主程序运行所用的那些信息都要予以保存,以供再运行时使用,因此需要将这些记录和返回地址一起压入栈中,当该过程结束,主程序恢复运行时再恢复,这样的栈称为控制栈。如果把控制栈的信息推广到包括过程活动中所需的所有局部信息(即全部活动记录),控制栈就变成了活动记录栈,通常称为运行栈[2]。

由上可知,过程调用和过程返回都需要执行程序来管理活动记录栈,保存或恢复机器状态,等等。我们把在调用过程中执行的分配活动记录,将信息填入字段中的代码称为过程调用序列;而把从过程返回时执行的代码称为过程返回序列。

在设计过程调用序列、过程返回序列和活动记录时,采用的原则是长度能较早地确定的字段放在活动记录中间。通常活动记录的顺序是:

返回值
参数
控制链
访问链
机器状态
局部数据
临时数据

其中,控制链、访问链和机器状态字段出现在中间。这是一般的活动记录的顺序,但是否使用控制链和访问链则取决于语言及编译程序的设计[3]。机器状态字段需要多少空间也取决于编译程序的设计。如果每个活动需要保存的机器状态信息总数完全相同,则可以使用相同的代码来保存和恢复各个活动。这样,当出现错误时,调用程序就能很容易辨认栈的内容。

由于过程中的参数都是形式参数,或称哑元,因此对它进行调用时要使用实际参数来代入。调用者通常要计算实际参数,然后把它们传送到被调用过程的活动记录中。有关这些实际参数的传递方式将在本章稍后介绍。一般是使参数字段和可能的返回字段放在调用者活动记录处。这样调用者可以不必了解被调用者的活动记录的布局,只需使用自己活动记录末段的偏移量便可访问这些字段。对于调用者来说,也不必了解有关调用者的局部数据或临时数据字段。隐藏这些信息的好处在于,即使过程的参数个数变化,也可以同样处理。

使用寄存器的 top-sp 标记栈的顶值,它指向一个活动记录中机器状态的末端。在运行时间内,假设 top 标记一个记录末端的地址,在这个过程的目标代码中的一个局部变量名 x 的地址可写成 dx(top),以表示被约束为 x 的数据,并可在把 dx 加到寄存器 top 的地址单元中找到。因此地址可取作与子项活动记录中一个固定位置寄存器 r 中值的偏离。

栈分配算法以对寄存器 top 的初始化开始,然后动态地安排调用序列。一个调用序列分配一个活动记录和输入信息到它们的字段。一个返回序列恢复机器的状态,使调用过程能继续执行。对于相同语言的实现,调用序列和活动记录却不同。在调用序列中的代码经常被划分为调用过程(调用者)和被调用过程(被调用者)。但在调用者和被调用者之间并没有精确的划分——源程序和目标程序,因此操作系统可能会偏向于一个而忽略另一个。

尽管对于临时单元的大小最终在编译时间内被固定,这个大小有可能不为前端所知。因此仔细地进行代码的生成和优化可以减少为过程所需的临时单元的数量。就前端而言,字段的大小是未知的。因此,在一般的活动记录中把这置于局部数据的大小之后,这样,其大小的变化将不影响相对于中间的字段数据对象的偏离。由于每个调用都有自己的实际参数,调用者通常计算实际参数的值并且将值传给被调用者的活动记录。

在运行时间栈中,调用者的活动记录恰好在被调用者的记录之下。调用者利用从自己的活动记录末端的偏离就能访问这些字段,而无需知道被调用者记录的整个布局。更一般地,一个局部数组的大小可能依赖于被传输到这个过程的一个参数的值。在此情况下所有局部过程的数据在这个过程被调用之前都无法确定。

处理可变长度数据的一个普通的策略不同于处理固定长度的数据。假设过程 p 有四个局部数组,对于三个数组的存储不是 p 的活动记录的一部分,而仅是每个数组的开始的一个指针出现在活动记录中。这些指针的相对地址在编译时间内已知,因此目标代码可以通过这些指针来访问数组元素。

假设有一个过程 q 被过程 p 调用。q 的活动记录在 p 的数组和 p 的可变长数组之后开始,而 q 的可变长数组也在它之后开始。

对于栈的数据的访问通过两个指针来实现,即 top 和 top-sp。第一个指针标记栈顶,指向下一个活动记录将在此开始的地址。第二个指针用来寻找局部数据。假设 top-sp 指向机器状态字段的末尾,top-sp 指向 q 的活动记录中的这个字段的末尾,当控制处于 p 的调用活动时,则 top-sp 的先前值的一个控制链接在这个字段中。

利用活动记录中的这些字段空间,在编译时间可以生成对 top 和 top-sp 重定址的代码。当 q 返回时,top 的新值是 top-sp 的值减去在 q 的活动记录中机器状态和参数字段的长度。在调整 top 之后,top-sp 的新值可以从 q 的控制链接复写。

在介绍了过程和它所调用的过程的通信之后,下面介绍调用序列、返回序列和实现它们的算法。我们再次明确,top-sp 是指向一个活动记录中的机器状态字段的末尾。这个位置为调用者所知,因此调用者在把控制权转交被调用者之前负责设定 top-sp。利用同 top-sp 的偏离,被调用者的代码可以访问它的临时存储和局部数据。

调用序列如下:

(1) 调用者计算实际参数的值。

(2) 调用者存储一个返回地址和 top-sp 的旧值到被调用者的活动记录中,然后调用者将 top-sp 增加到有新指针值的位置,即 top-sp 跳过调用者的局部数据、临时单元以及被调用者的参数和状态字段。

(3) 被调用者保存寄存器的值和其他状态信息。

(4) 被调用者初始化它的局部数据并且开始执行。

返回序列可如下:

(1) 被调用者放置一个返回值在紧跟着调用者的活动记录处。

(2) 利用状态字段的信息,被调用者恢复 top-sp 和其他寄存器,并且转移到调用者代码中的一个返回地址。

(3) 尽管 top-sp 已被减小,但调用者仍能把返回值复写到它自己的活动记录中,并用它来计算表达式。

上述调用序列允许被调用过程的自变量数依赖于存储如何被释放。注意,在编译时间内,调用者的目标代码知道支持被调用者的自变量的个数,因此,调用者知道数和变量两个字段的大小。然而,被调用者的目标代码也必须准备好处理其他的调用,且等到它被调用为止,然后考察参数字段。利用上述的组织原则,描述参数的信息必须被放置在紧挨状态字段的位置,使得被调用者能找到。

12.3.2 堆分配的算法

当我们关注在实现动态存储分配中需要的一些技术时发现它们依赖于存储是如何被释放的。某些语言提供了在程序的控制下对数据进行动态存储分配的实施[4]。对于这样的数据存储通常是使用堆方式。被分配的数据通常保留直到被明显地释放为止。分配既可是显式的,也可是隐式的。如果释放是隐式的,则运行时间支持软件包负责确定一个存储块什么时候不再被需要。如果释放是显式地由程序员完成,则编译程序要做的事就较少了。

对于显式分配,需要考虑两种不同的情况:一是固定大小的块;另一是可变大小的块。最简单的动态分配形式涉及一个固定大小的块。在这种情况下,可把在一个表中的块组织成一个链,这样,通过少量的乃至不用存储开销便能快速完成分配和释放。

假设块是从一个连续的存储区域取出的,通过使用每个块的一部分作为同下一个块的链接便可完成这个区域的初始化。一个称为 available 的指针指向第一个模块。分配指从链接取走块。释放指把块放回链接。

编译程序管理块的程序不需要知道由用户程序的块保持的对象类型。可以把每个块作为一个变化的记录来处理,编译程序的例行程序把块作为与下个块的链接,用户程序则把它作为某个类型,因此没有空间开销,因为用户程序可以使用整个块来满足本身的要求。当块被返回时,编译程序的例行程序又使用来自块的某些空间把自己链接到可利用块的链中。

对于可变大小的块,当对它们进行分配和释放时,存储会变成碎片,即堆可变成由交替的空块和使用着的块组成。例如,如果一个程序被分配在五个块区,而后释放第二和第四块区,则碎片就形成了。如果块区是固定大小的,则碎片不会有影响,但如果是可变长的,这便成了一个问题,因为我们不能分配比任何自由空间更大的空块区,尽管在原则上空间是可以利用的,因为总的自由空间的大小是足够的,只是它们不连在一起。

分配可变长的块区的一个方法是最先适合方法。当要对大小为 s 的一个块进行分配时,我们就去寻找大小 f≥s 的第一个块区,然后把这个块分成一个大小为 s 的块以供现时需要,另一个方法是自由空间,大小为 f-s。注意,这个分配有一个时间开销,因为需要时间来查找这足够大的块。

当释放一个块时,需要检查它是否紧挨着一个自由空间。如果是,则把这个被释放的块与它相邻的自由块组合成一个更大的空闲块。把相邻的空闲块组合成更大的空闲块可防止碎片的产生。有关如何分配自由块、释放以及可利用链接的维护的细节,还有在时间、空间和大块区可利用性方面的折中可参阅文献[5,6]。

12.4 垃圾空间的回收

所谓垃圾空间的回收指的是自动回收目标程序不再使用的存储空间以便继续使用它。动态分配存储可能变成不可到达的,即一个程序分配存储空间但却不能访问称为垃圾。因此这类回收通常称为垃圾收集,或隐式回收,因为它不是由程序员用 free( ) 函数手工回收不可利用的存储空间。提供这样的回收方法是为了把程序员从用 free( ) 函数回收存储空间解脱出来,而且手工回收通常容易出错。

在进一步讨论垃圾收集之前,我们介绍一个称为悬垂访问的概念。每当存储可释放时,就出现悬垂访问的问题。当一个访问要访问的是已释放(即不再存在)的存储空间时便出现悬垂问题。使用悬垂显然是一个逻辑错误。因为在大多数语言的语义中被释放的存储空间是没有定义的。更糟的是,随后该存储空间可能被分配给另一个数据。悬垂访问可能会在程序中造成神秘的错误,许多程序员都经历过这样的事,释放某个空间,然后又去访问它。例如,考虑执行以下的 dispose(head↑. next)的效果:

```
insert(7,1);insert(4,2);insert(73,3);
dispose(head↑. next)
writeline(head↑key,head↑. info);
```

执行这个调用释放由 head 所指向的单元上的单元。然而,head↑. next 还未被改变,因此它就成为一个悬垂访问。如果先释放,而对它的访问是间接进行的,则这个错误很难发现,原因是:

(1) 悬垂指针在被访问之前可能已被错误地释放了。

(2) 在悬垂指针被访问之后,访问它的程序可能在发现不一致性错误之前已经在不正确的数据上运行了。

(3) 仅当存储分配的步骤和释放步骤同时进行时,这个错误才可发现。

因此,垃圾收集程序被认为是现代编译程序的一个重要特征。它可显著地减少程序设计的工作负担。

12.4.1 基本的垃圾收集算法

垃圾收集的目标是自动地回收已经不再使用的存储空间。因此,人们自然要问,既然它是自动进行的,那它何时进行呢?如果它频繁地进行,那必然会影响程序的正常运作。

这有点像清扫工作那样。如果对办公室的清扫工作进行得很频繁,那它必定会影响在办公室内的人的工作。但作为另一个极端,如果对办公室的清扫在办公室堆满垃圾前从不进行,那就会造成连垃圾收集器都无容身之处,何以进行垃圾收集工作?因此垃圾收集工作应当有规律地或周期性地进行,不能等到垃圾堆积如山,占据整个空间才进行。

第二个更为重要的问题是什么是应该收集的垃圾。为此目的,人们提出两个适当的而又不同的概念。其一是没有指针指向的存储段的集合;其二是从分配程序的数据或从非堆方式的数据不可抵达的存储段的集合。在这两个集合的数据显然是不能为任何程序所访问的,它们引出了垃圾收集程序赖以实现的技术,第一是访问计数技术,第二是标识和扫描,第三是双空间复写技术。

- 访问计数。这个方法直接标识已不用的存储空间,但它要求在程序运行时监控所有指针的活动,而且不一定能覆盖所有垃圾存储片段。
- 标识和扫描。这个方法定义可达的段,余下的便认为是垃圾。这个方法较为有效且不需要进行指针检测。它较为复杂,但能覆盖所有可利用的空间。
- 双空间复写。这个方法把在所谓的源空间内的可达存储段复写到所谓的目标空间的存储区域内,余下的目标空间就是自由段了。这个方法很有效,不需要进行指针检测,但也比较复杂,且要浪费大约一半的空间。

通过这些方法一旦确定不用的段就应该把它们转换成可利用的自由空间。通过访问计数或标识和扫描发现的不用的碎段应通过确定的算法返回到自由空间链接表中,而通过双空间复写发现的不用的碎片则可自动地建立新的空间链接表来回收。这个链接表是一个包含所有自由存储空间的一个存储段。

下面进一步说明段的概念。如同前面所介绍的,如果执行中的程序需要长度为 s 的存储空间,而分配程序发现有个长度为 f 且 $f>s$ 的自由存储空间在自由存储链接表中,则它对这个程序分配长度为 s 的存储空间,剩下长度为 $f-s$ 的存储空间,这就是一个段或碎片。渐渐地,这些碎片会散布到整个存储空间中,尽管它们都仅有有限的长度,但加起来可能很大。因此如果一个程序要求长度大于在链接表中现有的最长的存储段,则分配程序可能就不能满足这个要求。然而,如果采用一个压缩技术,即把这些空闲段组合在一起,而且把它们移动到存储的一边,形成一个独立的自由段,那它就能满足程序的要求。从这里可以看出,这是收集未被使用的存储空间的最好方法。

但压缩技术也不是完美无缺的。它的主要问题是需要来回移动碎段,这样就有可能对于指向其他段的指针也要进行归结。因此为了正确地归结它们,就必须先进行仔细的设计。

垃圾收集程序可以有三种类型:

- 一气呵成垃圾收集程序。在初始化垃圾收集程序后,垃圾收集程序就对所有存储段实行完全控制,直到完成后才返回。在完成处理后存储的状况将被改善,碎片将不再散布在存储器中。由于这类垃圾收集程序在运行时完全控制存储段,因此情况较为简单。但如果出现非预期的活动,那将会有某种损坏。这对于编译程序是个问题,但对于应用程序则不是问题。

- 动态的(也称增量的)垃圾收集程序。某些垃圾收集程序是在过程 malloc 或 free 被调用时开始工作的。这些活动将局部地修改存储段的结构以提高查找自由段的能力。动态垃圾收集程序比一气呵成垃圾收集程序的算法在结构上要更复杂,但它的执行更稳定,而且损害较小。
- 并发的垃圾收集程序。它与应用程序并发地工作。但它们工作在不同的处理器上,即它们并行运行。

12.4.2 编译程序对于垃圾收集程序的支持

首先需要指出的是,仅当一个程序有直接指向存储段或者间接指向存储段的指针时,这个存储段才可为这个程序所到达。可为程序利用的指针依赖于它的特定的实现,可以将它放置在不同的单元中,如全局变量、局部变量、子程序参数、寄存器等。我们称这些为非堆方式的存储空间,通过它,程序代码可以直接访问其中的程序数据区和根集合。注意,根集合仅仅是一个整体的概念,而不是一类结构。在程序数据区内是所有指针的集合,而非它们的值的表。根集合通常不能直接实现,它只是在概念上出现于垃圾收集程序的程序代码中。

在根集合中的指针可以指向由垃圾收集程序所控制的存储段,因此它们是可抵达的。在一个堆中可抵达段也包含其他段的指针。由指针所指向的这些段也是可抵达的。

编译程序必须向垃圾收集程序提供根集合和每个存储段的分布信息;同时,必须确保当垃圾收集程序被激活时,在程序数据区域和堆中所有可抵达的指针都是有效的。基于编译程序的支持,垃圾收集程序解决以下三个问题:

(1) 对于每一个段类型,编译程序生成一个位的映像以把这个段映射到指向其他段的指针。当使用这个方法时,段必须是自描述的,因为只要有指针,就能确保垃圾收集程序工作。因此每个存储段都必须包含自己的位映像或指向位映像的指针。

(2) 对于每一个段类型,编译程序生成一个特定的子程序以调用垃圾收集程序,并且把段中的每个指针传送作为参数。这个方法避免了在运行时间对位映像的解释和自描述的要求,因为子程序可将段类型和指针传送到垃圾收集程序中。

(3) 编译程序把存储段组织成一个数组,它包含所有内部指针和其他数据。通过这个组织,垃圾收集程序知道在数组中指针的地址和在段中指针的个数就可开始工作。

12.4.3 访问计数

访问计数是对于垃圾收集的一个直观的算法。它记录指向存储块的指针数。当这个指针降到 0 时,意味着这个块不再被使用。因为它不再可访问,所以变成了可被收集的垃圾。这里,我们把指针指向当作对它的访问。维护访问计数是很费时的。指针赋值 p := q

导致由 p 和 q 所指块的访问计数的变化，由 p 所指的块的计数减 1，而由 q 指向的块的计数加 1。当块区之间的指针不形成循环时，访问计数最有效。

对于访问计数实现的两个主要问题是：跟踪访问的所有操作和对访问计数为 0 的块区的递归回收。编译程序发挥实质性的作用，而递归回收是通过执行子程序完成的。

编译程序对于所有访问操作加上特殊的代码。当对块的访问被复写时，访问计数加 1；当对块的访问被删除时，访问计数减 1。在源语言中，访问被复写在赋值操作中。除赋值操作外，编译程序还要补充在参数传送过程中访问增加的代码，因为被当作参数传送的访问是对调用子程序的局部变量的有效赋值。

当一个过程调用返回时删除访问；当一个过程返回时删除所有局部变量。对于包含块访问的局部变量，需要减少对访问计数的处理；同时，对于包含块访问的参数也需要相同的处理。

访问计数技术简单，但有一些严重的缺点，因此限制了它的应用。

第一个问题是访问计数方法不能回收循环结构。例如，如果对于 a 的访问计数包括来自根集合对它的访问，而现在这个访问被切断，尽管访问计数未变成 0，但是从根集合它已成为不可抵达的，因此它变成了垃圾，这个块访问的另一个块也变成垃圾，因为它们是循环的。为了回收循环结构，必须回收在循环中的所有结点，但如果它们是不可抵达的，那就不可能回收。

第二个问题是效率。编译程序要监控所有的访问操作，而每个访问操作都要求调整相应的访问计数。同那些不需要监控访问技术的技术相比，这是很大的开销。

第三个问题是随着回收次数的增加，在链接中的自由段个数也增加，但它们还是以碎片形式出现。

尽管存在上述问题，但当用于管理相对较小的动态分布结构时，访问计数方法仍然是一个受欢迎的方法。

12.4.4 标识和扫描

标识和扫描垃圾收集算法可分为两个过程。首先是制作标识的过程，它标记所有可抵达的块。第二是用来扫描分布存储空间的过程并把那些未被标记为可抵达的块当作是自由块，从而可被重用。标识和扫描算法有时也称为标记和删除垃圾收集算法。与访问计数垃圾收集算法和双空间复写算法比较，标识和扫描算法的有效性是最高的，因为它能回收所有可回收的存储空间，而用访问计数算法不能回收循环结构的存储空间。至于双空间复写，则保留一半的空间不能用。

1. 标识

标识标记以两个原理为基础，一是从根集合可达的存储块是可抵达的，二是从可达集合的一个指针可达的任何存储块是可抵达的。假设根集合驻留在程序数据区域内或在活动记录的最高端，则它的数据类型描述已被构造，因而对于编译程序来说，它是可访问的。

现在由最初形式的标识程序是可抵达数据区域的，通过它的数据类型描述可找到内部指针。如果递归过程发现一个块没有指针或者这个块未被标记，则回溯和使用下个指针继续这个递归过程。由于可抵达的集合个数有限，而对每个存储块的处理仅有有限次（一般仅一次，偶尔多于两次），因此，可使用深度优先查找算法能终止，它所需要的时间线性地与可抵达段个数成比例。

标记过程除了自由位外，还需要另一个辅助位——在存储块的管理字段头部的标记位，初始状态为“删除”状态。

2. 扫描和回收

对于不可达的段的回收相对比较容易，只要按照段中记录的长度逐个地遍历存储段即可。检查每个段是否被标记为可抵达的，如果被标记，则删除标记位，否则标记自由位。

相邻的自由段从左到右使用扫描算法把它们组合在一起。当算法结束时，保留一个指针，令其指向第一个自由段，并记录它的大小。遇到自由字段，便将它们的大小进行累加，直到遇到一个已被占用的块，或到达存储的末尾为止。这时，在管理字段中的大小就是自由段的总的大小。这样便建立了更大的空间。每当遇到一个自由段就继续这个扫描过程。标识和扫描过程的结果是生成一个堆，其中所有标记为被占用的块都是可抵达的，而且，被占用的块必定是介于自由段之间。在不需要归结段的情况下这是实现段的回收的最好方法。如果使用压缩技术组合所有的自由段以形成更大的自由块，则执行的有效性可进一步提高。

12.4.5 双空间复写

标识和扫描垃圾收集算法的标记过程仅涉及可抵达块，但扫描过程则涉及所有存储块。当它工作时，大部分的堆由垃圾组成，因此算法的工作负担很重。鉴于此，双空间复写算法避免扫描所有的存储块，只扫描可抵达块，尽管对存储空间的要求几乎增加一倍，但节省时间。由于存储器的价格越来越便宜，因此以存储空间为代价来节省时间是值得的。双空间复写算法的思想是把可利用的堆分成两个相等的部分，即源空间和目标空间。

在日常的计算中，新的存储块可以简单地使用向前归结的指针在源空间中得到。当源空间被消耗完时，所有可抵达的块将通过垃圾收集程序被复写到空的目标空间中。双空间复写的操作以复写源空间存储开始，通过根集合的指针来访问，同时使复写从目标空间的开始处开始。于是，源空间的原始存储块就被标记为“复写了的”。当复写操作结束时内容可能被破坏。在复写中不更新指针，因此指针仍指向源空间的块。接着，使用“扫描指针”从左到右扫描目标空间的存储块，以查找在目标空间中的指针。假设存储块 R 的扫描指针之一指向源空间的一个存储块 S，则有两种可能性，S 被标记为“已复写的”或“未被复写的”。

第一种情况下，它包含一个向前的指针来更新在 R 中的指针；第二种情况下，它应立即复写 s。当复写操作完成时，s 被标记为“已复写”了，而其内容被指针所指的那块内容所代替。重复这个过程，直到目标空间不再含有指向源空间中的存储块为止。

最后在源空间中的所有可抵达块都已被复写到目标空间中，而且所有的指针都被更新，指向目标空间。现在交换两个空间的作用，计算继续。

通过使用复写垃圾收集程序，可以解决标识和扫描垃圾收集程序引起的碎片开销和时间问题。关键是归结存储块成自由空间应保持连续，而这可以通过把全局指针向前归结来解决。双空间复写的主要缺点是可能浪费一半的堆空间，算法的性能还可能恶化。

双空间复写算法是一个高度有效的算法，但它有很严格的要求。当运行时间比存储空间更重要时，这是一个好的选择。

12.4.6 压缩

碎片问题是垃圾收集算法需要解决的重要问题之一。碎片实际上是可利用的自由空间，但由于每个碎片的空间太小，而且又不能把它们移到一起使用，因此碎片的压缩对于它们的可利用性来说是重要的。如果只有两种类型的段，即标记为“已占用”，或“自由的”，并且如果被标记为“已占用”的存储块的指针是一致的，则可以使用压缩算法；甚至当某些存储块被标记为“已占用”而事实上是不可抵达的，仍然可以使用压缩算法，因为通过扫描可以找出这些段。

从这个角度看，压缩算法几乎在任何时候都可付诸实施。在很大程度上，压缩算法是独立于垃圾收集程序的，它是改进自由表的一个技术。在执行了垃圾收集程序后再运行压缩程序，可获得较好的效果。

通过对于每个存储块附加一个指针，从左到右扫描存储器三次，便可完成对存储的压缩。第一次扫描计算存储块新位置的地址；第二次扫描更新现存指针来指向新的位置；第三次扫描真正移动存储块。

(1) 地址计算。从下往上扫描存储块，计算在压缩之后对于每个存储块的新位置。相应的新位置的地址保留在存储块的管理字段中。由于我们知道第一个已占用的存储块的新位置（位于存储器的低端），也知道存储块的大小，因此计算地址便不存在问题了。

(2) 指针的更新。扫描程序数据区域和存储块，寻找在堆中的指针。这些指针是指向存储块的，因此，应更新以指向存储块的新位置。这些指针位于存储块的管理字段中。

(3) 存储块的移动。存储程序从低到高扫描存储块。每一个已占用的块被移动到新的位置，其位置可以从存储块的管理字段中找出。存储块只可以向左移动或保持不动，因此这个工作可以通过从左到右地单次扫描完成，在块中的指针重指向在压缩开始时所指的存储块。

12.5 参数传送

在程序语言中,人们使用过程来处理同一个运算符的多重使用。但是这些运算符的不同参数可能有不同的值。为使过程满足不同参数的值的需要,形式过程不涉及这些参数的特定值,而以位置替代它们。这就是我们所说的形式参数。人们发现,如果使用不同的方法将形式参数和实际参数联系起来,可能会产生不同的效果,这与存储的管理有关。

本节讨论把形式参数和实际参数联系起来的方法。这些方法包括赋值调用、访问调用、复写-恢复、换名调用。为传送实际参数所用的方法对于一个语言(或一个编译程序)来说是非常重要的,因为一个程序的结果可能依赖于这个方法。这些方法来自于对表达式的含义的不同解释。例如,对于像

a[j]:=a[i]

这样的简单赋值,其中 a[i]表示值,a[j]表示把 a[i]的值放入其中的地址。把一个表达式作为存储地址还是作为值,依赖于表达式在哪里出现,在赋值语句的左边还是右边。我们使用 l-值和 r-值表示。前缀 l 和 r 源自 left 和 right,指在赋值的左边和右边。参数传送方法之间的区别主要基于一个实际参数是表示 l-值还是 r-值,或是实际参数本身的文字。

12.5.1 赋值调用

在某种意义下,这是参数传送中最简单的方法:计算实际参数,然后将它们的 r-值传到被调用的过程。赋值调用的实现如下:

(1) 把形式参数处理成类似于局部名,因此形式参数存储在被调用过程的活动记录中。

(2) 调用者计算实际参数,并把它们的 r-值放入形式参数的存储地址中。

赋值调用的一个显著特征是,对于形式参数的操作不影响调用者活动记录的值。通过赋值调用的过程可通过非局部名或通过被明确地作为值传送的指针来影响调用者。

12.5.2 访问调用

访问调用也称为按地址调用。当使用这个方法来进行参数传送时,调用者向被调用过程传送一个指针到每个实际参数的存储地址,其实现如下:

(1) 如果一个实际参数有一个 l-值的名字或表达式,则传送 l-值本身。

(2) 如果实际参数是一个表达式,如 5 和 a+b,没有 l-值,则在新的单元中计算这个表达式,并且传送该单元的地址。

对被调用过程中的一个形式参数的访问,可通过传送到被调用过程的指针变成在目

标代码中的一个间接访问。数组通常是通过访问调用来传递参数的。

12.5.3 复写-恢复调用

赋值调用和访问调用结合是复写-恢复调用,也称为复写进-复写出或值-结果调用。其实现如下:

1) 在控制流到被调用过程之前计算实际参数。实际参数的 r-值被传递给被调用过程作为赋值调用。此外,有 l-值的实际参数在调用之前必须确定其值。

2) 当控制返回(调用过程)时,形式参数当前的 r-值被复写回实际参数的 l-值中,这个 l-值就是上面提到的在调用之前被确定(计算)的值。当然,只有 l-值的实际参数才被复写。

所以,第一个步骤是复写进实际参数的值到被调用过程的活动记录中(形式参数的存储单元)。第二个步骤是将形式参数的最终值复写出调用者的活动记录中(在调用前由实际参数计算出的 l-值)。如果被调用过程有多于一种方式访问调用者的活动记录的一个单元,则复写-恢复和访问调用是有区别的。

12.5.4 换名调用

换名调用传统上是由早期的 ALGOL 语言的复写规则定义的,即:

(1) 将过程处理成像宏一样,即它的体代替调用者的调用,同时实际参数字面上代替形式参数。这样一个字面的代替称为宏扩展或行内扩展。

(2) 保持被调用过程的局部名与调用过程名的不同。我们可以把被调用过程的每个局部名想象成在进行宏扩展之前就系统地更名为不同的新名。

(3) 必要时将实际参数用圆括弧括起来以保持其完整性。

尽管换名调用还是在理论研究阶段,但是与行内扩展的概念相关的技术已用于缩短程序的运行时间。这是因为与建立一个过程的活动相关联要给活动记录分配存储空间、保存机器状态、建立链接,然后传送控制。当一个过程体很小时,用于调用序列的代码可能会超过过程体的代码[7]。因此在调用者中展开被调用过程的代码可能更为有效,即使程序的长度增加也无妨。

换名调用通常的实现是向被调用过程传送无参数的子程序,通常称为通客(thunk),它能计算实际参数的 l-值或 r-值,就像在使用词法作用域的一个语言中传送参数的过程那样,通客实现存取连接,指向调用过程的当前活动记录。

思考题

1. 试写出使用把一个指针传送到表头的方法将一个条目插入到一个链接表的过程。试确定,这个过程在什么参数传送机制下有效。

2. 给定如下程序：

```
program main(input,output);
    procedure p(x,y,z);
        begin
            y:=y+1;
            z:=z+x;
        end;
        begin
            a:=3;
            b:=5;
            p(a+b,a,a);
        print a
    end
```

假设分别使用(a)赋值调用、(b)访问调用、(c)复写-恢复链接调用、(d)换名调用作为参数传送机制，其打印结果分别是什么？

3. 下列程序给出了可以把过程作为参数相关联的三个环境，即词法的、传送的和活动的环境。这个过程的词法的、传送的和活动的环境分别由在过程被定义时对标识符的约束作为参数传送和激活组成。

```
(1) program param(input,output);
(2) procedure b(function h(n:integer):integer);
(3) var m:integer;
(4) begin m:=4;writeln(h(3) end(b));
(5) procedure c;
(6) var m:integer;
(7) function f(n:integer):integer;
(8) begin f:=m+n end(f);
(9) procedure r;
(10) var m:integer;
(11) begin m:=6;b(f) end®;
(12) begin m:=0;r end(c);
(13) begin
(14) c
(15) end
```

考虑第 11 行上的函数与作为参数传送，试使用对于 f 的词法的、传输的和活动的环境，第 8 行上的非局部的 m 分别是第 3、6 和 10 行上 m 说明的作用域：

（a）画出这个程序的活动树。

（b）给出使用对于 f 的词法的、传送的和活动的环境时，这个程序的输出结果。

（c）修改词法作用域的语言的显示实现，以正确建立在作为参数被传送的过程中被激活时的词法环境。

4. 在下列虚拟程序中，第 11 行上的语句 f：= a 调用函数 a，然后把函数 addm 作为结果传回：

1）画出执行这个程序的活动树。

2）假设词法的作用域被用作非局部名，使用栈分配时程序将出错，为什么？

3）使用堆分配时程序的输出是什么？

```
(1) program ret(input,output);
(2) var f:function(integer):integer;
(3) function a:function(integer):integer;
(4) var m:integer;
(5) function addm(n:integer):integer;
(6) begin return m + n end;
(7) begin m: =0;return addm end;
(8) procedure b(g:function integer):integer;
(9) Begin writeln(g(3))end;
(10) begin
(11) f: =a;b(f)
(12) end
```

5. 某些语言可以在运行时返回新创建的过程。在下列程序中，无论是在源文本中定义的还是运行时创建的函数，至多有一个自变量和一个返回值，它可以是一个函数或一个实数。运算符∘表示函数的合成，即(f∘g)(x) = f(g(x))。

1）由 main 打印的值是什么？

2）假设每当过程 p 被创建和返回时，活动记录变成返回 p 的函数的活动记录。p 的传送环境通过保持一个活动记录树来维护，而不是通过栈来维护。当 main 计算 a 时，活动记录树是什么？

3）假设当 p 被激活时创建 p 的活动记录，并创建调用 p 过程的活动记录的一个儿子。这个方法可以用来维护 p 的活动环境。画出在 main 中执行语句时活动记录的快照和它们的父子关系，在使用这种方法时，一个栈是否足以保存活动记录？

```
function f(x:function);
  var y:function;
    y: =x∘h;          /* 当被执行时创建 y */
    return y
```

```
end{f};

function h();
  return sin
end{h};
function g(z:function);
  var w:function;
    w: = arctan ∘ z;      /*当被执行时创建 w*/
    return w
end{g}
function main();
  var a:real;
    u,v:function;
    v: = f{g};
    u: = v();
    a: = u(π/2);
  print a
end{main}
```

参 考 文 献

[1] Bentley J L, Cleveland W S, Seth R(1985) Empirical Analysis of Hush Functions, Manuscript. AT & T Bell Laboratories, Murray Hill, New York.

[2] Ableson H, Sussman G J (1985) Structure and Interpretation of Computer Programs. MIT Press, Cambridge.

[3] Aho A V, Sethi R, Ullman J D (2003) Compilers, Principles, Techniques and Tools. Addison-Wesley, Reading.

[4] Grune D, Bal H E, Jacos C, et al(2002) Modern Compiler Design. Wiley, New York.

[5] Knuth D E (1998) The art of computer programming. Vol. 3 Updated and Revision Version. Addison-Wesley, Reading.

[6] Aho A V, Hopcroft J E, Ullman J D (1974) The Design and Analysis of Computer Algorithms. Addison-Wesley, Reading.

[7] Steele G L Jr(1984) Common LISP. Digital Press, Burlington.

第 13 章 目标代码的生成

行百里者半九十。

——《战国策·秦策五》

13.1 本 章 动 机

经历了词法分析、语法分析、语义分析、中间代码生成以及调式和优化等阶段之后，我们到达了编译程序的最后阶段，即目标代码的生成。

严格地说，目标机器码是指立即可执行的目标机器的代码。目前的机器都安装了汇编程序，因此，即使我们不生成目标机器代码，而只生成汇编代码也无妨，因为安装在机器上的汇编程序能把汇编代码变成真正的机器代码。以这种方式产生的代码可能不是最优的，因此编译程序的下一个工作是优化，使得所生成的目标代码更有效。这对于生产性的程序来说是重要的，因为这类程序长年累月地工作，因此即使它在一个运行期间只节省一点时间，累加起来也是非常可观的。

一般来说，对于目标代码的生成程序有严格的要求。一句话，输出的代码应当是正确和有效的。这意味着它必须最好地利用目标机器的资源，而且，生成程序本身也应有效地执行。

然而，在理论上生成最优代码的问题是不可判定的，因此，在实践中我们必须设法生成尽可能好的代码。它可能不是最好的，但我们已经尽力去做了。为了达到这个目的我们必须求助于带启发性的探索技术。本章将讨论与目标代码生成程序有关的问题。目标代码的生成涉及目标语言、存储管理、指令选择、寄存器选择、计算顺序等，为了帮助读者更好地理解问题的实质，我们将详细地介绍。

13.2 目标代码的设计

13.2.1 代码生成程序的输入

代码程序的输入由源程序的中间代码表示和符号表中的信息组成。这些信息是在分析阶段确定的。符号表中的信息用来确定数据对象的运行地址,并标记在中间代码表示的名字中。

前面已经提到,中间代码可以多种方式表示,如逆波兰形式、四元组或三地址表示、虚拟机器表示(如栈机器)、语法树和无循环有向图(adg)等。这里我们以三地址代码、树形和无循环有向图来表达中间代码。

我们假设在代码生成之前编译程序已完成对源程序的扫描和分析,并且也已把源程序翻译成中间代码,因此可以将出现在中间代码的名字的值表示为量(二进制位、整数、实数、指针等),这些量可以直接在目标机器中操作。我们还假设已经进行了必要的类型检查,因此必要时可进行类型转换操作。明显的语法错(如以浮点数作为下标)也已检查出来,因此代码生成阶段的工作可以在输入无错误的假设下进行。但在某些编译程序中,这类语义检查是与代码生成一起进行的。

13.2.2 目标程序

代码生成程序的输出是目标程序。对于中间代码,其输出可以有多种形式,如绝对机器语言代码、浮动机器语言代码、汇编语言代码。

生成绝对机器语言程序作为输出的好处是程序可以存储在固定的位置上,因此可立即执行。规模小的程序可以很快地被编译和执行。一些"学生程序"的编译程序,例如 WATFIV 和 PL/C 便是生成这类绝对机器代码的。

生成浮点机器语言程序作为输出(目标模块)的优点是允许对子程序进行独立的编译。一组浮点目标模块可以通过一个链接程序链接在一起,然后安装到存储器中执行。生成浮动目标模块将增加对应的链接和装入开销,但由于子程序是独立编译的,而且可从一个目标模块调用已编译的其他程序,因此增加了灵活性。如果目标机器不能自动地处理浮动,则编译程序必须为装入程序提供特定的浮动信息以便把独立编译的程序段链接在一起。

生成汇编语言程序作为输出使代码生成的进行变得稍微容易些,因为我们可以生成符号指令,并且利用由汇编程序提供的宏来帮助生成代码。但是它的代价是在目标代码生成之后仍处于汇编语言中,而汇编语言代码的生成并不是重复汇编程序的所有工作。这是一个合理的选择,对于有较小内存的机器特别有利,因为在这类机器上,编译必定是多遍的。考虑其可读性,我们选择汇编语言作为目标语言,但是我们要强调的是,只要能根据偏离量和符号表的其他信息可计算出地址，则代码生成程序便可以像生成符号地址一样生成名字的浮点地址和绝对地址。

13.2.3 存储管理

把源程序中的名字映射到存储器中的数据对象的地址是编译程序前端工作的一部分，它是通过与代码生成程序的协作完成的。

我们已假定，在三地址语句中的名字访问是在符号表中的名字项内，而对于符号表中项的访问是在检查过程的说明之后进行的。说明中的类型确定类型的宽度，这个宽度是为存储这种类型的数据所需的存储空间。通过符号表的信息，可以确定在过程的数据区域内的名字的相对地址。

如果要生成机器代码，则要将三地址语句的标号转换成指令地址。这个过程采用前面介绍过的回填技术。假设标号指的是在一个四元组中的四元组号，当依次扫描每一个四元组后，便能推算出该四元组生成的机器码的位置。我们需要记录生成指令的计数。这个计数可以保存在四元组数组中(在另一个字段中)。因此，如果遇到一个访问，例如 j:gotoi，i 小于 j，则要设立一个跳转指令，其目标地址是四元组 i 的第一次出现的存储单元。但如果跳转是向前的，则 i 超过 j，那我们必须用一个表来存储 i 的第一个出现的位置。当我们需要处理四元组时，可以前进到 i 出现的第一个单元，然后再进行回填。在这个过程中，用 i 所在四元组的位置来代替 i 的所有出现。

13.2.4 指令的选择

目标机器指令系统的本质确定了指令选择的困难性。确定一个指令系统的重要因素是一致性和完备性。如果目标机器不能以一致的方式来支持每一种数据类型，则对于每种异常情况将需要特殊的处理。

指令的速度和普通的用法也是重要的因素。如果我们不要求目标程序的效率，则指令的选择非常简单。对于每种类型的三地址语句，我们可以设计一个代码框架来描述生成的目标代码。例如，对于具有 c: = a + b 形式的三地址语句，它为 a、b 和 c 分配静态地址，所以可以翻译成以下的代码序列：

```
MOV a,R1      /* 把 a 装入寄存器 R1 中 */
ADD b,R1      /* 把 b 加到 R1 中 */
MOV R1,c      /* 把 R1 存入 c */
```

但是这个逐一生成代码的方法通常会生成很差的代码。例如，如果我们要翻译以下的序列，并且采用逐一生成的方法：

```
x: = y + z
u: = x + z
```

结果如下：

```
MOV y,R1
ADD z,R1
MOV R1,x
MOV x,R1
ADD v,R1
MOV R1,v
```

如果我们系统地翻译，将得到更紧凑的代码，可以节省两条指令：

```
MOV y,R1
ADD z,R1
ADD v,R1
MOV R1,v
```

所生成的代码的质量由运行时间和程序的长度确定。拥有丰富指令的指令系统可以多种方式实现操作，但不同方式的开销可能有显著的不同。有些中间代码的翻译可能正确但却非常低效。例如，如果机器有一个 INC（增量）指令，则三地址语句 x：=x+1 用一条指令就可以实现。但如果我们采用下列方式，则需要三条指令：

```
MOV x, R1
ADD #1,R1
MOV R1,x
```

则速度要慢得多。但为了确定哪种方式实现更好、更快，则需要理解指令的执行了。

13.2.5 寄存器的分配

含有寄存器作为操作数的指令序列要比含有内存中的操作数要短，而且执行速度也快些，因此，在代码生成期间，有效地利用寄存器非常重要[1]。关于寄存器的使用，可以分成两个子问题：

（1）在寄存器分配期间，选择在程序执行的某个时刻驻留在寄存器的变量。

（2）在随后的寄存器分配阶段，选择变量驻留的特殊寄存器。

即使是对于寄存器，查找变量的最佳赋值的寄存器也是很困难的，因为这是一个 NP 完全问题。由于目标机器的硬件和操作系统要遵守寄存器使用的某些规则，因此使问题更为复杂。

13.2.6 计算顺序的选择

计算的顺序可能影响代码的有效性。或许我们已经看到，采用某种计算顺序，将使用较少的寄存器来存储某些中间结果。选择最好的计算顺序也是一个 NP 完全问题。因此，开始时我们可以采取中间代码生成程序来生成三地址语句的顺序,从而避免了选择。

13.2.7 代码生成方法

毫无疑问,代码生成最重要的原则是生成正确的代码。由于一个代码生成程序可能会遇到一些特殊情况,因此正确性原则特别重要。在确保正确性后,我们的设计目标便是易于实现、易于调试和易于维护。

13.3 目标机器 MMIX

选择目标机器,自然应以实用性作为原则。我们要把某个程序设计语言的编译程序安装到哪台机器,哪台机器就应该是我们的目标机器。设计好的代码生成程序的前提是熟悉机器及其指令系统。然而,在一般性讨论中,我们应该选择什么样的机器作为目标机器呢?我们认为选择目前任何一种机器都不适合,因为也没有机器会永远留在市场上。因此我们决定选择虚拟机,它代表了当前主流机器的共同特征。这样,MMIX 就成了我们的选择。MMIX 是由 MIX 发展起来的,两者都是由著名计算机科学家克努特(Knuth)分别在他的经典著作《计算机程序设计艺术》(The Art of Computer Programming)的第 1 版(1968)和修订版(2003)给出的[2]。

如果把 MMIX 看作是罗马数字,则它实际上是 2009。这个数是由当前在计算机市场上流通的最有代表性的 14 种机器的代号以相同权值相加后求其平均值得到的。具体的计算如下:

(Cray 1 + IBM 801 + RISC II + Clipper C300 + AMD 29K + Motorola 88K + IBM 601 + Intel i 960 + Alpha 22164 + POWER2 + MIPSR 4000 + Hitachi Super H4 + Strong ARM 110 + Sparc 64)/14 = 2009

1) 二进制位和字节

MMIX 是以 0 和 1 的模型工作的,而且通常一次处理 64 个二进位。为方便起见,我们把它们划分为每组四位,每组代表一个十六进数:

$$\begin{array}{llll} 0=0000 & 4=0100 & 8=1000 & c=1100 \\ 1=0001 & 5=0101 & 9=1001 & d=1101 \\ 2=0010 & 6=0110 & a=1010 & e=1110 \\ 3=0011 & 7=0111 & b=1011 & f=1111 \end{array} \tag{13.1}$$

为了区分十进制的数字 0 ~ 9 和十六进制的 0 ~ 9,我们将用不同的形式来标记十六进数字。例如,

$$1001111000110111011110011011100101111111010010100111110000010110 \tag{13.2}$$

在十六进制下则为

$$\#9e3779b97f4a7c16 \tag{13.3}$$

8 个二进制位或 2 个十六进数字的一个序列,通常称为一个字节。现在大多数计算机都把字节当作基本的不可分的可编址数据单位。一个 MMIX 程序可以访问多达 2^{64} 个字节,其中每一个都有它自己从#0000 0000 0000 0000 到# ffff ffff ffff ffff 的地址。如英文这样的语言的字母表、数字和标点符号通常以 ASCII (American Standard Code for Information Interchange,美国信息交换标准码)表示，而且一个字符就用一个字节表示。例如，MMIX 的 ASCII 码是#4d4d4958。ASCII 实际上是有 7 个二进位的码,它包含控制字符#00 ~ 1f,打印字符#20 ~ #7e 和一个"删除"字符#7f。在 20 世纪 80 年代它被扩充为具有 8 个二进制位的国际标准码,称为 Latin - 1 或 ISO 8859 - 1,因此对加重音的字母也可编码,例如 pâté 的编码是#70e274e9。

在 20 世纪 90 年代,支持几乎每种现代语言的一个 16 位编码变成一个国际标准,这种码被正式地称为 ISO/IEC 10646 UCS - 2 或非正式地称为联码(Unicode) UTF - 16,它不仅包含像 Σ 和 σ (#03a3 和#03c3)这样的希腊字母,像 Щ 和 щ (#0429 和#0449) 这样的西里尔(即俄罗斯,保加利亚及斯拉夫民族的原始语言)字母,Շ和շ(#0547 和#0557) 这样的亚美尼亚字母,ש(#05e9)这样的希伯来字母,ش(#0634)这样的阿拉伯字母,像श(#0936)、শ(#09b6)、ଶ(#0b36)、ஷ(#0bb7) 这样的印度字母，等等，而且还包括东亚的数万个象形文字,例如用于数学和计算的中文字符算(#7b97)。通过简单地给它们一个前导的 0 的一个字节来表示 ASCII 或拉丁 -1 字符,如 paté 的联码是

#007000e2007400e9

我们将使用方便的术语——字来描述像联码这样有 16 个二进位的字符,使用双字和四字来描述 4 个字节和 8 个字节的数,因此有:

2 个字节 =1 个字
2 个字 =1 个双字
2 个双字 =1 个四字

当然,由一个或多个字节组成的量可以表示字母、数字、字符。使用二进制系统,

一个不带符号的字节可以表达数 0. . 255:

一个不带符号的字可以表达数 0. . 65536;

一个不带符号的双字可以表达数 0. . 4294967295;

一个不带符号的四字可以表达数 0. . 18446744073709551615。

整数通常也可使用补码表示法来表示,其中最左边的二进制位表示符号。在这种方法中,如果前导位为 1,则表示这个数是负数,使用 2^n 减去这个数而得。例如，-1 是个带符号的整数,用字表示,它是#ffff;用双字表示,它是#ffffffff;用四字表示,它是#ffffffffffffffff,

因此

1 个带符号的字节可以表达数 −128..127；

1 个带符号的字可以表达数 −32768..32767；

1 个带符号的双字可以表达数 −2147483648 .. 2147483647；

1 个带符号的四字可以表达数

−9223372036854775808..9223372036854775807。

2）存储器和寄存器

一个 MMIX 计算机有 2^{64} 个存储单元和 2^8 个通用寄存器，此外还有 32 个专用寄存器（见图 13.1）[3]。数据从内存单元传输到寄存器中，在寄存器中进行操作，然后又传输到存储器中。存储单元表示为 M[0]，M[1]，...，M[$2^{64}-1$]，因此，如果 x 是任何一个四字字节，则 M[x] 也是一个存储器字节。

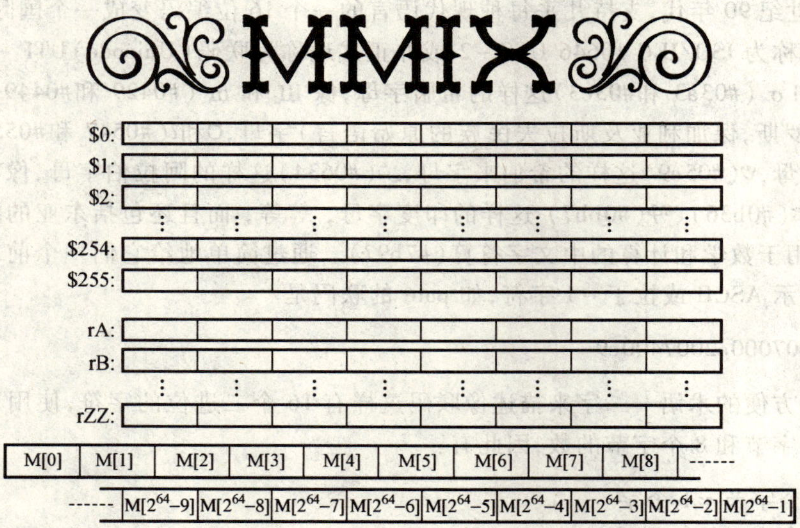

图 13.1　MMIX 计算机有 256 个通用寄存器、32 个专用寄存器

通用寄存器表示为$0，$1，...，$255。如果 x 是一个任意的字节（其值在 0 ~ 255 之间），则$x 是一个四字字节。存储器的 2^{64} 个字节被分成为 2^{63} 个字。

$M_2[0]=M_2[1]=M[0]M[1]$，$M_2[2]=M_2[3]=M[2]M[3]$......每个字都由两个连续的字节 $M_2[2k]M_2[2k+1]=M[2k]\times 2^8+M[2k+1]$ 组成，因此它可以由 $M_2[2k]$ 或 $M_2[2k+1]$ 表示。类似地，共有 2^{62} 个双字字节：

$$M_4[4k]=M_4[4k+1]=\ldots=M_4[4k+3]=M[4k]M[4k+1]M[4k+2]M[4k+3] \tag{13.4}$$

以及 2^{61} 个四字字节

$$M_8[8k] = M_8[8k+1] = ... = M_8[8k+7] = M[8k]M[8k+1]...M[8k+7] \quad (13.5)$$

和 2 个虚拟存储器的 2^{64} 个字节,每个寄存器有 64 个有效的二进位。

一般说来,如果 x 是四字字节,则记号 $M_2[x]$、$M_4[x]$ 和 $M_8[x]$,表示包含字节 M[x] 的字,双字以及四字。当访问 $M_t[x]$ 时,我们忽略 x 的最低有效位的 lg t 个二进位。

为方便起见,我们也写 $M_1[x] = M[x]$,而且当 $x < 0$ 或 $x \geq 2^{64}$ 时,定义 $M[x] = M[x \bmod 2^{64}]$。

MMIX 的 32 个专用寄存器标记为 rA, rB, ..., rBB, rTT, rWW, rXX, rYY, rZZ。与通用寄存器相同,每个专用寄存器可存放一个四字字节。例如,rA 用来控制算术中断,而 rR 用来存储除法运算之后的余数。

3) 指令

MMIX 的存储既包含数据,也包含指令。一个指令或"命令"含四个字节,可方便地叫做 OP, X, Y 和 Z 的一个双字字节。例如,#20010203 是带有操作码和操作数 OP = #20, X = #01, Y = #02 和 Z = #03 的一条指令,它的意义是把 $2 和 $3 的和存入寄存器 $1 中。操作数字节被当作不带符号的整数。

由于 MMIX 提供一个字节的长度作为操作,因此它有 256 个操作。这 256 个操作都有一个便于记忆的符号名。例如,操作符#20 被标记为 ADD。我们将采用,与稍后讨论的汇编语言一致操作符的符号名。例如,#20010203 可方便地写成"ADD $1, $2, $3"。通常,加法指令写成"ADD $x, $y, $z"。大多数指令都有三个操作数,只有少数有两个操作数和一个操作数。当指令只有两个操作数时,第一个是 $x,第二个是两个字节的数 YZ,于是符号记号只含一个逗号。例如,指令" INCL $X, YZ"是对寄存器 X 增加数量 YZ 的指令。当仅有一个操作数时,它是带有三个字节且不带符号的数 XYZ。在此情况下,它的符号记法没有逗号。

例如,指令"JMP@ +4 * XYZ"将告知 MMIX,通过跳到双字字节 XYZ,可以得到下一条指令。指令"JMP@ +1000000"在十六进制下有#003d090 的形式,因为 JMP = #f 0,而 1000000 = #03d090。

我们将既非形式地又形式地描述 MMIX 的每一条指令。例如,"ADD $X, $Y, $Z"的非形式的含义是置 $X 为 $Y 和 $Z 之和;而其形式的含义是"s($X)←s($Y) + s($Z)",其中的 s(X) 表示按照 2 的补码记法的约定,对应于在位模数之下 X 的带符号的整数值。像 s(X)←N 这样的赋值意味着把 X 置成位模式,使得 s(X) = N 如果 N 太大或太小,以致放不进去或不存在,就会引起上溢或下溢。例如,如果 s($Y) + S($Z) 的和小于 -2^{63} 或大于 2^{63},则 ADD 将下溢或上溢。当我们非正式地说明一条指令时,将指出溢出的可能性。但形式说明将准确地说明每一件事情。一般说来,赋值 s(X)←N 把 X 置为 N mod 2^n 的二进制表示,其中 n 是 x 的位数。如果 $N < -2^{n-1}$ 或 $N \geq 2^{n-1}$,则 ADD 宣告溢出。

4）装入和存储

要把 MMIX 的 256 条指令归并成类，则需从寄存器和内存之间传输信息的指令开始。在以下的每条指令中都有用于存加法$Y 和$Z 之和的内存地址 A。形式地说，

$$A=(u(\$Y)+u(\$Z)) \bmod 2^{64} \tag{13.6}$$

是不带符号的整数 Y 和 Z 之和。通过忽略在两数相加时和的左边发生的进位，这个和将被归结为 64 位的一个二进制数。在式中，u(X)类似于 s(X)，不过它把 X 当作是不带符号的二进制数。

- LDB $X,$Y,$Z(装入字节)：$s(\$X)\leftarrow s(M_1[A])$
- LDW $X,$Y,$Z (装入字)：$s(\$X)\leftarrow s(M_2[A])$
- LDT $X,$Y,$Z (装入双字)：$s(\$X)\leftarrow s(M_4[A])$
- LDO $X,$Y,$Z (装入四字)：$s(\$X)\leftarrow s(M_8[A])$

这些指令把数据从内存存到寄存器$X 中，如果必要，这些数将从带有符号的一个字节、一个字或双字转换成不带符号的四字节。例如，假设四字字节 $M_2[1000]=M_2[1002]$ 是

$$M[1000]=M[1001]=M[1002]=...=M[1007]=\text{fedcba9876543210} \tag{13.7}$$

因此，如果$2 = 1002，$3 = 2，则有 A = 1002，而且

- LDB $1,$2,$3 置 $1 ←#0000 0000 0000 00ba
- LDW $1,$2,$3 置$1 ←#0000 0000 0000 ba98
- LDT $1,$2,$3 置$1←#0000 0000 fedc ba98
- LDO $1,$2,$3 置 $1←#fedc ba98 7654 3210

但如果将$3 = 5，使得 A = 1005，则有

- LDB $1,$2,$3 置$1←#ffff ffff ffff ff54
- LDW $1,$2,$3 置$1 ← #ffff ffff ffff 7654
- LDT $1,$2,$3 置$1←#ffff ffff 7654 3210
- LDO $1,$2,$3 置$1←#fedc ba98 7654 3210

当把一个字节、一个字，或一个双字传输到带有符号的一个四字时，它的符号位被扩展成在左边的所有位置：

- LDBU $X,$Y,$Z (不带符号装入字节)：$u(\$X)\leftarrow u(M_1[A])$
- LDWU $X,$Y,$Z (不带符号装入字)：$u(\$X)\leftarrow u(M_2[A])$
- LDTU $X,$Y,$Z (不带符号装入双字)：$u(\$X)\leftarrow u(M_1[A])$
- LDOU $X,$Y,$Z(不带符号装入四字)：$u(\$X)\leftarrow u(M_8[A])$

这些指令与指令 LDB、LDW、LDT 和 LDO 相似，但是它们把内存中的数据处理成不带符号。当用此方式加长短数时，寄存器左边的二进位都被置为 0，因此，在上面的例子 LDBU $1,$2,$3 中，$2 = $3 = 1005 置 $1 ←#0000 0000 0000 0054。

指令 LDU 和 LDOU 实际上有相同的特征，因为当一个四字字节存入一个寄存器时，不需要扩展符号位或加 0，然而，当符号位重要时，程序员应使用 LDO 指令，当符号位不重要时，就用 LDOU 指令。这样，程序的读者便可知道装入内容的意义。

- LDHT \$X，\$Y，\$Z（装入双字的高位部分）$u(\$X) \leftarrow u(M_4[A])2^{32}$

这里双字字节 $M_4[A]$ 被装入到 \$X 的左边而其右边被置为 0。例如，LDHT \$1，\$2，\$3 和 \$2 + \$3 = 1005 以及式(13.7)，则 \$1←#7654321000000000。

- LDA \$X，\$Y，\$Z（装入地址）：$u(\$X) \leftarrow A$

这个指令把一个地址存入到一个寄存器中，它实际上和后面要介绍的 ADDU 一样。同时“装入地址”比“不带符号加数”一词更好地描述其目的。

- STB \$X，Y，\$Z（存入字节）：$s(M_1[A]) \leftarrow s(\$X)$
- STW \$X，\$Y，\$Z（存入字）：$s(M_2[A]) \leftarrow s(\$X)$
- STT \$X，\$Y，\$Z（存入双字）：$s(M_4[A]) \leftarrow s(\$X)$
- STO \$X，\$Y，\$Z（存入四字）：$s(M_8[A]) \leftarrow s(\$X)$

这些指令是以另一个方向进行，即把数据从寄存器存到存储器中。如果在寄存器的数（连同符号在内）超过在内存中数的范围，则发生溢出。假设寄存器 \$1 含数 65536 = # ffff ffff ffff 0000，而且如果 \$2 = 1000，\$3 = 0002，则式(13.7)成立。

- STB \$1，\$2，\$3 置 $M_8[1000]$←#fedcba9876543210（发生溢出）
- STW \$1，\$2，\$3 置 $M_8[1000]$←#fedc000076543210（发生溢出）
- STT \$1，\$2，\$3 置 $M_8[1000]$←#ffff 000076543210
- STO \$1，\$2，\$3 置 $M_8[1000]$←#ffffffffffff0000
- STB \$X，\$Y，\$Z（不带符号存入字节）：$u(M_1[A]) \leftarrow u(\$X) \bmod 2^8$
- STW \$X，\$Y，\$Z（不带符号存入字）：$u(M_2[A]) \leftarrow u(\$X) \bmod 2^{16}$
- STT \$X，\$Y，\$Z（不带符号存入双字）：$u(M_4[A]) \leftarrow u(\$X) \bmod 2^{32}$
- STO \$X，\$Y，\$Z（不带符号存入四字）：$u(M_8[A]) \leftarrow u(\$X)$

这些指令与对应的带符号的 STB、STW、STT 和 STO 有相同的效果，但它们不会发生溢出。

- STHT \$X，\$Y，\$Z（存入双字的高位部分）：$u(M_4[A]) \leftarrow \left\lfloor \frac{u(\$X)}{2^{32}} \right\rfloor$

寄存器 \$X 的左半部被存入内存的双字单元 $M_4[A]$。

- STCO X，\$Y，\$Z（存入常数四字字节）：$u(M_8[A]) \leftarrow X$

0 ~ 255 之间的常数被存在内存的四字单元中。

5）算术运算

MMIX 的大多数运算是在寄存器之间实现的。通过考虑加法、减法、乘法和除法，我们可以观察这些运算。

- ADD \$X,\$Y,\$Z（加法）：s(\$X)←s(\$Y)+s(\$Z)
- SUB \$X,\$Y,\$Z（减法）：s(\$X)←s(\$Y)－s(\$Z)
- MUL \$X,\$Y,\$Z（乘法）：s(\$X)←s(\$Y)×s(\$Z)
- DIV \$X,\$Y,\$Z（除法）：s(\$X)←[s(\$Y)/s(\$Z)]{\$Z≠0} 且 s(rR)←s(\$Y) mod s(\$Z)

这里，对加法、减法和乘法不作进一步讨论。除法指令 DIV 形成商和余数，而且余数进入专用寄存器 rR。如果除数\$Z 为 0，则 DIV 置\$X←0 和 rR←\$Y，且出现“整数除法校验”。

- ADDU \$X,\$Y,\$Z（不带符号的加法）：u(\$X)←(u(\$Y)+u(\$Z)) mod 2^{64}
- SUBU \$X,\$Y,\$Z（不带符号的减法）：u(\$X)←(u(\$Y)－u(\$Z)) mod 2^{64}
- MULU \$X,\$Y,\$Z（不带符号的乘法）：u(\$X)←(u(\$Y)×u(\$Z)) mod 2^{64}
- DIVU \$X,\$Y,\$Z（不带符号的除法）：$u(\$X)\leftarrow\left\lfloor\dfrac{u(rD\$Y)}{u(\$Z)}\right\rfloor$，u(rR)←u(rD\$Y) mod u(\$Z)，如果 u(\$Z)＞u(rD)；否则 rR←\$Y

不带符号数的算术运算不会引起溢出。两个 16 字节的数的完备乘法通过 MULU 来完成，其中高位的一半进入专用的寄存器 rH，例如，不带符号的数#9e39b97f4a7c16 同本身相乘，得到

rH←#61c8864680b583ea　　\$X←#1bb32095ccdd51e4　　(13.8)

在这种情况下，如果把小数点放在数的左边，它就是黄金分割 $\Phi^{-1}=\Phi-1$。在乘方之后，得到 $\Phi^{-2}=1-\Phi^{-1}$ 的一个近似值，且小数点放在 rH 的左边。

通过 DIVU 的除法产生 8 个字节的商和一个 16 位字节的被除数相对于 8 个字节的除数的余数。被除数的上半出现于专用被除数寄存器 rD 中。在一个程序开始时，它的初始值为 0，通过指令 PUT rD,\$Z，这个寄存器可置成为任何所需的值。如果 rD 的值大于除数，则 DIVU 将置\$X←rD 和 rR←\$Y（当\$Z 为 0 时，这个情况发生）。但是 DIDU 不出现整数校验。

按照式(13.7)的定义，指令 ADDU 计算内存单元的地址 A，因此我们给它命名为 LDA。

以下是地址计算的相关指令：

- 2ADDU \$X,\$Y,\$Z(不带符号数乘以 2 及加法)：u(\$X)←(u(\$Y)×2＋u(\$Z)) mod 2^{64}
- 4 ADDU \$X,\$Y,\$Z(不带符号数乘以 4 及加法)：u(\$X)←(u(\$Y)×4＋u(\$Z)) mod 2^{64}
- 8ADDU \$X,\$Y,\$Z(不带符号数乘以 8 及加法)：u(\$X)←(u(\$Y)×8＋u(\$Z)) mod 2^{64}

- 16 ADDU \$X,\$Y,\$Z(不带符号数乘于 16 及加法)：$u(\$X)(u(\$Y)\times 16+u(\$Z))\bmod 2^{64}$

如果溢出不是问题，则指令 2ADDU \$X,\$Y,\$Z 要比乘以 3 的乘法快，这就是为什么我们用 2ADDU \$X,\$Y,\$Z 代替乘以 3。这个指令执行的结果是：

$$\$X\leftarrow(u(\$Y)\times 2+u(\$Y))\bmod 2^{64}=3\times u(\$Y)\bmod 2^{64}$$

- NEG \$X,\$Y,\$Z(取负值)：$s(\$X)\leftarrow Y-u(\$Z)$
- NEGU \$X,\$Y,\$Z(不带符号取负值)：$u(\$X)\leftarrow Y-u(\$Z)\bmod 2^{62}$

在这些指令中，Y 是不带符号的常数，而不是一个寄存器号(与在 STCO 指令中一样，X 是不带符号的常数)，通常 Y 为 0。这情况下，我们可以简单地写作 NEG \$X,\$Z 或 NEGU \$X,\$Z。

以下四条指令是移位指令：

- SI \$X,\$Y,\$Z(左移)：$\$X\leftarrow s(\$Y)\times 2^{u(\$Z)}$
- SLU \$X,\$Y,\$Z(不带符号的左移)：$u(\$X)\leftarrow(u(\$Y)\times 2^{u(\$Z)})\bmod 2^{64}$
- SR \$X,\$Y,\$Z(右移)：$s(\$X)\leftarrow\left\lfloor\dfrac{S(Y)}{2^{u(\$Z)}}\right\rfloor$。
- SRU \$X,\$Y,\$Z(不带符号数的右移)：$u(\$X)\leftarrow\left\lfloor\dfrac{u(\$Y)}{2^{u}(\$Z)}\right\rfloor$

在\$X 中 SL 和 SLU 产生相同的结果，但 SL 可能会溢出，而 SLU 绝不会溢出。当执行右移指令时，SR 扩展其符号位，而 SRU 则从右边移入 0。因此，SR 和 SRU 当且仅当\$Y 是非负的以及\$Z 为零时产生相同的结果。在实现对于以 2 为底的乘幂运算时，尽管 SLU 不影响 rH，而 MULU 影响 rH，执行 SL 和 SR 的运行要比 MUL 和 DIV 快得多。使用 SRU 实现以 2 为底的乘幂运算也比使用 DIVD 快得多，尽管它不受 rD 的影响。记号 Y<Z 用来表示把 y 移动 Z 个二进位，Y ≫ Z 标记对 Y 移动 Z 个二进位的结果。

以下是两个比较指令：

- CMP \$X,\$Y,\$Z(比较)：$s(\$X)[s(\$Y)-s(\$Z)]-[s(\$Z)-s(\$Y)]$

其中，如果 $s(\$Y)>s(\$Z)$，则$[s(\$Y)-s(\$Z)]$等于 1，相应地，$[s(\$Z)-s(\$y)]$就等于 0。因此，当\$Y 大于\$Z 时，结果等于 1，当$\$Y<\$Z$ 时，结果为 −1；当$\$Y=\$Z$ 时，两个项都为 0，因此结果也为 0。总之，依赖于\$Y 是否小于、等于或大于\$Z，\$X 被置为 −1、0 或 1。类似地，

- CMPU \$X,\$Y,\$Z(不带符号数的比较)：$s(\$X)\leftarrow[u(\$Y)>u(\$Z)]-[u(\$Z)<u(\$Y)]$

6）条件指令

许多指令根据在寄存器的值是正、负或零来确定它们的工作。

- CSN \$X,\$Y,\$Z(如果为负，则设置条件)：如果 $s(\$Y)<0$，则置$\$X\leftarrow\$Z$

- CSZ \$X,\$Y,\$Z(如果为零,则设置条件):如果 s(\$Y)=0,则\$X←\$Z
- CSP \$X,\$Y,\$Z(如果为正,则设置条件):如果 s(\$Y)>0,则 \$X←\$Z
- CSOD \$X,\$Y,\$Z(如果为奇数,则设置条件):如果 s(\$Y) mod 2=1,则\$X←\$Z
- CSNN \$X,\$Y,\$Z(如果为非负,则设置条件):如果(\$Y)≥0,则\$X←\$Z
- CSNZ \$X,\$Y,\$Z(如果为非零,则设置条件):如果 s(\$Y)≠0,则\$X←\$Z
- CSNP \$X,\$Y,\$Z(如果为正,则设置条件):如果 s(\$Y)≥0, 则\$X←\$Z
- CSEV \$X,\$Y,\$Z(如果为偶数,则设置条件):如果 s(\$Y)mod 2=0,则\$X←\$Z

如果寄存器\$Y 满足上述条件,则寄存器\$Z 就被复写到\$X 中;否则就没有任何事发生。一个寄存器有负的值当且仅当它的前导位(最左的二进位)是 1。一个寄存器有奇数值当且仅当它的最末端(它的最右位)是 1。

- ZSN \$X,\$Y,\$Z(如果为负,则设置或为零):\$X←\$Z[s(\$Y)<0]
- ZSZ \$X,\$Y,\$Z(如果为零,则设置或为零):\$X←\$Z[s(\$Y)=0]
- ZSP \$X,\$Y,\$Z(如果为正,则设置或为零):\$X←\$Z[s(\$Y)>0]
- ZSOD \$X,\$Y,\$Z(如果为奇数,则设置或为零):\$X←\$Z[s(\$Y) mod 2=1]。
- ZSNN \$X,\$Y,\$Z(如果为非负,则设置或为零):\$X←\$Z[s(\$Y)≥0]
- ZSNZ \$X,\$Y,\$Z(如果为非零,则设置或为零):\$X←\$Z[s(\$Y)≠0]
- ZSNP \$X,\$Y,\$Z(如果不为正,则设置或为零):\$X←\$Z[s(\$Y)≤0]

如果寄存器\$Y 满足条件,则把\$Z 的值复写到\$X 中;否则就把\$X 置为零。

7)位操作

我们发现,把四字字节想象为 64 个二进位的向量和在两个向量的每个分量上实施操作是非常有用的。

- AND \$X,\$Y,\$Z(按位与):**v**(\$X) **v**(\$Y) & **v**(\$Z)
- OR \$X,\$Y,\$Z(按位或):**v**(\$X)←**v**(\$y) | **v**(\$Z)
- XOR \$X,\$Y,\$Z(按位异或):**v**(\$X)←**v**(\$Y)⊕**v**(\$Z)
- ANDN \$X,\$Y,\$Z(按位与非):**v**(\$X)←**v**(\$X)&$\bar{\mathbf{v}}$(\$Z)
- ORN \$X,\$Y,\$Z(按位或非):**v**(\$X)←**v**(\$Y) $\bar{\mathbf{v}}$(\$Z)
- NAND \$X,\$Y,\$Z(按位非与):$\bar{\mathbf{v}}$(\$X)←**v**(\$Y)&**v**(\$Z)
- NOR \$X,\$Y,\$Z(按为非或):$\bar{\mathbf{v}}$(\$X)←**v**(\$Y) | **v**(\$Z)
- NXOR \$X,\$Y,\$Z(按位非与或非):$\bar{\mathbf{v}}$(\$X)←**v**(\$Y)⊕**v**(\$Z)

这里$\bar{\mathrm{v}}$表示向量 v 的补,由把 0 变成 1 和把 1 变成 0 得到。二进制运算 &、| 以及⊕定义如下:

0 & 0 =0	0 | 0=0	0 ⊕ 0=0
0 & 1= 0	0 | 1=1	0 ⊕ 1=1
1 & 0=0	1 | 0=1	1 ⊕ 0=1
1 & 1=1	1 | 1=1	1 ⊕ 1=0

它们被独立地应用于每个二进位上。乘法运算(&)可以看作取极小;或(|)运算可以看作是取极大;异或(⊕)运算与加法取 mod 2 相同。

- MUX \$X,\$Y,\$Z(按位的多路复合):$\mathbf{v}(\$X) \leftarrow \mathbf{v}(\$Y) \wedge \mathrm{r}(M) \mid (\mathbf{v}(\$Z) \wedge \bar{\mathbf{v}}(rM))$

MUX 操作选择对应于 rM 中为 1 的\$Y 的位以及对应于\$Z 中为 0 的位,通过检查专用的多路复合屏蔽寄存器 rM,然后把两个位向量组合在一起得到。

- SADD \$X,\$Y,\$Z(横向加)$\$X \leftarrow s(\Sigma(\mathbf{v}(\$Y) \& \mathbf{v}^{-}(\$Z)))$

SADD 操作统计在\$Y 中为 1 的位数和在\$Z 中为 0 的位数。

8）字节操作

类似地,我们可以取四字 x 作为有 8 个字节的向量,其中每个字节是0～255 之间的一个整数,可以把它看作是有四个字的一个向量 w(x),或者把它看作是一个双字向量 t(x)。以下的操作一次处理所有的分量:

- BDIF \$X,\$Y,\$Z (字节差):$b(\$X) \leftarrow b(\$Y) \mathbin{\underline{*}} b(\$Z)$
- WDIF \$X,\$Y,\$Z(字差):$w(\$X) \leftarrow w(\$Y) \mathbin{\underline{*}} w(\$Z)$
- TDIF \$X,\$Y,\$Z(双字差):$T(\$X) \leftarrow T(\$Y) \mathbin{\underline{*}} T(\$Z)$
- ODIF \$X,\$Y,\$Z(四字差):$O(\$X) \leftarrow O(\$Y) \mathbin{\underline{*}} O(\$Z)$

其中 $\underline{*}$ 操作表示饱和的减法操作(或称点减操作),其定义如下:

$$y \mathbin{\underline{*}} = \max(0, y - z)$$

这些操作对于文字处理以及计算机图画(其中字节或字表示图元素的值)有重要的应用。

我们也可以取四字字节作为一个 8×8 的布尔矩阵,即作为0 和1 的8×8 的数组。设 m(x)表示其行从顶往下为 x 从左到右的字节的矩阵,$m^T(x)$ 表示其转置矩阵。例如,如果 x = #9e377b97f4a7c16,则

$$m(x) = \begin{pmatrix} 1 & 0 & 0 & 1 & 1 & 1 & 1 & 0 \\ 0 & 0 & 1 & 1 & 0 & 1 & 1 & 1 \\ 0 & 1 & 1 & 1 & 1 & 0 & 0 & 1 \\ 1 & 0 & 1 & 1 & 1 & 0 & 0 & 1 \\ 0 & 1 & 1 & 1 & 1 & 1 & 1 & 1 \\ 0 & 1 & 0 & 0 & 1 & 0 & 1 & 0 \\ 0 & 1 & 1 & 1 & 1 & 1 & 1 & 0 \\ 0 & 0 & 0 & 1 & 0 & 1 & 1 & 0 \end{pmatrix} \tag{13.9}$$

$$m^T(x)=\begin{pmatrix}1&0&0&1&0&0&0&0\\0&0&1&1&0&1&1&0\\0&1&1&1&1&1&1&0\\1&1&1&1&1&0&1&1\\1&0&1&1&1&1&1&0\\1&0&1&1&1&1&1&0\\1&1&0&0&1&1&0&1\\0&1&1&1&1&0&0&0\end{pmatrix} \tag{13.10}$$

四字字节的说明提示非常类似于数学的两种操作，但我们现在从头开始定义它：

如果 A 是一个 $m\times n$ 的矩阵，而 B 是 $n\times s$ 的矩阵。如果∘和·是二目操作符，则推广的矩阵乘法 $A\cdot\circ B$ 被定义为：

$$C_{ij}=(A_{i1}\cdot B_{1j})\circ(A_{i2}\cdot B_{2j})\circ\ldots\circ(A_{in}\cdot B_{nj}) \tag{13.11}$$

其中，$1\leqslant i\leqslant m,1\leqslant j\leqslant s$，而且 C 是一个 $m\times s$ 矩阵[4]。我们假定∘是结合的，一个普通的矩阵乘法恰是令∘作为⊕，取·作为×。然而，如果我们令∘作为 | 或⊕，便得到重要的布尔矩阵的运算。

$$(A\mid B)_{ij}=A_{i1}B_{1j}\mid A_{i2}B_{2j}\mid\ldots\mid A_{in}B_{nj} \tag{13.12}$$

$$(A\oplus B)_{ij}=A_{i1}B_{1j}\oplus A_{i2}B_{2j}\oplus\ldots\oplus A_{in}B_{nj} \tag{13.13}$$

注意，如果 A 的每行至多含一个 1，则在式(13.12)和式(13.13)中至多有一个非零的项。如果在 B 的每列中至多有一个 1，则同样的事实成立。因此，在这种情况下，$A\mid\times B$ 和 $A\oplus\times B$ 的结果和通常的矩阵乘法 $A+\times B=AB$ 相同。

- MOR \$X,\$Y,\$Z(多个或)：$m^t(\$X)\leftarrow m^T(\$Y)m^T(Z)$；等价地，$m(\$X)\leftarrow m(\$Z)\mid\times M(\$Y)$
- MXOR \$X,\$Y,\$Z(多个异或)：$m^T(X\,\$)\leftarrow m^T(\$Z)\oplus m(\$Y)$：等价地，$m^T(X)\leftarrow m^T(\$Y)\oplus\times m(Z)$

这些指令通过检查\$Z 的相应字节，并用它们的字节来选择\$Y 的字节，实际上这些操作建立\$X 的字节，然后被选择的字节通过或(|)操作或异或(⊕)操作被组合在一起。例如，如果我们有

\$Z = #0102040810204080

写成矩阵形式如下：

$$M(z)=\begin{pmatrix}0&0&0&0&0&0&0&1\\0&0&0&0&0&0&1&0\\0&0&0&0&0&1&0&0\\0&0&0&0&1&0&0&0\\0&0&0&1&0&0&0&0\\0&0&1&0&0&0&0&0\\0&1&0&0&0&0&0&0\\1&0&0&0&0&0&0&0\end{pmatrix} \tag{13.14}$$

因此，MOR 和 MXOR 两条指令都是求$Y 的逆：$X 的左起第 k 个字节被置成$Y 右起的第 k 个字节，1≤k≤8。另一方面，如果$Z = #0000 0000 0000 00ff，则 MOR 和 MXOR 都是把$X 的所有字节置为零，最右的字节除外，它是$Y 的所有字节的或（|）或异或（⊕）。

9）浮点操作

MMIX 包含对于浮点算术的著名 IEEE/ANSI（电子与电气工程师学会/美国国家标准局）的标准 754 的完全实现。

每一个四字字节 x 表示如下确定的浮点二进制数 f(x)，x 的最左位是符号（0 = ‘+’，1 = ‘-’），下 11 位是指数 E，剩余的 52 位是分数 F。所表示的值是：

±0.0，如果 E = F = 0（零）。

$\pm 2^{-1047F}$，如果 E = 0 和 F≠0（异常）。

$\pm 2^{E-1023}(1+F/2^{52})$ 如果 0 < E < 2047（正常）。

±∝，如果 E = 2047，且 F = 0（无穷）。

±NaN(Non a Number)（$F/2^{52}$），如果 E = 2047，且 F≠0（不是一个数）。

由双字字节表示的短浮点数与其类似，但它的指数部分仅由 8 位组成，分数部分仅由 23 位组成。一个浮点数的通常情况（0 < E < 255）表示 $\pm 2^{E-1127}(1+f/2^{23})$。

- FADD $X,$Y,$Z（浮点加）：f($X)←f($Y) + f $(Z)
- FSUB $X,$Y,$Z（浮点减）：f($X)←f($Y) - f($Z)
- FMUL $X,$Y,$Z（浮点乘）：f($X)←f($Y) × f($Z)
- FDIV $X,$Y,$Z（浮点除）：f($X)←f($Y)/f($Z)
- FREM $X,$Y,$Z（浮点余）：f($X)←f($Y)/f($Z)的余数
- FSQRT $X,$Z 或 FSQRT $X,$Y,$Z（浮点平方根）：f($X)←f($Z)$^{1/2}$
- FINT $X,$Y 或 FINT $X,$Y,$Z（浮点整数）：f($X)←int f($Z)
- FCMP $X,$Y,$Z（浮点比较）：s($X)←[f($Y) > f($Z)] - [f(×Y) < f(×Z)]
- FEQL $X,$Y,$Z（浮点相等）：s($X)←[f($Y) = f($Z)]
- FUN $X,$Y,$Z（浮点无序）：s($X)←[f($Y) | | f($Z)]
- FCMPE $X,$Y,$Z（相对于 ε 的比较）：s($X)←[f($Y) > f($Z) f(rE)] - [f($Y) < f($Z) (f(E)] - [f($Y) < f($Z) (f(rE))]

- FEQLE \$X,\$Y,\$Z(相对于ε的浮点等价): s(\$X)←[f(\$Y)≈f(\$Z)(f(rE))]
- FUNE \$X,\$Y,\$Z(相对于ε的浮点无序): s(\$X)←[f(\$Y)||f(\$Z)(f(rE))]
- FIX \$X,\$Z 或 FIX \$X,\$Y,\$Z(把浮点数转换成定点数):s(\$X)←int f(\$Z)
- FIXU \$X,\$Z 或 FIXU \$X,\$Y,\$Z(把浮点数转换成无符号定点数):s(\$X)←(int f(\$Z) mod 2^{64})
- FLOT \$X,\$Y,\$Z 或 FLOT \$X,Y,\$Z(把定点数转换成浮点数):f(\$X)←s(\$Z)
- FLOTU \$X,\$Z 或 FLOTU \$X,Y,\$Z(把定点数转换成无符号浮点数):f(\$X)←u(\$Z)
- SFLOT \$X,\$Z 或 AFLOT \$X,Y,\$Z(把定点数转换成短的浮点数):f(\$X)←f(T)←u(\$Z)
- SFLOTU \$X,\$Z 或 SFLOTU \$X,\$Y,\$Z (把定点数转换成短的浮点数):f(\$X)←f(\$T)←u(\$Z)
- LDSF \$X,\$Y,\$Z 或 LDSF \$X,A (装入短的浮点数): f(X)←f(M_4[A])
- STSF \$X,\$Y,\$Z 或 STSF \$X,A (存入短的浮点数): f(\$X)←f(M_4[A])

当不能进行精确赋值时,可以通过当前的舍入方法来确定浮点量的赋值。这里支持四种方式:(1) 舍去,(2) 舍入,(3) 下舍,(4) 舍至近值。

对于指令 FSQRT、FINT、FIX、FLOT、FLOTU、SFLOT 和 SFLOTU 的 Y 字段,也可以使用与给定的舍入方法不同的方法,例如,FIX \$X,ROUND－UP,\$Z 设置 s(\$X)⌈f(\$Z)⌉。操作 SFLOT 和 SFLOTU 首先舍入数,如同存入无名的双字 T 那样,然后再把它们转换成四字形式。

"int"操作舍数成为整数。操作 y rem z 定义为 y－nz,其中 n 是接近于 y/z 的一个整数,或者在相等的情况取偶整数。当操作数是无穷或 NAN(不是一个数)时,则特殊规则对于支配零结果的任何约定均适用。值 +0.0 和 －0.0 可以有不同的浮点表示,但 FEQL 把它们当成是相等的。

10) 瞬间常数

程序经常需要处理小的常数,例如需要增加或减少一个寄存器的值或需要移动 32 位等。在这种情况下,从内存中装入一个小常数是很麻烦的。MNIX 提供了一个规则,通过它,一条指令本身就可以得到这样的常数。迄今为止,我们所讨论的每一条指令都有其版本,其中\$Z 为 Z 所代替,除非指令取\$Z 为一个浮点数。

例如,ADD \$X,\$Y,\$Z 对应的同类是 ADD \$X,\$Y,Z,其意义是 s(\$X)←s(\$Y)+Z。SRU \$X,\$Y,\$Z 对应的同类是 SRU \$X,\$Y,Z,其意义是 u(\$X)←⌊u(\$Y)/2^Z⌋。FLOT \$X,\$Y,\$Z 对应的同类是 FLOT \$X,Z,其意义是 f(\$X)←Z。但是,FADD \$X,\$Y,\$Z 没有直接对应的同类。

ADD \$X,\$Y,\$Z 的操作码是#20,ADD \$X,\$Y,Z 的操作码是#21。为简便起见,这两种情况均用 ADD 表示。一般说来,一条指令在寄存器模式下的直接版本的操作码比原来的版本大 1。

表征直接常数的指令从#0000 = 0 到#ffff = 65536。出现在 YZ 字节中的常数可以移动到四字字节的高位、中高位和低位去。

- SETH \$X,YZ（设置高位）:u(\$X)←YZ × 2^{48}
- SETMH \$X,YZ（设置中高位）:u(\$X)←YZ×2^{32}
- SETML \$X,YZ（设置低中位）: u(\$X)←YZ × 2^{16}
- SETL \$X,YZ（设置低位）: u(\$X)←YZ
- INCH \$X,YZ（增加高位的值）:u(\$X)←(u(\$X) + YZ × 2^{48}) mod 2^{64}
- INCMH \$X,YZ（增加中高位的值）:u(\$X)←(u(\$X) + YZ × 2^{32}) mod 2^{64}
- INCML \$X,YZ（增加中低位的值）: u(\$X)←(u(\$X) + YZ × 2^{16}) mod 2^{64}
- INCL \$X,YZ(增加低字节的值）:u(\$X)←(u(\$X) + YZ) mod 2^{64}
- ORH \$X,YZ(对高位进行按位或运算）:v(\$X)←(v(\$X))。
- ORMH \$X,YZ（对中高位进行按位或运算）: v(\$X)←(v(\$Z)) | (YZ ≪ 32)
- ORML \$X,YZ（对中低位进行按位或运算）:v(\$X)←(v(\$X)) | (YZ < 16)
- ORL \$X,YZ（对低位进行按位或运算）:v(\$X)←(v(\$X) | v(YZ))
- ANDNH \$X,YZ（对高位进行按位与非运算）:v(\$X)←v(\$X)&v¯(YZ < 48)
- ANDNMH \$X,YZ(对中高位进行与非运算）:v(\$X)←(v(\$X))&v¯(YZ ≪ 32)
- ANDNML \$X,YZ（对中低位进行与非运算）:v(\$X)←(v(\$X))&v¯(YZ ≪ 16)
- ANDNL \$X,YZ（对低位字进行与非运算）:v(\$X)←v(\$X)&v¯(YZ)

我们只需通过上述指令中的至多四条，而且不用从内存往寄存器装入任何东西，便可以在一个寄存器中得到任何想要的四字字节。例如，指令

SETH \$0,#0123; INCMH \$0,#4567; INCML \$0,#89ab; INCL \$0,#cdef

往寄存器\$0 置入#235456789abcdef。

MMIX 的汇编语言允许我们使用 SET 来表示对 SETL 的简化，并且使用 SET \$X,\$Y 作为对普通操作 OR \$X,\$Y,0 的简化。

11）跳出和转移指令

通常，指令是以出现的顺序逐条被执行的。换言之，在 MMIX 按照内存的双字位置@来执行指令后，下个指令通常是在@+4 处的指令（符号@ 表示 MMIX 当前的位置）。然而，跳出和转移指令允许我们打破顺序。

- JMP RA：@←RA

这里，RA 表示带有三个字节的一个相对地址，可以更明确地写为@+4 * XYZ，即把双字 XYZ 加到当前位置@ 上。例如，JMP@ +4 * Z 可有带符号的#f 00000Z 形式。如果这条指令出现在#1000 的位置上，则将被执行的下条指令就位于单元#1008 中。事实上，我们可以写 JMP #1008，但 XYZ 的值将依赖于指令从中跳出的位置。

相对地址可以有负值。在此情况下，操作符增加 1，而 XYZ 是偏离 $+2^{24}$，例如，JMP

@ −4 ∗ z 是双字字节 #f1 fffffe。操作符#f0 告知计算机"向前跳"，而操作符#f1 告知计算机"向后跳"，但我们可以把两个都写为 JMP。实际上，当我们想跳出位置 Addr 时，只需写 JMP Addr，而且 MMIX 的汇编程序将给出适当的操作符和 XYZ 的适当的值。除非偏移量超出当前位置高达 6700 万字节，否则这样的跳出或转移是可能的。

- GO $X,$Y,$Z：u($X)←@ +4，然后@ ←A

GO 指令允许我们去到内存任何单元中的绝对地址。从式(13.6)可算出地址 A，这与装入和存储指令一样，在去到一个特殊的地址之前，通常将出现的下个地址存入寄存器 $X 中。因此，通过类似"GO $X,$Y,0"的指令，即取 Z=0 作为瞬间常数，便可返回到该地址。

- BN $X,RA（结果为负，则跳转）：如果 s($) <0，则置@ ←RA
- BZ $X,RA（结果为零，则跳转）；如果 S($) =0，置@ ←RA
- BP $X,RA(结果为正，则跳转)：如果($X) >0，则置@ ←RA
- BOD $X,RA（结果为奇数，则跳转)：如果是 s $(X) mod 2 =1，则置@ ←RA
- BNN $X,RA（结果非负，则跳转)：如果是 s($X) ⩾0，则置@ ←RA
- BNZ $X,RA（结果为零，则跳转)：如果是 s($X) ≠0，则@ ←RA
- BNP $X,RA（结果为非正，则跳转)：如果是 S($X) ⩽0，则@ ←RA
- BEV $X,RA(结果为偶数，则跳转)：如果 S($X) mod 2 =0，则置@ ←RA

一条转移指令就是依赖于寄存器 $X 的一个条件跳转。目标地址 RA 的范围受到同 JMP 指令的地址比较的限制，因为仅有两个字节用来表达相对偏移量。尽管这样，我们仍可跳到在@ -2^{18}和@ $+2^{18}-4$ 之间的任何双字字节位置。

- PBN $X,RA（结果为负，则可能跳转)：如果 s($X) <0，则置@ ←RA
- PBZ $X,RA（结果为零，则可能跳转)：如果 s($X) =0，则置@ ←RA
- PBP $X,RA（结果为正，则可能跳转)：如果 s($X) >0，则置@ ←RA
- PBOD $X,RA（结果为奇数，则可能跳转)：如果 s($X) mod 2 =1，则置@ ←RA
- PBNN $X,RA（结果为非负，则可能跳转)：如果 s($X) ⩾0，则置@ ←RA
- PBNZ $X,RA（结果为非零，则可能跳转)：如果 s($Z) ≠0，则置@ ←RA
- PBNP $X,RA（结果为非正，则可能跳转)：如果 s($X) ⩽0，则置@ ←RA
- PBEV $X,RA(结果为偶数，则可能跳转)：如果 s($X) mod 2 =0，则置@ ←RA

如果高速计算机能够预测它何时处理一个转移指令，则能提高计算机的工作速度，因为以前的工作将帮助它向前看，并且做好了在未来处理指令的准备。因此，MMIX 鼓励程序员提供是否会有转移指令的可能。每当有转移指令出现的机会超过一半，则程序员就可以使用可能转移指令，而不是转移指令。

12）子程序调用

MMIX 也提供便于在子程序之间进行有效通信的许多指令，它们都通过一个寄存器栈实现。不过它的细节都是技术性的，这里我们只给出非正式的描述。对于短的程序，没有必要使用这些特征。

- PUSHJ \$X,RA（存到寄存器并跳出）:PUSH(x)，并置 rJ←@ +4，然后置@←RA
- PUSHGO \$X,\$Y,\$Z(存到寄存器并跳出):PUSH(x)，并置 rJ←@ +4，然后置@←RA

专用返回－跳出寄存器 rJ 指定为跟在 PUSH(x)指令后面的双字地址。简单地说，PUSH(x)的动作意味着保持局部寄存器\$0 和\$X 不变，并使它们暂时不可访问。原来的寄存器\$(X+1)现在变成局部寄存器\$0，\$(X+2) 变成\$1，等等。但对于寄存器\$k，其中 k≥rG，保持不变。rG 是专用－通用全局阈值寄存器，它的值在 32～255 之间。如果 k≥rG，则称寄存器\$k 为全局的；如果 k≤rL，则称寄存器为局部的，这里 rL 表示专用-通用寄存器，它告知当前有多少局部寄存器是活动的；否则，如果 rL≤k≤rG，则称寄存器 rk 为边界的，而且每当它在一条指令中作为操作数时，\$k 等于零。如果一个边界寄存器作为一条指令中的源操作数，则\$k 也等于 0；如果一个边界寄存器\$k 作为一条指令中的目标寄存器，则在这条指令执行前，rL 自动增为 k+1，因此\$k 就变成局部的了。

- POP X,YZ（从寄存器弹出并返回）:POP(X)，然后置@←rJ+4＊YZ

简单地说，POP(X)指出，除 X 之外，所有的局部寄存器都变成边界寄存器。而后最近的 PUSH(X)掩盖还未曾弹出的局部寄存器，而且恢复原来的值。

- SAVE \$X,0（保留进程状态）：u(\$X)←内容
- UNSAVE \$X（恢复进程状态）：内容←u(\$X)

SAVE 指令把当前的所有寄存器存储到内存中寄存器栈的顶部，并且把顶部四字地址压入栈 u(\$X)中。寄存器\$X 必定是全局的，而且 X 必须大于或等于 rG。所有局部寄存器和全局寄存器都要保存，连同 rA、rD、rG、rH、rM、rR 以及若干个我们迄今还未讨论的寄存器在内。指令 UNSAVE 取这样的顶部四字字节地址并恢复其相关内容，实际上是对以前的 SAVE 指令进行返工。SAVE 指令把 rL 的值置为零，而 UNSAVE 把它恢复原值。

MMIX 具有称为栈偏离寄存器(rO)和栈指针寄存器(r\$)的专用寄存器，它们用于控制 PUSH、POP 以及 UNSAVE 的操作。

至此，我们已经介绍了带有目标寄存器的 MMIX 的主要指令，在由编译程序生成的目标代码中将出现这些指令。但为了完整起见，我们也把 MMIX 试图用于超速及并行操作的指令和用于处理中断的指令也一并列出。

13）系统考虑

这里我们列出那些可能为高级用户感兴趣的用在高速和并行操作的 MMIX 结构的指令。在这个意义下，这些指令向计算机提供了如何预先计划以实现极大有效性，这些相关指令也类似于可能转移指令。除可能使用 SYNCID 指令外，大多数程序员都不需要这些指令。

- LDUNC \$X,\$Y,\$Z(装入不在已调整缓冲区的四字):s(\$X)←s(M_8[A])
- STUNC \$X,\$Y,\$Z(存入不在已调整缓冲区的四字):s(M_8[A])←s(\$X)

这些指令实现和 LDO 以及 STO 相同的操作，但它们还通知机器，被装入和存储的四字字节连同与它们相邻的字在最近的将来也要被读或写。

- PRELD X, $Y, $Z（预先装入数据）

这条指令指出，在最近的将来，从 M[A]到 M[A+X] 的许多字节将被装入或保存。

- PREST X, $Y, $Z（预先保存数据）

这条指令指出，从 M[A]到 M[A+X]的许多字节在下次被读（装入）之前被保存。

- PREGO X, $Y, $Z（预先进行转移）

这条指令指出，从 M[A]到 M[A+X]的许多字节将可能被用作指令。

- SYNCID X, $Y, $Z（同步指令和数据）

这条指令指出，从 M[A]到 M[A+X]的所有字节，在被说明为指令之前将再次被取出。允许 MMIX 假设，除非已通过 SYNCID 准备了指令，否则在程序开始之前，一个程序的指令不变。

- SYNCD X, $Y, $Z（同步数据）

这条指令指出，从 M[A]到 M[A+X]的所有字节必须保存到存储器中，以保持它们的时新，使得其他计算机的输入/输出设备可以读取它们。

- SYNC XYZ（同步）

通过限定并行活动，不同的处理器可以可靠地相互合作。

- CSWAP $X, $Y, $Z（比较和交换四字字节）

如果 $u(M_8[A]) = u(rP)$，其中 rP 是专用的预测寄存器，设置 $u(M_8) \leftarrow u(\$X)$ 和 $u(\$X) \leftarrow 1$，否则就置 $u(rP) \leftarrow u(M_8[A])$ 及 $u(\$X) \leftarrow 0$。这是一个原子操作（不可分的），即当一些计算机共享一个公共内存时可使用。

- LDVTS $X, $Y, $Z（装入一个伪翻译状态）。

14）中断

来自一个双字字节到下一个双字字节的指令的通常的活动不仅可以被跳出和转移指令改变，而且可被不可预测的事件改变，如溢出或输出信号。实际的计算机也要对付诸如违反安全规程以及硬件类的错误。MMIX 把中断指令分为两类：捕捉和中断。一个捕捉发送控制到捕捉处理程序，该程序是用户程序的一部分。一个中断发送信号到中断处理程序，该程序是操作系统的一部分。然后 MMIX 就执行算术操作，可能有八个非预期的条件是：整数除校验（D）、整数上溢（V）、浮点到定点上溢（W）、不正确的浮点操作（I）、浮点上溢（U）、浮点下溢（U）、浮点以 0 作除数（Z）以及浮点不正确（X）。专用的算术状态寄存器 rA 维护这八个非预期状况的当前信息。最右字节的 8 个二进制位称为事件位。它们的顺序是 DVWIOUZX，并称它们为 D－位（#80），V－位（#40），...，X－位（#01）。

在 rA 中的事件二进位的左边 8 位称为使能行位，它们也是按 DVWIOUZX 的顺序出现的。当执行某个算术操作如果出现一个异常条件，在 MMIX 前进到下个指令以前查找相关的使能行位，如果使能行位为0，则相应的事件位被置为1；否则机器通过“陷入”到对于异常事件D的单元#10、对于异常事件V的单元#20……对于异常事件X的单元#80来调用一个捕捉程序。因此rA中的事件二进位记录还未引起捕捉出现的异常事件（如果有多余一位使能行的异常事件出现，则最左边的优先。比如，O和X同时出现，则应先处理O）。在使能行二进位左边的寄存器rA的两位保持当前的舍入模式mod 4，rA的其他46个二进位保持为0。通过使用下面将讨论的PUT指令，一个程序可以在任何时候改变rA的设置。

- TRIP X,Y,Z、TRIP X,YZ 或 TRIP XYZ（捕捉）。

这条指令迫使一个捕捉跳到单元#00处开始的捕捉处理程序。

每当一个捕捉出现时，MMIX用5个专用寄存器记录当前的状态：自举寄存器rB，中断在何处出现寄存器rW，执行寄存器rX，Y操作数寄存器rY以及Z操作数寄存器rZ。首先，把rB置为$255，rJ置为$235，rW置为@ +4，然后把rX的左部置为#80000000，而其右部是捕捉指令。如果被中断的指令不是一条存储指令，则rY的左部被置为$Y，且rZ被置为$Z（或者在瞬间常数的情况下置为Z）；否则rY置为A（一个存储指令的存储地址），rZ置为$X（欲保存的数）。最后通过把@设置为处理程序地址（#00、#10...或#80），并把控制转移到处理程序去。

- TRAP X,Y,Z 或 TRAP X,YZ 或 TRAP XYZ（中断）

这条指令与TRIP类似，但它迫使一个中断跳到操作系统去。专用寄存器rBB，rWW，rXX，rYY和rZZ代替rb，rW，rX，rY和rZ，专用的中断寄存器rT提供中断处理程序的地址，通常的方法是用双字字节#00000000的“Trap 0”指令来完成，因此，一个程序会由于错误而落入中断。

- RESUME 0（在中断之后继续）

如果s(rX)是负的，则MMIX简单地置@←rW-4，并且执行在rX左半部的指令，就像它在那儿出现一样（即便是没有中断出现也可使用这个特征，但被插入的指令不是RESUME）。

15）完整的指令系统

表13.1示出了256个按16进制数排序的操作码。例如，ADD出现在标号为#2x的行和标号为#0的列，因此，ADD的操作符为#20。ORL出现在标号为#Ex的行和标号为#B的列，所以ORL的操作符是#EB。

- GET $X,Z（由专用寄存器流入）：u($X)←u(g[Z])，其中 $0\leq Z<32$
- PUT X,$Z（写到专用寄存器）：u(g[x])←u($Z)，其中 $0\leq X<32$

专用寄存器使用0~31编号，我们之所以把它们叫做寄存器rA，rB，...是为了方便人们的理解。但从计算机的观点，实际上rA是g[21]，而rB是g[0]，等等。表13.2示出专用寄存器的编号。

表 13.1 MMIX 操作符

	#0	#1	#2	#3	#4	#5	#6	#7	
#0x	TRAP 5v	FCMP v	FUN v	FEQL v	FADD 4v	FIX 4v	FSUB 4v	FIXU 4v	#0x
	FLOA[I] 4v		FLOTU[I] 4v		SFLOT[I] 4v		SFLOTU[I] 4v		
#1x	FMUL[I]4v	FCMPE 4v	FUNE v	FEQLE 4v	FDIV 40v	FSQRT 40v	FREM 4v	FINT 4v	#1x
	MUL[I] 10v		MULU[I] 10v		DIV[I] 60v		DIVI[I] 60v		
#2x	ADD[I] v		ADDU[I] v		SUB[I] v		SUBU[I] v		#2x
	2ADDU[I] v		4ADDU[I]v		8ADDU[I]v		16ADDU[I] v		
#3x	CMP[I] v		CMPU[I]v		NEG[I] v		NEGU[I] v		3x
	SL[I]v		SLU[I]v		SR[I] v		SRU[I] v		
#4x	BN[B] v+π		BZ[B] v+π		BP[I] v+π		BOD[B] v+π		#4
	BNN[B] v+π		BNZ[B] v+π		BNP[B] v+π		BEV[B] v+π		
#5x	PBN[B] 3v−π		PBZ[B] 3v−π		PBP[B] 3v−π		PBOD[B] 3v−π		#5x
	PBNN[B] 3v−π		PBNZ [B] 3v−π		PBNP[B]3v−π		PBEV[B] 3v−π		
#6x	CSN[I] v		CSZ[I] v		CSP[I] v		CSOD[I] v		#6x
	CSNN[I] v		CSNZ[I]v		CSNP[I] v		CSEV[I] v		
#7x	ZSN[I] v		ZSZ[I] v		ZSP[I] v		ZSOD[I] v		#7x
	ZSNN[I]v		ZSNZ[I] v		ZSNP [I] v		ZSEV[I]		
#8x	LDB[I] μ+v		LDBU[I] μ+v		LDW [I]μ+v		LDWU[I] μ+v		#8x
	LDT[I] μ+v		LDTU[I] μ+v		LDO[I]μ+v		LDOU [I] μ+v		
#9x	LDSF [I] μ+v		LDHT[I] μ+v		CWAP[I] 2μ+2v		LDUNC[I] μ+v		#9x
	LDVTS[I] v		PRELD[I] v		PREGO[I] v		GO[I] 3v		
#Ax	STB[I] μ+v		STBU[I] μ+v		STW[I] μ+v		STWU[I] μ+v		#Ax
	STT[I] μ+v		STTU[I] μ+v		STO[I] μ+v		STOU[I] μ+v		
#Bx	STSF[I] μ+v		STHT[I]μ+v		STCO[I] μ+v		STUNC[I] μ+v		#Bx
	SYNCD[I] v		PREST[I] v		SYNCID[I] v		PUSHGO[I] 3v		
#Cx	OR[I] v		ORN[I] v		NOR[I] v		XOR[I] v		#Cx
	AND[I] v		ANDN[I] v		NAND[I]v		NXOR[I] v		
#Dx	BDIF[I] v		WDIF[I] v		TDIF[I] v		ODIF[I]		#Dx
	MUX[I] v		SADD[I] v		MOR[I] v		MXOR[I] v		
#Ex	SETH v	SETMH v	SETML v	SETL v	INCH v	INCMH v	INCML v	INCL v	#Ex
	ORH v	ORMH v	ORML v	ORL v	ANDNH v	ANDNMH v	ANDML v	ANDNL v	
#Fx	JMP[B]v		PUSHJ [B] v		GETA [B] v		PUT[I] v		#Fx
	POP 3v	RESUME 5v	[UN]SAVE 20μ+v		SYNC v	SWYM v	GET v	TRIP 5v	
	#8	#9	#A	#B	#C	#D	#E	#F	

注：如果执行转移指令，则 $\pi = 20v$；如果不执行转移指令，则 $\pi = 0$。

表 13.2　MMIX 的专用寄存器

名字输出	意　义	编　号	存　储	输　出
rA	算术寄存器	21	√	√
rB	自举寄存器	0	√	√
rC	循环计数器	8		
rD	被除数	1	√	√
rE	ε寄存器	2	√	√
rF	出错单元寄存器	22		√
rG	全局阈值寄存器	19	√	√
rH	高位乘法寄存器	3	√	√
rI	持续期间寄存器	12		
rJ	返回跳出寄存器	4	√	√
rK	中断屏蔽寄存器	15		
rL	局部阈值寄存器	20	√	√
rM	多路复合屏蔽寄存器	5	√	√
rN	序列号	9		
rO	栈偏离量寄存器	10		
rP	预测寄存器	23	√	√
rQ	中断请求寄存器	16		
rR	余数寄存器	6	√	√
rS	栈指针寄存器	11		
rT	陷阱地址寄存器	13		
rU	用法计数器	17		
rV	虚拟翻译寄存器	18		
rW	中断地址寄存器(失足)	24	√	√
rX	执行寄存器（失足）	25	√	√

续表

名字输出	意　义	编　号	存　储	输　出
rY	Y 操作数(失足)	26	√	√
rZ	Z 操作数（失足）	27	√	√
rBB	自举寄存器（陷阱）	7		√
rTT	动态陷阱地址寄存器	14		
rWW	中断地址寄存器(陷阱)	28		√
rXX	执行寄存器（陷阱）	29		√
rYY	Y 操作数（陷阱）	30		√
rZZ	Z 操作数（陷阱）	31		√

GET 指令无限制,但是对于 PUT 指令却有限制:在 rG 中不能存入大于 255 或小于 32 的值,也不能存入小于 rL 当前设置的数。在 rA 中,不能存入大于#3ffff 的值。如果一个程序试图使用 PUT 指令来增加 rL 的值,则 rL 将保持不变,而且,一个程序不能用 PUT 指令把任何值放入 rC、rN、rO、rS、rI、rT、rTT、rK、rQ、rU 或 rV 中,这些专用寄存器的号码在 8～18的范围内,同一些特定的指令相关联,我们已介绍了大多数专用寄存器,但 MMIX 还有一个时钟寄存器或循环寄存器 rC,它持续加 1;一个故障寄存器 rF,它帮助诊断硬件故障。一个期间计数器 rI,它持续减 1,而且当值为 0 时便要求中断;一个序列号寄存器 rN 给每个 MMIX 机器分配一个唯一的号码;一个用法计数器 rU,每当执行一个特定的操作码时就增 1;一个虚拟翻译寄存器 rV,定义从用于程序中的“虚拟的”64 位地址到安装于存储器的“实际”(物理)位置的一个映射。这些专用寄存器帮助 MMIX 机器成为可以加以构造并且成功运行的一个完备的可行的机器。

• GET $X,RA（获得地址）　u($X)←RA

这一指令使用与在转移指令中相同的约定,把一个相对地址装入寄存器$X中。例如,“GETA $0,@”把$0 置为指令本身的地址。

• SWYM X,Y,Z 或 SWYM X,YZ 或 SWYM XYZ（这称为对你的机器表示同情,Sympathize with your machinery）

这是 256 条指令中的最后一条,是最简单的,通常称为空操作,它什么也不做,但它确实使机器保持平滑地运行。这里忽略 X、Y 和 Z。

16）计时

我们已经提过,在目标代码生成中,需要比较不同的生成方案来确定哪一个是更好的。除了比较它们所用的内存容量外,还需要比较它们所消耗的时间。这就是说,我们可以比较解决同一个问题和为同一个问题生成的程序,看看它们中的哪一个运行得更快。然而,一般说来,这样的比较很难进行,因为 MMIX 的结构有不同的实现方式。一个程序的运行时间不仅依赖于时钟的频率,而且依赖于可以同时活动的单元个数以及形成流水线的程度;不仅依赖于形成 2^{64} 个虚拟字节的随机存储器的大小,而且依赖于高速缓存以及其他缓冲区的大小和分配策略;等等。

为了实用的目的,一个 MMIX 程序的运行时间可以基于在一台具有大主存储容量的高性能机器上可得到的运行时间。对于每个操作 ,赋予一个固定的开销来给出令人满意的估计。假定每个操作的开销为整数 v,这里 v(读作"俄普斯"(OPPS))是表示在一个流水线的实现中时钟循环的单位。在我们的估计中,假定运行时间依赖于一个程序所用存储器访问的数量或 mems,这是装入和存储指令的数目。例如,我们假定每个 LDO(装入四字) 指令花费 $\mu + v$,其中 μ 是存储器访问的平均开销。一个程序的总运行时间可能被报告为 $35\mu + 1000v$,意思是有"35 个存储访问加上 1000 个俄普斯"。许多年来,μ/v 的值已经稳步地增加,没有人确切地知道这个趋势是否将继续下去,但经验已经证明,μ 和 v 的值值得单独考虑。

表 13.1 显示了每个操作假设的运行时间。注意大多数指令仅花费 1v 的运行时间,而装入和存储花费 $\mu + v$ 的时间。如果正确地预测,一个转移指令可能花费 1v 的时间,而如果预测不准确则花费 3v 的时间。浮点操作指令通常花费 4v,尽管 FDIV 和 FSQRT 需要花费 40v。整数乘法花费 10v;而整数除法需要花费 60v。

我们通常使用表 13.1 的假设来进行运行时间的估计,但我们必须记住,真正的运行时间可能对于指令的顺序非常敏感。例如,如果能够发现,在我们发出指令和我们真的需要指令之间有 60 件其他事要处理,整数除法可能仅需一个周期。如果若干个 LDB(装入字节)指令访问的是同一个四字字节,则它们可能只需要访问一次,但是一个装入指令的结果通常并不为随后指令的使用提供准备。经验证明,一些算法在调整缓冲方面工作得很好,但有些算法却不然,因此 μ 不是个常数;甚至存储器中指令的地址也都会对性能产生重要影响,因为一些指令可以同其他指令一起取。因此由 MMIX 提供的软件包 MMIXware 不仅包含一个简单的模拟程序,而且还包含一个广泛的元模拟程序。它在广泛不同的技术假设下运行 MMIX 程序,元模拟程序的用户可以确定存储器总线的特征以及其他如指令和数据的调整缓冲器、虚拟地址的翻译、流水线和指令的同时发出、转移预测等参数。给定一个配置文件和一个程序,元模拟程序可以精确地确定特定的硬件需要多少时间来运行这个程序。确实,只有元模拟程序可以信赖,即它可提供有关程序行为的可靠信息。但这类结果难以解释,因为可能有无穷多个配置, 因此,我们通常借助于表 13.1 来给出较简单的估计。

至此,我们已对目标机器进行完整的介绍,接着就可考虑针对这个机器的目标代码生成的一些问题。

13.4　MMIX 的汇编语言

在生成目标代码时便可直接生成 MMIX 的指令。但这样一来，就必然要涉及上面介绍的许多细节，这样很容易形成错误，因此我们倾向于使用它所提供的符号语言，这就是称为 MMIXAL 的汇编语言。它是指令助记符号的扩展。通过使用它，可以较容易地写出和阅读 MMIX 的程序，程序员不必担心经常导致出错的繁琐细节。它的主要特征是选择性地使用助记符来表示数，使用一个标号字段来关联名字、存储单元和寄存器的号码。

我们可以通过逐条地给出 MMIXAL 的约定来介绍它，但如果这样做，我们仍然不知道如何使用它，因此这里使用简单例子来介绍。在这个例子中，MMIXAL 的各种符号都将出现。以下的代码是用来求 n 个元素 x[1]，x[2]，...，x[n]的极大值。这个子程序的算法思想是，假设极大值元素是最后的元素，我们把这个元素放在一个特殊的位置上，然后依次地拿它同其左边的元素进行比较。如果在比较中这个元素仍是较大的，就保持不动，再依次与左边的元素比较，如果它比任何一个都小，那就让位给这个元素，由这个元素继续同样的过程，直到所有元素都比较完，最后占有该特殊位置的元素即为极大值。

程序 M　求极大值。开始时 n 在寄存器 $0 中，而 X[0]的地址在寄存器 x0（一个在别处定义的全局寄存器）中。

汇编代码	行号	标号	操作码	表达式	次数	注记
	01	j	is	$0	j	
	02	m	is	$1	m	
	03	kk	is	$2	8k	
	04	xk	is	$3	X[k]	
	05	t	is	$255		临时存储
	06		LOC	#100		
#100：#39 02 00 03	07	极大值	SL	kk，$0，3	1	M1，初始化，k←n，j←n
#104：#8c 01 fe 02	08		LDO	m，x0，kk	1	m←X[n]
#108：#f0 00 00 06	09		JMP	DecrK	1	以 k←n－1 转到 M2
#10c：#8c03fe02	10	循环	LDO	xk，x0，kk	n－1	M3，比较
#110：#30ff0301	11		CMP	t，xk，m	n－1	t←[X[k]＞m]－[X[k]＜m]
#114：#5cff0033	12		PBNP	t，DecrK	n－1	如果 X[k]≤m，则转到 M5
#118：#c1010300	13	改变 M	SET	m，xk	A	M4，改变 m，m←X[k]
# 11c：#3d00203	14		SR	j，kk，3	A	j←k
#120：#25020208	15	减 k	SUB	kk，kk，8	n	M5，减 k，k←k－1
#124：# 5502fffa	16		PBP	kk，Loop	n	M2，全测完了？如果 k＞0，则转到 M3
#128：#f8020000	17		POP	2，0	1	返回主程序

这个程序示出了 MMIXAL 的相关符号的用法。

(1)"标号"、"操作符"以及"表达式"的列是我们更感兴趣的,因为它们包含以 MMIXAL 机器语言所写的程序。

(2)"汇编代码"列给出对应于 MMIXAL 程序的机器语言。翻译通常是由所谓的汇编程序或者另一个计算机程序的另一个版本的汇编程序完成的。因此程序员可以使用 MMIXAL 来写所有的程序,而无需用手写等价的机器语言。

(3)"行号"列实际上不是 MMIXAL 的一部分,我们加上它仅为叙述方便。

(4)"注记"列提供说明信息。

(5)"次数"列表示这行程序被执行的次数。因此,在第 10 行上的指令将被执行 n-1 次等。由这个信息,我们可以确定这个程序将花费 $n\mu+(5n+4A+5)v$ 时间,其中 A 是在文献[3]中作了深入分析的一个量。

现在我们可以确定地讨论 MMIXAL 部分的程序 M。行 01 的"j is $0"指出,符号 j 代表寄存器$0,行 02~05 类似。行 01 和 03 的效果可从行 14 看出,指令"SR j kk 3"的数值显示为#3d 00 02 03,即" $R $0 $2 3"。

行 06 指出,从#100 开始,逐次的地址应该顺序地确定。因此,出现在行 07 标号字段的 Maximum 就变成等价的数#100;在行 10 中的符号 Loop 是连续的三个双字字节,因此它等价于#10c。在行 07~17 的操作符中包含 MMIX 指令的 SL、LDO 等符号名,它们不同于行 01~06。IS 和 LOC 称为伪操作符,因为它们是 MNIXAL 的而不是 MMIX 的操作符。伪操作符提供了关于符号程序的特殊信息,但它们不是程序的指令,因此行"j is $0"仅涉及程序 M,它不意味当程序运行时任何变量都将被置为寄存器$0 的内容。由于它们是虚拟操作符,在行 01~06 没有指令需要汇编。行 07 是通过设置 kk←8n 来置 k←n 的一个左移指令。该程序基于 8k 的值而不是 k 的值工作。因为在行 8~10 的四字字节需要 8k。行 09 进行到行 15 的控制转移。由于汇编程序知道跳转指令是在单元#108 中,而"减 k"等价于#120,它计算相对偏移量(#120-#108)/4=6。在行 12 到 16 跳转指令相对地址被计算出来。剩余的符号代码是自明的。如同前面所说,程序 M 被设想成一个更大程序的部分。例如在某处的序列

```
SET $2,100
PUSHJ $1,Maximum
STO $1,Max
```

将通过把 n 置为 100 而跳到程序 M,程序 M 将对于元素 x[1],...,x[100] 进行极大值的查找,并且将通过在$1 中存放极大值和在$2 中存放极大值的位置 j,然后返回到指令"STO $1,Max"。

现在让我们再次来看一个完整的程序,而不是一个子程序。我们称以下的程序为 Hello world,因为它打印信息"Hello World",之后便停止了。

程序（Hello）

汇编代码	行号	标号	操作码	表达式	注记
	01	argv	Is	$1	自变量向量
	02		LOC	#100	
#100:#8fff0100	03	Main	LDOU	$255,argv,0	$255←程序名地址
#104:#00000701	04		TRAP	0,Fputs,StdOut	打印该名
#108:f4ff0003	05		GETA	$255,String	$255←,"world"的地址
#10c: #00000701	06		TRAP	0,Fputs,StdOut	打印该串
#110:#00000000	07		TRAP	0,Halt,0	停止
#114:#2c20776f	08	String	BYTE	",world",#a,0,	带有换行和终止符的字符串
#118:#726c640a	09				
#11c: #00	10				

说明:为了执行这个程序,首先准备包含 LABEL、OP、EXPR 等的简明计算机文档。这个文档称为"Hello. mms",而且通过如"mmixal Hello. mms"来汇编(汇编程序将生成名为"Hello. mmo"的一个文档,其后缀.mms 表示它是"MMIX 符号的",而且 mmo 意味着"MMIX 目标")。现在通过"mmix Hello"调用模拟程序。

MMIX 模拟程序实现一个称为 NNIX 假设操作系统的某些最简单的特征。如果存在一个称为 foo. mmo 的目标,则当给出一个指令行,例如,

foo. bar. xyzzy

时,则 NNIX 将启动。使用指令行"mmix <任选>foo bar xyzzy",模拟程序被调用,其中〈任选〉是 0 个或多个特殊符号的序列,从中可得到相应的特征。例如,在 NNIX 停止后,一个任选的 P 将打印结果。

一个 MMIX 程序总是以符号 Main 开始,这时,寄存器$0 含指令行的自变量的个数,即指令中的字数。寄存器$1 含的第一个自变量是程序名的存储地址。操作系统已把所有的自变量放入连续的四字节中,而且以$1 中的地址开始,以全 0 的四字节结束。

每个自变量被表示为一个串,意思是 0 个或多个非零字节后面有一个为 0 的字节的内存地址,非零的字节是这个串的字符。例如,指令行 1 将使$0 开始时为 3,而且有:

$1	= #4000000000000008	第一个串的指针
M_8[#4000000000000008]	= #4000000000000028	第一个自变量,串"foo"
M_8[#4000000000000010]	= #4000000000000030	第二个自变量,串"bar"
M_8[#4000000000000018]	= #4000000000000038	第三个自变量,串"xyzzy"
M_8[#4000000000000020]	= #0000000000000000	在所有字节之后的零指针
M_8[#4000000000000028]	= #666f6f0000000000	'f','o','o',0,0,0,0,0
M_8[#4000000000000030]	= #6261720000000000	'b','a','r',0,0,0,0,0
M_8[#4000000000000038]	= #78797a7a79000000	'x','y','z','z','y',0,0,0

NNIX 确定每个自变量的串使得它的字符在四字字节的边界处开始。然而，一般说来，串可在四字字节的任何位置处开始。在行 03，程序 H 的第一个指令把串指针 $M_8[\$1]$ 放进寄存器$255 中。这个串是程序“Hello”的名字。行 04 是特殊指令陷阱(TRAP)，它要求操作系统把串 $255 放到标准的输出文件中。类似地，行 05 和行 06 要求 NNIX 将“world”和一个换行字符放到标准输出中。符号 Fputs 被预先设置为 7，而符号 StdOut 被预先设置为 1。指令行“TRAP 0,Halt,0”是结束一个程序的常用方法。这属于一个特殊的陷阱指令。行 05 和行 06 的输出字符是由行 08 的 BYTE 指令生成的。BYTE 是 MMIXAL 的伪操作符，而不是 MMIX 的操作符。但 BYTE 不同于 IS 和 LOC 这样的虚拟操作符在于它把数据汇编到存储器中。一般说来，BYTE 把一系列的表达式变成一个字节的常数。行 08 的构造“,world”是

“,”,“ ”,“w”,“o”,“r”,“l”,“d”

在行 08 上的常数#a 是在 ASCII 中的换行符号。如果它出现在打印中的文件，将引起换行的动作。行 08 最后的“0”用来结束这个串，因此行 08 是 9 个表达式的一个表，它引起在行 08 ~ 10 的左边显示 9 个字节。

前面介绍了 MMIXAL 汇编语言的三个例子，下面我们讨论若干规则，特别要研究在这个语言中什么是不能做的。

(1) 一个符号是以一个字母开始的字母和/或数字的一个串。作为本定义的目的，下画线字符“_”作为一个字母，而其值超过 126 的所有联码字符也作为字母。例如，PRIME1，Data_Segment、Main、__、paté，特殊的构造 dH、dF 和 dB，其中 d 是单个数字。按照上面说明的“局部符号”的约定，它被唯一的符号有效地代替。

(2) 一个常数是：

① 一个十进制常数由一个或多个十进制数字{0,1,2,3,4,5,6,7,8,9}组成，表示在十进制记号下的一个不带符号的四字字节。

② 一个十六进制常数由#号开始，由一个或多个十六进制数字{0,1,2,3,4,5,6,7,8,9,a,b,c,d,e,f,A,B,C,D,E,F}组成，表示在十六进制记号下一个不带符号的四字字节。

③ 一个字符常数由一个引号(‘) 开始，后面跟随不同于换行的任何字符，再跟随一个引号(’)。这表示一个带引号的 ASCII 或联码值。例如：65，#41，‘A’，39，#27，31639，#7b97，‘算’。

一个串常数以一个双引号(“)开始，后面跟随不同于换行和双引号的一个或多个字符，再跟随一个双引号(”)。这个构造等价于由逗号分开的一系列单字符的字符常数。

(3) 我们说在一个 MMIXAL 的程序中，一个字符的每一出现或者是一个“定义了的”符号，或者是“一个未来的访问”。一个定义了的符号是在 MMIXAL 程序的前面某行的标号字段已经出现过了；一个将来的访问是还未以这种方式定义过的一个符号。如 rR、ROUND_NEAR、V_BIT、W_Handler 以及 Fputs 这样的符号是预先定义了的，因为它们访问

同 MMIX 的硬件或其基础操作系统有关的常数。这些符号也可重新定义,因为 MMIX 并不假定每个程序员都知道它们的名字,但是没有任何符号作为标号出现一次以上。

每一个已定义的符号都有一个等价值,它或者是纯粹的(一个不带符号的)四字字节或者是一个寄存器号码($0、$1... 或$255)。

(4) 一个主符号是:

① 一个符号;② 一个常数;③ 一个字符@,表示当前的单元;④ 一个小括号中的表达式;或者⑤ 后面跟随一个主符号的单目操作符。

单目操作符是+(确定,它不做任何事)、-(取负,它由零减去)、~(取补,它改变所有64个二进位)以及$(寄存器化,它把一个值转换为一个寄存器号码)。

(5) 一个项是由一个强的二目操作符分开的一个或多个主项的序列:一个表达式是由一个弱的二目操作符分开的一个或多个项的序列。强的二目操作符是*(乘法)、/(除法)、//(分数除法)、%(余数)、≪(左移)、≫(右移)以及&(按位与)。弱的二目操作符是+(加法)、-(减法)、|(按位或)以及⊎(按位非或)。这些操作符对不带符号的四字字节进行。如果 $x<y$,则 $x//y$ 表示 $\lfloor 2^{64}x/y \rfloor$;如果 $x \geq y$,则无定义。相同强度的二目操作符从左到右进行,因此 a/b/c 是(a/b)/c,而 a-b+c 是(a-b)+c。

例如[5]:#ab ≪32+k&~(k-1) 是一个表达式。它是项#ab ≪32 和项 k&(k-1) 相加,而后一项是主项 k 和主项 ~(k-1)的按位与。后面的主项是(k-1)的取补,即包括在括弧中的 k 和 1 之差的表达式的补。1 也是主项,实际上它是十进制系统的一个常数。如果符号 k 等价于#cdef 00,则整个表达式#ab ≪32+k&~(k-1)等价于#ab000001000。

双目操作符只允许对纯数字进行操作,除$1+2=3,$3-$1=2 等特殊情况外。对未来的访问不能与定义外的符号组合,如 2F+1 这样的表达式是非法的,因为 2F 不对应于任何已定义的符号。

(6) 一个指令由三个字段组成:

① 标号字段。它或者是空白,或者是一个符号。

② 操作符字段。它或者是一个 MMIX 操作符,或者是一个 MMIXAL 的虚拟操作符。

③ 表达式字段。它是一个或多个表达式的表,用逗号把彼此分隔开。表达式字段也可以为空,此时它等价于 0。

(7) ① 如果需要,可以把当前位置@对齐,通过把它加到:

8 的下个倍数,如果操作符是 OCTA;

4 的下个倍数,如果操作符是 TETRA 或 MMIXAL 的一个操作符;

2 的下个倍数,如果操作符是 WYDE。

② 如果存在标号字段的符号,则被定义为@,除非 OP=IS 或 OP=GREG。

③ 如果 OP 是一个虚拟符号,则请参照规则(8),否则 OP 是 MMIX 的一个指令。OP 和 EXPR 字段定义一个双倍字字节,因此@应加上 4. MMIX 的某些指令。在 EXPR(表达式)字段有三个操作数,有的只有两个操作数,有的甚至只有一个操作数。

如果操作符(OP)是 ADD,则 MMIX 将预期有三个操作数。于是,它将检查第一个操作数和第二个操作数是否为寄存器号。如果第三个操作数是一个数字,MMIXAL 将把操作符从#20(加)改成#21(立即加),并将检查立即值是否小于 256。

如果操作符(OP)是 SETH,则 MMIX 将预期有两个操作数:一个是寄存器号,另一个是小于 65536 的数。

像 BNZ 这样的操作符取两个操作数:一个寄存器号和一个数字。数字应表达为一个相对地址,如@ +4k,其中 $-65535\leqslant k\leqslant 65536$。

访问内存。像 LDB 或 GO 这样的操作符有两种形式或有两个操作数,如$X,A 或者是三个操作数,如$X,$Y,$Z 或$X,$Y,Z。当存储器 A 可以表达为基地址和一个字节 Z 之和,如$Y + Z 时,则可以使用两个操作数的选项。

(8) MMIXAL 包含以下虚拟操作:

① OP = IS,EXPR 应该是一个表达式;如果在标号字段(LABEL)中存在一个符号,则它被认为是等价于表达式的值。

② OP = GREG,表达式是一个有等价值 x 的单一表达式。如果在标号字段中存在一个符号,则它被取为等价于还未被分配的极大寄存器号。而且,当程序起始时,这个寄存器将含 x。如果 $x\neq 0$,则把 x 当作基地址,而且程序不改变全局寄存器。

③ OP = LOC,EXPR 是具有一个纯等价值的表达式。@ 的值被置为 x,例如,当程序起始时,指令“T LOC@ +1000”定义 T 为 1000 个字节的系列的开始地址,把@ 推进到这个系列之后的字节。

④ OP = BYTE,WYDE,TETRA 或 OCTA, EXPR 字段是纯表达式的一个表,且每一个可以装入 1、2、4 或 8 个字节。

(9) MMIXAL 限定对未来的访问,使得汇编的过程可以在对程序的一次扫描中完成。对未来的访问仅当在下列情况之一时才被允许。

① 在一个相对地址中,如 JMP 的操作数转移指令、可能转移指令、PUSH 或 GETA 指令的第二个操作数。

② 在由 OCTA 汇编的一个表达式中。

MMIXAL 还有与系统程序设计相关的某些特征[6]。关于 MMIXAL 语言的详细描述和工作汇编程序的完整步骤参见《MMIX ware》。

13.5 MMIX 目标代码的生成

有了目标代码的语言之后,我们下面讨论如何把各种中间代码翻译成为目标代码[7]。我们已经介绍过的中间代码包括逆波兰形式、三元组形式、四元组形式以及语法树形式。无论采取哪种形式,我们都需要翻译表达式和语句,包括顺序语句、条件语句及循环语句。无论使用哪种中间代码,所使用的算法都是把需要处理的中间代码放进栈中,而后再逐个取出翻译。在这个分析过程中,对应的目标代码就产生出来了。

下面,我们采取逆波兰形式来表示表达式以显示翻译的过程,并进一步说明我们的算法。

13.5.1　逆波兰形式下表达式的翻译

为了生成在逆波兰形式下的表达式的翻译,我们需要使用栈。这个栈为存储组成表达式的每个中间语法记号的组成栈,其中每个元素标记为 s[i]。翻译过程为:从逆波兰形式的区域中取出记号流中的记号放入栈中。如果扫描的是变量,则把它放进栈的同时也放进寄存器中以便进行操作。如果扫描的是操作符,则需要检查它是什么操作符,如果是单目操作符,则只需对于在操作符之前的操作数进行运算即可;如果是双目操作符,则要对操作符前的两个操作数进行操作;类似地,如果是 n 目操作符,则需要对操作符前面的 n 个操作数进行操作。不过,至今我们还未遇到 n 目操作符,因此,对于在逆波兰形式下的表达式的翻译,最重要的是把变量放入寄存器。这样,在遇到操作符时将直接产生相应指令。

例如,假设表达式是(x * y + w * z) * x - y/z,则它的逆波兰形式是

xy * wz * +x * yz/ -

遵照上面的算法,我们生成 MMIXAL 代码:

```
LDW $1,$2,$3        置 s($1)←x
LDW $2,$4,$5        置 s($2)←y
MUL $3,$1,$2        置 s($3)←s($1) * s($2) = x * y
LDW $4,$6,$7        置 s($4)←w
LDW $5,$8,$9        置 s($5)←z
MUL $6,$4,$5        置 s($6)←s($4) * s($5) = w * z
ADD $7,$3,$6        置 s($7)←s($3) + s($6) = x * y + w * z
MUL $8,$1,$7        置 s($8)←s($1) * s($7) = (x * y + w * z) * x
DIV $9,$2,$5        置 s($9)←s($2)/s($5) = y/z
SUB $10,$8,$9       置 s($10)←s($8) - s($9) = (x * y + w * z) * x - y/z
```

13.5.2　三元组的翻译

假设有一个表达式

((x*y+u) -w*y)/x

它的三元组表达式如下:

(1) (* ,x,y)

(2) (+ ,(1),u)

(3) (* ,w,y)

(4) (- ,(2),(3))

(5) (/,(4),x)

因此它在 MMIXAL 中的目标代码如下：

LDW $1,$2,$3	置 s($1)←x
LDW $4,$5,$6	置 s($4)←y
MUL $7,$1,$4	置 s($7)←s($1) * s($4) = x * y
LDW $8,$2,$3	置 s($8)u
ADD $5,$7,$8	置 s($5)←s($7) + s($8) = x * y + u
LDW $6,$2,$4	置 s($6)←w
MUL $7,$6,$4	置 s($7)←w * y
SUB $8,$5,$7	置 s($8)←(x * y + u) - w * y
DIV $8,$8,$1	置 s($8)←s($8)/s($1) = ((x * y + u) - w * y)/x

注意：上面的两个例子中都用了装入指令，如 LDW $1,$2,$3 用来装入变量 x 和把 y 装入寄存器。装入地址由指令中的两个寄存器形成。例如，如果我们有指令 LDW $X,$Y,$Z，则装入地址由

$$A = (u(\$Y) + u(\$Z)) \bmod 2^{64}$$

给出。因此，这里我们假定在寄存器 2 和 3 中已经存好形成地址的数，然后，就有必要使用某个指令来建立这些数。

13.5.3 表达式四元组的翻译

MMIXAL 的指令最接近于四元组。因此把四元组翻译成 MMIXAL 的目标代码是最方便的。

假设有一个表达式

$$x * (y + u * v - y/w)$$

则对应的四元组是：

(1) (* ,u,v,T_1)

(2) (+ ,y,T_1,T_2)

(3) (/,y,w,T_3)

(4) (- ,T_2,T_3,T_4)

(5) (* ,x,T_4,T_5)

且它的 MMIXAL 目标代码是：

```
LDW $1,$2,$3        置 s($1)←u
LDW $4,$5,$6        置 s($4)←v
MUL $1,$1,$4        置 s($1)←s($1) * s($4) = u * v
LDW $7,$8,$9        置 s($7)←y
ADD $2,$7,$1        置 s($2)←s($7) + s($1)
LDW $10,$5,$6       置 s($10)←w
DIV $7,$7,$10       置 s($7)←s($7)/s($10) = y/w
SUB $2,$2,$3        置 s($2)←s($2) - s($3) = y + u * v - y/w
LDW $5,$11,$12      置 s($5)←x
MUL $5,$5,$2        置 s($5)←s($5) * s($2) = x * (y + u * v - y/w)
```

13.5.4 表达式的翻译

通过以上给出的介绍，我们已经知道如何翻译表达式。在简单情况下，我们甚至可以直接翻译它们，而无需通过中间代码形式。例如，假设有表达式

x/(x * y - u * w) - z

则它在 MMIXAL 的目标代码如下：

```
LDW $1,$2,$3        置 s($1)←x
LDW $4,$5,$6        置 s($4)←y
MUL $4,$1,$4        置 s($4)←s($1) * s($4) = x * y
LDW $7,$8,$9        置 s($7)←u
LDW $10,$11,$12     置 s($10)←w
MUL $5,$7,$10       置 s($5)←s($7) * s($10) = u * v
SUB $6,$4,$5        置 s($6)←s($4) - s($5) = x * y - u * w
DIV $8,$1,$6        置 s($8)←s($1)/s($6) = x * (x * y - u * w)
LDW $9,$11,$12      置 s($9)←z
SUB $8,$8,$9        置 s($8)←s($8) - s($9) = x/(x * y - u * w) - z
```

由于布尔表达式与算术表达式有相同的目标代码结构，同时 MMIXAL 有处理布尔运算的指令，因此生成 MMIXAL 布尔表达式的目标代码并不困难。假设有如下的布尔表达式：

(1) x ∨ y ∧ (u ∨ w)

(2) x[ ] ∨ (B ∧ y[ ])

(3) x[ ] ∧ y[ ] ∨ z ∧ x[ ]

在上述表达式中，x[ ]型的变量代表数组。在 MMIXAL 中，布尔运算是对四字字节(即 64 位)进行的，因此它不同于算术变量，这里的变量有 64 位。我们得到 MMIXAL 中的目标代码如下：

```
(1) LDO $1,$2,$3         置 s($1)←x
    LDO $4,$5,$6         置 s($4)←y
    LDO $7,$8,$9         置 s($7)←u
    LDO $10,$11,$12      置 s($10)←w
    OR $7,$7,$10         置 v($7)←v($7) ∨ v($10) = u ∨ w
    AND $4,$4,$7         置 v($4)←v($4)&v($7) = y ∧ (u ∨ w)
    OR $1,$1 $4          置 v($1)←v($1) | v($4) = x ∨ y ∧ (u ∨ w)
(2) LDO $1,$2,$3         置 s($1)←x[ ]
    LDO $4,$5,$6         置 s($4)←B
    LDO $7,$8,$9         置 s($7)←y[ ]
    AND $4,$4,$7         置 v($4)&v($7) = B ∧ y[ ]
    OR $1,$1,$4          置 s($1)←v($1) | v($4) = x ∨ (B ∧ y[ ])
(3) LDO $1,$2,$3         置 s($1)←x[ ]
    LDO $4,$5,$6         置 s($4)←y[ ]
    LDO $4,$5,$6         置 s($7)←z
    AND $7,$7,$1         置 v($7)←v($7)&v($1) = z ∧ x[ ]
    OR $4,$4,$7          置 v($4)←v($4) | v($7) = y[ ] ∨ z ∧ x[ ]
    AND $1,$1,$4         置 v($1)←v($1) ∧ v($4) = x ∧ y[ ] ∨ z ∧ x
```

13.5.5　表达式的语法树形式的翻译

中间代码的另一种形式是语法树，不仅表达式可以语法树表示，各种语句也可以语法树表示[8]。为了把语法树形式的表达式翻译成 MMIXAL 中的目标代码，我们把语法树转换为逆波兰形式（实际上它只不过是语法树的后根顺序访问），或转换为三元组或四元组。然后使用前面介绍的方法再把三元组或四元组转换成 MMIXAL 中的目标代码。此外我们也可以直接把语法树转换成所要求的目标代码。注意对后根顺序的访问规则。例如，给定如图 13.2 所示的语法树。它在 MMIXAL 中的目标代码如下：

```
LDW $1,$2,$3         置 s($1)←b
LDW $4,$5,$6         置 s($4)←c
NEG $4,$4            置 s($4)← - s($4) = - c
MUL $1,$1,$4         置 s($1)←s($1) * s($4) = b * ( - c)
LDW $7,$8,$9         置 s($7)←d
LDW $10,$11,$12      置 s($10)←e
NEG $10,$10          置 s($10)← - s($10) = - e
MUL $7,$7,$10        置 s($7)←s($7) * S($10) = d * ( - e)
ADD $1,$1,$7         置 s($1)←s($1) + s($7) = b * ( - c) + d * ( - e)
```

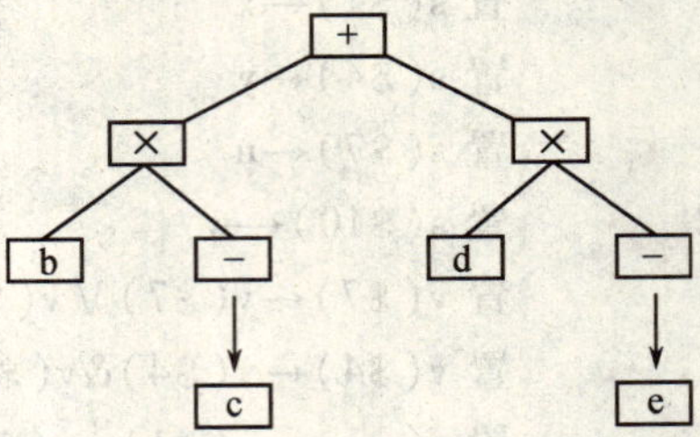

图 13.2 b * (- c) + d * (- e)的语法树

13.5.6 其他语句的翻译

1) 赋值语句的翻译

赋值语句可以有若干形式:

(1) X: = E

(2) a[ ]: = E

(3) f: = E

第一种形式表示把右边表达式 E 的值赋给左边的变量;第二种形式是把表达式的值赋给一个数组元素;第三种形式是把表达式的值赋给左边的一个函数。在 MMIXAL 中,由于所有操作都在寄存器中进行,因此对于所有语句,我们要做的就是把值从寄存器取出放到内存中。如果表达式的值 E 已经放入 $X 中,而 X,a[ ]或 f 的内存地址是在 A 中,

$$A = (u(\$y) + u(\$z)) \bmod 2^{64}$$

则翻译语句是

STW $X, $Y, $Z

2) 转移语句

在程序设计语言中,转移语句一般有两种形式:

(1) goto L

(2) goto S(E)

其中 L 是一个标号。在编译期间,我们可以确定它的特定值。至于 S(E),首先要计算 E 的值,然后把它加到在名字单元 <S> 中的地址来确定它最后的值。因此通过 MMIXAL 中的 GO 指令

GO $X, $Y, $Z

可实现

U($X)←@ +4

A 的计算由

$$A = (u(\$y) + U(\$z)) \bmod 2^{64}$$

实现。

3）循环语句

对于具有形如

for (i = 1; i≤n;i++)

的循环语句,在目标代码中建立常数 1 和 n 即可：

```
01   i0   is      1
02   SET  jj,i0   jj←1
03   SET  ℓℓ n    ℓℓ←n
04   1H
循环体
          INCL jj,1        jj←jj + 1
k         CMP jj,ℓℓ       比较 jj 和 ℓℓ
k + 1     BNP jj,1H        如果 jj≤0,即 jj≤n,则转到 1H
```

条件转移的执行过程总是首先实施一个比较操作,然后将比较的结果表示在一个有关的寄存器中,按照所示结果执行指令。条件转移指令包括：

- BN \$X,RA 结果为负则转移,即如果 s(\$X) <0,则 @ ←RA
- BZ \$X,RA 结果为零则转移,即如果 s(\$X) =0,则@ ←RA
- BP \$X,RA 结果为正则转移,即如果 s(\$X) >0,则@ ←RA
- BOD \$X,RA 结果为奇数则转移,即 s(\$X) mod 2 =1,则@ ←RA
- BNN \$X,RA 结果为非负则转移,即 s(\$x) ≥0,则@ ←RA
- BNZ \$X,RA 结果为非零则转移,即如果 s(\$X) ≠0,则@ ←RA
- BNP \$X,RA 结果为非正则转移,即如果 s(\$X) ≤0,则@ ←RA
- BEV \$X,RA 结果为偶数则转移,即如果 s(\$X) mod 2 =0,则@ ←RA

此外,还有一些指令提供更快的转移,条件是对于未来的情况可以预见。

我们已介绍了关于生成在 MMIXAL 中的目标代码的有关内容。基于这些原理,读者可以通过自己的分析和已有知识来解决它们。

思 考 题

1. 把下列的逆波兰表达式翻译成 MMIXAL 目标代码：

ab * ed/ + ac * -

2. 把下列三元组形式表示的中间代码翻译成 MMIXAL 目标代码：

1) (/,x,y)

2) (-,x,y)

3) (*,u,(2))

4) (+,(1),(3))

5) (*,(4),x)

3. 把下列四元组形式表示的中间代码翻译成 MMIXAL 目标代码：

1) (+,x,y,T_1)

2) (*,x,y,T_2)

3) (/,T_2,u,T_3)

4) (+,T_1,T_3,T_4)

5) (*,T_4,X,T_5)

4. 写出下列表达式的 MMIXAL 目标代码：

(x * y + w * (x + y) - u * y/x) * y

5. 写出实现下列语句的 MMIXAL 目标代码：

if x <5 the x := x + 1 else x := x - 8

6. 写出实现

$$S = \begin{cases} x + 3x^2 + 5x^3 & x < 0 \\ x + 4x^2 + 6x^3 & x \geqslant 0 \end{cases}$$

的 MMIXAL 目标程序。

7. 写出实现语句

while i≤ 100 do s := s + 3

的 MMIXAL 目标代码。

8. 给出

```
void f(x,a,y)
float x[ ][4],a[ ][4],y[ ];
    int i,j;
    float   s;
    for (i =0; i <3; i ++ ){
        s =0;
            for (j =0; j <4; j ++ )
            {s  = s + x[i][j]
```

```
            a[i][j] = x[i][j] * x[i][j]; }
        y[i] = s;
    }
}
```

的 MMIXAL 目标程序。

9. 写出实现

$$a \leqslant b \vee a > 0 \vee b \geqslant 0 \wedge (c \geqslant d)$$

的 MMIXAL 目标程序。

10. 写出实现

$$a \wedge b \vee c \wedge (b \wedge y = 3.14 \wedge a = 2.18)$$

的 MMIXAL 目标程序。

参考文献

[1] Chow F, Hennessy J L (1984) Register Allocation by Priority-based Coloring. ACM SIGPLAN Notices 19(6): 222 - 232.

[2] Knuth D E (2005) The Art of Computer Programming, Fascicle 1, Volume1. Addison-Wesley, Reading.

[3] Knuth D E (1984) The $\mathrm{T_EX}$ Book. Addison-Wesley, Reading.

[4] Tjiang S W K (1986) Twig language manual. Computing ScienceTechnical Report 120, AT&T Bell Laboratories, Murray Hill, NewYork.

[5] Knuth D E (1984) Literate programming. Computer J. 28(2):97 - 111.

[6] Knuth D E (1977) A generalization of Dijkstra's algorithm. Information Processing Letters 6, pp 1 - 6.

[7] Henry P R (1984) Graham-Glanville Code Generators. Ph D Thesis, University of California, Berkeley

[8] Aho A V, Ganapathi (1985) Efficient Tree Pattern Matching: An Aid to Code Generation. Twelfth Annual ACM Symposium onPrinciples of Programming Languages, pp 334 - 340.

第 14 章　面向对象语言的编译

在没有有意义的标准，一个新的工业就出现了，如以软件作依靠而不是一个民间传说。

——汤姆·狄马科

14.1　本章动机

前面我们剖析了文法、词法分析、语法分析、上下文处理、中间代码生成、目标代码生成、调试以及程序的优化，也涉及了在编译程序和目标代码执行中的存储器管理。它们都是针对各种语言，而不是针对特定的语言。然而，我们也应该承认，这些内容更适合过程语言或命令式的语言。

从 20 世纪 80 年代开始，由于软件危机的出现，一种新的程序设计范式——面向对象程序设计逐渐展现，而且有一个趋势，将逐步地取代旧的范式——面向过程程序设计。除了面向对象程序设计外，还有函数程序设计、逻辑程序设计等。对于以这些语言写成的程序的编译不同于传统语言程序的编译。两者的主要差别在于源程序的结构不同，从而在处理分析和综合方面也不同，因此，这些范式的目标代码也不同。多数命令式语言和面向对象语言的编译程序生成汇编程序或者更低级的目标代码，也有一些函数程序设计、逻辑程序设计、并行程序设计以及分布式程序设计语言生成 C 或 C++ 程序作为目标代码。面向对象的程序设计语言与函数程序设计和逻辑程序设计相比较，前者更为流行。在以 C 或 C++ 作为目标代码的语言中，并行程序设计语言和分布式程序设计语言比函数程序设计和逻辑程序设计语言更重要。

面向对象语言和面向过程语言在许多方面是类似的，除它们生成的目标代码可能有不同的层次外。前者倾向于生成较低级的目标代码，而后者则倾向于生成汇编语言的目标代码。因此，在本章中，我们将介绍面向对象语言的特征以及在编译程序中的相应特殊处理技术。

14.2　对象及其编译

如果要问面向对象的语言和传统的语言最根本的差别是什么，回答显然是对象。

一个面向对象的语言是怎样的？为什么一个方法被认为是面向对象的？为什么一个事物被认为是对象？由于在20世纪80年代至90年代期间面向对象语言赢得广泛的追随者，因此这个问题的答案可能有不同的意见（例文献[1-4]）。不过，今天已经有了较为一致的关于面向对象的观点。

对象实际上指自然界的任何事物，包括具体的物理事物和抽象的概念。因此，它和语言中的变量类似。变量可以有属性和相应的值。所谓属性是描述一个对象的数据的集合。例如，如果我们把一个人当作对象，则可以用来描述人的属性，包括名字、性别、年龄、身高、体重、民族、出生地、职业、住址等，这些属性可以表示为值。

作为一个变量，对象被置于程序设计过程的操作中，即在解决问题的过程中发挥作用，因此它应有能力作为一个操作数参与操作。例如，一个数有能力参与操作依赖于它是什么数，这也意味着对象应该分组。这就是类的概念的由来。一个类是对于类似对象的集合的广义描述（例如，一个模板、一个模式、或一个蓝图）。面向对象的要旨是通过以问题的分量作为对象来解决问题，因此它要对涉及的所有类以及相关联的关系和行为进行定义。为实现这一点，就必须处理一些任务，代替使用更传统的输入-处理-输出（信息流动）模型或从层次的信息结构排斥性地导出的模型，面向对象的程序设计依赖于对面向对象概念的理解来构造一个面向对象的模型。

（1）类必须加以标识，即定义属性和方法，这里的方法和服务是提供一个类的行为之一的表示。

（2）定义一个类的层次。

（3）应该表示对象-对象的关系（对象的连接）。

（4）对象的行为应模型化。

（5）重复任务（1）至（4）直到这个模型完成为止。

类把用数据和需求来描述显示世界的实体的内容和行为的过程抽象封装起来。这是面向对象程序设计的显著特征。继承指接受来自先驱的属性。因此，作为一个特定类的实例，对象继承一个类的属性和操作（方法和服务）。子类是超类的特殊化，一个子类可以继承来自一个超类的属性和操作。超类也称为基类是与诸类相关的集合的一个推广。

在语言中，对象和抽象数据类型的区别在于：对于对象，只有它的方法（或者操作）外部可利用。这是由于封装技术所致，它把一个类的对象及其操作一起封闭起来，外部只能通过方法对它进行访问和操作。对象的基本操作有“字段（即对象属性）选择”、“复制”和“方法调用”。许多面向对象的语言不允许直接访问对象的字段，因此使用选择操作可通过内部方法访问对象的字段。复制操作很简单，对它的编译无非是进行复制而已，因此重要的是方法调用操作。有关方法调用的第一个问题是识别出哪个方法需要调用，只有在正确地识别之后才能调用它。方法调用，从本质上说就是例程调用，因此，调用对象的方法与控制流相关的方法调用是一致的，而且这个调用的效果和例程调用的效果是一致的。但是，在方法调用和例程调用之间也存在差别。差别之一是例程调用基本是静态地确定的,而方法调用只可以通过运行时间的分派表来确定。差别之二是方法调用可以直接存取对象的字段。这类存取通过把指针作为附加参数传送给对象来实现。这个参数称为额外的隐式参数。

1）方法的识别

在进行对象方法调用的翻译之前必须识别需要调用哪个方法。对于例程调用而言,也有识别的问题,尽管它简单些,而且可以通过语义检查来解决;而对于对象,在许多情况下需要通过查找运行时的时间分派表来找出被调用的方法。

2）消息传递

人们把面向对象的程序设计描述为对象加消息传送,因为面向对象的程序设计是以数据为中心的,活动的基本单位是对象。对象的所有活动都是消息驱动的,因此,消息传输是对象通信的唯一工具。如同我们说过的那样,方法是对对象的操作,它们是通过消息传送实现的,因此,识别方法就是消息的识别。因为当某个操作需要对对象实现时,就把消息发给对象。在接受消息和判定为消息所要求的操作时,就调用相应操作,而且执行它直至完成。因此,它与例程调用无差别。

在大多数面向对象的语言中,对象有构造函数和析构函数,当创建和释放对象时,它们分别被调用。对它们的调用和对其他方法的调用原则上是一样的。

对象的编译是简单的。假设我们有一个对象 A,它有方法 m1 和 m2 以及字段 a1 和 a2 的记录,则对象类 A 的运行表由字段 a1 和 a2 组成,如图 14.1 所示。此外,编译程序还维护对类 A 编译的方法表,如图 14.2 所示。

a1 a2

图 14.1 对象的字段

m1_A m2_A

图 14.2 对象的方法

在图 14.2 中,我们使用方法名加后缀表示对类 A 的操作。在这个简单的模块中,字段的选择可以像在记录中的字段选择一样实现,而且对象的复制也像记录的字段一样操作。方法的选择通过在编译程序中的标识过程来实现。方法通过一个附加的参数,即指向该对象的指针,可以像例程一样实现,因此方法 m1_A 和 m2_A 可以翻译成 C 语言的例程。例如,对于方法 m1_A,可实现如下:

```
void m1_A ( class_A. * this, int i) {
    program body of method m1_A, by this→x visit any object field x
}
```

假设 m1_A 有一个带整数类型的参数,但没有返回值,而且 class_A 是类 A 在 C 语言类型名,则方法调用 a. m1(3)可以翻译成 m1_A(&a.3)。

14.3 对象的特征

世界上有数不胜数的对象,每个对象各有自己的特征,如果我们都要进行研究,那是不可能的。幸运的是,许多对象都有共性。通过这些共性,我们可以把具有相同点的对象归为类,然后再集中研究这些类。这给我们的研究带来方便。我们以图书的分类作为例子,如图 14.3 所示。

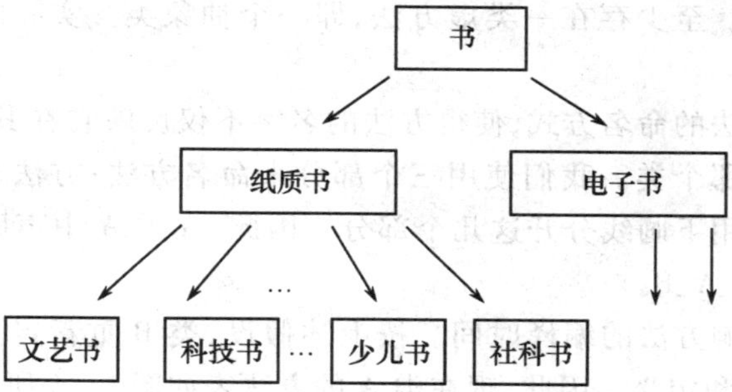

图 14.3 图书分类

在类的层次结构中,较低级结点都有较高级结点的特征,但较低级结点有自己的新特征。较低级结点拥有较高级结点的特征,这称为继承性。继承性是对象重要的特征之一。

对象的主要特征包括继承性、方法的重载、动态约束、多重继承。

1) 继承性

继承性存在于所有面向对象的语言中。它允许程序员基于类 A 创建类 B,因此类 B 除了自己的字段和方法外,还继承了类 A 的字段和方法。这个特征称为类型的扩展。类 B 可通过类 A 的 0 个或多个字段和方法来扩展类 A。类 A 称为类 B 的父类,而类 B 称为类 A 的子类。现在假设类 B 通过方法 m3 和字段 b1 来扩展类 A,于是类 B 在运行时间的表示如图 14.4 所示。图 14.5 示出了在编译时间时类 B 的方法。

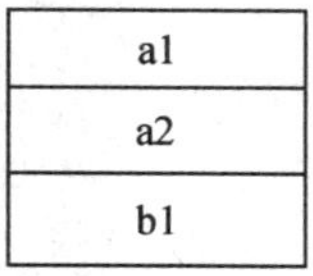

图 14.4 类 B 的字段

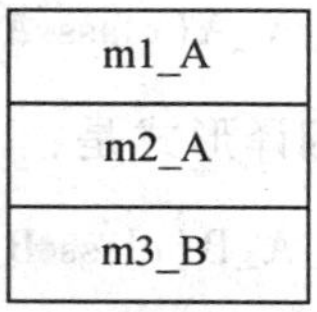

图 14.5 类 B 的方法表

2) 方法的重载

当类 B 扩展类 A 时,可以重新定义类 A 的一个或多个方法。这个特征称为方法的重载。这意味着,如果类 A 定义了一个方法,则在所有直接或间接继承 A 的类中也可以有这个方法。但当它被重新定义(重载)后,在子类的实现可能不同于原来的实现。更确定地说,在类 A 中声明的方法在类 A 中定义之后,可以在类 A 的任何子类中重新定义。这两个定义可以是不同的。这里我们使用两种表述,即在"类 A 中声明"和在"A 中定义",前者表示的是存在的表述,后者表示它确切地描述什么。

现在假设,在上面的例子中类 B 重新定义方法 m2,而该方法在类 A 中已被定义。因此在类 A 中的方法 m2 中的定义是它唯一的声明,也是它的第一次定义。在类 B 中的定义是它的重新定义。在某些语言中,例如,C++、Java 等允许未定义的方法和声明存在。这样的方法称为虚方法。至少存在一类虚方法,即一个抽象类。实际的方法必须在抽象类的继承类中定义。

我们需要改变方法的命名方式,使得方法的名字不仅反映它在其中被声明的那个类,而且也反映定义它的那个类。我们使用三个部分来命名方法:方法名、声明方法的类名、定义方法的类的名。用下画线分开这几个部分。因此,在类 A 中声明和在类 B 中定义的方法 m2 的名字是 m2_A_B。

方法重载将会影响方法的编译时间。按上述假设,类 B 重新定义方法 m2,而这个方法在类 A 中已被声明和定义。因此,现在类 A 的方法表如图 14.6 所示。

m1_A_A
m2_A_A

图 14.6 类 A 的方法表

m1_A_A
m2_A_B
m3_B_B

图 14.7 类 B 的方法表

现在假设 a 是类 A 中的一个对象,b 是类 B 中的一个对象。方法调用 a. m2(...)被翻译为调用方法 m2_A_A,方法调用 b. m2(...)被翻译为调用方法 m2_A_B,如图 14.7 所示。两者的区别是明显的,因为 m2_A_A 是在类 A 中声明和定义的,而 m2_A_B 是在类 A 中声明、在类 B 中定义的。m2_A_A 的翻译形式是:

```
void m2_A_A(class A_* this,int i);
```

m2_A_B 的翻译形式是:

```
void m2_A_B(class B_ *this,int i);
```

3) 多态性

多态性是同继承性密切相关的重要特征。在继承类层次中,父类可以导出许多子类。也可以说,从父类可以导出各种各样的子类,它们有着不同的行为,但它们拥有相同方法名的方法。更确定地说,同一个方法名(具有相同的操作)可作用于类链上不同的方法代码上,并且获得不同的结果。这类机制称为多态性。图 14.8 示出了多态性的一个例子:

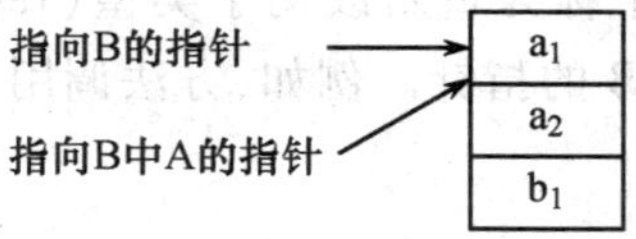

图 14.8 多态性

当类 B 是 A 的子类时,也显示出多态性来,即允许类 B 的指针类型的指针被赋予类 A 的一个指针类型的变量。类 A 的指针变量实际上引用类 A 的一个对象或者它的扩展类的一个对象。这一功能的实现要求一个新的操作,即指针的超类。它将把指向子类 B 的对象指针转换为指向其父类 A 的对象指针。

例如,假设这一操作用于赋值语句中:

```
class B *  b = . . . ;
class A * a = b
```

注意,第二行引用第一行,因此第二行就被翻译成

```
class A a * = convert _ptr_to_B_to_ptr_to_A( b);
```

现在,例程 convert_ptr_to_B_to_ptr_to－A( ) 为编译时的一个类型的操作。由于 B 的对象也是以类 A 的字段开始的,因此无需改变指针的值,但是,现在同一个指针指向了不同的对象。

4) 动态约束

一个方法调用与方法对应体的链接称为约束。前面已提到,同一个方法可以作用于类链上的不同对象。这意味着,方法调用可以对应于不同对象的方法体代码。

有两种约束方式,即静态约束和动态约束。静态约束意味着在编译时间便明确知道哪一个对象的方法体代码被调用。例如,如果在源程序中调用的对象方法是 m2,从上面的例子可知,有 m2_A_A 和 m2_A_B。由于它是静态约束,在编译时间就已经确定调用的对象,因此调用对象是 m2_A_A。动态约束方法名和方法体的对应是在运行时间创立的。当程序运行时,在实现对方法体的调用前代码先运行,按照对象的类型和对象在类链中的位置来确定应该调用哪个对象的方法体。例如,在上面的例子中应该调用 m2_A_A 还是 m2_A_B?因此,动态约束涉及下列情况:

(1) 存在多重类型的 A(多态性),此时在类链上的所有类都被当作 A。例如,对于上述例子,有两个 A,一个是真的 A,另一个是“嵌入在 B”中的 A。对于真的 A,需要使用 m2_A_A;对于被嵌入在 B 中的 A,需要使用 m2_A_B,因此,在编译程序为方法生成的那段代码中,根据动态类型的消息需要区分它是 A 还是 B。

(2) 方法 B 需要指向 B 的指针,使得它能访问 B 中所有的字段。如果存在多个子类型,则每个子类型都需要这样的指针。然而,m2 可动态地指向在 B 中的“类 A 指针”的一

个指针调用。因此我们需要一个称为重新改动子类型(resubtyping)的操作。该操作由指向 A 的指针重新构造一个指向 B 的指针。例如,方法调用 p→m2(A),其中 p 是指向类 A 对象的静态指针,可翻译如下:

```
switch (dynamic _type_of(p)){
  case dynamic_class_A:m2_A_A(p);break;
  case dynamic_class_B:
        m2_A_B(convert_ptr_to_A_to_ptr_to_B(p);
      break'
}
```

这里动态类型的消息是具有两个值 dynamic_class_A 和 dynamic_class_B 的枚举类型。当 p 是一个静态指针时,p→m2(A)调用可以翻译为

```
m2_A_B
```

注意,这个代码行同声明 void m2_A_A(class_A * this,int i)以及 void m2_A_B(class_B * this,int i)是一致的。

除了上面提到的方法外,也可使用以下的方法。

为了确定应该使用哪个方法的例程,switch 语句是一个可作用于小范围的函数,可预先计算,算完后把从 A 指向 B 的指针转换并把它合并到例程 m2_A_B 中。现在这个方法可以接受指向 A 的指针。

```
void m2_A_B(class_A * this,int i){
    class_B * this = convert_ptr_to_A_to_ptr_to_B(this A);
    The program body of method m2_A_B,visits any object field
        X through this←x
}
```

更一般地,对于每个方法 m_x_y 的翻译,第一个参数指向类 x 的指针。这个指针也可通过应用 convert_ptr_to_x_to_ptr_to_ptr_to_y()被转换为类 y。但如果 x 和 y 相同,则这个转换可省略。

通过对 m2_A_B()的修改,方法调用 p→m2(A)可以翻译为以下形式:

```
dynamic_type_of(p) == dynamic_class_A?m2_A_A:m2_A_B(p);
```

这个公式是以 p 作为参数实施调用的一个计算函数,其中 p 是指向类 A 的对象的一个静态指针。它每次执行对 p 的操作时不是计算该函数,而是基于 p 的动态类型信息把得到的函数地址合并到动态类型信息中。类 B 对象的类型信息是具有三个选择符号的一个记录,即 m1_A、m2_A 和 m3_B。它们包含对于 m1、m2 和 m3 的调用例程的地址。它们的第一个参数都是指向类 A 对象的指针。这类带有方法调用例程地址的记录称为分派

表,而且对象的每个类型信息都提供指向分派表的一个指针。图 14.9 示出了类 B 对象的表示。

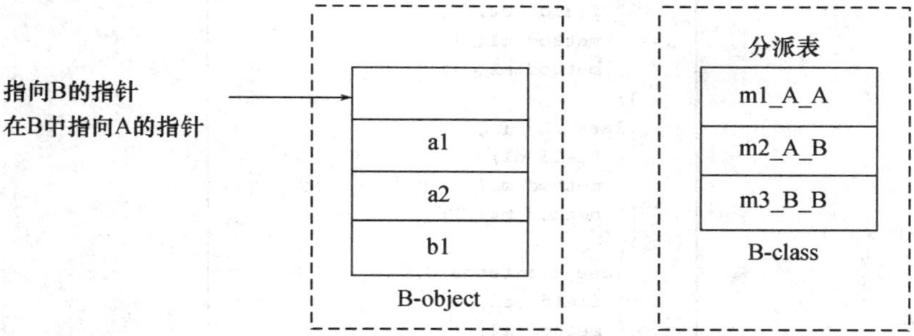

图 14.9 类 B 对象的表示及分派表

类 A 对象的类型信息是具有两个字段的一个分派表,包括例程 m1_A_A( ) 和 m2_A_A( ) 的地址。这两个都有指向类 A 的对象的指针作为它们的第一个参数。因此,在两个分派表中,选择符号 m1_A 可以选择具有相同类型的例程。

如果选择 m2_A,则可从 m1_A_A 或 m2_A_B 中进行选择。动态约束是在运行时间时在 m2_A_A 或 m2_A_B 中进行选择的。

5）多重继承

在面向对象的程序设计语言中,一个对象允许具有一个以上的父类。相应地,也允许一个对象从一个以上的父类继承。这个特征称为多重继承,它和一个对象只可从一个父类继承形成对照,而这称为单一继承。主要的面向对象语言都支持多重继承。

例如,假设对象类 C 拥有字段 c1、c2 和方法 m1、m2,而对象 D 拥有字段 d1 和方法 m3、m4,对象类 E 来自对类 C 和 D 的继承,但它加上一个字段 e1 和一个方法 m5,而且重新定义方法 m2 和 m4,如同图 14.10 所示。

不同于单一继承,多重继承不能使用指向所有对象字段来表示一个对象的分派表的指针。特别是,对于 E 来说,E 的分派表"E 中的 C",及"E 中的 D"可组合在一起,然而,它们有不同的指针提示。因此,E 的分派表现在变为:

m1_C_C
m2_C_E
m3_D_D
m4_D_E
m5_E_E

E 和"E 中 的 C"在分派表中仍然有相同的地址,而且"E 中的 D"的分派表就像图 14.11所示的那样。

```
class C {
   field  c1;
   field  c2;
   method m1( );
   method m2( );
};
class  D  {
   field d1;
   method m3( );
   method m4( );
}
class E extends C,D {
   field  e1;
   method m2( );
   method m4( );
   method m5( );
};
```

图 14.10 多重继承的例子(E 继承 C 和 D)

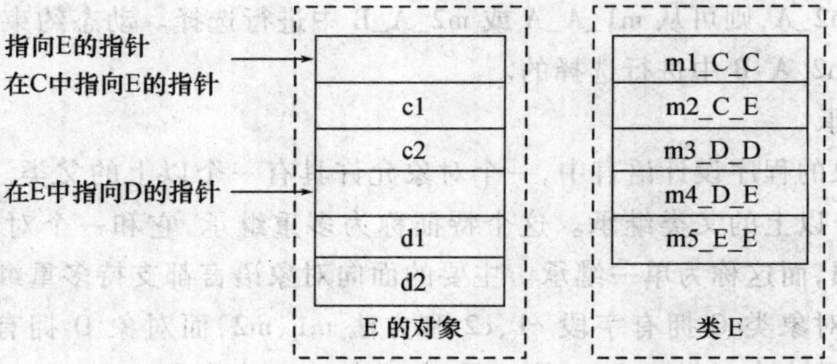

图 14.11 类 E 对象的表示

注意,指针的超类和转子类操作,前者是从子类转换成父类的操作,而后者是从父类转换成子类的操作。

supertyping
 convert_ptr_to_E_to_ptr_to_C(e) = e
 convert_ptr_to_E_to_ptr_to_D(e) = e + sizeof(class C)
subtyping
 convert_ptr_to_C_to_ptr_to_E(d) = d - sizeof(class C)

当一个对象类 E 从类 C 和类 D 继承时,可能会产生二义性。例如,C 和 D 可能包含同名的方法;而且类 E 继承这些方法。当类 E 使用这些方法时,可能只使用其中之一,但不能确定应该使用哪一个,于是,“E 中的 A”的含义是什么?不同的语言将有不同的规则,不过大致上可分为两种情况:一是 E 的一个类仅含类 A 的一个对象,这称为独立继承。二是 E 的一个对象含有类 A 的两个或多个对象,这称为相互依赖的继承。某些语言允许这两个继承同时存在,甚至两者的混合,即某些字段可以相互依赖继承,而其他则独立继承。

独立多重继承可以使用上面描述的方式来实现。唯一的复杂性是识别的过程。应该明确地建立语言规则,以便当来自不同的类的字段和方法有相同名字时,有明确的规则来处理它们。

假设对象类 C 和对象类 D 都是从对象类 A 得到的,对象类 A 有字段 a1、a1 以及方法 m1 和 m3,对象类 C 重新定义方法 m1,对象类 D 重新定义方法 m3,如图 14.12 所示。

```
class A {
      field a1;
      field a2;
      method m1( );
      method m3( ):
};
class C  extends A {
      field c1;
      field c2;
      method m1( );
      method m2( );
};
class D extends A {
      field d1;
      method m3( );
      method m4( );
      method m5( );
};
class E extends C, D {
      field e1;
      method m2( );
      method m4( );
      method m5( );
};
```

图 14.12 相互依赖的多重继承

因此,对象数据数组便可以按下面的顺序放入对象中。(1) 指向 E 的(和“E 中的 C”)分派表的指针;(2) A 的字段;(3) C 中不是从 A 继承得到的那些字段;(4) 指向“E 中的 D”的指针(它在 E 的分派表中);(5) D 中不从 A 继承得到的 D 的那些字段;(6)不从 C 和 D 继承得到的 E 的那些字段。图 14.13 示出了它的实现。

这一顺序对于类 E 和“E 中的 C”的对象是正确的,但对于“E 中的 D”怎样呢?当编译程序在不知道 C 或 D 中的情况下,对对象类 D 进行编译时,编译程序必须确定类 D 的对

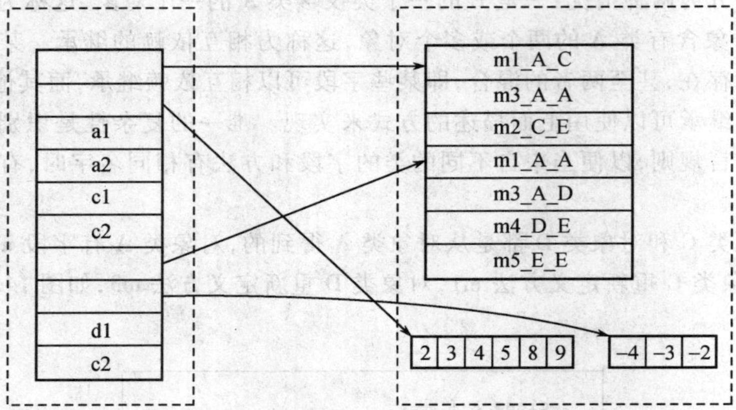

图 14.13　带有相互依赖继承的类 E 的对象

象的表示。假设 D 是由指向它的分派表的指针组成的,在它的分派表后跟以 D 的字段,D 将不能正常工作,因为当 D 在类型 E 的对象中时,从 A 继承的字段居于分派表指针之前一段距离,但是 D 的字段却在分派表指针的后面。因此,当生成的代码访问对象的字段时,编译程序可能找不到对象字段。通常,这种问题要由运行时间的描述符号来解决。对于指向对象本身的指针,描述符允许对象的方法访问对象的字段。对于每一个字段,描述符必须包含从对象指针开始处到指针目前位置的偏离。我们可以使用枚举索引作为偏离表的索引。除指向分派表的指针外,对象的表示也必须包含指向偏离表的指针。因为事先不知道哪个对象类被包含在多重继承中,因此所有对象都应遵循这种两指针方案。

以图 14.13 为例,假设所有指针和字段的大小都是 1,则从 E 的指针开始,字段 a1 和 a2 的偏离是 2 和 3,字段 c1 和 c2 的偏离是 4 和 5,字段 e1 和 e2 的偏离是 8 和 9,因此我们有类 E 的索引

2　3　4　5　8　9

至于"E 中的 D",其索引包含

-4　-3　-2

注意,对于类 E 的对象,m1 和 m2 两者都有二义性。当应用类 E 的一个对象时,语言规则或程序员应明确确定 m1 和 m3。

由于多重继承性可能引起复杂性,并且增加方法调用的开销,因此某些语言(如 Java)不允许使用它。

思 考 题

1. 以下是 Java 语言给出的类 shape 的 表示：

```
abstract class shape {
  boolean Isshape ( ) {return true;}
   boolean Isrectangle( ) { return false;}
 boolean Issquare ( ) {return false;}
 boolean double surface area( ):
 }
 Class rectangle extends shape{
   Double surface area ( ) {
   ......
 }
   boolean Isrectangle ( ) {return true;}
}
 class square extends rectangle {
   boolean Issquare( ) {return true;}
}
```

试给出 rectangle 和 square 的方法表。

2. 参照图 14.10 和 14.11 中的多重继承，给定一个类 E 的对象 e，给出方法调用 e. m1( )，e. m3( ) 和 e. m4( ) 的编译代码。

3. 参照图 14.12 和图 14.13 的相互依赖的多重继承。假设类 E 中的方法 m5 被定义如下：

```
void m5( ) {
  e1 = d1 + a1;
}
```

这里所有的字段都是 int 类型。试给出 m5 的 C 语言编译代码。

4. 当一种语言支持多态性时，有时必须测试当前对象的实际类型。习题 1 中的方法 Isshape 就可以实现这个功能。有些语言有用于这种操作的一个内置运算符。例如，Java 有 instance of 运算符，表达式”A instance of C”为一个布尔表达式。如果 A 所指示的对象为 C 的一个实例，那么得到的值为 true，试为这一运算符设计实现方案。

参考文献

[1] Pressman R S (2005) Software Engineering: A Practitioner's Approach. McGraw-Hill International, New York.

[2] Berald E V (1993) Essays on Object-oriented Software Enginering. Addison-Wesley, Reading.

[3] Budd T (1996) An Introduction to Object-oriented Programming, 2nd edn. Addison-Wesley, Reading.

[4] Wirfs-Brock R, Wilkerson B, Weiner L (1990) Designing Object-oriented Software. Prentice-Hall, Englewood Cliffs.

第 15 章　并行语言的编译

并行不仅是社会发展的趋势，而且也出现在科学和技术中。

15.1　本 章 动 机

至今还没有真正的并行程序设计语言被使用。人们所拥有的仅仅是附属于现存的程序设计语言的并行设施。我们以前的讨论专注于顺序程序设计语言的编译问题，而在本章及下一章中将讨论并行语言编译的一些问题。它重要吗？回答是肯定的，因为在新的世纪里，毫无疑问，并行将支配整个计算机市场。如果人们想在新世纪里从事程序设计的话，为这类计算机开发的程序将是必需的，因此需要知道由相应的编译程序进行的编译是如何工作的。毫不夸张地说，并行编译将会成为编译程序领域的主要课题。

15.2　并行计算机和并行计算的兴起

人们在科学上的探索和追求是永不停止的，在计算机科学和技术的探索和追求也是这样。自 1991 年美国提出高性能计算和通信（HPCC，High Performance Computing and Communication）计划以来，世界上许多国家也相应地投入巨资来进行高性能超级计算机的研究。美国已经成功研制出计算速度在 2 万万亿次/秒的超级计算机，最近中国紧跟美国，也成功研制出计算速度在 2500 万亿次/秒的超级高速计算机。其他国家，如德国、日本、俄罗斯，也在不遗余力地为研制这类机器而拼搏。

由于只有单个处理器的计算机的速度已几乎达到极限——计算机内部信息的流动速度不能超过光速 30 万公里/秒，为了研制高性能的超高速计算机，只能依赖并行性来研制高数量的并行工作的计算机群。例如，如果计算机群的每台机器的速度是 1000 万次/秒，则由一万台机器组成的机群就可达到千亿次/秒了。当然，这离我们希望获得的速度还相差甚远。但可以说，高性能计算机在结构上是并行的。目前并行处理方式已经历了多个阶段，从单指令流和多数据流（SIMD）、并行向量处理器（PVP）、存储共享对称多处理器（SSSM）、大规模并行处理器（MPP）到计算机群。这些并行处理器组织结构大致可分为五类：

1）单指令多数据流阵列处理器系统（SIMDS）：它们由数以百万计的处理器组成，每个只具简单功能。数据流通过具有某种模式的处理器并由它们处理之。在研发并行计算机的模拟中，单指令多数据阵列处理器曾发挥了重要作用。然而，由于位处理器芯片的发展，自 20 世纪 90 年代后，这种类型的并行机已基本上退出市场[1]。

2）并行向量处理器系统（PVPS）：除了纯量寄存器和纯量部件外，向量处理器系统还有特殊的向量寄存器和向量流函数部件，它们能快速地处理向量计算。

3）主存共享处理器系统（MMSPS）：多处理器共享一个中央存储器，而且还拥有专用的多处理器同步通信部件，支持数据的并行性和控制的并行性。但这种结构也带来问题，当有太多的处理器时，连接每个处理器和中央存储器的通道会成为瓶颈，因而限制了这类计算机的发展。

4）分布式存储多处理机系统（DMMPS）：它们是由大量结点组成的计算机。每个结点都有自己的处理器和存储器。结点间靠互联网连接。它主要支持数据的并行开发以及控制的并行开发。

5）计算机群（CCS）：它们是由物理上通过高性能网络和局域网加以连接的计算机结点组成。通常情况下，每个计算机结点是对称的多处理器服务器、工作站（WS），或个人计算机（PC）。这些结点可以是同态的或异态的。处理机的数量多达数千乃至数以万计，支持控制的并行和数据的并行。每个结点都有自己的操作系统，网络和用户界面可以当作控制结点和操作结点。由于计算机群有着卓越的性能价格比、灵活性以及良好的并行能力，因此，它除当作一个研究的课题外，也广泛地应用于各领域中。

并行计算机提供了并行计算可以依赖的平台。对于并行计算的要求来自于人们在科学研究的活动中，也来自于生产实践。我们可从不同角度对它们进行分类。

从并行计算所处理的对象来分类并行计算可分为：

1）数值计算：例如，矩阵运算、多项式计算、线性方程组的解。求解数值计算问题的算法称为数值算法。

以矩阵计算作为一个例子，它涉及：两个矩阵的加法，第一个矩阵的列等于第二个矩阵的行这样两个矩阵的乘法，一个非奇异矩阵的逆的求解，等等。对于矩阵运算，可以并行进行，因为每一项的计算都独立于其他计算。因此它们的并行运算可以加快整个计算。

2）非数值计算

非数值计算是基于比较关系的运算。这类计算的目的不在于获得代数运算的值，而在于基于比较关系的结果。例如，对象（符号）的处理，如排序、选择、查找、匹配等。相应的算法称为非数值算法。以排序为例子，给定 n 个数，要求以递增顺序来排列。可以用多路排序的方法进行。在多路排序的中间过程中（如进行五路排序），在每一路上进行的排序都是独立的，因此它们可并行地进行。

从应用需求来分类，并行计算可分为：

1）计算密集型：大型的科学和工程项目以及数值模型，例如构造领域、预测模型的建模、项目设计和自动化、能源勘探、医学、军事研究、基本理论研究等，都提出对于计算的高要求。如关于天体运动的计算，由于大量天体的存在以及它们之间的巨大距离，因而，这些计算的规模难以想象。但是可以想象对它们实施并行计算。又如，为了增加数值天气预报的精确性，根据经度、纬度以及大气层的层次，据估计，至少需要考虑 $200 \times 100 \times 200 = 4\ 000\ 000$ 个网格结点，因此可对这些网格实施并行计算。

2）数据密集型：数字图书馆、数据仓库、数据挖掘和可视化等都涉及大量的数据。数据密集型的处理也要求高度的并行计算。

3）网络密集型：我们首先说明网络并行计算的概念。计算机科学和技术与通信技术的结合使计算机网络逐渐向广域、国际化、宽带、低延迟、多媒体、综合以及智能化的网络发展，由此提出了网络并行计算的概念。所谓网络并行计算是基于单台计算机的计算，加上计算机之间的消息传输来形成高级的计算。它充分利用由高速信息网络（或称信息高速公路）提供的条件，实现资源共享、交互通信、消息传输服务。因此网络密集型是在密集的网络环境下实现的计算。

从并行计算的实现来分类，并行计算可以分为：

1）同步并行计算：所谓同步并行计算，指的是要求两个或两个以上计算在同一时间开始，也在同一个时间结束。

2）异步并行计算：异步并行计算不要求计算在同一个时间开始和结束，仅要求计算保持必要的和正常的通信以及信息的相互联系。

从所需要的内存考虑，并行计算可分为两类：

1）内存共享并行计算：在这个方式下，若干个处理器（每个可能有也可能没有自己的内存）共享内存。在此情况下，可能以某种方式限制对共享内存的访问。

2）分布式存储并行计算：在这种方式下，对于内存的访问不受任何限制。但是，一个数据可能有若干个副本，因此整个内存的数量将因此减少。

下面我们更详细地介绍并行计算的实际应用，以使读者对它有更深的印象。许多应用领域的挑战性课题都应用了并行计算，例如，在电磁学领域，关于静磁的计算、仿真的研究以及相互感应的研究；在新医学领域，通过抑制影响人类免疫的病毒蛋白酶的作用来研制治疗癌症和艾滋病的药物的计算和仿真；在航空领域，通过对水动力学的计算和仿真的研究来研制超音速喷气式飞机的新引擎；在液化应用领域，关于生物催化促进剂的模拟研究以及酶在分析－合成过程中的作用的计算和模拟研究；在燃料燃烧应用领域，通过化学动力学的计算揭示应用计算机流体力学的作用的新引擎的设计研究；在海洋科学应用领域，关于大气流的热交换以及海洋活动的计算和模拟的研究；在臭氧的消耗应用领域，关于在控制臭氧消耗的过程中对化学和动力学的计算和仿真的研究；在数学分析应用领域，关于用计算机对临床图像计算层的分析技术、磁共振图像的计算和仿真的研究；在大气污染的应用领域，关于大气的质量模型的仿真；在计算机图形学领域，关于实时图像的形成和动画设计的计算和仿真的研究；在密码学应用领域，破解长数字位的数字密钥，寻找用作加密和解密的大数的两个乘积因式。

15.3 并行程序设计

在上一节中，我们试图从某些方面来剖析并行计算机和并行计算。为实现并行计算，必须使用并行程序设计语言来编写程序。显然，并行程序设计要比顺序程序设计困难得多。这来自于人们传统的思维方式，没有人习惯于并行地思考问题以及难以确定程序的哪个部分可以显式地表达成并行的，此外，还有并行粒度的大小随程序的执行而发生变化的问题。比如，为了对 16 个数进行排序，可以把 16 个数分成 8 个组来进行比较，每个组含 2 个数；然后分成 4 个组，每个组 4 个数进行比较；最后，分成两个含有 8 个数的组并行进行排序。由此可见，随着程序的进行，并行的粒度在改变。因此虽然有并行的程序设计语言能显式地表达并行性，但程序员仍需要充分发挥自己的才智来真正找出并行性，而且正确地表达它。

所谓显式地表达并行性通常采取两种形式，即 cobegin... coend 和 parbegin... parend。两个词之间的省略号表示可以有任意多个并行程序段。在此情况下，寻找和组织并行性的责任就落在程序员身上了。对于编译程序而言，它的工作较简单，需要做的是把需要并行执行的程序或程序段分配到不同的处理器上。可以采用主/从模方式实现，在这种方式下，并行计算机由一个控制器（进程）和若干个从属控制器（进程）组成，主进程的责任是维护全局数据结构、划分任务以及在用户间进行交互，包括接受任务、启动计算和回收计算的结果。而每个从属控制器的任务是实施主控制器分配的任务，包括局部的初始化、计算、在诸模块间进行通信以及最后把结果返回主进程。

程序设计语言的隐式并行性是更困难的和更具挑战性的领域。在这个领域中，并行任务的确定和划分落在编译程序上。针对源程序，编译程序需要找出可以并行执行的部分，以使它们能并行执行。编译程序还要自动生成通信代码。

下面我们介绍并行程序设计的五种类型。在 15.4 节，我们专注于并行隐式程序设计的讨论，主要是剖析指令级（ILP）的并行性，特别是对非常长指令字（VLIW）及超纯量如何生成目标代码进行讨论。

15.3.1 共享变量和管理

最简单的并行程序设计模型是通过共享变量并进行通信的进程集合实现的。

一个进程是一个物理处理器的抽象，每个进程顺序地执行程序代码。从概念上说，一个进程实际上是有处理能力和地址空间的处理器，其中地址空间用来存储数据，因此，地址空间是物理存储的抽象。

一个进程可以通过创建多个进程来获得并行性。不同进程的地址空间至少部分地重叠,因此,许多进程可以访问相同的变量。这就是我们所说的共享变量。共享变量可以为多个甚至所有进程所读或写。

在这类程序设计中,一个重要的问题就是同步地访问共享变量。关于同步,前面已有介绍,但现在我们要介绍的是排斥型的同步概念。首先我们来看一个例子,在这个例子中,假设两个进程同步地执行下列程序,试图增加共享变量 x 的值。

```
X: shared variable;
X:= X +2;
```

设 X 的初始值为 6,显然,如果两个进程都对 X 加 2,则 X 的值将变成 10。但是会出现什么结果呢?如果两个进程同时读 X,初始值为 6,然后同时对 X 加 2,并且把结果写回 X,于是结果是 8,而不是再次对 X 加 2。显然这不是我们的预期结果。造成这个结果的原因是两个进程同时执行加的操作。为了避免发生这种情况,我们采取互斥同步的措施。

互斥同步是指在任何给定的时刻只有一个进程可以访问共享变量。为实现这个简单的同步,原始操作可以使用 lock 变量。lock 变量具有不可分的操作——获取和释放。所谓不可分指的是整个操作是一个完整的过程:获取和释放。在某个进程获取 lock 变量后,其他进程在这个进程释放它之前不能获得它。这就如同其他进程被 lock 变量锁住一样。当这个进程完成它的任务后释放 lock,于是其他进程就可以为获得 lock 而竞争。但下一次仍然只有一个进程能获取 lock,而后继续它的执行。因此 lock 变量的功能是限制,即在一个时间里只有一个进程能访问共享数据结构。通过 lock 变量,上面的例子可写成:

```
X:Shared integer;
X-lock;lock;
acquire-lock(X-lock);
X:= X +2;
release-lock(X-lock);
```

现在,我们已确保在任何给定的时刻只有一个进程执行对 X 加 2 的操作。但是以这种方式来解决问题是低效的,而且容易出错。主要问题是,当这个语句在某个地方未被 lock 保护时程序就会出错。

解决互斥同步的更好的办法是管程。管程类似于抽象数据结构,它包含数据和为访问数据的操作。被管程封装的数据为多个进程所共享。关键之点是在任何时刻,管程的操作都以互斥方式进行。

在条件同步中,一个进程被封锁直到条件成立,直到一个进程生成满足继续计算需要的结果。在管程中,条件同步通常由条件变量表示。Condition 变量是 Condition 类型的共享变量。

Condition 变量有两个不可分的操作定义:wait( )和 signal( )。对 Condition 变量 c 的 wait(c)操作封锁了请求进程,而 signal(c)操作唤醒等候的进程。这两个原始操作只可在管程操作期间被封锁和唤醒。操作 wait( )最重要的功能之一是被封锁的进程暂时离开管程,这样其他进程就有机会在 signal(c) 出现时进入管程。

15.3.2 消息传输模型

上述共享变量的并行程序设计模型存在一个问题,即它是基于物理共享存储的机器实现的。这对于多计算机系统不适用,因为多计算机系统没有可用作共享存储变量的共享存储器。为此,提出了另一个并行程序设计模型——消息传输模型。消息传输模型不仅适用于没有共享存储器的多计算机系统,而且适用于有共享存储器的计算机系统。

使用消息传输模型的并行计算机系统,进程间的数据交换是通过消息传输来实现的。这可以由以下的两个原始操作 send 和 receive 来完成:

```
process 1
    send( process 2, message) ;
process 2
    receive( process 1, message) ;
```

这表示进程 1 向进程 2 发送消息。消息的格式依赖于程序设计系统。在较低级语言中,消息通常是一个字节的数组;而在高级语言中,消息可以类似于一个记录的结构化的值,其中可以有不同类型的字段。进程 2 在调用 receive( )之后,就处于被封锁状态直到消息抵达。

有许多基本的发送/接收模型。需要解决的问题是在发送方和接受方如何建立彼此的联系。显然,这要求两端都知道对方的通信地址和通信方式。更灵活的方式是让接收方来接收来自程序中任何进程发送的消息。例如,在互联网中可以接收来自任何人发送的消息。这种方式在接收方预先不知道谁将向它发送消息的情况下非常有用,但是缺点是可能接收的是垃圾消息。增加灵活性的方法是使用间接的进程名而不是直接指定进程名。发送方只需把消息发到消息港中,之后向消息港发出接收语句的进程就可以从消息港接收消息。发送方和接收方的匹配通过系统来实现。

另一个问题是发送方何时可以继续发送。在异步消息传送中,发送方和接收方在不同的地方进行操作。因此发送方在完成一次发送之后可以继续发送。但在同步环境中,同步消息传送的要求是严格的,发送方仅当确认从接收方已收到消息后才可以继续传送。

在一些语言中,接收方可以控制所接收消息的类型和长度。例如,

```
receive print (size,text) such that size < 4096
    # 表示只能接受长度小于 4096 的打印消息
```

或

```
receive print( size,text) by size
    // 表示要求以递增顺序接收打印消息
```

以上介绍的是以显式的接收语句来接收消息。与之对应的还有一种称为隐式的接收方式,它为每一个接收的消息建立一个新的线程。

什么是线程?简单地说,线程就是一个轻量级的进程,它拥有自己的程序计数器和栈。进一步地,我们知道,最基本的进程是顺序进程,即在一个顺序计算机上执行的程序产生的活动。进程由程序和数据组成,两者都可驻留于内存中。进程包含程序计数器和栈。程序计数器指向当前正在执行的指令;栈记录被嵌入函数的调用顺序。我们把拥有程序计数器和栈的子进程称为线程。图 15.1 示出了进程和线程之间的关系。

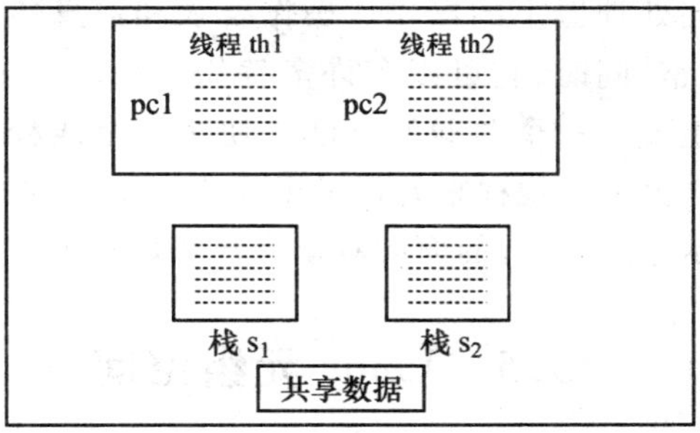

图 15.1 进程中的线程

在图 15.1 中,有两个线程,即 th1 和 th2。它们在进程 p 中执行相同代码。进程的数据区域由两个线程共享。由于这种类型的线程在 20 世纪的 80 年代早期就应用于 MESA 语言,形式简单,因此称为"轻量级的",这里沿用这种说法。线程在进程的上下文中执行,它没有地址空间,但它能访问所驻留的地址空间。线程将执行一个消息处理程序,它是由程序员定义的一个例行子程序,以处理各种类型的消息。因此我们对于每个接收的消息建立一个线程,当消息处理程序结束时,这个线程便结束。线程可以访问进程的全局变量。在隐式的接收中,一个进程可以激活多个线程。

线程也可用作其他目的。例如,如果一个进程需要一个远程进程来发送请求,它可以建立一个线程来发送消息和等候结果,同时,原来的进程(如主程序也可看作是线程)可以继续运行。线程已经成为并行程序设计系统的一个重要概念。这里我们假定,一个线程是在虚拟并行方式下工作的。虚拟并行方式是指每个线程像进程一样顺序执行在同一个处理器上,称为并发执行。此外可将进程分配给带有共享存储的多处理器系统的多个处理器,这样一来,线程就有实际意义的并行执行了。

15.4 面向对象的语言

共享变量和消息传输是并行的底层模型,它们直接反映了共享存储和分布式存储的结构。许多并行程序设计语言是基于更抽象的模型设计的,这类语言包括并行函数、并行逻辑以及并行面向对象的语言。

面向对象语言最重要的概念是把数据“封装”在对象中,对象中的数据也可通过对对象定义的操作(或称方法)进行访问,面向对象程序设计语言最大的优势是可以以良好的结构来编写程序。从技术上来说,它适合编写大型的且可以实现重用的软件包,这个特性不论是对并行程序设计还是对串行程序设计都是十分重要的。

并行可以从同时执行的一些对象引入,也可以通过允许在同一时间同一处理器上执行若干个进程来引入。在对象间的通信通过操作要求来表达。一个对象可以引起另一个对象在同一处理器或不同处理器上的操作。操作要求和消息传送是类似的,但从语言的语义来说,操作要求更完整,同时,它可以有许多替代方法。许多并行语言允许对象的内部进程由多个控制线程组成。一个共同的方法是使用一个线程作为一个对象的主进程,并让这个线程动态地建立另外的线程来处理每个操作。这种方式实现了隐式接收。线程的同步可以使用管程表示,许多并行的面向对象语言都是基于管程设计的。

15.5 Linda 元组空间

获得更高抽象层次的程序设计模型的另一个方法是使用适当的通信数据结构将元空间设计为 Linda 系统的一部分[2]。Linda 系统是简单的原始操作的一个集合。这些原始操作可以加到已有的顺序语言中,使得这个语言变成一个并行语言。有许多基本的语言基于这个基本思想生成并行语言,例如 C/Linda、Fortran/Linda 以及 Lisp/Linda 。

元组空间是共享存储器类,在结构上它是被组合地访问的。元组空间作为一个记录被组合地访问。不论一个进程在哪个处理器上运行,这个记录都可被程序中的所有进程所访问。从这个意义上说,元组空间是一个共享存储器。然而,元组空间也可以在分布式存储器系统上实现。

在元组空间中定义了三种操作:

(1) out: 加上一个元元素到元组空间。

(2) read: 从元组空间中读一个匹配的元元素。

(3) in:从元组空间中读一个匹配的元元素,同时从元组空间删除它。

例如,在 C/Linda 中调用

```
out( “item”,5,3.12);
```

生成一个带有三个分量(一个串、一个整型数和一个浮点数)的元元素,并把它加到元组空间中。

read( ) 和 in( )用于在元组空间中搜索一个元元素。元元素的每个分量是一个实参数(通过值传送的表达式)或形式参数(由一个问号“?”开始的变量,通过引入传递)。这里

的实参数和形式参数不同于我们在过程语言中所介绍的“实”和“形式”。例如,调用

```
float f;
in (“item”,5,? &f)
```

约定,为了从元组空间读一个带有三个分量的匹配的元素,而且其第一个分量是值为“item”的串,第二个分量是整型数,第三个分量是一个浮点数,如果从元组空间找到的元素恰好是

```
(“item”, 5,? &f)
```

即把它加到有 out(“item”,5, 3, 12)的元组空间去,它将由 in 操作读出,然后,从元组空间中将其删除。如果在元组空间中除了(“item”,5, 3.12)之外还有(“item”,5, 2.69)以及(“item”, 5, 4.65),则表示在元组空间中有许多元元素,它们彼此相匹配,因此人们可以从中任选一个。但是如果没有合适的元元素,则 in()或 lock()就被锁住,调用进程就被挂起,直到有另一个进程往元组空间添加一个适当的元素为止。

上述原始操作是不可分的,这意味着它将被执行直到完成,或被封锁而无法执行。因此如果有两个进程试图同时对同一个元素执行一个操作,则只有一个进程获得成功,而另一个将失败并被封锁。

在 Linda 系统中没有修改元组空间中的元元素的原始操作。在此情况下,如果人们想要现成的元组元素,则元元素必须是从元组空间获得的[通过 read() 或 in()],然后对它进行修改再把它加到元组空间中。如果有两个或三个进程同时执行代码段,则只有一个进程成功地执行“in” 操作,剩下的进程被封锁,直到元元素被放到元组空间为止。

Linda 模型类似于共享变量模型,差别是元组空间是组合编址的。一个元元素没有地址,元元素的描述由 read()和 in() 操作定义,系统对元元素和描述进行匹配。

15.6 数据并行语言

另一个重要的并行程序设计模型是数据并行型。在这个模型中,所有的处理器定义相同的算法和代码,但它在相同的数据集的不同部分执行。数据集通常是一个数组。与数据并行相对应的是任务并行,其中不同的进程执行不同的算法。

某些并行语言通过构造到计算机内的数据并行实现并行。例如 Fortran 90 支持在数据并行下的矩阵操作。对于数据并行程序设计,最简单的显式语言结构是并行循环语句。例如,使用数据并行的矩阵乘法可表达如下:

```
parfor i:=1 to N do
   parfor j:=1 to N do
      c[i,j]:=0
```

```
        for k := 1 to N do
            c[i,j] := c[i,j] + A[i,k] * B[k,j]
            od;
        od;
    od;
```

这个例子说明可以并行执行其他程序,即编译程序把计算和数据分配给不同的处理器。数据并行的主要优点是,对于编译程序而言,简单的结构更易实现并行分析。

至此,我们已介绍了五种并行程序设计模型,图 15.2 示出了这五种模型。

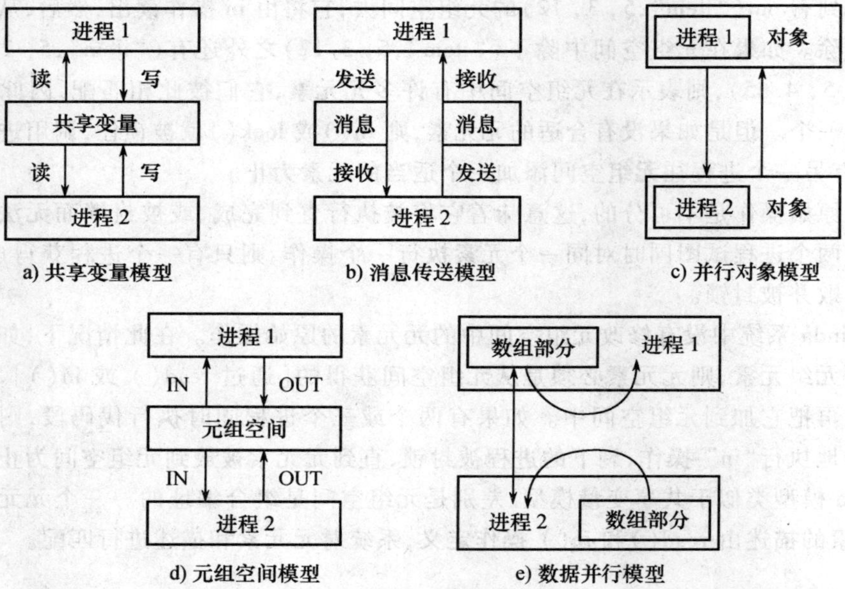

图 15.2　五种并行程序设计模型

15.7　隐式并行程序的代码生成

本节将介绍指令级并行的编译,特别是超长指令字(VLIW)和超纯量的结构,重点介绍的是编译程序的代码生成。因为指令级并行的编译不同于通常的编译。

这里我们介绍称为区域调度技术的编译技术,其中“区域”指的是可以同时被编译的某部分程序。在不同的指令级并行(ILP)的技术之间的差别在于所考虑区域的范围。

下面介绍区域的调度算法步骤。

(1) 将被编译的代码表示为编译程序的中间代码。从未被调试的代码中选择一个区域。所谓区域指的是一组操作,它们来自多个模块。通常一个区域是连续的一组模块。

有时代码的转换是在区域的选择之前进行的，主要目的是扩大区域的大小。图 15.3 示出了典型的区域。

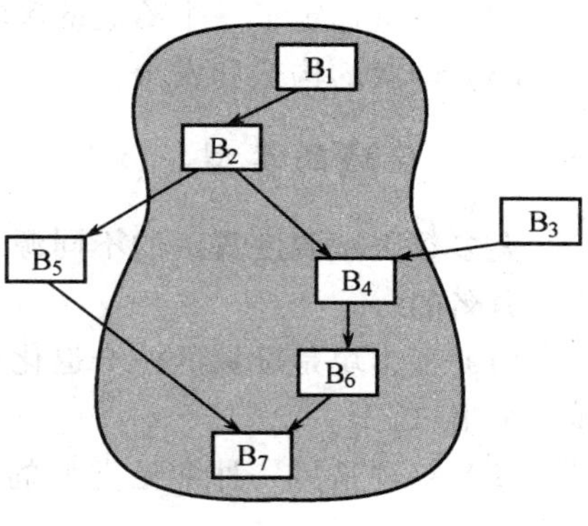

图 15.3 一个典型区域的例子——多个入口和多个出口的区域

(2) 在数据优先图中设置选定的操作。有时对边或对操作加上仅对区域调度重要的附加信息。此外，还可以给图加上禁止非法的或不合适的代码移动的特殊的边。这些边将禁止非法的代码移动，因为这种移动有可能违反流程的控制，而在调试时无法对它进行补偿。

(3) 对这些操作进行调度。

(4) 沿着原方向或在后阶段进行任何必要的修改。这些修改可以采用另外的操作形式，调节由调试操作的位置所引起的非法变换。例如，有时把应该沿着某个代码路径的一个操作移动到其他地方。在此情况下，应把操作放回到原来的位置上。这类附加的操作称为补偿操作。

(5) 返回步骤(1)，重新执行上述步骤直到不再有未调度的代码。

上述步骤是区域调度的核心。最初的踪迹调度技术给出这个算法。在过去的二十多年里，也出现了其他的区域调度算法。它们的步骤不同于踪迹调度算法，即不同于上述的核心算法。一般而言，主要区别在步骤(1)所选择的区域和在步骤(3)中的调度构造扫描的复杂性方面。

尽管区域调度通常涉及的是无循环代码的区域，但是大多数算法都以某种方式处理循环。例如，许多编译程序把重要的循环展开以扩大区域的大小。但在这种情况下，真正被调度的区域是无循环的。

为系统地调度循环，人们创建了称为软件流水线的技术。最早的软件流水线技术是在 20 世纪 70 年代为 CDC－6600 的 Fortran 编译程序开发的，后来被 IBM 用在同一年代的高性能 CPV 的一些编译程序上。在软件流水线技术之下，若干循环迭代操作被组织成一个新的循环[3]。新的循环把不同的迭代操作组织成新的单一的循环。新的循环结合不同的操作来填入“空隙”(在不同的处理器上)。在新的循环入口和出口处，类似于区域调度的新的循环入口和出口，其允许原来的循环迭代操作，这是新循环的单个迭代无法做到的。

有趣的是，有人提出把区域调度和流水线的思想结合起来。从概念上说，它的思想就是无数次地展开循环，然后使用区域调度来逐次调试，直到形成合理的调度模式。这个模式被用来形成新的循环模式，建立一个软件流水线。这个技术称为完美的流水线。

以下我们重点讨论与区域调度有关的三个问题：

(1) 主要的区域类型。

(2) 一旦选定了一个给定的区域类型,如何从源程序中形成实际的区域。

(3) 调度的构造和发出。

15.7.1 区域的类型

大多数区域调度算法的不同源于它们的区域形状不同。通常这些算法是通过区域形状来命名的。

(1) 基本块是区域的一个退化形式,一般是由一段顺序语句组成的,且只有一个入口和一个出口。

(2) 踪迹是另一种常见类型的区域,踪迹组成基本块。一个踪迹是指程序代码的一个线性通路。

设 $B_0, B_1, \ldots, B_n$ 是程序的基本块,而且它们的这个顺序是既定的。一个踪迹是由这些基本块的操作组成的,并有下列性质:

① 每个基本块是在这个顺序中下一个基本块的前驱,即对于 $k=0,\ldots,n-1$,B_{k+1} 是 B_k 的后继,或者说 B_k 转移到 B_{k+1}。

② 踪迹的代码不含循环,除非整个区域是某个扩展的循环外延的一部分,即对于任何 i 和 j,不存在通路 $B_j \to B_i \to B_j$。但踪迹并不禁止在踪迹内向前的转移,或者从区域流出而后再返回到这个区域。

在图 15.3 中,B_1、B_2、B_3、B_4、B_5、B_6、B_7 是基本模块,其中 $B_1 \to B_2 \to B_4 \to B_6 \to B_7$ 是穿过区域的一个踪迹(阴影部分)。类似地,$B_1 \to B_2 \to B_5 \to B_7$ 和 $B_3 \to B_4 \to B_6 \to B_7$ 也是踪迹。

③ 超级块。超级块实际上也是一个踪迹,但它包含某些限制,除了转到第一个块的分支外,不允许有转到其他块的分支。因此,超级块由基本块系列 $B_0, B_1, \ldots, B_n$ 的操作组成,而且拥有和踪迹相同的性质。对于超级块,性质①和②也成立:

—每个基本块是系列中随后模块的前驱,即对于每个 $k=0,1,\ldots,n-1$,B_k 后续 B_{k+1},或说 B_k 转移到 B_{k+1}。

—超级块没有循环,除非整个超级块是某个扩展的循环的外延,即对于任何 i 和 j,不存在通路 $B_j \leftarrow B_i \leftarrow B_j$。

超级块还有另一个性质:

—在超级块中,不存在转到 B_0 区域外的块的转移。

在有关超级块区域的参考文献中,有的把非法的分支称为边门入口。

④ 树形区域。一个树形区域是在程序的控制流程内有树形状的区域,且包含基本块。一个树形状的区域由基本块系列的操作组成。它有下列性质:

— 除 B_0 外,每个块恰有一个前驱,即 B_j 的前驱是块 B_i,其中 $i<j$,B_i 也是 B_j 的父结点。这表示一个超级块将通过树形区域的任何通路,即没有边门入口的一个踪迹。

— 除 B_0 外,对于任意的 j 和 i,不存在 $B_j \leftarrow B_i \leftarrow B_j$,即除非整个区域是某个环绕它的循环的一部分,否则它不含循环。

与超块相同,使用尾部复制和其他扩展技术可去除不允许边门的限制。如果一个区域仅含严格控制流动,则称为线性区域。在这个意义下,踪迹和超级块是线性区域,而树形区域是非线性区域。

⑤ 其他区域。除上述区域外,还有人提出其他区域,例如,在图15.3中,踪迹2是有一个入口的非线性区域,它有点像树形区域,但没有边门,不过它的实现非常困难。大型模块也是一种区域模型,是单入口多出口的区域,且有内部控制流,它是超级模块的一个变形,含有某些预测操作,可作为模块调度。

15.7.2　区域的形成

一旦确定了区域的形状便出现以下问题。一是如何把程序分成具有特定形状的区域,称为区域的形成。二是如何构造对于它们的调度,称为调度的构造。

我们首先讨论第一个问题。要形成区域,就必须把整个程序的控制流划分成有明确定义的可供构造调度程序使用和管理的一些块。因此,区域的形成和调度构造组合的效率对于性能而言至关重要。明智地选择的区域将以这样的方式覆盖程序的上下文无关文法,即程序将按照调度程序预测的路径执行,因此,重要的是要确保调度构造组合知道它需要做的是什么。

形成区域的一个目的是找出可以同时执行的子程序部分,然后把它们组合起来形成同一个区域。如果有两个程序本是可以在一起执行的,却放在不同的区域中,这会影响指令调度。因此区域形成的设计者面临的三个问题是:(1) 哪些是经常执行的程序?(2) 如何知道两个程序可以一同执行?(3) 区域的形状同以上两个问题如何相互作用?

对于前两个问题的传统答案是,使用形象来度量或者用启发式来估计每个程序的执行频率。带启发式的探索方法和基于形象的方法都对作为上下文无关文法的结点或边的程序部分赋予执行频率。如果使用带启发式探索方法,则应特别注意收集统计数字的方法以及当使用编译程序的不同部分修改程序时如何管理这些统计数字。在形象类型的收集和统计数字的收集的技术方面,在过去十年内已有许多创新。

当有了可以使用的一组统计数字后,余下的问题是如何使用它们来形成区域。区域的形成通常涉及按照上下文无关文法来对好的区域进行选择。它还包含复制上下文无关文法的某些部分以提高区域的质量。复制的结果影响程序的长度,可以使用不同的算法和启发式探索方法进行折中。区域的形成也需要生成调度构造程序可使用的有效区域,这就可能需要额外的簿记和程序变换。

回顾一下我们以前讨论过的上下文无关文法(CFG)的定义以及为一个上下文无关文法所接受的语言 L(G)。大部分程序设计语言都属于上下文无关文法,因此用这些语言来编写的大部分程序也是上下文无关语言。

为了后面叙述的方便,我们引入两个概念:

定义 15.1　垂直编译[4]。给定一个程序,从程序本身开始,使用归结法或由底向上的分析法，最后把这个程序归结为程序的起始符号或语句符号，这样的编译过程称为垂直编译。

定义 15.2 水平编译。给定一个程序，这个程序的执行是对于上下文无关文法推导图中的结点——终端符号串自左到右地逐步实现。这样一个过程称为水平编译。

为了并行地运行程序，需要把已经被水平地编译的程序分划成区域，然后再通过区域调度算法来实现并行运行。区域的形成既与水平编译有关，又与垂直编译有关。

定义 15.3 在上下文无关文法 CFG G 中，有两个非终端符号 A 和 B，如果 B 可以作为以 A 为左端的产生式的右部出现，则说 $A \geqslant B$。

显然，关系 $\geqslant$ 是传递的，因为如果 $A \geqslant B$，$B \geqslant C$，则有 $A \geqslant C$，因为从产生式的推导关系可以知道，C 出现在以 A 为左部的产生式的右部。因此，对于 G 中的任何非终端符号，有 $S \geqslant A$，其中 S 是 G 的起始符号；否则 A 将是 G 中不可抵达的非终端符号，应从文法中删去。但一般说来，非终端符号集合是偏序的。

引理 15.1 每一个上下文无关文法都等价于 Greibach 范式中的文法，即所有产生式具有

$$A \to a\alpha$$

的形式，其中 a 是一个终端符号，而 α 是一个非终端符号串（可能为空）。

定理 15.1 在具有 Greibach 范式的文法中，如果在某个产生式 $A \to b\alpha$ 中，α 含非终端符号 A 和 B，但它们没有 $\geqslant$ 关系，那么它们是彼此不相交的两个区域。

证明 假设从起始符号 S 开始，而以 S 为左部的产生式为 $S \to a\alpha$。在 α 中，除第一个终端符号外，第一个非终端符号是 B。我们继续这个推导，必然得到以终端符号和非终端符号作为元素的一个串。在这些元素中，不存在关系 $\geqslant$，因此不发生冲突，即从 A 和 B 往下得到的是不同的区域。

定理 15.2 在一个上下文无关文法中，如果在某个产生式右部的一个非终端符号出现两次或两次以上，则它的每个出现组成不同的区域。

例如，设 G 由

S→dBA | (CBA | aA | CcA | aB | CcB | a | CC
T→aB | CcB | a | Cc
A→ + s
B→ * T
C→aBAD | CBAD | aAD | CcAD | aBD | aD | CcD
D)

给出，其中的每个非终端符号的产生式以自左到右的顺序从 1 开始编号。显然，在此情况下 G 具有 Greibach 范式的形式。图 15.4 中在 2 之下的 (CBAD... 和在 8 之下的 (CBAD... 便属于可以并行调度的区域。

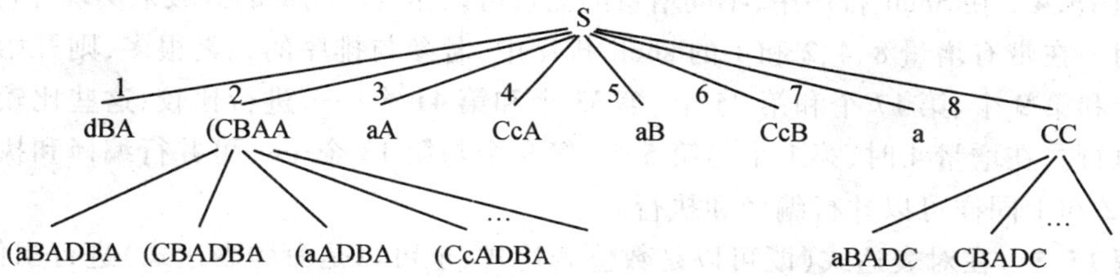

图 15.4 Greibach 范式的推导树

定理 15.3 在条件语句中,可以将两个分支当作能够进行并行编译的区域,然后根据条件执行相应分支。

证明 当进行编译时,两个分支中的程序都要编译,以便程序根据当时的条件来运行。而在编译阶段,同时对两个分支(乃至两个以上)进行编译不会发生冲突,甚至在运行阶段可以先运行再判别条件,决定如何取舍分支。

例如,对于合并排序,我们有如图 15.5 所示的流程。在图中,用虚线画出的部分是两个可并行编译的区域,编译完成之后到程序执行阶段再来执行,如图 15.6 所示。

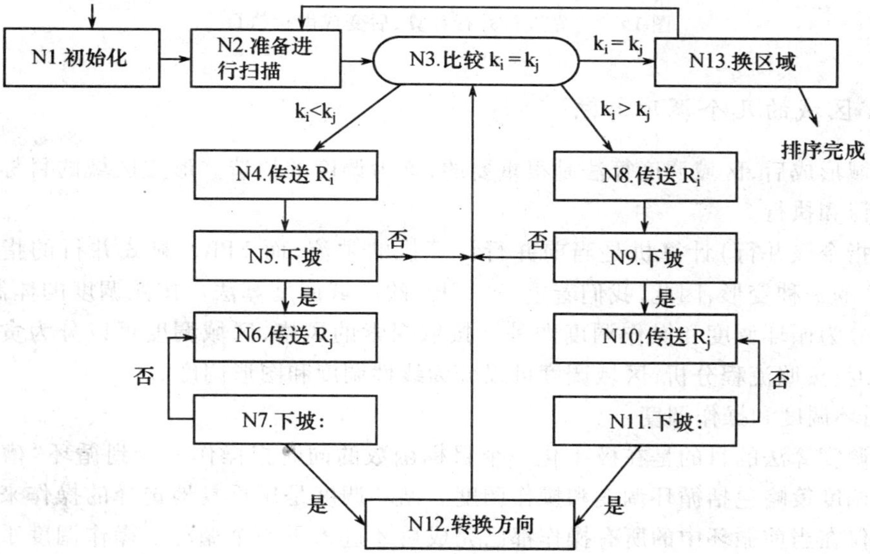

图 15.5 合并排序

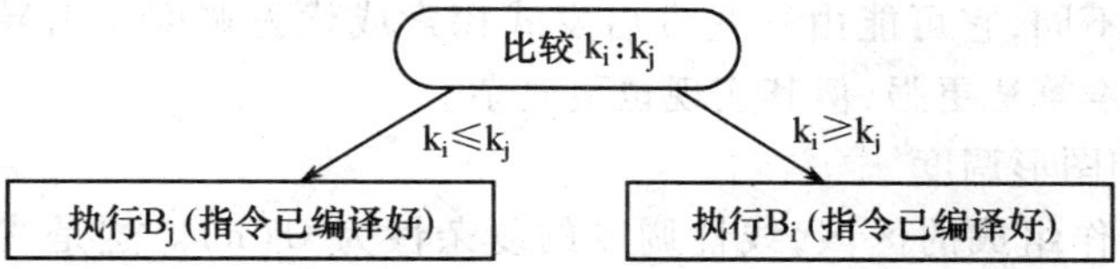

图 15.6 编译后的程序执行

定理 15.4 在 Shell 排序中,不同增量的比较可以作为不相交的区域来实现并行编译。

证明 在带有增量 8、4、2 和 1 的 shell 排序中,若参与排序的元素很多,则开始时可以用第 1 个和第 9 个、第 17 个和第 25 个、第 33 个和第 41 个……进行比较,这些比较可并行编译和执行。在增量 4 时,第 1 个与第 5 个,第 9 个与第 13 个……可并行编译和执行。同理,增量 2 和 1 同样可以并行编译和执行。

定理 15.5 在对表达式(既可以是数值表达式,也可以是命题表达式)进行求值时,若表达式中两个不相交的子表达式无数值交换操作,则这两个子表达式可以作为并行编译的区域。

例如,在

$A_k = (k^{n-1}k! - (k-1)^{n-k+1}(k-1)1/n!$ 中,$k^{n-k}k!$ 和 $(k-1)^{n-k+1}(k-1)!$ 可并行编译,然后按图 15.7 先并行执行,再串行执行。

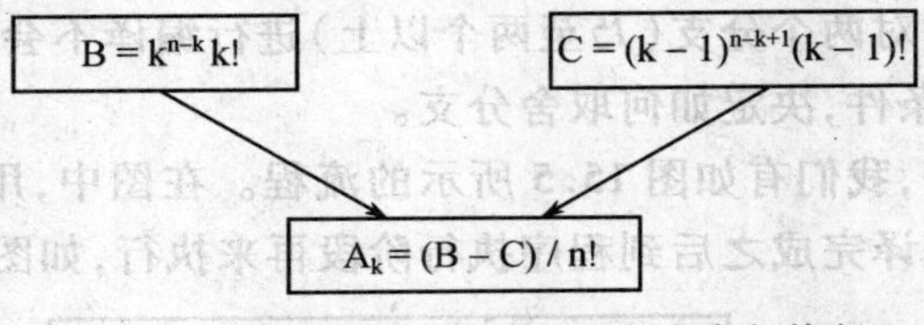

图 15.7 先进行并行计算,后变成串行执行

15.7.3 区域的几个调度算法

在区域形成后,区域调度算法是很重要的,称为调度的构造。形成区域的目标是有效地实现编译和执行。

ILP(指令级并行)计算机是当前并行计算机的主流,而 EPIC(显式并行的指令计算机)是 ILP 的一种变形,因此,我们着重考虑 IPL 的区域调度算法。按照调度的体制,区域调度可以分为循环调度和操作调度两种。按照探索的风格,区域调度可以分为贪婪调度和回溯调度;按照流程分析,区域调度可以分为线性调度和图形调度。

1) 循环调度和操作调度

这种调度算法的目的是在极小化一个目标函数的同时把操作分配到循环"槽"中,因此整体的调度策略包括循环调度和操作调度。循环调度是用重复地选择的操作来填入一个循环。仅在当前循环中的所有操作都已完成后才进入下一个循环。操作调度重复地选择一个区域的操作而后把它放进相关性和目标资源允许的最早循环中。操作调度技术随选择方法的不同而不同,它可能由一些带启发式探索或优先调度所引导。操作调度算法在理论上比循环调度算法更强,但其实现也更复杂。

2) 线性调度和图形调度

对于由 n 个操作组成的区域,线性调度的复杂性为 O(n)。这是线性调度的主要优点。大多数线性调度技术使用尽可能快调度或者尽可能迟调度。两者的区别在于把操作资源和数据限制在允许的最早可能或最迟可能的循环中。

图形调度技术即表列调度，重复地从准备好调度操作的下一个数据就绪队列中选择一个操作。一个操作就绪的前提是它的所有数据就绪队列的前驱都已被调度。一个操作一旦被调度，便被从数据就绪队列中删除，而它的后继变成就绪。这些迭代将继续进行直到区域中所有的操作都被调度为止。

3）贪婪调度和回溯调度

贪婪调度是从数据就绪队列中贪婪地选择调度的候选者。回溯调度则允许在一次调度失灵时进行回溯，重新寻找合适的候选者。

随着并行机的大量出现，并行编译技术日益成为计算机技术的热门话题。这里所涉及的区域及调度问题在并行编译技术中占有重要地位。

思 考 题

1. 在串行程序设计语言中，有哪些指令可以考虑并行编译和执行？

2. 确定下列程序是否可以并行编译和执行？

```
for i:=1 to 1000 do
  for j:=1 to 1000 do
    A[i,j]:=A[i,j]+1
  od;
od;
```

3. 在你所知道的排序算法中，有哪些算法可以并行编译和执行？

4. Linda 元组空间可以用来模拟消息传送和共享变量。试描述如何用 Linda 模仿发送/接收消息以及读/写共享变量。

参考文献

[1] IEEE Proceedings of the IEEE (2001) Special Issue on Microprocessor Architecture Compiler Technology.

[2] Grune D, Henrie Bal, Ceriel J et al (2001) Modern Compiler Design. Pearson Prentice Education, Singapore.

[3] Su Y L (2005) The intelligenization of Synchronization Languages in Embedded Systems. The Journal of Guangxi Academy of Science 21(4): 236 - 238.

[4] Su Y L (2004) On the Issues About Region Schedule in Parallel Compilation. The Journal of Guangxi Academy of Science 20(4): 220 - 224.

第 16 章　网格计算的编译

网格计算将高性能、群聚、同伴机和互联网计算现场都放在一个确定的大伞之下，使它们彼此合作来完成。

——伊恩 · 福斯特

16.1　本章动机

毫无疑问，网格计算的兴起是在 20 世纪末到 21 世纪初所发生的重大事件。它可满足企业计算的需求，并带来许多新事物。本章将介绍网格计算的基本概念、模型以及编译。目的是为了使读者了解网格计算的新知识，因此，这个课题的内容将会更加丰富。

16.2　网格计算的兴起

20 世纪 90 年代，学术界展开了对分布式计算的研究，其中有一个关键的研究领域，即发展一个分布式的高性能计算机系统，使它像一台大型计算机那样运行。1995 年，在加利福尼亚圣地亚哥市召开的 IEEE/ACM 超级计算会议上，将现场的 17 个高端资源与 11 个高速网络连接起来，揭示了建立一个超级元计算机。这个演示称为 I－路（表示互联网）。它是由美国能源部的阿兰尼（Alanne）实验室和芝加哥大学伊恩 · 福斯特（Ian Foster）领导的[1]。后来在这个网络中，开发了 60 多个不同的应用，来自学术界和工程界的许多专家学者参与了这个工作。由于这支队伍开发了各种软件，使得许多计算资源可以一起工作，因此这个演示展出的设备涵盖了对早期网格计算许多概念的探索。

I－Way 的成功促使美国政府的 DARPA（美国国防部高级研究计划局）于 1996 年拨款立项以创建分布式计算的基础工具。这个研究项目是由阿兰尼实验室伊恩 · 福斯特和南加利福尼亚大学卡尔 · 克塞尔曼（Carl Kesselman）共同领导的。项目被命名为格罗布斯（Global，意思是球状体）。这个项目班子创建了一套工具，该工具成为学术研究领域开展网格计算活动的基础。在 1997 年召开的超级计算会议上，基于格罗布斯工具箱的来自全球 80 个现场的运行软件第一次被连接在一起。

这个连接称为网格计算,它因类似于电力工业中的电网而得名。网格计算的功能就如同今天的电网向亿万的电器提供电力一样,网格计算使任何人在任何时候都可以以透明的方式来利用巨大的计算能力。

在学术研究领域,人们最为关注的问题是有效网格框架的建立如何能充分发挥分布式高性能计算的作用。由于互联网迅猛发展,个人电脑的功能不断增强,因此科学家们对通过把个人电脑联网来建立强有力的分布式计算系统做了许多尝试。1997年,建成了Entropia(熵)网络来装备全球的闲置计算机以解决感兴趣的科学计算问题。随后,恩特洛比亚(Entropia)以每秒10^{10}次触发聚集的速度聚集了30 000台计算机。一个全新的慈善计算机领域出现了,其中的许多用户自愿提供计算机来分析诸如病人对化学疗法的反应,发现治疗艾滋病、炭疽病的药物和用于镇静的药物等。

尽管上述项目还没有得到任何公司的投资而生产实际的产品,但却受到了比早期的任何科学研究计划更多的媒体关注。从2000年末开始,关于网格计算的文章已经从商业报刊转到了流行的报刊上,全球许多国家的主要报刊都对它做了报导。IBM、SUN Microsystem、Intel、HP等公司以及平台计算(Platform Computing)、Avaki、Entropia、Datasynapse、Unite Devices等较小公司都投入资金来对网格计算进行研究,但其焦点不在科学研究的应用上,而是在商业的应用上。

下面我们来探讨网格计算的内涵。常见的网格计算的定义包括:

(1) 在个体、研究部门和资源动态的集合中灵活的、安全的、协调的资源共享。

(2) 透明、安全和协调的资源共享以及在各现场中的合作。

(3) 有能力形成虚拟的合作组织,它们在一个开放的异构服务器环境中共享应用和数据,以解决普通的问题。

(4) 有能力汇聚大量的计算资源,这些计算资源在物理上分散以解决大型问题和工作负担,就好像所有服务器和资源都被放置在一个现场中一样。

(5) 硬件和软件的基础结构,它们提供对于计算资源可依赖的,一致的、无处不在的和廉价的访问。

(6) 网络为我们提供信息,而网格为我们处理信息。

上述的定义都有其独有的特征,也抓住了网格计算的某些特点。不过,我们倾向于使用下面这个更为宽泛的网格计算定义,因为它可以更好地描述网格系统。

定义 16.1 网格计算。在不存在中央位置、中央控制以及普遍存在的信任关系的情况下,在各种虚拟的组织机构追求它们共同的目标的过程中,使这些组织机构能够共享在物理上分布的硬件和软件资源。

定义中所说的"虚拟组织"涉及的范围十分广泛,从处于同一个地点的小公司到分散于全球的来自不同组织机构的人群。虚拟的组织机构可大可小,可以是静态的,也可以是动态的,有些还可能是为特定事件而暂时聚集在一起,而一旦这个事件过去了就解散了的机构。

虚拟组织的例子有：

(1) 一个公司的会计部门。

(2) 南非世界杯足球锦标赛的成绩统计部门。

(3) 为处理墨西哥湾的石油泄漏而建立的紧急响应团队。

一个资源是供共享的实体，可以是计算类型的，例如，个人数字助理、膝上计算机，桌面计算机、工作站、服务器、机群以及超级计算机，也可以是存储资源，如同在桌面计算机上的硬盘驱动器、廉价磁盘的冗余数组以及双字长的存储设备。传感器是另一种类型的资源，带宽也是资源。

不存在一个中央位置和中央控制意味着不需要为管理网格资源设置特定的中央位置。最后要注意的关键一点是，在网络环境中，资源不需要预先知道彼此的信息，也不需要有预先定义的安全关系。

16.3 网格计算的模型

网格是一个 $a\times b$ 的格子，在每个格点 (i,j) $(1\leqslant i\leqslant a, 1\leqslant j\leqslant b)$ 上，都有一个处理器，对应于双向的通信链接。网格上的处理器用二元组 (i,j)（所处位置）来标识。因为每个处理器都有一个局部存储单元 RAM（随机存取存储器），所以可以在单位时间内执行加、减、乘、比较、单元存取等基本操作。假设计算是同步的，即存在一个全局时钟，那么每个处理器都可以在任何一个单位时间内完成预期的任务。为方便起见，这里考虑正方网络，即 $a=b$。图 16.1(a) 示出了一个 $\sqrt{p}\times\sqrt{p}$ 的网格，图 16.1(b) 示出了一个线性阵列。

这里假设处理器之间的连接是双向的。但在线性阵列中，处理器 i 没有左邻居，而处理器 p 没有右邻居；而对其他处理器 i 来说，$i-1$ 是其左邻居，而 $i+1$ 是其右邻居。通常，$\sqrt{p}\times\sqrt{p}$ 网格有若干个子图，每个子图都是含 $\sqrt{p}$ 个处理器的线性阵列。

处理器间的通信是在通信链路的帮助下完成的。任何有边连接的两个处理器之间都可以在一个单位时间内完成通信。如果在两个处理器之间没有边直接连接，则它们之间的通信就要依赖连接它们的路径来实现。它们之间通信的时间则取决于路径的长度（至少对于小信息量是正确的）。假设在单位时间内一个处理器可以执行一个计算，或者至多与四个邻居通信。在网格网络中，第一个坐标相同的处理器组成处理器网格的行，第二个坐标相同的处理器组成网格网络的一个列。每行或每列由 $\sqrt{p}$ 个处理器组成的线性阵列。通常网格算法是由行上或列上的操作步骤组成的。

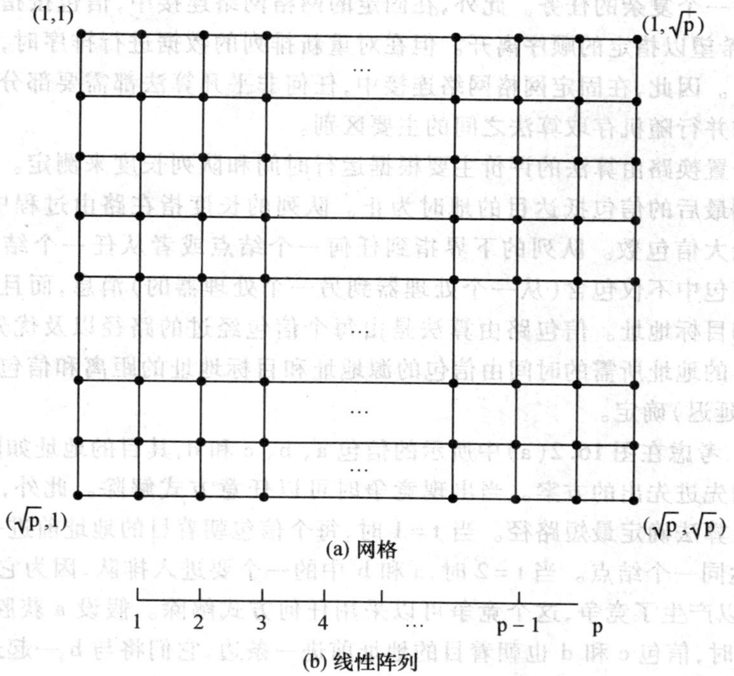

图 16.1 连接计算机的网格和线性阵列

16.3.1 分组路由

在一个固定的网格连接中,处理器之间单步的通信可以看作是分组路由。网络中的每个处理器都有一个必须发送到其他处理器上的分组信息。所有分组信息都必须以尽快可能的速度发送到正确的地址,而在任意链路和在某个时间周期内至多有一个信包可以通过。由于任何通信通道的带宽都是有限的,因此必须限制,在任一时间周期内,只有一个信包可以通过。如果有两个或更多的信包同时抵达处理器 V,而其他都需要用同一通道离开处理器 V,则在下一个时间内仅有一个信包被发送,其他信包需要在 V 的队列中等候传输。在调度这些信包的过程中,可以使用优先级方案。优先级方案包括最远目的地优先(目的地最远的信包被优先发送)、最远源地址优先(源地址最远的信包被优先传输)以及先进先出(FIFO) 等。

部分置换路由(Partially Permutation Routing, PPR)是路由问题中的一种特殊情况,在部分置换路由中,每个处理器至多包含一组源地址,也至多包含一组目标地址。在只读和只写并行随机存取机器(EREW PRAM)中,部分置换路由可以在一个同步的写入步骤内执行。然而,在任何固定的网络连接中,部分置换路由通过沿通信边来完成信包的接收和发送。这通常是一个复杂的任务。此外,在固定的网格网络连接中,信包按指定顺序进入处理器,并且也希望以指定的顺序离开。但在对重新排列的数据进行排序时,可能涉及多个部分置换路由。因此,在固定网格网络连接中,任何非平凡算法都需要部分置换路由。这是网格算法和并行随机存取算法之间的主要区别。

对于部分置换路由算法的评价主要根据运行时间和队列长度来测定。运行时间指从运行开始直到最后的信包抵达目的地时为止。队列的长度指在路由过程中,任何处理器必须存储的最大信包数。队列的下界指到任何一个结点或者从任一个结点发出的信包数。假设在信包中不仅包含(从一个处理器到另一个处理器的)消息,而且还包含这个消息的源地址和目标地址。信包路由算法是由每个信包经过的路径以及优先方案确定的。信包为抵达目的地址所需的时间由信包的源地址和目标地址的距离和信包在队列中的等待时间(称为延迟)确定。

例 16.1 考虑在图 16.2(a)中所示的信包 a、b、c 和 d,其目的地址如图 16.2(g)所示。假设采用先进先出的方案。当出现竞争时可以任意方式解除。此外,每个信包通过的路径由路由算法确定最短路径。当 t=1 时,每个信包朝着目的地址前进一条边,因此信包 a 和 b 到达同一个结点。当 t=2 时,a 和 b 中的一个要进入排队,因为它们同时到达同一个位置,所以产生了竞争,这个竞争可以采用任何方式解除。假设 a 获胜,b 则要等候。同时,当 t=2 时,信包 c 和 d 也朝着目的地址前进一条边,它们将与 b 一起进入等候队列,

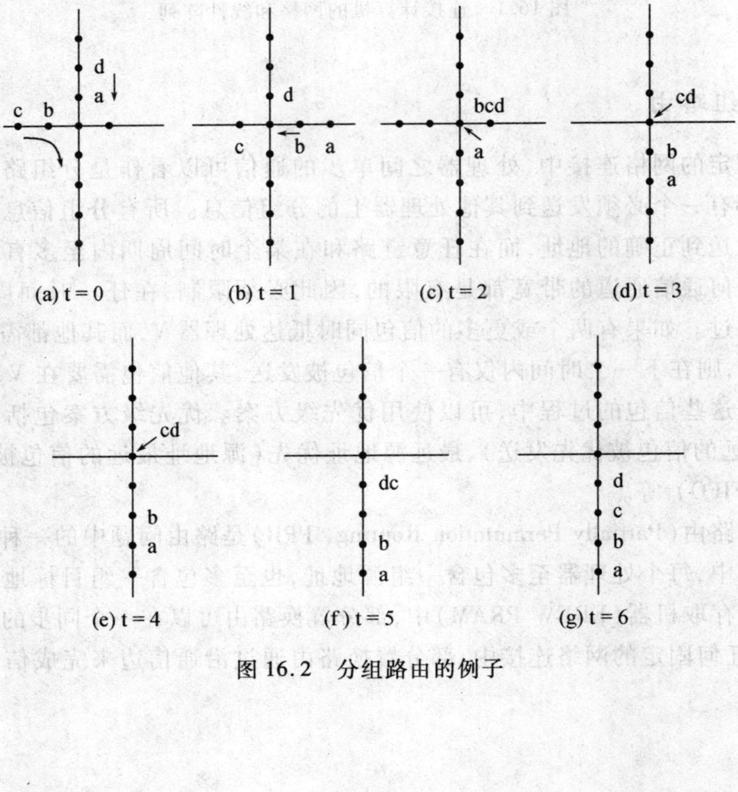

图 16.2 分组路由的例子

如图 16.2(c)所示。当 t = 3 时,因为 b 有高于 c 和 d 的优先级,因此信包 b 首先离开,留下 c 和 d。当 t = 4 时,c 和 d 再次竞争前进权。由于它们具有相同的优先级,因此仲裁又是任意的。假设 d 是胜者,则信包 c 要多花费 2 步,或者说延迟两步抵达目的地址,但最终每个信包都将抵达目的地。

信包 c 的移动距离是 4,由于排队等待 2 次(分别与 b 和 d 竞争),因此延迟为 2, 且总花费为 6 步。如果使用不同的优先方案,结果将如何呢?如果采用最远目的地优先的方案,则当 t = 4 时,信包 c 将有最高的优先级,在此情况下,它的运行花费是 5。

16.3.2 在线性阵列中的路由

在线性阵列中,由于连接都是双向的,因此处理器可以向每个邻居发送和接收消息。这意味着如果有一个信包流从左到右移动,而另一个信包流则从右向左移动,那么这两个信包流将不会竞争同一个连接。我们可以证明,线性阵列的部分置换路由可以在 p - 1 步乃至更少的步内完成,在最坏情况下需要 p - 1 步。例如,如果一个信包要跑遍处理器 1 到处理器 p,则需要 p - 1 步。

例 16.2 在图 16.3 中,圆圈表示从左到右移动的信包,勾表示从右到左移动的信包。由于诸边都是双向的,因此信包 a 和 b 同时沿着相反的方向移动,不存在竞争。它们在任何时间都无障碍地前进。一个来自结点 1,目标为 p 的信包必须跑遍 p - 1 个边,因此它至少需经 p - 1 步才能到达目标地址。

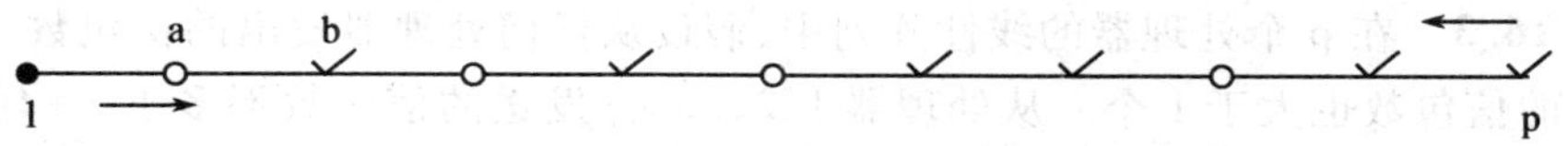

图 16.3 向左和向右的信包流相互独立

引理 16.1 设每个源地址最多仅有一个信包。在一个有 p 个处理器的线性阵列中,假设各信包的目的地是任意的,考虑从左到右移动的情况,如果信包 q 的源是处理器 i,而要抵达的目的地是处理器 j,则需要移动 j - l 步才能抵达目的地。注意,信包每次只能移动一步。由于在通路上,信包 q 不会遇到任何其他信包,因此不会延迟。

对于所有的信包,其路由选择的极大时间是 p - 1,路由算法队列的长度是经任意结点的极大信包数。

引理 16.2 在拥有 p 个处理器的线性阵列中,任意处理器 i (i = 1, 2, . . . , p)最初有 k_i 个信包,而且满足

$$\sum_{i=1}^{p} k_i = p$$

即每个处理器恰好是一个信包的目的地址。如果采用最远目的地优先的方案,则处理器 l 为源信包所花时间不超过移动到端点的信包所花时间。也就是说,如果信包从左移动到

右,它的时间消耗不超过 $p-1$;如果从右移动到左,这个时间小于等于 $i-1$。

证明 设信包 q 来自源处理器 i,而且它的目的地是处理器 j,不失一般性,假设信包从左向右移动,且每个信包都选择了从源地址到目的地址的最短路径。如果信包在移动过程中产生延迟,则可能是由于目的地址大于 j 引起的,也可能是由于信包的源地址在 i 的左边引起的。设在处理器 1,2,...,j 中的信包是 $k_1, k_2, \ldots, k_{j-1}$(初始时)。注意 $\sum_{j=1}^{j-1} k_j \leqslant p-j$。

假设 m 满足 $m \leqslant m' \leqslant j-1$, k_{m-1} 和 $k_m \leqslant 1$,序列 $k_m, k_{m-1}, \ldots, k_{j-1}$ 称为自由序列。自由序列中的信包不会因为其他的分布而产生延迟,因为按照优先规则,左边的信包总是比右边的信包有更高的优先性,而且,每一步至少有一个新的信包加入这个自由序列。图 16.4 示出了这个例子。其中的数字表示在这些结点上的信包数。例如,当 $t=0$ 时结点 1 上有 3 个分组,此时,0,1,0,1,1 是一个自由序列。注意,随着时间的增加,序列的信包数将发生变化。例如,当 $t=1$ 时一个信包加入这个序列中。当 $t=2,4$ 时,信包再次加入序列。所以,在经过 $p-j$ 步之后,所有可能引起信包 q 延迟的信包都在自由序列中。信包 q 至多需要 $j-1$ 步便可抵达目的地(见图 16.4)。从右向左移动的信包与此类似。

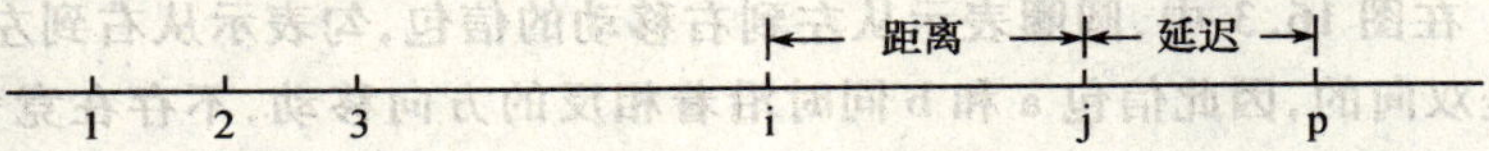

图 16.4 引理 16.2 图示

引理 16.3 在 p 个处理器的线性阵列中,假设从任何处理器发出的信包数大于 1 个,且所接收的信包数也大于 1 个。从处理器 1,2,...,j 发送的信包数不多于 $j+f(p)$(任意的 j,而 f 是某个选定的函数),则在最远目标地址优先的方案下,对于这些信包的路由选择可以在 $p+f(p)$ 步内解决。

证明 设 q 是源地址在 i 处理器和目标地址在 j 处理器的一个信包(j 位于 i 的右边),q 最多被延迟 $i+f(p)$ 个信包,因为这些信包有源地址 1,2,...,i,且其优先级比 q 高。如果每个信包至多使 q 延迟一步,则 q 的延迟小于等于 $i+f(p)$。由于 q 仅需要 $j-i$ 步便可达到目的地,因此 q 的抵达时间少于 $j=f(p)$。综上所述,对于所有信包,最大时间为 $p+f(p)$。

例 16.3 图 16.5 示出引理 16.3 的证明。在这个例子里,有 a、b、c、d、e、f、g 和 h 八个信包,设 g 是所关注的信包,信包只可被 a、b、c、d、e、f、h 所延迟。当 $t=9$ 时,信包 g 到达目的地。它所经过的距离为 2,延迟为 7。在这个图中,没有显示已通过结点 j 的信包。

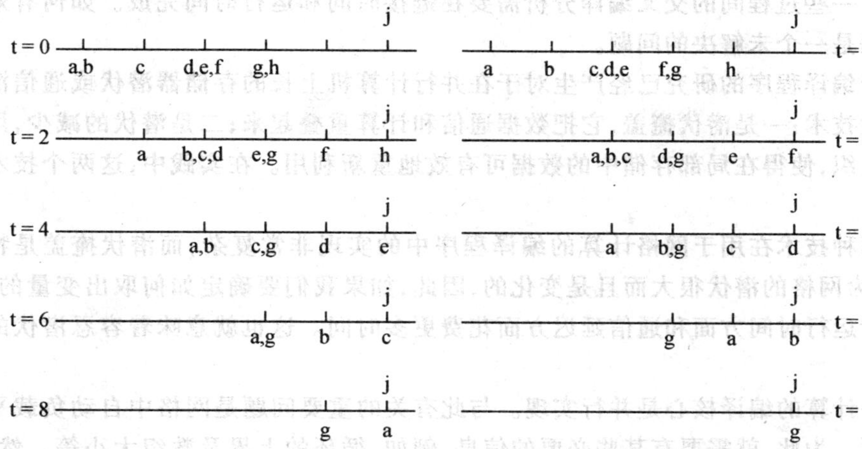

图 16.5 引理 16.3 的说明

16.4 网格计算的编译

迄今为止，还没有正式地用于网格计算的程序设计语言，因此，在这里无法探讨这类语言的编译。但是，对于网格计算的整个程序以及过程之间的编译已有很多研究[2]，只是还没有商业化的系统来实现它们，特别是在文件之间进行编译的程序就更少了。其中的原因在于整个程序的编译必然会使编译环境变得非常复杂，尽管已有一些研究者指出它对程序的正确性和程序的性能都有很大好处。但用户通常都不愿意接受过长的编译时间。然而，编译的任务是繁重和艰巨的，因此过程间的编译将成为一个发展趋势，特别是对于在分布式异构计算机上的网格计算进行编译时。

对于交叉过程间的编译有待解决的问题如下：

(1) 支持网格应用系统框架的过程间交叉编译必须能整合应用性能评价程序和映射程序，因此，为了构造整个程序的一个执行模型，过程间的交叉编译就成为非常必要的了。

(2) 二元位置(i,j)的管理也是程序编制时的必要功能。为了避免对于二元分量进行划分阶段工作，把要在远程计算资源上共享分量库的程序部分连接起来是很重要的。这些程序已部分地预先存储在远程计算资源上。对于偶发事件进行优化是过程间交叉编译的关键功能。

(3) 为防止编译时间过长，必须对程序中文件的重新编译进行管理。尽管已有对于重新编译的分析研究，但尚未出现商业编译程序。

(4) 如果要把以往的运行时间分析的研究加入到对于当前运行编译的决策中，则重新编译的管理就会更复杂。为了管理这个过程，编译的环境也会更复杂。

(5) 一些过程间的交叉编译分析需要在链接时间和运行时间完成。如何有效地管理这个过程是一个未解决的问题。

关于编译程序的研究已经产生对于在并行计算机上长的存储器潜伏或通信潜伏的两个一般性技术:一是潜伏掩盖,它把数据通信和计算重叠起来;二是潜伏的减少,用于把程序重新组织,使得在局部存储中的数据可有效地重新利用。在实践中,这两个技术都非常有效。

这两种技术在用于网格计算的编译程序中的实现非常复杂,而潜伏掩盖是特别有问题的,因为网格的潜伏很大而且是变化的,因此,如果我们要确定如何取出变量的值,就需要在估计运行时间方面和通信延迟方面花费更多时间。这也就意味着容忍潜伏的算法更为重要。

网格计算的编译核心是并行实现。与此有关的重要问题是网格中自动负载平衡的方案的问题。为此,就需要有某些必要的信息,例如,循环的上界及数组大小等。然而,对于许多应用来说,在运行之前这些信息并非已知,缺乏信息对于定义在不规则网格中的问题也是困难的,它使得即使在同构的并行计算机上也难于实现并行性。

运行时间的编译有多种形式。在把纯量数据读入内存之后,它可能像重新考虑决策一样简单,但它也可能像在不规则的计算中计划通信一样复杂,因为在关键数据结构被定义之前,这个计算的基础性网格和位置是无从知道的。

对于网格而言,有必要在运行时重新配置整个程序和实现负载平衡,这可能是极端耗时的过程,因此需要有极小化这些步骤的开销的策略。一般来说,有必要开展如何极小化以运行时间作为重要和复杂决策因素的开销研究。

为了解决以上提到的问题,有人设计了运行时间编译的审视者/执行者方法。在这个方法中,编译程序把关键的计算分成两个部分:一是审视者,一旦运行时数据已可用来建立一个并行机上有效执行的计划后,它仅被执行一次。二是执行者,它在计算的每一次迭代执行中被调用,且执行由审视者定义的计划。

这个方案的思想是在一个复杂计算的许多步骤中平摊运行时间的费用。在循环的上界尚未知的情况下,审视者可以把循环划分成一些小循环。一旦知道循环上界的值,它们便可匹配目标机器的能力,同时执行者只需对于每个机器执行正确的小循环中的计算。审视者必须遵循一个在复杂和不规则的问题中做成负载平衡的规则。审视者和执行者的任务都很复杂。

运行时间编译对于把程序分成适于在任何并行计算机上执行的程序而言,是一个强有力的工具。尤其是对于分布式的异构计算机而言,它是极为关键的。

对于网格计算来说,编译程序或并行化工具驻留在矩阵(网格)的中间件层次上。

在现阶段,我们对于网格计算的编译所知确实很有限。但是可以预料,不久之后人们必然会对它有更深入了解,也会有更具体的成果。

思 考 题

1. 设计一个在$\sqrt{p}\times\sqrt{p}$网格上的顺序号排序算法,算法的运行时间是多少?

2. 假设在$\sqrt{p}\times\sqrt{p}$的网格上每个处理器恰好是每个信包的源地址,而且每个处理器也恰好是每个信包的目的地址。试为这个路由问题设计确定性算法,要求时间复杂性为$O(\sqrt{p})$,队列大小为$O(1)$。提示:使用排序。

3. 在一个$\sqrt{p}\times\sqrt{p}$的网格上先对行排序,然后对列排序,试证明在此情况下行仍然是有序的。

4. 使用第2题的思想,试为分组置换路由问题设计确定性算法。要求时间复杂性为$O(\sqrt{p})$,队列大小为$O(1)$。

参 考 文 献

[1] Foster I, Keeselman C (2004) The Grid, 2nd edn. Elsevier, Amsterdam.

[2] Abbas A (2004) Grid Computing: A Practical Guide to Technology and Applications. Charles RiverMedia.